普通高校“十二五”规划重点教材

数据库基础及应用

Shujuku Jichu Ji Yingyong

主编 樊重俊 刘臣 杨坚争

立信会计出版社
LIXIN ACCOUNTING PUBLISHING HOUSE

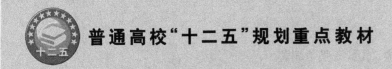

图书在版编目(CIP)数据

数据库基础及应用 / 樊重俊,刘臣,杨坚争编著.
—上海：立信会计出版社，2015.1
普通高校"十二五"规划重点教材
ISBN 978-7-5429-4378-1

Ⅰ.①数…　Ⅱ.①樊… ②刘… ③杨…　Ⅲ.①数据库系统—高等学校—教材　Ⅳ.①TP311.13

中国版本图书馆 CIP 数据核字(2014)第 270568 号

责任编辑　黄成艮
封面设计　周崇文

数据库基础及应用

出版发行	立信会计出版社		
地　　址	上海市中山西路 2230 号	邮政编码	200235
电　　话	(021)64411389	传　　真	(021)64411325
网　　址	www.lixinaph.com	电子邮箱	lxaph@sh163.net
网上书店	www.shlx.net	电　　话	(021)64411071
经　　销	各地新华书店		
印　　刷	虎彩印艺股份有限公司		
开　　本	787 毫米×1 092 毫米	1/16	
印　　张	20		
字　　数	480 千字		
版　　次	2015 年 1 月第 1 版		
印　　次	2018 年 1 月第 3 次		
书　　号	ISBN 978-7-5429-4378-1/F		
定　　价	38.00 元		

编委会名单

前　言

经过近50年的发展,数据库系统和数据库技术已经成为计算机信息系统的重要基础和核心技术,数据库技术、计算机操作系统和互联网通信均已成为IT基础设施的重要组成部分,几乎每个行业都涉及数据库系统管理、存储和处理数据的应用与实践,比如各大银行、证券公司、通信公司、行政管理等等。数据库课程已经成为国内各大高校的核心课程之一,不仅是计算机学院,也是管理学院部分专业(信息管理与信息系统、金融学、国际贸易等)的核心课程,更是许多其他专业的选修课程。作为高等院校的学生,具备基础的数据库系统知识,掌握一定程度的数据库操纵技术,对现在的学习和将来的工作,都是必不可少的。

SQL Server作为一种大型数据库,是当前应用最广泛的数据库系统之一。本书以SQL Server为背景,将实例贯穿其中,由浅入深地介绍数据库课程,学习理解数据库系统基础知识以及使用数据库技术必须掌握的常用方法,本着以应用为核心,以基础与操作为支撑,注重理论与实际相结合,力图让读者在有限的时间之内,对该课程的主要知识和技术有一个比较清晰完整的理解和把握,能进行数据库操作,而且能从事数据库领域的实际工作。

本书将基础知识与实验环节的讲解融为一体,除了详尽的讲解之外,每章还包括了循序渐进的实验方法说明和精心安排的习题。全书共有11章,包括以下几部分内容:

第1章主要介绍数据库的基本知识,包含数据库概念与发展、数据模型、数据库系统结构和语言等内容。第2章主要介绍关系数据库的基础知识,包含关系、关系模式、关系数据模型和关系代数等内容。第3章主要介绍关系数据库的标准语言SQL,包含SQL数据定义、数据操纵和数据查询等内容。第4章主要介绍数据库的管理与保护,包含数据库安全性、数据库完整性、事务、并发控制、备份与恢复等内容。第5章主要介绍关系数据理论,包含函数依赖、公理系统、规范化等内容。第6章主要介绍数据库设计,包含数据库设计概念、设计步骤与实施、运行与维护等内容。第7章主要介绍数据库编程操作数据库,包含编程基础、游标、存储过程、触发器和嵌入式SQL编程等内容。第8章和第9章主要介绍数据库技术发展趋势和研究领域,包含分布式数据库、数据仓库与商务智能等内容。第10章主要介绍SQL Server 2008管理系统,包含SQL Server数据库的发展、数据库系统简介以及SQL Server 2008安装过程、相关组件、管理工具的功能与使用等内容。第11章主要介绍大数据的发展、非关系型数据库的应用实例以及Hadoop内容简要。

全书由樊重俊、刘臣、杨坚争统稿。刘臣、张青磊撰写第1章;申瑞娜、孟栋、郭强撰写第2章;袁光辉、杨云鹏、马淑娇撰写第3章;何蒙蒙、林叮云、樊重俊撰写第4章;杨云鹏、刘臣撰写第5章;申瑞娜、秦江涛、马淑娇撰写第6章;何蒙蒙、刘臣、张青磊撰写第7章;杨云鹏、申瑞娜、樊重俊撰写第8章;袁光辉、张惠珍撰写第9章;杨云鹏、霍良安撰写第10章;刘臣、霍良安、杨云鹏撰写第11章。最后，由樊重俊、刘臣、马淑娇、杨云鹏对全书校对。本书作为高等院校数据库课程的教材以32～48(包括上机时间)学时为宜。本书配有习题参考答案和教学用PPT，任课教师可发E-mail至Chenggen765@163.com联系索取。

数据库技术仍在不断发展变化，本书编写过程中，力求跟踪数据库学科最新的技术水平和发展方向，引入新的技术和方法。但由于篇幅、时间等限制，书中疏漏之处在所难免，殷切希望同行专家和读者批评指正。

本书是上海理工大学核心课程(数据库原理)建设的一个组成部分，本书获得了沪江基金研究基地专项“电子商务智库”(D14008)和立信会计出版社的大力支持，在此表示诚挚的谢意。

编者

2014年11月

目 录

第 1 章

绪　论

随着信息技术的不断发展,信息管理水平的不断提高,对信息资源的掌握就成为各个行业部门取得竞争优势的重要战略财富和资源。建立一个高效的信息系统也就成为其生存和发展的重要基础条件。而数据库技术是信息系统的核心技术之一,是一种计算机辅助管理数据的方法。它研究如何组织和存储数据,即数据库的结构、存储、设计、管理以及应用的基本理论和实现方法;并利用这些理论来实现对数据库中的数据进行处理、分析和理解的技术。因此,数据库技术是研究、管理和应用数据库的一门软件科学。

数据库技术产生于20世纪60年代末70年代初,其主要目的是有效地管理和存取大量的数据资源。近年来,数据库技术和计算机网络技术的发展相互渗透,相互促进,明显加快了经济信息化和社会信息化进程,广泛地应用在事务处理、情报检索、人工智能、专家系统、计算机辅助设计等领域。所以,数据库的建设规模、数据库信息量的大小和使用频度已成为衡量一个国家信息化程度的重要标志。

本章主要介绍了数据库的基本概念、数据库技术的发展、数据模型及数据库新技术等内容。通过本章的学习,可以充分了解数据库的相关概念,了解数据库技术的发展历程及数据库技术在现实中的作用,以便为以后章节的学习打下坚实的基础。

1.1　概　　述

在了解数据库模型、结构、语言之前,我们首先了解一下数据库常用的一些术语和基本概念,然后对数据库技术的发展和应用领域进行简单的介绍。

1.1.1　基本概念

1. 数据(Data)

数据用于描述现实世界中各种具体事物或抽象概念,可存储具有明确意义的信息符号,包括数字、文字、图形、音频、视频等。数据处理是指对各种形式的数据进行收集、存储、加工和传播的一系列活动的总和。在日常生活中当提到数据时,人们的第一反应是数字。例如,在"张三25岁"这个描述中,人们一般只把"25"当做数据,而"张三"、"岁"都不当作数据。实际上,这个整体或其每一个组成部分都是数据,因为它们也是在表达和传递具体的信息,都是存储在计算机中的符号。

所以在现代计算机系统中,凡是描述事物或概念的符号记录,能为计算机所接受和处理的各种字符、数字、图形、图像、音频及视频等,都可称为数据。数据可以分为数值型数据和非数值型数据。数值型数据是可以用于数学计算的数字，如一个企业的员工编号、人数、年龄及工资等；非数值型数据范围非常广泛，如文字、图形、音频、视频等都是非数值型数据。数值型数据和非数值型数据都可以被转化成计算机能够处理的形式并存储在数据库中。

数据有“型”和“值”之分。数据的型是指数据的结构类型或表现形式，是数据的内部结构和对外联系的方式；数据的值是指数据的具体取值。数据的表现形式不能完全表达其内容，还需要在不同的背景下进行语义的解释。例如，25 是一个数据，它可以是一个人的年龄，也可以是一个班级中学生的人数，还可以是某件物品的价格。数据的语义是指对数据含义的解释和说明，同一个数据在不同的背景下可以有不同的语义。因此，数据与语义是不可分割的。

在计算机中，为了存储和处理现实世界中的事物，需要根据应用场景抽取出能够清楚表达其本质的一些特征组成一条记录来描述。例如，日常生活中人们一般用自然语言来描述某企业的一位员工的信息：张小青，女，1986 年 9 月出生，复旦大学，本科，2013 年 9 月入职。在计算机中通常这样记录这名员工的信息：

(张小青，女，198609，复旦大学，本科，201309)

员工的姓名、性别、出生年月、毕业院校、学历、入职时间等特征被抽取出来，形成一条记录。这样，孤立的、没有意义的数据就被组织成具有特定语义的形式。数据的语义就隐含在这样的结构之中。同时，记录中的每个数据还受到数据类型和取值范围的约束，有些只能填充数字型数据，有些更是约束了其范围，这就是数据的值域，保证了数据的有效性。例如，姓名只能用字符型数据填充，性别只能取值为汉字字符“男”或“女”。记录是计算机中最为常见的表示和存储数据的方法。

2. 信息(Information)

信息通常定义为经过加工处理后，有用的，对人的行为产生影响的数据，是反映客观现实世界的知识。同一个信息可以用不同的数据形式来表示。例如，当我们在表达一棵树时，我们可以用汉字“树”表示，也可以用图画来表示；对于同一条新闻，我们可以通过报纸、电台、电视、网络等多种方式获得。所以，信息也可以这样来定义：指通过各种方式传播的可以被人感知的关于某事物的消息、情报和知识，信息需要依赖于数字、文字、图像、声频、视频等不同的形式或符号作为载体。

信息依赖于数据但与数据不同，它是一种抽象的事物，是数据经过数据处理过程转变而成的。数据处理过程包括对数据的收集、存储、加工、分类、检索、传播等一系列操作。通过数据处理过程，再经过人的分析、归纳、演绎、推理等，形成有价值、有意义的信息。

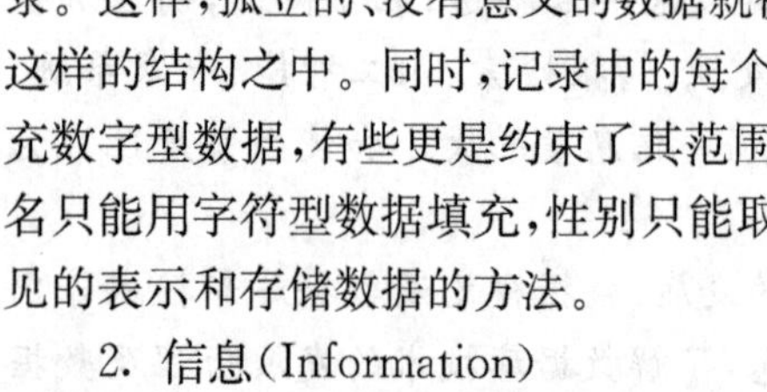

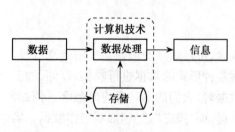

图 1-1 信息＝数据＋数据处理

总之，数据和信息是相似但有所区别的两个不同的概念。数据是信息的载体，信息是数据的内涵。数据只是一种符号，本身是没有意义的，而信息是有意义的知识。但没有数据，信息也将成为无源之水、无本之木而不复存在。因此，数据、信息，以及计算机技术之间的关系可用图 1-1 表示。

3. 数据库(Data Base, DB)

数据库是长期储存在计算机内的、有组织的、可共享的大量数据的集合。数据库具有如下的特点：

(1) 数据库中的数据按一定的数据模型组织、描述和存储；

(2) 具有较小的冗余度、较高的独立性和易扩张性；

(3) 数据库可被各种用户共享。

总的来说，数据库是具有逻辑关系和确定意义的数据集合。数据库是针对明确的应用目标而设计、建立和加载的；每个数据库都具有一组用户，并为这些用户的应用需求服务。一个数据库反映了客观事物的某些方面，而且需要与客观事物的状态始终保持一致。

4. 数据库管理系统(Database Management System, DBMS)

数据库管理系统是对数据库进行管理的系统软件，它的职能是有效地组织和存储数据，接受和完成用户提出的各种数据访问请求。我们经常用的数据库管理系统有 SQL Server、Oracle、DB2、MySQL 等。

(1) 数据库管理系统的功能

数据库管理系统是介于用户与操作系统之间的一套用于对数据库进行管理的系统软件，主要的目标就是使数据成为方便各种用户使用的资源，并提高数据的安全性、完整性和可用性。所以 DBMS 一般都具有如下功能：

① 数据定义。数据库管理系统提供数据定义语言(Data Definition Language，简称 DDL)。利用 DDL 可以方便地对数据库中存储的数据进行定义。例如，对数据库、表、字段、视图和索引进行定义、创建和修改等。

② 数据操纵。为了对数据库中的数据进行查询、插入、修改和删除等操作，数据库管理系统还需要提供相应的工具，即数据操纵语言(Data Manipulation Language，简称 DML)。

③ 数据控制。数据控制语言(Data Control Language，简称 DCL)用于实现数据库运行控制的功能，包括并发控制(即处理多个用户同时使用某些数据时可能产生的问题)、安全性检查、完整性约束条件的检查和执行，以及数据库的内部维护(如索引的自动维护)等。

④ 数据组织、存储和管理。DBMS 要分类、组织、存储和管理各种数据，包括数据字典、用户数据、数据的存取路径等，此外还需要确定这些数据以何种文件结构和存取方式组织在存储器上，如何实现数据之间的联系等，从而提高存取效率。

(2) DBMS 的组成及工作流程

DBMS 由数据和元组、存储管理器、查询处理器、事务管理器、模式更新、查询和更新等部分组成，如图 1-2 所示。

① 数据和元组。数据是数据管理系统的管理对象；元组是描述数据的数据，是有关数据结构的信息。例如，在关系数据库管理系统中，数据是用户添加到基本表中的数据，元组是

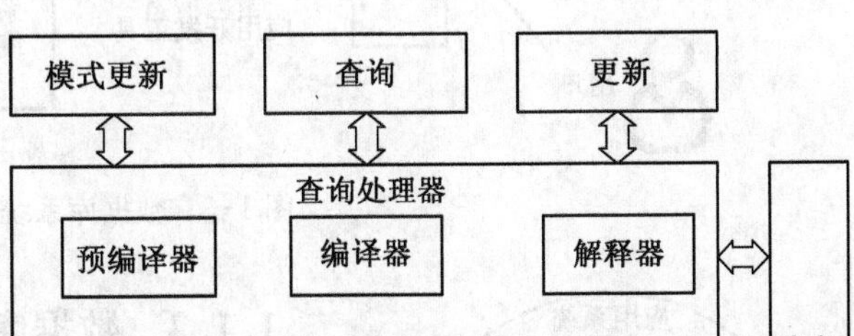

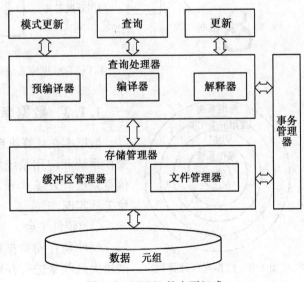

图 1-2 DBMS 的主要组成

描述有基本表名、列名、数据类型等数据库对象的数据。

② 存储管理器。存储管理器根据获得的请求，从数据存储器中获得信息或修改数据存储器中的信息。存储管理器由缓冲区管理器和文件管理器组成。

③ 查询处理器。查询处理器负责处理数据查询、数据更新和模式更新等工作。查询处理器包括：预编译器、编译器、解释器。

④ 事务管理器。负责系统的完整性工作，必须确保同时运行的查询语句不相互影响。

综上所述，数据库管理系统接受应用程序的数据请求和处理请求，然后将用户的数据请求转换成机器代码实现对数据库的操作，并接受对数据库操作从而得到查询结果，同时对查询结果进行处理，最后将结果返回给用户。

5. 数据库系统（Data Base System，简称 DBS）

数据库系统是指在计算机系统中引入数据库后的系统。它可以实现有组织地、动态地存储大量数据，并提供数据处理和信息资源共享等功能。一般由数据库、数据库管理系统、其开发工具、应用系统、人员（包括数据库管理员、软件开发员及用户）构成。数据库的建立、使用和维护等工作仅仅依靠数据库管理系统还远远不够，最终还需要专业人员来管理和操作，称为数据库管理员（Data Base Administrator，简称 DBA）。一般情况下，常常把数据库系统简称为数据库。

数据库系统的构成如图 1-3 所示。

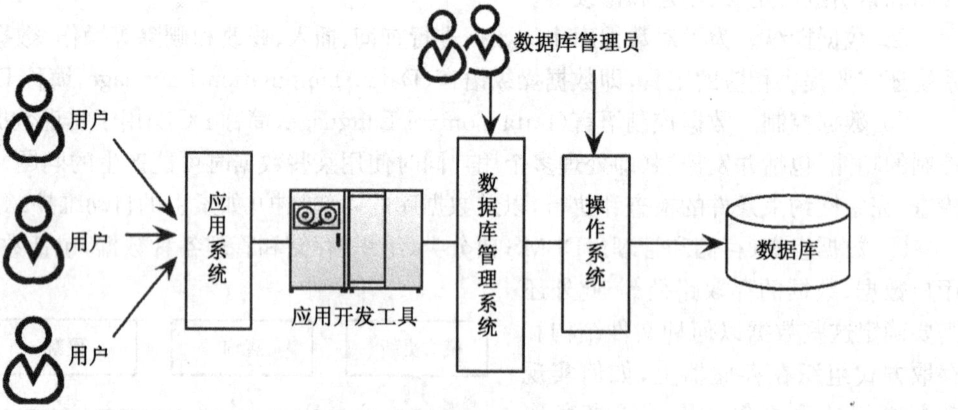

图 1-3 数据库系统（DBS）

图 1-4 数据库在计算机系统中的地位

1.1.2 数据库在计算机系统中的地位

数据库在计算机系统中的地位如图 1-4 所示，它是介于操作系统和应用系统之间的软件层，其中应用系统由专门的信息系统开发工具开发，其数据存取与管理功能也由应用开发工具实现。

(1) 硬件平台

硬件是存储数据库和运行 DBMS 的物质基础。由于数据量大且频繁进行存取等访问操作，因此需要有较高的硬件配置：

① 要有足够大的内存，用于存放操作系统、DBMS 的核心模块、数据缓冲区、应用程序和数据库表等；

② 要有足够大的外存，用于存放数据库和数据备份（如磁盘或磁盘阵列数据库、光盘、磁带用作数据备份）。

③ 要有较高的通信能力，保证较高数据传送率。

（2）软件

软件是指数据库系统中被计算机使用的程序的集合。需要以下几类软件来实现数据库系统的全部功能：

① DBMS 是数据库系统的核心，用于数据库的建立、使用和维护。前面曾经提到常见的 DBMS 的软件有 SQL Server、Oracle、ERP、DB2、MySQL 等，每种 DBMS 软件都有着自己的特色与优势，用户需要根据自己的需求进行选择；

② 支持 DBMS 运行的操作系统，各种 DBMS 软件几乎都提供了对主流操作系统的支持，如 Linux、Unix、Windows 等；DBMS 运行在操作系统之上，接受操作系统的控制和调度；

③ 具有与数据库接口的高级语言及开发工具，常见的程序设计语言如 C、C++、Java、VB、C#、Python 等都对各种 DBMS 提供支持，比较流行的数据库系统开发工具及平台有 JSP、ASP、PHP 等；

④ 特定应用环境开发的数据库应用系统。终端用户借助应用程序通过 DBMS 访问数据库。

（3）人员

开发、管理和使用数据库系统的人员主要包括：系统分析员和数据库设计人员、应用程序开发人员、数据库管理员和最终用户。

① 系统分析员负责应用系统的需求分析和规范说明，与用户及数据库管理员协商以确定系统的硬软件配置，并参与数据库系统的概要设计；

② 数据库设计人员负责数据库中数据的确定，数据库中各模式的的设计。数据库设计人员必须参加用户需求调查和系统分析，然后进行数据库设计。在很多情况下数据库设计人员由数据库管理员担任；

③ 应用程序开发人员负责设计和编写应用系统的程序模块，并进行调试和安装；

④ 数据库管理员负责全面管理和控制数据库系统，其主要职责包括：决定数据库中的信息内容和结构；决定数据库的存储结构和存取策略；定义数据的安全性要求和完整性约束条件；监控数据库的使用和运行（例如，周期性转储数据库、数据文件、日志文件、系统故障恢复、介质故障恢复、监视审计文件）；数据库的改进和重组，性能监控和调优，定期对数据库进行重组织，以提高系统的性能；需求增加和改变时，数据库则需要重构造。

⑤ 最终用户通过应用系统的用户接口使用数据库，浏览器是最常使用的用户接口。

1.1.3 数据管理技术的产生与发展

数据库管理技术伴随着计算机的产生而产生，与计算机的发展密不可分。在计算机诞生之前，由各种人类活动所产生的数据很简单而且数量有限，因此对数据管理没有太高的要求。随着计算机的发展，需要存储并处理的数据量大增，结构也越来越复杂，于是数据管理技术应运而生。数据管理技术是指对数据进行分类、组织、编码、存储、检索和维护的计算机应用技术。

随着计算机硬件、软件的发展，在应用需求的推动下数据管理技术也不断发展。根据数据管理技术的时间、主要应用领域、依赖的技算机技术，以及应用的特征和数据特征，可以粗略地将其划分为人工管理、文件系统、数据库系统三个阶段。每阶段都是对前一个阶段数据管理的完善，数据管理技术向数据存储冗余小、数据独立性不断增强、数据操作和转换更加方便和简单的方向发展（如表 1-1 所示）。

表 1-1　数据管理技术的发展

	人工管理阶段	文件系统阶段	数据库系统阶段
时　间	20 世纪 40～50 年代	20 世纪 50～60 年代	20 世纪 60 年代～现在
应用领域	科学计算	科学计算、数据处理	大规模数据管理
计算机技术	没有操作系统和文件管理技术，数据存储在纸带、卡片或磁带之中	出现了批处理操作系统和文件系统，数据存储在磁盘、磁鼓之中	利用 DBMS 管理在规模数据集，大容量、分布式存储技术
应用特征	数据与应用程序不能分离，数据不能共享，冗余量极大	数据以文件形式存储，可以由多个程序应用，但独立性很差	数据独立于应用程序，共享程序很高，冗余度很低
数据特征	数据无结构，不能存储在计算机中，程序运行结束即退出	数据结构化程度很低，以文件形式存储	数据完全结构化，用数据模型来描述、组织和存储

1. 人工管理阶段（20 世纪 50 年代中期以前）

人工管理阶段是计算机数据管理的初级阶段，当时计算机主要用于科学计算。在计算机出现之前，人们利用纸张记录数据，利用计算工具（算盘、计算尺等）进行数据计算。早期的计算机也是用于数值计算，数据存储在纸带、卡片、磁带等之上。那个时期还没有出现操作系统，数据的组织和管理完全依靠手工完成，因此称作“人工管理阶段”。计算机仅由极少数专业人员编制针对性极强的程序来使用，应用程序和数据集之间是一对一的关系（如图 1-5 所示）。

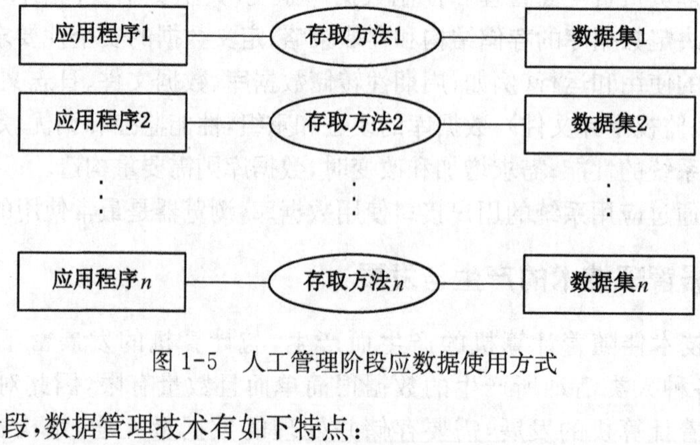

图 1-5　人工管理阶段应数据使用方式

人工管理阶段，数据管理技术有如下特点：

① 数据不能在计算机中保存。当时计算机主要用于科学计算，一般不需要长期保存数据，利用卡片、纸带，将数据输入，运算后输出结果，完成数据处理过程。

② 数据需要由应用程序自己管理，没有相应的软件系统负责数据的管理工作。应用程序中不仅要规定数据的逻辑结构，而且要设计物理结构，包括存储结构、存取方法、输入方式等。

③ 数据不能在应用程序之间共享。数据是面向应用的，当多个应用程序涉及某些相同的数据时，必须各自定义，且无法互相利用、互相参照，因此程序与程序之间有大量的冗余数据。

④ 数据不具有独立性。数据的逻辑结构或物理结构发生变化后，必须对应用程序做相应的修改。

2. 文件系统阶段(20 世纪 50 年代末至 60 年代中期)

20 世纪 50 年代后期到 60 年代中期，随着计算机技术的发展，在软件方面出现了批处理操作系统及早期的文件系统，硬件方面出现了磁鼓、磁盘等数据存储设备。数据以相互独立的文件形式存储，不同的应用程序可以利用文件系统以统一的方式存取数据(如图 1-6 所示)。尽管在文件内部可以实现一定程度的结构化，但该工作由应用程序自己完成，因此数据在不同的应用程序之间共享还很困难。

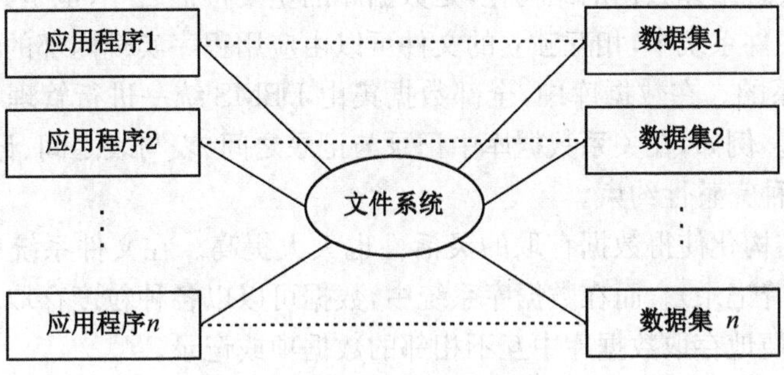

图 1-6　文件系统阶段的数据使用方式

文件系统管理阶段的数据管理技术有如下特点：

① 数据在计算机存储设备中保存。磁鼓、磁带等存储设备能够提供大容量、快速的数据存取，而且能够长期保存。

② 由文件系统提供统一的数据存取方法。文件系统把数据组织成相互独立的数据文件，使用"按文件名访问，按记录进行存取"的管理技术，可以对文件进行创建、修改和删除等操作。

③ 数据共享程度低。尽管文件系统能够提供统一的文件管理方法，但是应用程序还需要自己根据需要定义数据结构，因此，从数据管理的角度来看仅具有内部结构而整体可以说是无结构的。数据在应用程序之间的共享难度很大，数据冗余度依旧较高，安全性、完整性得不到可靠的保证。

④ 数据独立性差。虽然应用程序与数据之间具有独立性，但应用程序仍然依赖于文件的逻辑结构，应用程序的语言环境的变化也将引起文件数据结构的改变。文件系统不容易扩充；数据与程序之间仍缺乏独立性；是一个无弹性的无结构的数据集合。

文件系统阶段是数据管理技术发展中的一个里程碑式的阶段。但是，随着人们对数据需求的增加以及计算机技术的不断发展，文件系统仍然不能满足人们对于数据库管理技术的要求。

3. 数据库系统阶段(20世纪60年代末以来)

20世纪60年代末以来，人们逐渐认识到计算机在信息存储与管理上的巨大潜力，计算机被应用到各种领域。这直接导致数据量急剧增加，数据类型及结构越来越复杂，迫切要求能够实现高共享、低冗余，高效快捷的数据管理技术。计算机软硬件的发展，存储技术的提高为数据库系统的出现提供了可能性。数据库理论也不断发展，层次模型、网状模型、关系模型(见本章1.2节)等为商业数据库奠定了坚实的理论基础。1968年IBM推出了世界上第一个数据库管理系统IMS(Information Management System)，它是基于层次模型的系统。在1969年美国数据系统语言协会(CODASYL)的数据库任务组(DBTG)发表了网状数据模型的DBTG报告。1970年美国IBM公司的高级研究员E. F. Codd连续发表论文，提出了关系数据模型及相关概念，奠定了关系数据库的理论基础。于是，数据管理技术全面进入数据库系统阶段。数据库系统的出现标志着数据管理技术的一个质的飞跃，相对于文件系统有着明显的区别和巨大的优势。

(1) 数据高度结构化

数据库系统实现整体数据的结构化，是数据库的主要特征之一，也是数据库与文件系统的根本区别。在文件系统中，相互独立的文件可以由应用程序实现内部的结构化，但不同文件之间是没有联系的。在数据库中，全部数据集由DBMS统一进行管理，实现了不同层次的、整体的结构化。例如，在关系数据库中记录与记录之间、表与表之间、记录与表之间都存在着联系，满足各种完整性约束。

数据的高度结构化使得数据存取的灵活性也大大提高。在文件系统中，数据访问的最小粒度是行(对应着记录)。而在数据库系统中，数据可以以各种粒度存取，最小的粒度是数据项，甚至可以方便地存取数据库中互不相邻的数据项或记录。

(2) 数据高度共享，冗余度低，易扩充

在采用人工管理或文件系统管理时期时，由于数据被重复存储，当不同的应用使用和修改不同的拷贝时就很容易造成数据的不一致。数据库系统不再面向某个应用，而是面向整个系统，从整体角度看待和描述数据，在降低冗余的同时也保证了数据的一致性。因此，数据可以被多个用户、多个应用共享使用。

由于数据面向整个系统，是有结构的数据，不仅可以被多个应用共享使用，而且容易增加新的应用。这就使得数据库系统弹性大，易于扩充，可以适应各种用户的要求。可以取整体数据的各种子集用于不同的应用系统，当应用需求改变或增加时，只要重新选取不同的子集或加上一部分数据便可以满足新的需求。

(3) 数据独立性高

数据库系统使得应用程序从数据存取和管理的繁重工作中解脱出来，可以专注于具体的业务流程。通俗地说，数据独立性是指应用程序和数据结构之间的依赖程度，高度的数据独立性使得当应用程序修改时数据尽可能不发生变动，反之亦然。在数据库系统中，数据独立性包括数据的物理独立性和数据的逻辑独立性。

物理独立性是指用户的应用程序与存储在磁盘上的数据库中数据是相互独立的。数据在磁盘上的数据库中怎样存储是由DBMS管理的，用户程序不需要了解，应用程序要处理的只是数据的逻辑结构，这样当数据的物理存储改变了，应用程序不用改变。逻辑独立性是指用户的应用程序与数据库的逻辑结构是相互独立的，数据的逻辑结构改变了，用户程序也可以不变。数据独立性由DBMS的二级映像功能来保证(见本章1.3节)。

数据与程序的独立，把数据的定义从程序中分离出去，加上数据的存取又由DBMS负责，从而简化了应用程序的编制，大大减少了应用程序的维护和修改。

(4) 数据由DBMS统一管理和控制

在数据库系统中，数据的存取由DBMS统一负责。应用程序只需要利用数据库查询和操作语言向DBMS提出需求，底层的工作则由DBMS来完成。因此，数据库系统中数据的使用方式(或应用程序与数据之间的关系)如图1-7所示。

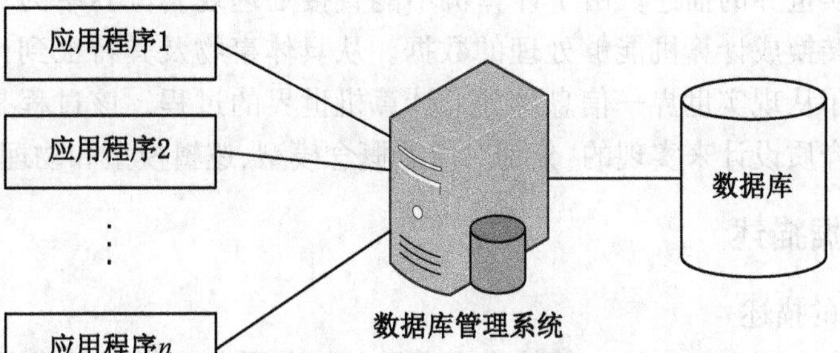

图1-7 数据库系统阶段的数据使用方式

数据库系统的另一个巨大优势是能够提供数据的并发访问，即多个用户可以同时存取数据库中的数据，甚至可以同时存取数据库中的同一个数据。为此，DBMS还提供以下几方面的数据控制功能：

① 安全性保护。数据的安全性是指保护数据以防止不合法的使用造成的数据的泄密和破坏。一般情况下，一个完整的数据库为了确保数据安全，将采取多重防护措施：将数据库中需要重点防护的环节与其他部分隔离处理；遵循授权规则，包括账户、权限控制以及口令等；将数据进行加密处理，并且存储于数据库中。

② 完整性检查。数据库的完整性主要包括数据的一致性、有效性以及正确性。其中，一致性主要指不同客户所使用的同一个数据应该是相同的；有效性主要指数据库中理论数值与实际应用过程中的数值段约束相符；正确性则是数据输入值与数据表中的相应类型一样。

③ 并发控制。在数据库中，如果若干个客户共同享用同一组数据，那么可能出现某一具体时间段的多个客户同时进行数据调取或存储，也就是并发事件。如果一个客户读取数据并进行修改，将修改后的数据存入数据库中；此时如果其他的客户再读取该数据，其正确性不能保障。因此必须采取必要的并发控制手段，杜绝各种错误现象的发生，以提高数据的正确性。

④ 数据库恢复。计算机系统的硬件故障、软件故障、操作员的失误以及故意的破坏也会影响数据库中数据的正确性，甚至造成数据库部分或全部数据的丢失。DBMS必须具有将数据库从错误状态恢复到某一已知的正确状态的功能，这就是数据库的恢复功能。

数据库系统的出现使信息系统从以加工数据的程序为中心转向围绕共享的数据库为中心的新阶段。这样既便于数据的集中管理，又有利于应用程序的研制和维护，提高了数据的利用率和相容性，提高了决策的可靠性。目前，数据库已经成为现代信息系统的不可分离的重要组成部分。数据库已经普遍存在于科学技术、工业、农业、商业、服务业和政府部门的信息系统。20 世纪 80 年代后不仅在大型机上，在多数微机上也配置了 DBMS，使数据库技术得到更加广泛的应用和普及。

1.2 数据描述与数据模型

数据是对现实世界的描述。由于计算机不能直接处理现实世界中的具体事物，因此必须先把具体事物转换成计算机能够处理的数据。从具体事物及其特征到计算机能够描述、存储的数据经历了从现实世界—信息世界—计算机世界的过程。该过程是通过概念设计、逻辑设计和物理介质设计来实现的，分别对应着概念模型、逻辑模型和物理模型。

1.2.1 数据描述

1. 现实世界的描述

现实世界是存在于人们头脑之外的客观世界。如在图书馆藏书和管理系统中，有图书、借书证、学生和教师、图书管理员、借阅规则、罚款规则等。此外，还有各种查询报表、统计报表等。在数据库的研究范畴内，现实世界中常涉及如下概念：

① 事物个体。事物个体是指现实事物中特定的单位或主体。个体具有差异性和具体性，即个体是客观存在的真实事物，而且每一个个体都能够与其他个体区别开来的。例如，图书馆收藏的《数据库系统原理》这本书，就是“图书”总体中的一个具体的个体。

② 事物总体。事物总体是指根据一定的目的和要求所确定的事物的全体，它是由具有某种共同性质的许多个别事物构成的整体。事物总体具有同质性和抽象性，即指构成总体的各个单位必须具有某一方面的共性，这个共性也是从各个单位中所抽象出来的用于确定总体范围的标准。例如，“图书”是一个整体，它是一个概念而不是某一本书。

③ 事物特征。事物特征是用于描述事物个体或总体的性质，某一组事物由于具有相同的特征成为一个事物总体，一个事物个体也由于其具有能够区别于其他任何个体的特征而成为个体。例如，书的作者、价格、页数等。

④ 事物联系。事物的联系是普遍存在的、多种多样的，不同个体之间、个体与总体之间、不同总体之间都有可能存在着各种联系。比如“作者”是一个总体，“书”也是一个总体，它们之间就存在着“著作”这种联系。

2. 信息世界的描述

信息世界是现实世界在人们头脑中的反映，人们用文字、图形和符号等表示它们，构成信息世界。信息世界是一种相对抽象与概念化的世界，它介于现实世界与计算机世界之间，起着承上启下的作用。信息世界是逻辑设计的产物，只有重点理解信息世界，才能明白数据库技术在计算机中的应用，在信息世界中通常涉及以下术语。

① 实体(Entity)。实体是指一个存在的事物和能够将它区别于其他事物的所有属性，

以及该事物与其他事物之间的联系。实体是构成数据库的基本元素。实体可以是人，如一名员工；也可以是物，如一座房子；可以是实际对象，如一门课程；也可以是概念，如员工的学历等。实体与现实世界中的事物个体之间存在着对应关系。

② 属性(Attribute)。属性是实体所具有的特性。一个实体可以由若干个属性来刻画。例如，员工实体可以由编号、姓名、性别、出生年月、学历、入职时间等属性组成。

③ 域(Domain)。属性的取值范围称作域。例如，性别的域为{男，女}，员工年龄域为整数。

④ 实体型(Entity Type)。一类实体所具有的共同特征或属性的集合称为实体型。一般用实体名及其属性名集合来抽象地刻画同一类实体，称为实体型。例如，员工(编号，姓名，性别，年龄，学历)就是一个实体型。实体型与现实世界中的事物总体之间存在着对应关系。

⑤ 实体集(Entity Set)。同型实体的集合叫实体集。例如，全体员工就是一个实体集。要注意实体型和实体集的区别，实体型用实体集的名称及其属性名的集合表示，是一个抽象的概念，而实体集则是客观存在的对象的一个集合。不同实体集可以有相同的实体型。例如，一名主管和一名员工分别属于不同的实体集主管和员工，但主管和员工可以为相同实体型，即(编号，姓名，性别，年龄，学历)。

⑥ 码(Key)。码是能唯一标识每个实体的最小属性集，一个实体一定有码。例如，编号是员工的码，每个员工的编号唯一代表了一个员工。最具代表性的是，身份证号唯一代表一个人。

⑦ 联系(Relationship)。现实世界的事物之间是有联系的。一般存在两类联系：一是实体内部的组成实体的属性之间的联系，二是实体之间的联系。在考虑实体内部的联系时，是把属性看作为实体。

3. 计算机世界的描述

计算机是处理、存储现实世界信息的一种机器。信息世界的信息在计算机系统中以数据形式存储。由于计算机只能处理数据化的信息，所以对信息世界中的信息必须进行数据化，数据化后的信息称为数据。因此，计算机世界(也叫机器世界)是现实世界的延伸，人们可以将现实世界与信息世界的数据信息通过数据库技术存储在计算机中，并利用计算机的处理手段完成人们指定的特殊任务。机器世界中数据描述的术语主要有：

① 字段。对应于属性的数据称为字段，也称为数据项。字段的命名往往和属性名相同，例如，员工有编号、姓名、性别、年龄、学历等字段。

② 记录。对应于每个实体的数据称为记录。例如，(001，张小青，女，27，上海市，硕士)为一个记录。

③ 文件。对应于实体集的数据称为文件。例如，所有员工的记录组成了一个员工文件。

通过以上的介绍，我们可总结出三个世界中各术语的对应关系如图1-8所示。

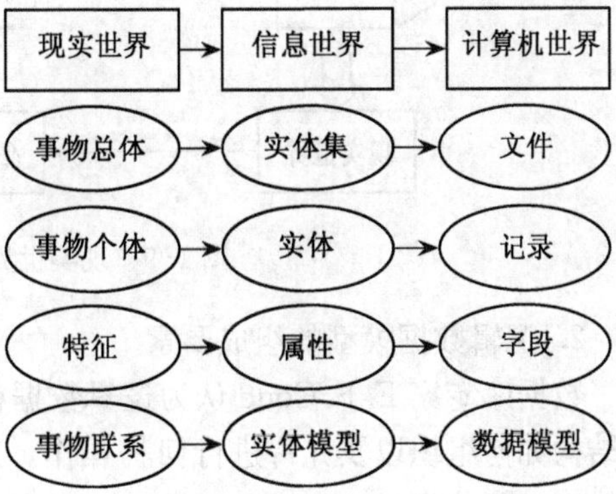

图1-8 三个世界中各术语的对应关系

1.2.2　数据模型的分类与组成

1. 数据模型的分类

数据模型就是对现实世界中各种事物或实体特征的数字化模拟和抽象,用以表示现实世界中的实体及实体之间的联系,使之能存放到计算机中,并通过计算机软件进行处理的概念工具的集合。根据数据描述的过程,可将数据模型划分为三类:概念模型、逻辑模型和物理模型。

概念模型也称信息模型,是在信息世界中,对所研究的信息需建立一个以反映实体集及实体集之间联系的模型,它按用户的观点来对数据和信息建模,用于数据库设计。概念模型是概念设计的结果。概念设计就是把现实世界的事物收集起来,进行分类、抽取系统所需要的数据。经过概念设计,就得到了概念模型。

逻辑模型是用户在数据库中看到的数据模型,是具体的数据库管理系统所支持的数据模型,主要有层次数据模型(Hierarchical Model)、网状数据模型(Network Model)、关系数据模型(Relational Model)、面向对象模型(Object Oriented Model)等类型。此模型既要面向用户又要面向系统,主要是研究数据的逻辑结构,用于数据库管理系统的实现。

物理模型用来描述数据物理存储结构和存储方法。例如,一个数据库中的数据和索引是存放在不同的数据段上还是相同的数据段上;数据的物理记录格式是变长的还是定长的;数据是压缩的还是非压缩的;索引结构是 B+树还是 Hash 结构等。物理模型不但由 DBMS 的设计决定,而且与操作系统、计算机硬件密切相关。

其中,物理模型涉及 DBMS 的实现,不是本书关注的重点。

从现实世界到概念模型的转换是由数据库设计人员完成的,从概念模型到逻辑模型的转换可以由数据库设计人员完成,也可以用数据库设计工具协助设计人员完成,从逻辑模型到物理模型的转换一般是由 DBMS 完成的。

图 1-9 是现实世界中客观对象的抽象过程。

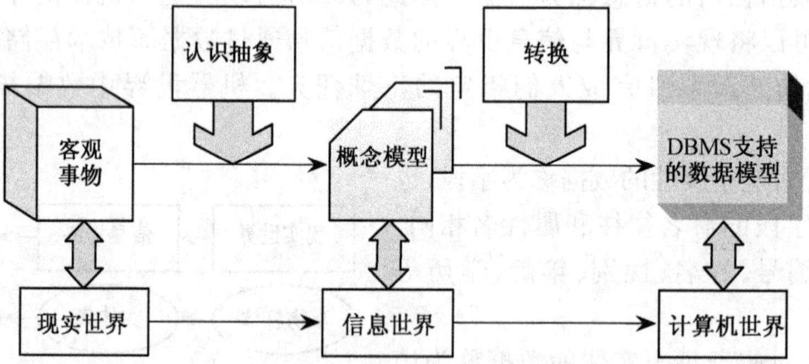

图 1-9　现实世界中客观对象的抽象过程

2. 逻辑数据模型的组成要素

数据库专家 E. F. Codd 认为逻辑数据模型是一组向用户提供的规则,这些规则规定数据结构如何组织以及允许进行何种操作。逻辑数据模型通常由数据结构、数据操作和完整性约束三部分组成。

(1) 数据结构

数据结构是所研究的对象类型的集合。可分为两类,一类是与数据类型、内容、性质有关的对象,例如,网状模型中的数据项、记录,关系模型中的域、属性、关系等;另一类是与数据之间联系有关的对象,例如,网状模型中的记录型。

数据结构是对系统静态特性的描述,是刻画一个数据模型性质最重要的方面。因此,在数据库系统中,人们通常按照数据结构的类型来命名数据模型。例如,层次结构、网状结构和关系结构的数据模型分别命名为层次模型、网状模型和关系模型。

(2) 数据操作

数据操作是指数据库中允许用户执行的操作的集合,包括操作及有关的操作规则。数据库主要有检索和更新(包括插入、删除、修改)两大类操作。数据模型还需要定义数据操作的确切含义、操作符号、操作规则(如优先级)以及实现操作的语言。

数据操作是对系统动态特性的描述。

(3) 数据的完整性约束条件

数据的约束条件是完整性规则的集合。完整性规则是指在给定的数据模型中,数据及其联系所具有的制约条件和依存条件,用以限制符合数据模型的数据库的状态以及状态的变化,确保数据的正确性、有效性和一致性。数据模型需要定义完整性约束条件机制,以反映具体应用所涉及的数据必须遵守的特定的语义约束条件。

1.3 概 念 模 型

为了把现实世界中的具体事物或事物之间的联系表示成 DBMS 所支持的数据模型,人们首先必须将现实世界的事物及其之间的联系进行抽象,转换为信息世界的概念模型;然后将信息世界的概念模型转换为机器世界的数据模型。也就是说,首先把现实世界中的客观对象抽象成一种信息结构,这种信息结构并不依赖于具体的计算机系统和 DBMS。然后,再把概念模型转换为某一计算机系统上的 DBMS 所支持的数据模型。因此,概念模型是从现实世界到机器世界的一个中间层次。最常使用的概念模型为实体(Entity)—联系(Relationship)模型,即 E-R 模型,用 E-R 图来表示。

1.3.1 实体型之间的联系及其表示

两个实体型之间的联系可以分为三种。

(1) 一对一(1∶1)联系

若对于实体集 A 中的每一个实体,实体集 B 中至多有唯一的一个实体与之联系;反之,亦然,则称实体集 A 与实体集 B 具有一对一联系,记作 1∶1。例如,企业里面,一个企业只能有一个总经理,而一个总经理一般只在一个企业中担任,则总经理与企业之间是一对一联系。

(2) 一对多(1∶n)联系

若对于实体集 A 中的每个实体,实体集 B 中有 n 个实体($n \geqslant 0$)与之联系;反之,对于实体集 B 中的每一个实体,实体集 A 中至多只有一个实体与之联系,则称实体集 A 与实体集 B 有一对多联系,记为 1∶n。

相应地有多对一($n:1$)联系。从本质上说,多对一联系是一对多联系的逆转。其定义同一对多联系类似。

例如,一个企业的部门中有若干名员工,而每个员工只能属于一个部门,则部门与员工之间是一对多联系。

(3) 多对多($m:n$)联系

若对于实体集 A 中的每一个实体,实体集 B 中有 n 个实体($n \geqslant 0$)与之联系;反之,对于实体集 B 中的每一个实体,实体集 A 中有 m 个实体($m \geqslant 0$)与之对应,则称实体集 A 与实体集 B 具有多对多联系,记作 $m:n$。

多对多联系最实际的例子就是学生选课。一门课程同时有若干名学生选修,而一个学生可以同时选修多门课程,则课程与学生之间具有多对多联系。

实际上,多对多联系可以是任意一种联系。一对一联系是一对多联系的特例,而一对多联系又是多对多联系的特例。

图 1-10 可以形象地说明两个实体型之间的联系。

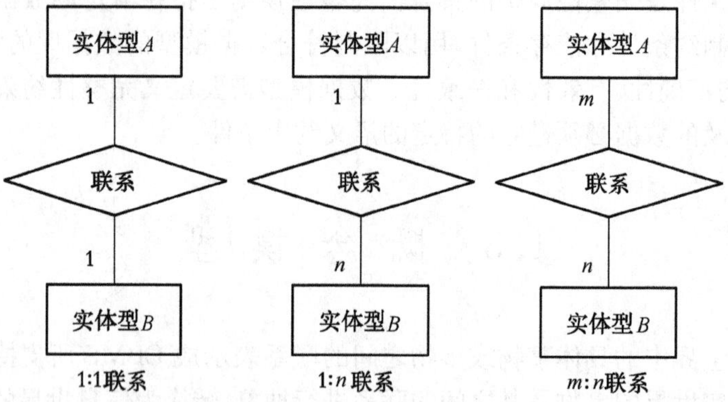

图 1-10　两个实体型之间的三种联系

一般地,两个以上的实体型之间以及同一个实体集内部的各实体之间也存在着一对一、一对多、多对多的联系。由于其对应关系都和两个实体之间的联系类似,这里不再举例说明,请读者自己找出几个例子。

1.3.2　实体—联系方法(E-R 图)

E-R 图是 E-R 数据模型的图形表示法,是一种直观表示现实世界的有力工具,目前 E-R 图是最主要的数据库的概念设计方法。

1. E-R 图的表示方法

E-R 图中实体用矩形代表;属性用椭圆形代表;联系用菱形代表;实体和联系间、实体和属性间、联系和属性间用线段连接,如图 1-11 所示。

2. E-R 图的构成规则

(1) 实体集及实体间联系

两个不同实体集 A 和 B 之间的联系如图 1-12 所示,该图直接由图 1-10 转变而来。

同一实体集内部也可能存在着一对一、一对多和多对多联系。如果实体集 A 中实体之间有联系 A-A,则实体间联系如图 1-13 所示。

图 1-11 E-R 图的表示

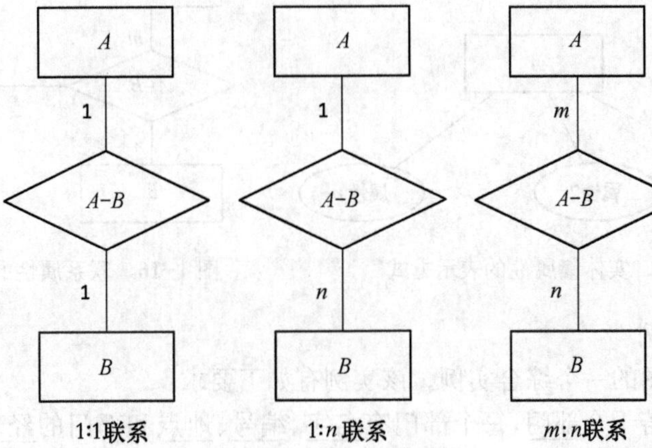

图 1-12 两个不同实体集之间的联系

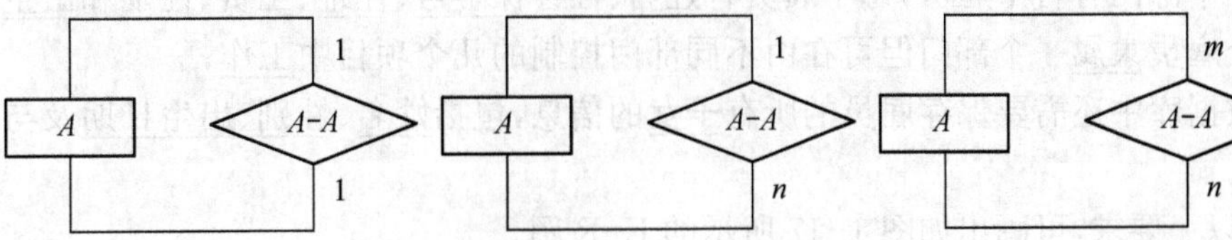

图 1-13 实体集 A 中实体之间联系

如果三个以上实体集 A、B、C 之间有联系 A-B-C，则实体间联系如图1-14 所示。

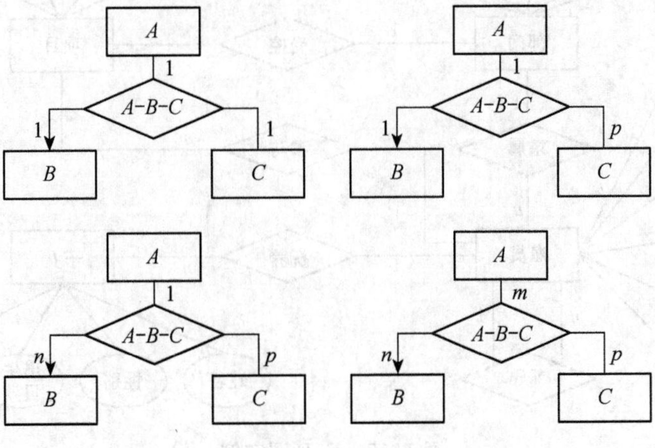

图 1-14 三个实体集 A、B、C 之间的联系

(2) 实体集及联系的属性

在 E-R 图中,实体集可以有属性,实体集之间的联系也可以有属性。实体集属性的表示方法如图 1-15 所示,用椭圆形表示一个属性,实体集与其属性之间相连接即可。联系的属性如图 1-16 所示,表示方法与实体集的属性类似。

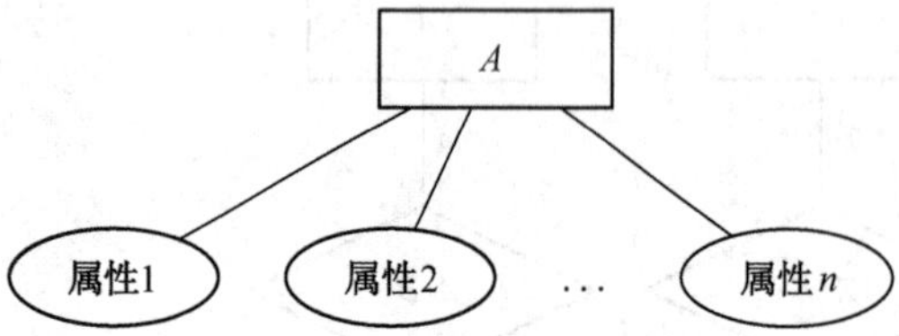

图 1-15 实体集属性的表示方式

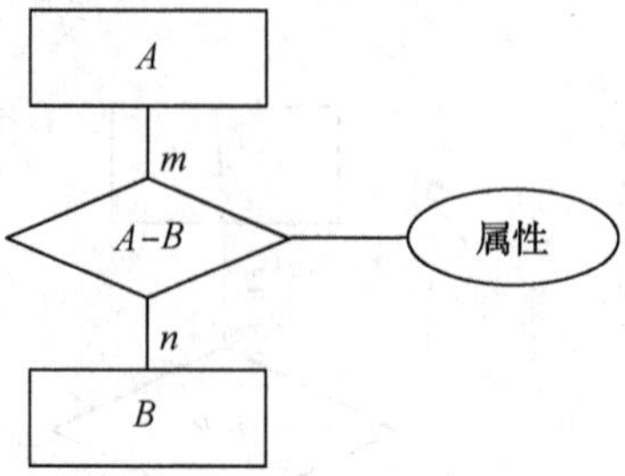

图 1-16 联系属性的表示方式

3. E-R 图的实例

下面给出 E-R 图的一个综合实例。该实例有如下要求:

① 某公司分为若干个部门,每个部门有名字、编号、地点和部门的经理,部门经理从某个日期开始管理该部门;

② 一个部门控制若干项目,每个项目有一个名字,一个编号和所处的位置;

③ 一个部门有若干雇员,每个雇员有姓名、社会保险号、住址、工资、性别和出生日期等属性,一个雇员隶属一个部门但可在由不同部门控制的几个项目中工作;

④ 数据库中还需要保存雇员的所有子女的信息,包括姓名、性别、出生日期及与雇员之间的关系。

根据以上要求,可画出如图 1-17 所示的 E-R 图。

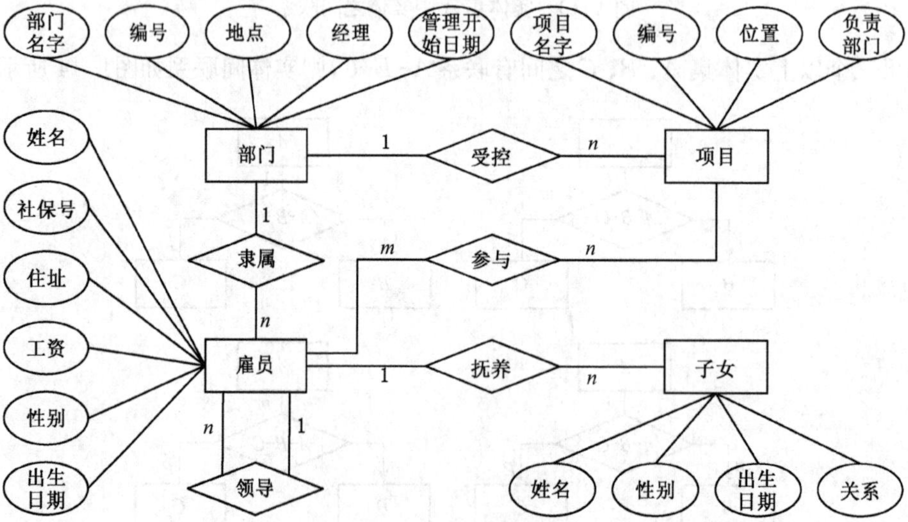

图 1-17 E-R 图实例

需要指出的是,同一个问题的 E-R 图表示并不是唯一的,实体集、属性及联系之间的界限也不是确定的，需要根据具体的问题及用户的需求给出最合适的 E-R 图。这里只是简单地介绍了一下 E-R 图设计，更加详细的内容将在后面的第 6 章数据库设计中详细介绍。

1.4 逻 辑 模 型

概念模型是将现实世界转化为能够存储在计算机中的形式的第一步。根据概念模型对数据库进行逻辑设计的工具是逻辑模型。目前数据库领域常用的逻辑数据模型有：层次模型（Hierarchical Model）、网状模型（Network Model）、关系模型（Relational Model）、面向对象模型（Object Oriented Model）、对象关系模型（Object Relational Model）等。

层次模型和网状模型也称为非关系模型。格式化模型的数据库系统在 20 世纪 70 年代至 80 年代初非常流行，在数据库系统产品中占据了主导地位。而到了 20 世纪 80 年代，则几乎所有新开发的系统均是关系型的，其中涌现出了许多性能优良的商品化关系数据库管理系统，如 DB2、Ingres、Oracle、Informix、Sybase 等。这些商用数据库系统的应用使数据库技术日益广泛地应用到企业管理、情报检索、辅助决策等方面，成为实现和优化信息系统的基本技术。针对关系数据库技术现有的局限性，面向对象的数据库技术将成为下一代数据库技术发展的主流。部分学者认为现有的关系型数据库无法描述现实世界的实体，而面向对象的数据模型由于吸收了已经成熟的面向对象程序设计方法学的核心概念和基本思想，使得它符合人类认识世界的一般方法，更适合描述现实世界。

本章简要介绍一下前四个模型。需要注意的是，这里讲的数据模型都是逻辑上的，也就是说是用户眼中看到的数据范围。同时它们又都是能用某种语言描述，使计算机系统能够理解，被 DBMS 支持的数据视图。

1.4.1 层次模型

层次模型是最早出现的数据库系统逻辑模型，其提出是为了模拟按层次组织起来的事物。基于层次模型实现的数据库系统称为层次数据库，层次数据库是按记录来存取数据的。20 世纪 60 年代末，采用层次模型的数据库的典型代表是 IBM 公司的 IMS（Information Management System）数据库管理系统，它曾经是一个被广泛使用的数据库系统。

层次模型用一棵“有向树”的数据结构来表示各类实体以及实体间的联系。现实世界中，许多实体之间的联系都表现出一种很自然的层次关系，如家族关系、行政机构等。

1. 层次模型的数据结构

满足下面两个条件的基本层次联系的集合为层次模型：

① 有且只有一个结点没有双亲结点，这个结点称为根结点；

② 根以外的其他结点有且只有一个双亲结点。

在层次模型中，每个结点表示一个记录类型，结点间的连线（边）表示记录类型间的关系，上一层记录类型和下一层记录类型之间的联系是 1 : n。如果要存取某一记录型的记录，可以从根结点起，按照有向树层次向下查找。每个记录类型可包含若干个字段，记录类型描述的是实体，字段描述实体的属性，各个记录类型及其字段都必须命名。

2. 层次模型中的几个术语

在层次模型中,同一双亲节点的子女结点称为兄弟结点(Twin 或 Sibling),没有子女结点的结点称为叶结点。图 1-18 给出了一个层次模型的例子。其中,A 为根结点;B1 和 B2 为兄弟结点,是 A 的子女结点;C1 和 C2 是兄弟结点,是 B1 的子女结点;B2、C1 和 C2 为叶结点。从图中可以看出层次模型像一棵倒立的树,结点的双亲是唯一的。

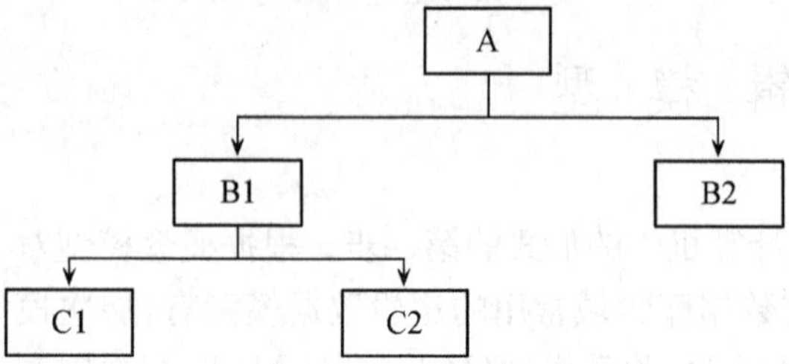

图 1-18　一个层次模型的示例

图 1-19 是一个企业层次模型,为了简便起见,该层次模型有四个记录型。分别是:

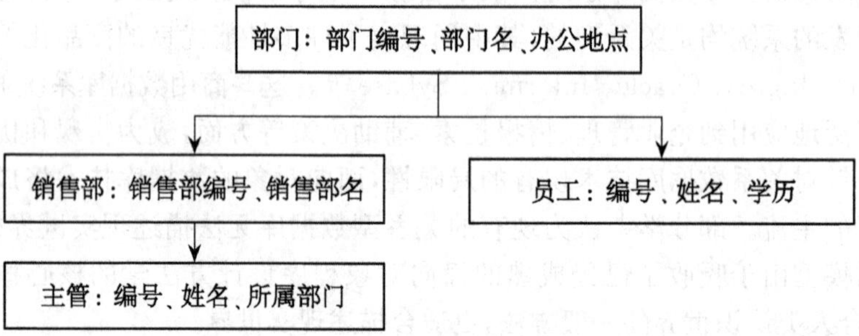

图 1-19　企业部门层次数据库模型

记录型部门是根结点,由部门编号、部门名、办公地点等字段组成,它有两个子女结点销售部和员工;记录型销售部是部门的子女结点,同时又是主管的双亲结点,它由销售部编号、销售部名两个字段组成;记录型员工由编号、姓名、学历三个字段组成;记录型主管由编号、姓名、所属部门三个字段组成。

员工与主管是叶结点,它们没有子女结点,由部门到销售部,销售部到主管,由部门到员工均是一对多的关系。

3. 层次数据模型的数据操纵与完整性约束

层次数据模型的操纵主要有:查询、插入、删除和更新。进行查询、插入、删除和更新操作时要满足层次模型的完整性约束条件。进行插入操作时,如果没有相应的双亲结点就不能插入子女结点值;进行删除操作时,如果删除双亲结点值,则相应的子女结点也被同时删除;进行更新操作时,应更新所有相应记录,以保证数据的一致性。

4. 层次模型的优缺点

(1) 优点

① 层次数据模型简单,对具有一对多的层次关系的部门描述自然、直观,容易理解;

② 若实体间的关系固定,性能优于关系模型,不低于网状模型;

③ 层次数据模型提供了良好的完整性支持。

(2) 缺点

① 有固定的存取路径,仅允许自顶向下单向查询;

② 适合表示记录间的一对多联系，而描述非层次结构则显得很笨拙，多对多和多对一联系的表示会出现数据冗余；

③ 语义完整性差，数据依赖性强，须通过双亲才能找到子女结点；

④ 同一实体联系模型可以构造出许多层次模型，而对不同的模型同一查询的表达方式就不同，因此用户必须了解模型的结构；

⑤ 插入和删除操作限制较多；

⑥ 由于结构严密，层次命令趋于程序化。

1.4.2 网状模型

在现实世界中事物之间的联系更多的是非层次关系的，用层次模型表示这种关系很不直观，网状模型克服了这一弊病，可以清晰地表示这种非层次关系。

基于网状模型实现的数据库系统称为网状数据库。网状模型最早由美国的查尔斯·巴赫曼发明。20 世纪 70 年代，数据系统语言研究会 CODASYL(Conference On Data System Language)下属的数据库任务组 DBTG(Data Base Task Group)提出了一个系统方案，DBTG 系统，也称 CODASYL 系统。DBTG 成为网状模型的代表，并对网状数据模型和语言进行了定义。在 1978 年和 1981 年又做了修改和补充，它为网状数据库系统的研制和发展起了重大的影响。1984 年美国国家标准协会(ANSI)提出了一个网状定义语言(Network Definition Language，NDL)的推荐标准。并在后来产生了大量的网状数据库的 DBMS 产品，例如，Cullinet Software Inc. 公司的 IDMS、Univac 公司的 DMS1100、Honeywell 公司的 IDSII、HP 公司的 IMAGE 等。

1. 网状数据模型的数据结构

网状模型，顾名思义就是一个事物和另外的几个事物都有联系，这些联系形成了网状结构。所以满足下面两个条件的基本层次联系的集合为网状模型：

① 允许一个以上的结点无双亲；

② 一个结点可以有多于一个的双亲。

网状模型取消了层次模型的两个限制，两个或两个以上的结点都可以有多个双亲结点，则此时有向树变成了有向图，该有向图描述了网状模型。网状数据模型的数据结构表示方法与层次数据模型相同：实体型用记录类型描述，每个结点表示一个记录类型；属性用字段描述，每个记录类型可包含若干个字段；联系用结点之间的连线表示记录类型之间的一对多的父子联系。

从定义上可以看出网状模型中子女结点与双亲结点的联系可以不唯一，需要为每个联系命名，并指出与该联系有关的双亲记录和子女记录。如图 1-20(a)所示，任意两个实体间的联系必须命名。图 1-20 中(b)、(c)给出了网状模型的另外两个例子。

网状模型与层次模型的区别之处：

① 网状模型允许多个结点没有双亲结点；

② 网状模型允许结点有多个双亲结点；

③ 网状模型允许两个结点之间有多种联系(复合联系)；

④ 网状模型可以更直接地去描述现实世界；

⑤ 层次模型实际上是网状模型的一个特例。

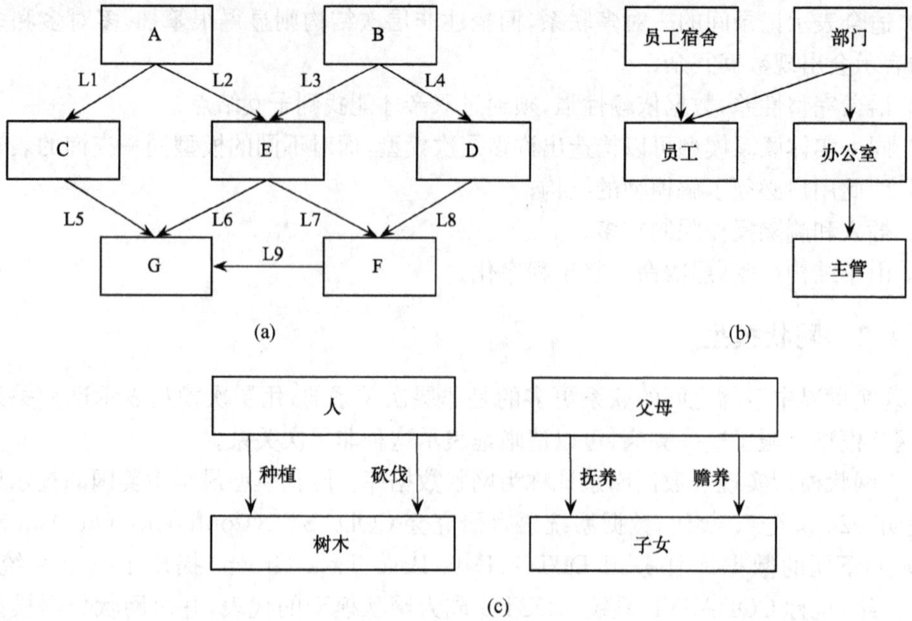

图 1-20 网状模型

2. 网状数据模型的操纵与完整性束

网状数据模型允许插入无双亲的子女结点；允许只删除双亲结点，其子女结点仍在；更新操作较简单，只需更新指定记录即可；查询操作可以有多种方法实现。

网状模型没有层次模型那样严格的完整性约束条件，但具体的网状数据库系统提供了一定的完整性约束，对数据操纵加以一些限制。例如，DBTG 在模式中提供了定义 DBGT 数据库完整性的若干概念和语句，主要有：

① 支持码的概念，码是唯一标识记录的数据项的集合；

② 一个联系中双亲记录与子女记录之间是一对多联系；

③ 支持双亲记录和子女记录之间某些约束条件。

3. 网状数据模型的优缺点

(1) 优点

① 设计简单，与层次数据模型类似，网状数据模型也是简单和容易设计的；

② 便于理解，在处理一对多(1∶m)和多对多(n∶m)联系时采用网状模型更容易，能够更为直接地描述现实世界；

③ 访问灵活，网状数据模型中应用程序中记录与记录之间联系是网状的，如果要访问其中两个或多个主记录，那么可以直接从一个主记录移动到另一个主记录；

④ 数据库完整性，网状模型强制数据完整性并且不允许存在没有主记录的成员，因此用户必须首先定义主记录，然后定义成员记录；

⑤ 数据独立性，网状数据模型提供了一定程度的数据独立性，部分地将程序与复杂的物理存储细节隔离开。

(2) 缺点

① 结构复杂，其 DDL 语言极其复杂，而且随着应用环境的扩大，数据库结构变得越来

越复杂，不利于最终用户掌握；

② 结构独立性较差，由于实体间的联系本质上通过存取路径指示的，因此应用程序在访问数据时要指定存取路径，程序设计困难。

1.4.3 关系模型

关系模型是当前 DBMS 所支持的数据模型的主流。从 20 世纪 90 年代开始，运行的 DBMS 几乎都是基于关系模型的。层次模型和网状模型统称为非关系模型。非关系模型的结构可以和图论中的图相对应，比较直观，但在理论上不完备，实现效率较低，故目前很少用。但是最近，层次模型在研究面向对象的 DBMS 中重新得到重视。

E. F. Codd 于 20 世纪 70 年代初提出关系数据理论，他也因此获得了 1981 年的 ACM 图灵奖。关系理论是建立在集合代数理论基础上的，有着坚实的数学基础。早期关系数据库系统的代表有 IBM 研制的 SystemR、由加州 Berkeley 分校研制的 INGRES 等。目前主流的商业数据库系统 Oracle、Informix、Sybase、SQL Server、DB2、PostgreSQL、Access、Mysql 等都是关系数据库。

本小节只是简单地介绍一下关系模型，更加详细的介绍将在下一章中阐述。

1. 关系数据模型的数据结构

在关系模型中，从用户的角度来看，其逻辑结构是一张二维表。关系数据库常用到如下的一些概念，这些概念与数据描述部分的概念有着类似的内涵。

① 关系(Relation)，对应于一张表，例如，表 1-2 所示的员工表；

② 元组(Tuple)，表中的一行，例如，表 1-2 中的一行(01，张小青，27，女，1，硕士)；

③ 属性(Attribute)，表中的一列称为一个属性，给每一列起一个名称为属性名。这一列或这个属性所有可能取的值的集合称为这个属性的值域(Domain)，值域中的一个元素叫做这个属性的值。如表 1-2 中编号、姓名、性别、年龄、学历都是属性。性别下的(男，女)是值。

④ 主码(Primary Key Attribute 或 Primary Key)，是指能唯一标识一个元组的一个或一组属性，表 1-2 中的编号就是该关系的主码；

⑤ 分量(Attribute Value)，是指元组中一个属性相对应的值；

⑥ 关系模式(Relational Schema)是对关系的描述，一般用关系名(属性名 1，属性名 2，…，属性名 n)来表示。例如，员工(编号，姓名，性别，年龄，工龄，学历)。

表 1-2 员工登记表

编号	姓名	性别	年龄	工龄	学历
01	张小青	女	27	1	硕士
02	刘 平	女	24	1	本科
03	王大勇	男	24	2	本科
04	李 静	女	23	3	中专
…	…	…	…	…	…

2. 关系模型的特点

① 概念单一，在关系模型中，无论是实体还是实体之间的联系都用关系来表示。在关

系模型中，在用户的观点中数据的逻辑结构只有表。在非关系模型中，用户要区分记录型与记录型之间的联系两个概念；当环境复杂时，数据结构异常复杂难以掌握。而关系模型由于概念单一，可以变复杂为直观、简单，易学易用；

② 规范化，所谓关系规范化是指在关系模型中，每一个关系都要满足一定的条件要求。这些条件被称为规范条件。对于关系，一个最基本的规范条件是要求关系中的每一个属性(或分量)均是不可分的数据项；也就是说不允许表中有表，表是不可嵌套的；

③ 在关系模型中，用户对数据操作的输入和输出都是表，也就是说，用户通过操作旧表而得到一张新表。

总之，关系模型概念简单，结构清晰，有严格的以数学为基础的关系理论做指导，便于DBMS的实现。基于关系的DBMS简化了应用程序员的工作，便于数据库应用系统的设计和维护。因此，关系模型自诞生以后就得到了迅速的发展，成为应用最为广泛的数据模型。

1.4.4 面向对象模型

20世纪90年代来，随着应用需求的不断变化，关系型数据库不断向前发展。在关系模型基础上引入面向对象技术，从而使关系型数据库发展成为一种新型的面向对象的关系型数据库。它是面向对象程序设计方法与数据库技术相结合的产物。

在面向对象数据模型中，基本结构是对象而不是记录，一切事物、概念都可以看做对象。一个对象不仅包括描述它的数据，而且还包括对其进行操作的方法的定义。它也是一种可扩充的数据模型，用户可根据应用需要定义新的数据类型和相应的约束和操作。而且比传统数据有更丰富的语义。

1. 面向对象模型的核心思想

面向对象的程序设计方法是目前程序设计中主要的方法之一，它简单、直观、自然，十分接近人类分析和处理问题的自然思维方式，同时又能有效地用来组织和管理不同类型的数据。

把面向对象程序设计方法和数据库技术相结合，能够有效地支持新一代数据库应用。于是面向对象数据库系统研究领域应运而生，吸引了相当多的数据库工作者，获得了大量的研究成果，开发了很多面向对象数据库管理系统，包括实验系统和产品。比较典型的有POSTGRES系统和Gemstone系统，其中POSTGRES系统以INGRES关系数据库系统为基础，扩充了功能，具有面向对象的特性；Gemstone系统是在面向对象程序语言基础上扩充得到的。

因此，可以说面向对象的数据模型是关系模型吸收了面向对象程序设计方法的核心概念和基本思想的产物，它用面向对象的观点来描述现实世界中的实体。

2. 面向对象数据库系统的特点

称一个数据库系统为面向对象的数据库系统至少应满足两个条件：第一，支持面向对象数据模型的内核；第二，支持传统数据库的所有数据成分。所以OODBS除了具有原来关系数据库的各种特点外，还具有以下特点：

(1) 扩充数据类型

关系数据库系统只支持某些固定的数据类型，不能依据某一特定的应用所需来扩展其数据类型，而面向对象的数据库系统允许用户扩充数据类型。

(2) 支持复杂对象

面向对象的数据库系统不仅支持简单的对象,还支持由多种基本数据类型或用户自定义的数据类型构成的复杂对象,支持子类、超类和继承的概念。因而能对现实世界的实体进行自然而直接的模拟,可表示诸如某个对象由“哪些对象组成”,有“什么性质”,处在“什么状态”。

(3) 提供通用的规则系统

规则在 DBMS 及其应用中是十分重要的,在传统的 RDBMS 中用触发器来保证数据库的完整性。触发器可以看成规则的一种形式。面向对象的数据库系统支持的规则系统将更加通用、灵活。例如,规则中的事件和动作可以是任何的 SQL 语句,可以使用用户自定义的函数,规则还能够被继承。

1.5 数据库系统结构

数据库系统结构是数据库的一个总的框架。从不同的层次、不同的角度划分,可以分为不同的种类。例如,从数据库最终用户角度看,数据库系统的结构划分为单用户结构、主从式结构、分布式结构、客户/服务器结构(C/S)、浏览器/服务器结构(B/S)等。这是数据库系统外部的体系结构。从数据库管理系统角度看,数据库系统通常采用三级模式结构。这是数据库管理系统内部的数据结构。

1.5.1 模式

模式(Schema)是数据库中全体数据的逻辑结构和特征的描述,它仅仅涉及类型的描述,而不涉及具体的值。模式的一个具体值称为模式的一个实例(Instance)。同一个模式可以有很多实例。模式是相对稳定的,实例是相对变动的,因为数据库中的数据总在不断地更新。模式反映的是数据的结构及其联系,而实例反映的是数据库某一时刻的状态。

例如,某个企业在 2012 年的员工信息数据库中有员工记录、职位记录、所属部门记录,在这些记录中包含了具体的实例。那么在 2013 年可能有人员变动,部门调整等变化,就会发生实例变化。实例其实就是表示数据库在某一时刻的具体状态。

在现实生活中,大型的企业都有各自的数据库管理系统,可以管理不同的数据类型,使用不同的数据语言,数据的存储结构也不相同,但它们的体系结构都采用三级模式结构,并提供两级映像功能。

1.5.2 数据库系统的三级模式结构

数据库系统的三级模式结构是指数据库系统是由外模式、模式、内模式三级构成,如图 1-21 所示。

1. 外模式(External Schema)

外模式又称子模式(Subschema)、用户模式或外视图,是三级结构的最外层。一般用户只对整个数据库的外模式部分感兴趣,所以外视图是一般用户看到和使用的数据库内容,因此也常把外视图称为用户数据库。它由多种外记录值构成,这些记录值是概念视图的某一部分的抽象表示。

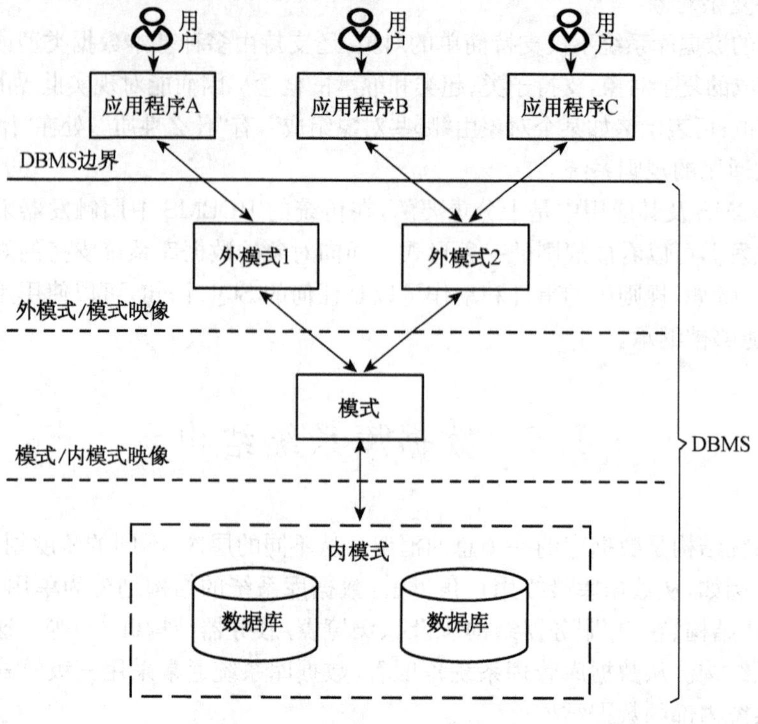

图 1-21 数据库系统的三级模式结构

一个数据库可以有多个外模式，反映了不同的用户的应用需求、看待数据的方式、对数据保密的要求等。对模式中同一数据，在外模式中的结构、类型、长度、保密级别等都可以不同。DBMS 提供外模式描述语言(外模式 DDL)来定义外模式。

2. 模式

模式(Schema)也称逻辑模式，处于三级结构的中间层。模式是数据库中全体数据的逻辑结构和特征的描述，也是对现实世界的一个抽象，是现实世界某应用环境(如一个企业)的所有信息内容集合的表示。从用户角度来看，模式是所有个别用户视图综合起来的结果，所以又称用户共同视图。

一个数据库只有一个模式，与数据的物理存储细节和硬件环境无关，也与具体的应用程序、开发工具及高级程序设计语言无关。数据库模式以某一种数据模型为基础，统一综合地考虑了所有用户的需求，并将这些需求有机地结合成一个逻辑整体。模式定义包括数据的逻辑结构定义、数据之间的联系定义以及安全性、完整性要求的定义。

模式与外模式是一对多关系，外模式通常是模式的子集。DBMS 提供模式描述语言(模式 DDL)来定义模式。

3. 内模式

内模式(Internal Schema)又称存储模式或内视图，是三级结构中的最内层，也是靠近物理存储的一层。内模式与实际存储数据方式有关，由多个存储记录组成。尽管接近物理存储，但内模式并非物理层，不必关心具体的存储位置。一个数据库只有一个内模式。例如，记录的存储方式是顺序存储、按照 B 树结构存储还是按 Hash 方法存储；索引按照什么方式组织；数据是否压缩存储、是否加密；数据的存储记录结构有何规定等，是内模式需要处理的问题。

数据库划分为三级结构有如下的优点：

① 保证数据的独立性。将模式和内模式分开，保证了数据的物理独立性；将外模式和模式分开，保证了数据的逻辑独立性。

② 简化了用户接口。按照外模式编写应用程序或敲入命令，而不需了解数据库内部的存储结构，方便用户使用系统。

③ 有利于数据共享。不同的外模式下可有多个用户共享系统中数据，减少了数据冗余。

④ 利于数据的安全保密。外模式的限制要求用户需要根据要求进行操作，不能对限定的数据操作，保证了其他数据的安全。

1.5.3 数据库系统的二级映像功能与数据独立性

数据库系统的三级模式是对数据进行三个层次抽象的工具。通过三级模式，把对数据的具体组织留给DBMS来完成，使得用户能在高层次上处理数据的逻辑结构，而不必关心数据在计算机内部的存储方式（数据的物理结构）。为了实现这三个层次之间的联系，DBMS在沟通三级模式中提供了两个映像：外模式/模式映像，模式/内模式映像。

(1) 外模式/模式映像

数据库中的同一模式可以有任意多个外模式，对于每一个外模式，都存在一个外模式/模式映像。它确定了数据的局部逻辑结构与全局逻辑结构之间的对应关系。

例如，在原有的记录类型之间增加新的联系，或在某些记录类型中增加新的数据项时，使数据的总体逻辑结构改变，外模式/模式映像也发生相应的变化，这一映像功能保证了数据的局部逻辑结构不变，由于应用程序是依据数据的局部逻辑结构编写的，所以应用程序不必修改，从而保证了数据与程序间的逻辑独立性。简称数据的逻辑独立性。

(2) 模式/内模式映像

数据库中的模式和内模式都只有一个，所以模式/内模式映像是唯一的。它确定了数据的全局逻辑结构与存储结构之间的对应关系。

例如，存储结构变化时，模式/内模式映像也应有相应的变化，使其概念模式仍保持不变，即把存储结构的变化的影响限制在概念模式之下，这使数据的存储结构和存储方法较高地独立于应用程序。通过映像功能保证数据存储结构的变化不影响数据的全局逻辑结构的改变，从而不必修改应用程序，即确保了数据的物理独立性。

正是由于上述二级映像的功能及其自动实现，使得数据库系统中的数据具有较高的逻辑独立性和物理独立性，从而大大地方便了用户的使用。

1.6 数据库系统语言类型

数据库系统提供了四种不同类型的语言：数据查询语言（Data Query Language, DQL）、数据定义语言（Data Definition Language, DDL）、数据操纵语言（Data Manipulation Language, DML）和数据控制语言（Data Control Language, DCL）。本节对它们的定义进

行初步的介绍，以便在后续学习中要知道所使用的具体语言所属的类型。

1.6.1 四类数据库系统语言

1. 数据查询语言(DQL)

数据查询语言是用户从数据库中请求获取信息的语言。它可以分为过程化语言和非过程化语言。在过程化语言中，用户指导系统对数据库执行一系列操作以计算所需结果。在非过程化语言中，用户只需描述所需信息，而不用给出获取该信息的具体过程。

目前，有很多商业性的或者实验性的数据查询语言，其中使用最广泛的为结构化查询语言(Structured Query Language，SQL)。

2. 数据定义语言(DDL)

数据定义语言用来定义数据的结构，例如，在关系数据库中创建、修改或者删除数据库的表、视图、索引等对象。

3. 数据操纵语言(DML)

用户通过数据操纵语言可以实现对数据库中数据进行追加、插入、修改、检索等操作。主要包括：向数据库中插入新信息、从数据库中删除信息和修改数据库中存储的信息。

不同的DBMS语言的语法格式也不同，以其实现方式可以分为两个类型：一类称为自主型DML语言，可以独立交互使用，不依赖于任何程序设计语言；另一类是宿主型DML语言，需要嵌入到宿主语言中使用，如嵌入C、JAVA等程序设计语言中。在使用高级语言编写应用程序时，当需要调用数据库中数据时，则要用DML语句来操纵数据。

4. 数据控制语言(DCL)

数据控制语言用来授予或回收访问数据库的权限，并控制数据库操纵事务发生的时间及效果，对数据库实行监视等。

1.6.2 结构化查询语言(SQL)

结构化查询语言是关系数据库的标准语言，是一种高级的非过程化编程语言，允许用户在高层数据结构上工作。它不要求用户指定对数据的存放方法，也不需要用户了解数据具体的存放方式。所以具有完全不同的底层结构的数据库系统，可以使用相同的SQL语言作为数据输入与管理的接口。SQL以记录集合作为操作对象，所有SQL语句接受集合作为输入，返回集合作为输出。这种集合特性允许一条SQL语句的输出作为另一条SQL语句的输入，所以SQL语句可以嵌套，这使它具有极大的灵活性和强大的功能。

SQL集数据查询、数据定义、数据操纵和数据控制功能于一体，是一个通用的、功能极强的关系数据库语言。它包含四个部分：

① 数据查询语言(DQL)。例如，SELECT语句；

② 数据定义语言(DDL)。例如，CREATE、DROP、ALTER等语句；

③ 数据操纵语言(DML)例如，INSERT(插入)、UPDATE(更新)、DELETE(删除)语句；

④ 数据控制语言(DCL)。例如，GRANT、REVOKE、COMMIT、ROLLBACK等语句。

本书的第3章将对SQL进行详细的介绍。

1.7 小 结

数据库用户提供了底层的数据存储与管理等功能,将用户从繁重的数据存储工作中解放出来,使其能够将精力集中于具体的业务功能的实现上,而不必过多关注数据存储与管理的细节。本章共包括四个主题。

第一个主题为第 1 小节,主要概述了数据库的基本概念,并通过数据库技术的发展历程,说明了数据库技术不断完善及数据库系统的优点。

第二个主题包括第 2、第 3、第 4 小节。要介绍了数据模型的分类与组成,并对层次模型、网状模型、关系模型和面向对象模型进行了介绍。数据模型是对现实世界中各种事物或实体特征的数字化模拟和抽象,用以表示现实世界中的实体及实体之间的联系使之能存放到计算机中,并通过计算机软件进行处理的概念工具的集合。

层次模型是数据库系统中最早出现的数据模型,采用层次结构描述数据模型的各个组成部分。网状模型的思想与层次模型类似,区别在于采用网状结构来描述数据模型的组成。网状模型与层次模型的区别之处是:网状模型允许多个结点没有双亲结点;网状模型允许结点有多个双亲结点;网状模型允许两个结点之间有多种联系;网状模型可以更直接地去描述现实世界;层次模型实际上是网状模型的一个特例。层次模型和网状模型统称为非关系模型。非关系模型的结构可以和图论中的图相对应。非关系模型虽然比较直观,但在理论上不完备,实现效率较低。关系模型是当前 DBMS 所支持的主流数据模型,有着坚实的理论基础。相对于非关系数据库,关系数据库无论在实现还是使用上都有着明显的优势。本书后面的章节主要以关系数据库为例,介绍数据库的理论与应用的基础知识。

第三个主题为第 5 小节,绍了数据库系统的结构。数据库系统可以被划分为外模式、模式和内模式三个部分。外模式与模式之间通过外模式/模式映像相连,模式与内模式之间通过模式/内模式相连。数据库系统的三级模式和两层映像保证了数据库系统具有较高的逻辑独立性和物理独立性。

第四个主题为第 6 小节,主要对数据库系统语言进行了简单的介绍。

本章的目的主要是帮助读者掌握数据库理论相关的基本概念和基本知识,为进一步学习打下良好的基础。

习 题

1. 简述数据、信息、数据库、数据库管理系统、数据库语言、数据库系统的基本概念。
2. 数据管理技术经历了哪三个阶段,试阐述。
3. 试举例生活中见到的数据库新技术。
4. 数据模型分为哪些类,各有什么特点?
5. 解释以下术语:实体、实体集,实体型、属性、域、码、联系。
6. 数据库系统的特点是什么?
7. 数据库系统由哪些部分组成?

8. 试给出三个实际情况的E-R图,要求实体型之间具有一对一,一对多、多对多各种不同联系。

9. 综合题:

(1) 一个仓库可以存放多种零件,一种零件可以存放在多个仓库中。仓库和零件具有多对多的联系。用库存量来表示某种零件在某个仓库中的数量;

(2) 一个仓库有多个职工当仓库保管员,一个职工只能在一个仓库工作,仓库和职工之间是一对多的联系;

(3) 职工之间具有领导—被领导关系,即仓库主任领导若干保管员。职工实体型中具有一对多的联系;

(4) 供应商、项目和零件三者之间具有多对多的联系。

请根据以上说明,用E-R图画出该数据库的概念模型。

10. 试用自己的语言对外模式、模式、内模式以及四种数据库语言进行描述。

第 2 章

关系数据模型

关系数据库应用数学方法来处理数据库中的数据,具有坚实的理论基础、简单灵活的数据模型、较高的数据独立性,能提供良好的语言接口等优点。关系数据库是目前最为流行的数据库系统。

本章首先学习与关系数据库相关的关系、关系模式、关系数据模型等概念,需要掌握它们之间的联系与区别。接下来分别讲解关系模型的三个组成部分:关系数据结构、关系操作和关系完整性约束。其中,关系数据结构是关系数据库的型,是关系模式的集合;关系操作分为查询操作和插入、删除、修改操作两大部分;完整性约束包括实体完整性、参照完整性和用户定义完整性。本章最后重点学习关系代数,分传统的集合运算和专门的关系运算两大类运算进行讲解,并结合例题加以说明。

本章主要讲述关系数据库系统的基础知识,是后续学习数据库系统的基础。后续章节均是以关系数据库为基础,介绍数据库的查询、管理、设计等内容。因此,本章的内容是本书的重点,是后续学习的基础。

2.1 关系数据库基本概念

2.1.1 关系数据库概述

关系数据库应用数学方法来处理数据库中的数据,是建立在关系模型基础上的数据库。由于关系模型简单明了,有坚实的数学基础,因此,关系数据库系统从诞生以来,便发展成为最重要、应用最广泛的数据库系统,在数据库的应用领域得到了飞速的发展。

关系数据模型是美国 IBM 公司的 E. F. Codd 在 1970 年提出的。他随后发表的多篇论文引发了人们的研究热潮,奠定了关系数据库的理论基础。1975—1979 年,关系模型的理论和软件系统的研制取得了很大的成功,IBM 公司的 San Jose 实验室在 IBM370 系列机上研制成功了一个实现了 SQL 语言的关系数据库实验系统原型 System R。1981 年 IBM 公司宣称具有 System R 全部特征的新的数据库软件产品 SQL/DS 问世。之后,IBM 公司又将 SQL 语言引入到 DB2 中,配置在 MVS 上运行,并于 1983 年推出了 DB2 产品。20 世纪 80 年代末,关系数据库系统已经成为数据库发展的主流,不但用在大型机和小型机上,而且微机上的产品也越来越多。90 年代以来,伴随着计算机网络技术的广泛使用,与之相适应的分布式数据库系统也日渐成熟。

40 多年来,关系数据库取得了举世瞩目的成就,成为数据库中最重要的、使用最多的数据库系统，极大地促进了数据库应用的发展和推广。因此，关系数据库的原理、技术和应用是我们学习数据库系统的重要内容。

本章首先详细讲解关系、关系模式等基本概念。然后学习关系模型及其特点，以及关系模型的操作语言。在了解关系数据库的基本概念的基础上，介绍关系的三种完整性约束。最后，着重讲解关系代数。

此外，关系演算是以数理逻辑中的谓词演算为基础的。把谓词演算用于关系数据库语言(关系演算)是 E. F. Codd 提出来的。关系演算按谓词的不同分为元组关系演算和域关系演算。元组关系演算以元组变量作为谓词变元的基本对象，域关系演算以元组变量的分量即域变量作为谓词变元的基本对象。在关系代数中，运算是有先后顺序的，因而不是完全非过程化的。与关系代数不同，使用谓词演算只需要用谓词的形式给出查询结果应满足的条件，查询如何实现则完全由系统自行解决，是高度非过程化的语言。目前使用较多的关系数据库语言为具有关系代数和关系演算双重特点的语言，最常使用的为 SQL 语言(Structured Query Language)，本书后续章节会重点介绍该语言。本章对关系演算的内容不做具体的展开说明，读者如需深入了解可查阅其他书籍资料。

2.1.2 关系的概念及性质

关系模型中数据结构的逻辑形式实际上是一张二维表，这张二维表就叫做关系。在关系模型中，现实世界中的实体及实体间的各种联系均用关系来表示。下面从集合论角度给出关系数据结构的形式化定义。

(1) 域(Domain)

定义 2.1 域是一组具有相同数据类型的值的集合。

例如，整数、实数、自然数、{0, 1}等都是域。大于 0 小于等于 10 的实数也是一个域。一般情况下用 D 来表示。域是用来表明所定义的属性或者变量的取值范围，在定义属性的时候首先要确定属性的域，譬如员工所在的部门{销售部，生产部，市场部}。

(2) 笛卡尔积(Cartesian Product)

定义 2.2 笛卡尔积是域上的一种集合的运算。给定一组域 $D_1, D_2, D_3, \cdots, D_n$(可以存在相同的域)，$D_1, D_2, D_3, \cdots, D_n$ 的笛卡尔积为：

$$D_1 \times D_2 \times \cdots \times D_n = \{(d_1, d_2, \cdots, d_n) \mid d_i \in D_i, i = 1, 2, \cdots, n\}$$

其中，每一个元素$(d_1, d_2, \cdots, d_n)$叫做一个 n 元组(属性的个数)或简称元组，元组中的每一个值 d_i 叫做一个分量。

若 $D_i (i = 1, 2, \cdots, n)$ 为有限集，其基数(元组的个数)为 $m_i (i = 1, 2, \cdots, n)$，则$D_1 \times D_2 \times \cdots \times D_n$ 的基数M 为：

$$M = \prod_{i=1}^{n} m_i$$

【例 2-1】 下面给出三个域：D_1 = {销售部，市场部}，D_2 = {产品甲，产品乙}，D_3 = {张三，李四，王五}。求 D_1, D_2, D_3 的笛卡尔积。

解： 根据笛卡尔积的定义，则 D_1, D_2, D_3 的笛卡尔积为 D；

$D = D_1 \times D_2 \times D_3$ = {(销售部，产品甲，张三)，(销售部，产品甲，李四)，(销售部，产品

甲,王五),(销售部,产品乙,张三),(销售部,产品乙,李四),(销售部,产品乙,王五),(市场部,产品甲,张三),(市场部,产品甲,李四),(市场部,产品甲,王五),(市场部,产品乙,张三),(市场部,产品乙,李四),(市场部,产品乙,王五)}。

这样就把 D_1, D_2, D_3 这三个集合中的每个元素加以对应组合,形成一个新的集合。该笛卡尔积的基数为12,因此这12个元组构成了一张二维表,如表2-1所示。

表 2-1 D_1, D_2, D_3 的笛卡尔积

部 门	产 品	员工
销售部	产品甲	张三
销售部	产品甲	李四
销售部	产品甲	王五
销售部	产品乙	张三
销售部	产品乙	李四
销售部	产品乙	王五
市场部	产品甲	张三
市场部	产品甲	李四
市场部	产品甲	王五
市场部	产品乙	张三
市场部	产品乙	李四
市场部	产品乙	王五

(3) 关系(Relation)

事实上,D_1, D_2, D_3, …, D_n 的笛卡尔积是没有实际意义的,只有它的某个子集才有实际意义。

定义 2.3 $D_1 \times D_2 \times \cdots \times D_n$ 的子集叫做在域 D_1, D_2, D_3, …, D_n 上的关系,表示为

$$R(D_1, D_2, D_3, \cdots, D_n)$$

其中,R 表示关系的名字,n 表示关系的度或目,关系中的每个元素称为关系的元组。

由于关系是笛卡尔积的子集,所以关系也是一张二维表。由于域可以是相同的,为了加以区别,给每一列起一个名字,称为属性,n 目关系必有 n 个属性。

在实际应用中,二维表的行称为关系的元组,二维表中的每一列称为关系的属性,列中的元素称之为该属性的值,称为分量。例如,下面的二维表就是一个关系,其中属性、元组、域如图2-1所示。

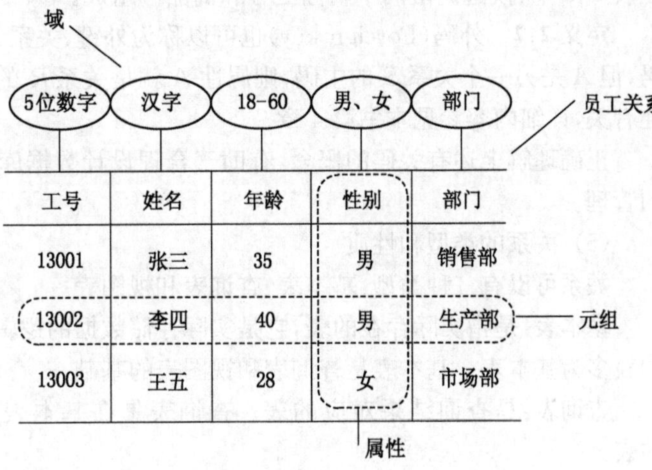

图 2-1 关系、元组、属性和域

(4) 关系的码

在给定的关系中,需要用某个或几个属性来唯一地标识一

个元组，称这样的属性或属性组为指定关系的码(Key)，也可以称为关系的键。例如，在图2-1中，工号可以唯一地标识每一个员工的元组，则该属性就是员工关系的码。码又可以分为超码、候选码、主码和外码，下面分别介绍它们的定义。

定义 2.4 超码(Super key)也可以称为超键，在一个关系中，若某一个属性或属性集合的值可唯一地标识元组，则称该属性或属性集合为该关系的超码。在上述员工关系中，员工号就可以称为超码，因为一个员工只有一个工号，可以唯一标识一个员工元组。

定义 2.5 候选码(Candidate key)也可以称为候选键，如果一个属性或属性集合的值能唯一标识一个关系的元组而又不含有多余的属性，则称该属性或属性集合为该关系的候选码。候选码可能包含一个属性，也可能包含多个属性，如果关系的全部属性构成关系的候选码，则称为全码(All key)，也可以称为全键。构成候选码的诸属性称为主属性(Prime attribute)。不包含在任意候选码中的属性称为非主属性(Nonprimary attribute)，或非码属性(Non-key attribute)。

例如，在销售表 2-2 中，工号和商品号两个属性的集合能够唯一标识一个元组，因此称工号和商品号为候选码，也称为主属性，销售数量称为非主属性。

表 2-2 销售表

工号	商品号	销售数量
13001	001	1 000
13002	002	5 000
13001	002	2 000
13003	002	3 000

定义 2.6 主码(Primary key)也可以称为主键，有时一个关系中有多个候选码，此时可以选择一个作为插入、删除或检索元组的操作变量。被选用的候选码称为主码。每一个关系都有一个并且只有一个主码。

例如，在图 2-1 中工号为候选码，选它作为员工关系的主码。那么，按工号进行查询、插入删除等操作时，操作的元组是唯一的；还可以在工号上建立索引，有利于实现查询优化。在表 2-2 中，候选码由两个属性工号和商品号组成。

定义 2.7 外码(Foreign key)也可以称为外键，关系 R 中的属性 A 不是关系 R 中的主码，但 A 是另一个关系 S 的主码，则属性 A 就是关系 R 的外码。外码的概念与关系的完整性有关，详细内容参见本书第 4 章。

正确理解上述有关码的概念，有助于合理设计数据库关系，设定关系的码，便于数据库的管理。

(5) 关系的类型和性质

关系可以有三种类型：基本表、查询表和视图表。

基本表：是指实际存在的表，它是实际存储数据的逻辑表示。一般情况下数据库中存储的表多为基本表。基本表是查询表和视图表的基础。

查询表：是查询结果对应的表。查询表是在基本表的基础上，进行查询操作而得到的表。

视图表：是由基本表或其他视图表导出的表，是虚表，不对应实际存储的数据。

(6) 关系的基本特点

学习过上述基本概念之后,可以总结出关系的 6 条基本特点:

① 列是同质的,即每一列中的分量是同一类型的数据,来自同一个域;

② 不同的列可出自同一个域,称其中的每一列为一个属性,不同的属性要给予不同的属性名;

③ 列的次序可以任意交换。区分哪一列依据的是属性名而不是列的顺序;

④ 候选码唯一标识一个元组,所以任意两个元组的候选码不能相同,主码值是必定不能相同的;

⑤ 行的次序可以任意交换。区分哪一行依据主码的取值而不是行的顺序;

⑥ 分量必须取原子值,即每一个分量都必须是不可分的数据项。

2.1.3 关系模式

关系模式是关系结构的描述和定义,即二维表结构的定义。关系是关系模式在某一时刻的状态。在关系数据库中有型和值的区分,关系模式是型,而关系是值。关系实质上就是一张二维表,表的每一行作为一个元组,每一列为一个属性。一个元组就是该关系所涉及的属性集的笛卡尔积的一个元素。关系是元组的集合,因此关系模式必须指出这个元组集合的结构,即它由哪些属性构成,这些属性来自哪些域,以及属性与域之间的映像关系。

定义 2.8 关系模式(Relation Schema)是一个关系的具体结构,通常被形式化定义为

$$R(U,\ D,\ DOM,\ F)$$

其中,R 为关系名;U 为组成该关系的属性名集合;D 为属性组 U 中属性的域;DOM 为属性向域的映像集合,它给出属性和域之间的对应关系,即哪个属性属于哪个域,通常直接说明为属性的类型和长度等;F 为该关系中各属性间数据的依赖关系集合,规定属性之间的约束关系。

例如,图 2-1 中关系的模式可表示为 $R(U,\ D,\ DOM,\ F)$。其中,R 为员工表;U={工号,姓名,年龄,性别,部门};在 D 中,工号来自于正整数域,姓名来自于姓氏及名字的集合,年龄的域为[18, 60],性别的域是{男,女},部门的域是市场部、销售部等部门的集合;DOM={工号:INT,年龄:INT 2[18-60],性别:CHAR 2[男,女],性别:CHAR 8,部门:CHAR 40};F 表示其他各属性依赖于主码工号。数据依赖关系将在后续章节中详细讲解。

关系模式具体可以通过 DBMS 的专门语言来定义,一般情况下,关系模式可以简单记为关系的属性表名,通常简记为:R(U)或 $R(A_1,\ A_2,\ \cdots,\ A_n)$,其中 R 为关系名,U 为属性名集合,$A_1,\ A_2,\ \cdots,\ A_n$ 为各属性名。例如,员工表可以简记为:员工(工号,姓名,年龄,性别,部门)。

关系是关系模式在某一时刻的状态。关系模式是静态的、稳定的,而关系是动态的、随时间不断变化的,因为关系操作在不断地更新着数据库中的数据。但在实际当中,人们常常把关系模式和关系都称为关系。

2.1.4 关系数据库

关系模型是指用二维表结构表示实体集与实体集之间联系的一种模型。关系数据库是

对应于关系模型的应用领域全部关系的集合，是基于关系模型的数据库。关系数据库的型是关系模式的集合，也就是数据库结构的描述，反映的是当前数据状态的关系集合。简而言之，关系数据模型的结构是若干相关关系模式的集合。

因此，能够理解和区分关系、关系模式、关系模型、关系数据库之间的联系和区别是十分重要的，总结如下：

① 一个关系对应一个关系模式，一个关系模式可以对应多个关系；

② 关系模式是关系的型，将数据值按照其型载入后就构成了关系；

③ 关系模式是相对静止的、稳定的，而关系是动态的、随时间变化而改变的；

④ 一个具体的关系数据库是若干相关关系的集合；

⑤ 一个关系数据模型的结构由若干相关关系模式的集合组成。

总而言之，关系模式和关系数据模型的结构是型，是相对静止的、稳定的，载入具体的数值之后，分别构成了关系和关系数据库。关系模式和关系的集合分别构成了关系数据模型和关系数据库。

2.2 关 系 操 作

关系模型由关系数据结构、关系操作集合和关系完整性约束三部分构成。其中关系数据结构是若干相关关系模式的集合，即通过关系模式来定义和描述的二维表结构。本节主要介绍关系操作。

关系操作的特点是集合操作方式，即操作的对象和结果都是集合。这种操作方式也称为一次一个集合的方式，而非关系数据模型的数据操作方式则为一次一个记录的方式。

2.2.1 基本的关系操作

关系模型中常用的关系操作包括查询操作和数据更新操作两大部分。

查询操作部分是关系操作中的最主要部分，主要操作涉及关系属性的指定、元组的选择、两个关系的合并与连接等。可以分为选择(Select)、投影(Project)、连接(Join)、除(Divide)、并(Union)、差(Except)、交(Intersection)和笛卡尔积(Cartesian Product)等操作。其中选择、投影、并、差和笛卡尔积是5种基本操作，其他操作都可由此定义导出。

数据更新操作部分，主要涉及在关系中插入、删除元组和修改元组的内容等。包括插入(Insert)、删除(Delete)和修改(Update)。

2.2.2 关系数据语言的分类

早期的关系操作能力通常可用两种方式表示：代数方式和逻辑方式，分别称为关系代数和关系演算。关系代数是用对关系的运算表达查询要求，关系演算是用谓词表达查询要求。关系演算又可按谓词变元的基本对象是元组变量还是域变量分为元组关系演算和域关系演算。关系代数、元组关系演算和域关系演算三种语言在表达能力上是完全等价的，都是抽象的查询语言。

另外，还有一种语言是介于关系代数和关系演算之间的结构化查询语言 SQL。SQL 集数据定义语言 DDL、数据操纵语言 DML 和数据控制语言 DCL 于一体，充分体现了关系数据库语言的特点和优点，是一个非常综合的、通用的、功能极强并且又简单易学的关系数据库语言。因此，关系数据语言可分为三类，如图 2-2 所示。

关系数据语言
- 关系代数语言　（例如，ISBL）
- 关系演算语言
  - 元组关系演算语言　（例如，APLHA，QUEL）
  - 域关系演算语言　（例如，QBE）
- 具有关系代数和关系演算双重特点的语言　（例如，SQL）

图 2-2　关系数据语言的分类

用户可以通过一种数据库语言来完成对数据的多种操作。这些关系数据语言所具有的共同特点是：语言本身有完整的表达能力，非过程化的集合操作语言，功能强大，而且能嵌入到高级语言中去使用。关系数据库所使用的关系语言是数据库语言的一种，是关系数据库管理系统提供的对关系进行各种操作的语言。

2.3　关系的完整性

每个关系数据库管理系统都必须有一个数据定义语言来定义关系数据库模式。为保证数据库模式的有效数据库状态，必须建立数据库的完整性约束。通常认为完整性约束是数据库模式的一个组成部分。

关系模型的完整性规则是对关系的约束，用来保证用户对数据库操作时不会破坏数据的一致性。因此，为了维护关系数据库的完整性和一致性，数据与数据的更新操作必须遵守关系的完整性约束。

关系的完整性分为实体完整性、参照完整性和用户定义的完整性。其中实体完整性和参照完整性是关系模型必须满足的完整性约束条件，被称作是关系的两个不变性，应该由关系系统自动支持。用户定义的完整性是应用领域需要遵循的约束条件，体现了具体领域中的语义约束。

此外，在介绍三个完整性之前，有必要对空值的概念加以了解。空值代表当前不知道或者是对这个元组不可用的一个属性值。空值是处理不完整或者异常数据的一种方法。但是空值和零或者空格不是一个概念。零和空格都可以是实际存在的值，而空值则表示没有这么一个值，需要将空值和其他值加以区分。

2.3.1　实体完整性

一个基本关系通常是对应现实世界的一个实体集。例如，员工关系对应于员工的集合，销售关系对应于销售的集合。现实世界中的实体是可区分的，即它们具有某种唯一性标识。相应地，关系模型中定义主码作为实体的唯一性标识。也就是说，如果一个元组代表着一个具体实体，那么它是可以和同类实体相区分的。

规则 2.1　实体完整性规则：若属性（一个或一组属性）A 是基本关系 R 的主属性，则 A 不能取空值。

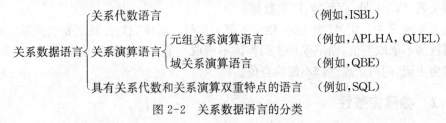

例如，在员工关系数据库中，关系模式分别是：

员工关系：*S*(工号，姓名，性别，年龄，部门)

商品关系：*C*(商品号，商品名，价格，数量)

销售关系：*SC*(工号，商品号，销售数量)

在员工关系 *S* 中，"工号"为主码，则它不能为空值。实体完整性规则要求关系主码上的每一个属性都不能取空值，而不仅是主码整体不能取空值。如果销售关系 *SC* 中，"工号"与"商品号"为主码，则两个属性都不能取空值。

2.3.2 参照完整性

现实世界中的实体之间往往存在着某种联系。在关系模型中，实体与实体间的联系也是采用关系来进行描述的。这样就自然存在着关系与关系间的引用。

简单地说，参照完整性就是表间的主码和外码之间的引用规则。

规则 2.2 若属性(或属性组)*F* 是基本关系 *R* 的外码，它与基本关系 *S* 的主码相对应(基本关系 *R* 和 *S* 可以是相同的关系)，则对于 *R* 中每个元组在 *F* 上的值必须为空值或等于 *S* 中某个元组的主码值。

例如，在员工关系数据库中，员工关系、商品关系和销售关系这三个关系中存在着属性的引用，即销售关系引用了员工关系的主码"工号"和商品关系的主码"商品号"。销售关系中的"工号"值必须是确实存在的员工的工号，即员工关系中有该员工的记录；销售关系中的"商品号"值也必须是确实存在的商品的商品号，即商品关系中有该商品的记录。换句话说，销售关系中某些属性的取值需要参照其他关系的属性取值。

参照完整性表现为：对于永久关系的相关表，在进行更新、插入或删除记录时，如果只改变其中一个而不改变另外一个的话，就会影响数据的完整性。例如，修改了员工表中的工号之后，销售表中没有进行修改；在销售表中插入了新的工号，而员工表中没有等，这些情况都会影响数据库的完整性，不满足参照完整性的约束条件。

2.3.3 用户定义的完整性

实体完整性约束和参照完整性约束是关系模型中最基本的约束。关系数据模型系统根据现实世界中其应用环境的不同，还需要一些其他的约束条件。用户定义的完整性就是针对某一具体关系数据库的约束条件，反映某一具体应用涉及的数据必须满足的语义要求。例如，某个属性必须取某一唯一值，或者规定某个属性的具体取值范围。譬如性别属性必须是男、女的取值范围。

用户定义的完整性通常是定义对关系中除了主码和外码属性之外的其他属性取值的约束，包括数据的取值范围、类型、精度、是否可取空值等。关系数据库系统一般包括以下几种用户定义的完整性约束：定义属性是否允许为空值；定义属性值的唯一性；定义属性的取值范围；定义属性的缺省值；定义属性间的函数依赖关系等。用户定义完整性主要包括字段有效性约束和记录有效性。

例如，在员工关系：*S*(工号，姓名，年龄，性别，部门)中员工姓名就可以要求不能取空值，员工年龄定义在 18～60 岁之间。

在实际数据库实施过程中，为了维护数据库中数据的完整性，在对关系数据库执行插入、删除和修改操作时，就要检查上述三类完整性规则。三个完整性约束是共同作用，确保关系数据库在用户使用过程中，能够保证数据库的完整性。

2.4 关系代数

2.4.1 关系代数的构成

关系是元组的集合，关系代数是以集合代数为基础发展而来的，是以关系为运算对象的一组运算的集合。关系代数是一种抽象的查询语言，用对关系的运算来表达查询，作为研究关系数据语言的数学工具。关系代数运算可以分为两类：传统的集合运算和专门的关系运算。

关系代数的运算对象是关系，运算结果亦为关系。关系代数用到的运算符包括四类：集合运算符、专门的关系运算符、算术比较符和逻辑运算符，如表 2-3 所示。

表 2-3 关系代数运算符

	运算符	含义		运算符	含义
集合运算符	$\cup$ $-$ $\cap$ $\times$	并 差 交 笛卡尔积	比较运算符	$>$ $\geqslant$ $<$ $\leqslant$ $=$ $<>$	大于 大于等于 小于 小于等于 等于 不等于
专门的关系运算符	σ π $\bowtie$ $\div$	选择 投影 连接 除	逻辑运算符	$\neg$ $\wedge$ $\vee$	非 与 或

其中传统的集合运算将关系看成元组的集合，其运算是从行的角度来进行。而专门的关系运算不仅涉及行而且涉及列。比较运算符和逻辑运算符是用来辅助专门的关系运算符进行操作的，所以按照运算符的不同，主要将关系代数分为传统的集合运算和专门的关系运算两类。

2.4.2 传统的集合运算

传统的集合运算是两个关系间的运算，包括并、交、差、广义笛卡尔积四种运算，运算结果为一个新的关系。其中，并、交、差运算要求参加运算的两个关系 R 和 S 具有相同的目，且对应的属性取自同一个域，称 R 和 S 为同类型的关系，或者称为相容关系。

(1) 并(Union)

设关系 R 和关系 S 具有相同的目 n(即两个关系都有 n 个属性)，且相应的属性取自同一个域,则关系 R 与关系 S 的并由属于 R 或属于 S 的元组组成。其结果关系仍为 n 目关系。记作:

$$R \cup S = \{t \mid t \in R \vee t \in S\}$$

(2) 差(Difference)

设关系 R 和关系 S 具有相同的目 n,且相应的属性取自同一个域,则关系 R 与关系 S 的差由属于 R 而不属于 S 的所有元组组成。其结果关系仍为 n 目关系。记作:

$$R - S = \{t \mid t \in R \wedge t \notin S\}$$

(3) 交(Intersection Referential integrity)

设关系 R 和关系 S 具有相同的目 n,且相应的属性取自同一个域,则关系 R 与关系 S 的交由既属于 R 又属于 S 的元组组成。其结果关系仍为 n 目关系。记作:

$$R \cap S = \{t \mid t \in R \wedge t \in S\}$$

(4) 广义笛卡尔积(Extended cartesian product)

两个分别为 n 目和 m 目的关系 R 和 S 的广义笛卡尔积是一个 $(n+m)$ 列的元组的集合。元组的前 n 列是关系 R 的一个元组,后 m 列是关系 S 的一个元组。若 R 有 k_1 个元组,S 有 k_2 个元组,则关系 R 和关系 S 的广义笛卡尔积有 $k_1 \times k_2$ 个元组。记作:

$$R \times S = \{\widehat{t_r t_s} \mid t_r \in R \wedge t_s \in S\}$$

【例 2-2】 在员工信息管理系统中有两个关系 R 和 S,如表 2-4 所示,分别求两个关系的并、交、差和笛卡尔积。

表 2-4 关系 R 和 S

关系 R

工号	姓名	部门
13001	张三	销售部
13002	李四	生产部
13003	王五	市场部

关系 S

工号	姓名	部门
13003	王五	市场部
13004	马六	生产部
13005	萧七	市场部

解:下面根据关系的并、交、差和笛卡尔积的运算法则计算上面两个关系的运算结果。

表 2-5 关系 R 和 S 并、交、差

$R \cup S$

工号	姓名	部门
13001	张三	销售部
13002	李四	生产部
13003	王五	市场部
13004	马六	生产部
13005	萧七	市场部

$R \cap S$

工号	姓名	部门
13003	王五	市场部

$R - S$

工号	姓名	部门
13001	张三	销售部
13002	李四	生产部

表 2-6 关系 R 和 S 笛卡尔积

R.工号	R.姓名	R.部门	S.工号	S.姓名	S.部门
13001	张三	销售部	13003	王五	市场部
13001	张三	销售部	13004	马六	生产部
13001	张三	销售部	13005	萧七	市场部
13002	李四	生产部	13003	王五	市场部
13002	李四	生产部	13004	马六	生产部
13002	李四	生产部	13005	萧七	市场部
13003	王五	市场部	13003	王五	市场部
13003	王五	市场部	13004	马六	生产部
13003	王五	市场部	13005	萧七	市场部

2.4.3 专门的关系运算

专门的关系运算包括选择、投影、连接和除等运算。为了下面讲述方便，首先需要介绍几个常用的记号。

分量：设关系模式为 $R(A_1, A_2, \cdots, A_n)$，它的关系设为 R，$t \in R$，表示 t 是 R 的一个元组。$t[A_i]$则表示元组 t 在属性 A_i 上的一个分量。

属性列或属性组：若 $A = \{A_{i1}, A_{i2}, \cdots, A_{ik}\}$，其中 $A_{i1}, A_{i2}, \cdots, A_{ik}$ 是 $A_1, A_2, \cdots, A_n$ 中的一部分，则 A 称为属性列或属性组。$t[A] = (t[A_{i1}], t[A_{i2}], \cdots, t[A_{ik}])$ 表示元组 t 在属性 A 上诸分量的集合。$\overline{A}$ 表示 $\{A_1, A_2, \cdots, A_n\}$ 中去掉 $\{A_{i1}, A_{i2}, \cdots, A_{ik}\}$ 后剩余的属性组。

元组的连接：R 为 n 目关系，S 为 m 目关系。$t_r \in R$，$t_s \in S$，$\widehat{t_r t_s}$ 称为元组的连接。是一个 $n+m$ 列的元组，前 n 个分量为 R 中的一个 n 元组，后 m 个分量是 S 中的一个 m 元组。

象集：给定一个关系 $R(X, Z)$，X 和 Z 为属性组。当 $t[X] = x$ 时，x 在 R 中的象集定义为 $Z_x = \{t[Z] \mid t \in R, t[X] = x\}$。它表示 R 中属性组 X 上值为 x 的诸元组在 Z 上分量的集合。我们在员工关系中，可以找到性别为男的所有人的名字，这就是在员工关系中性别属性上值为男的元组在姓名属性上的集合，也就是对应的象集。

通过对上面几个概念的了解，接下来我们分别对专门的关系运算进行定义。

(1) 选择(Select)

从关系 R 中选取满足给定条件的元组构成一个新的关系。选择运算记作：

$$\sigma_F(R) = \{t \mid t \in R \wedge F(t) = \text{True}\}$$

其中，σ 是选择运算符。F 是限定条件的逻辑表达式，取逻辑值，由两部分组成：运算对象和运算符；运算对象是属性名(或列的序号)或常量、简单函数；运算符包括比较运算符($>$，$\geqslant$，$<$，$\leqslant$，$=$，$<>$)和逻辑运算符($\neg$，$\wedge$，$\vee$)。

【例 2-3】 如图 2-3 所示，关系 R 与关系 S，试选择：

① 在关系 R 中属性 A 的值为 a1 和 a2 的信息。

② 在关系 S 中属性 C 的值为 11 的信息。
③ 在关系 S 中属性 C 的值为 22 的信息。

R

A	B	C
a1	1	11
a2	2	22
a3	3	11
a4	4	33
a5	5	11

S

C	D	E
11	d1	1
22	d2	2
33	d3	6
44	d4	1
22	d5	2

图 2-3 关系 R 和 S

解:① 查询关系 R 中属性 A 的值为 a1 和 a2 的信息。

$$\sigma_{A='a1' \vee A='a2'}(R) \quad 或 \quad \sigma_{1='a1' \vee 1='a2'}(R)$$

查询结果如图 2-4 中的(1)所示。
② 查询关系 R 中属性 C 的值为 11 的信息。

$$\sigma_{C='11'}(R) \quad 或 \quad \sigma_{3='11'}(R)$$

查询结果如图 2-4 中的(2)所示。
③ 查询关系 S 中属性 C 的值为 22 的信息。

$$\sigma_{C='22'}(S) \quad 或 \quad \sigma_{1='22'}(S)$$

查询结果如图 2-4 中的(3)所示。

A	B	C
a1	1	11
a2	2	22

(1)

A	B	C
a1	1	11
a3	2	11
a5	5	11

(2)

C	D	E
22	d2	2
22	d5	2

(3)

图 2-4 选择运算

(2) 投影(Projection)
从一个关系 R 中选取所需要的列组成一个新关系,投影运算记为:

$$\pi_A(R) = \{t[A] \mid t \in R\}$$

其中,π 是投影运算符;A 为关系 R 属性的子集;$t[A]$为 R 中元组相应于属性集 A 的分量。
【例 2-4】 如图 2-3 所示,关系 R 与关系 S,试求:
① 查询关系 R 在属性 S 上的投影。

② 查询关系 S 在属性 C、E 上的投影。

解:① 查询关系 R 在属性 A 上的投影。

$$\pi_A(R) \quad 或 \quad \pi_1(R)$$

查询结果如图 2-5 中的(1)所示。

② 查询关系 S 在属性 C、E 上的投影。

$$\pi_{C,E}(S) \quad 或 \quad \pi_{1,3}(S)$$

查询结果如图 2-5 中的(2)所示。

(3) 连接(Join)

连接运算是把两个关系中的元组按一定的条件连接起来,从而形成一个新的关系。常见的有条件连接、等值连接、自然连接和外连接。

① 条件连接。条件连接也称为 θ 连接,是从两个关系的笛卡尔积中选取属性间满足一定条件的元组。记作:

$$R \underset{X\theta Y}{\bowtie} S = \{\widehat{t_r t_s} \mid t_r \in R \wedge t_s \in S \wedge t_r[X]\theta t_s[Y]\}$$

其中,$X\theta Y$ 为连接的条件;X 和 Y 分别是 R 和 S 中度数相等且可比的属性组,即是同一数据类型,比如都是数字型或都是字符型;θ 是比较运算符。

A
a1
a2
a3
a4
a5

(1)

C	E
11	1
22	2
33	6
44	1

(2)

图 2-5　投影运算

② 等值连接。当 θ 为"="时的情况,而其余的连接统称为非等值连接。记作:

$$R \underset{X=Y}{\bowtie} S = \{\widehat{t_r t_s} \mid t_r \in R \wedge t_s \in S \wedge t_r[X] = t_s[Y]\}$$

③ 自然连接(Natural join)。自然连接是一种特殊的等值连接,要求两个关系进行连接比较的属性列完全相同的等值连接,且结果关系中没有重复的属性。即若 R 和 S 具有相同的属性组 Y,则自然连接可记作:

$$R \bowtie S = \{\widehat{t_r t_s} \mid t_r \in R \wedge t_s \in S \wedge t_r[X] = t_s[Y]\}$$

自然连接是同时从行和列的角度进行运算,自然连接需要取消重复的列,是最有用的等值连接。以后若无特殊说明,其连接均指自然连接。如果两个关系中没有重复的属性,那么自然连接就转化为笛卡尔积。

【例 2-5】 如图 2-3 所示,关系 R 与关系 S,试求:

① 在关系 R 中属性 B 的值和关系 S 中属性 E 的值相等的信息;

② 在关系 R 与关系 S 的自然连接。

解:① 关系 R 中属性 B 的值和关系 S 中属性 E 的值相等的信息。

$$R \underset{R.B=S.E}{\bowtie} S$$

查询结果如图 2-6 中的(1)所示。

② 关系 R 与关系 S 的自然连接。

$$R \bowtie S$$

查询结果如图 2-6 中的(2)所示。

A	*B*	*R.C*	*S.C*	*D*	*E*
a1	1	11	11	d1	1
a1	1	11	44	d4	1
a2	2	22	22	d2	2
a2	2	22	22	d5	2

(1)

A	*B*	*C*	*D*	*E*
a1	1	11	d1	1
a3	3	11	d1	1
a5	5	11	d1	1
a2	2	22	d2	2
a2	2	22	d5	2
a4	4	33	d3	6

(2)

图 2-6 连接运算

④ 外连接。两个关系 R 和 S 在做自然连接时,选择两个关系在公共属性上值相等的元组构成新的关系。但是,在两个关系中可能其中一个关系不存在公共属性上值相等的元组,从而造成了某些元组在进行连接操作时被舍弃了。但是有些信息是我们想要看到的,这时如果选择使用外连接,就可以避免这样的信息丢失。外连接运算主要有三种:全外连接、左外连接和右外连接。

如果把舍弃的元组也保存在结果关系中,而在其他的属性上添空值(Null),那么这种连接就叫做外连接(Outer Join)也叫做全外连接。如果只把左边关系 R 中要舍弃的元组保留就叫做左外连接(Left Join),如果只把右边关系 S 中要舍弃的元组保留就叫做右外连接(Right Join)。

(4) 除运算(Division)

给定关系 $R(X,Y)$ 和 $S(Y,Z)$,其中 X, Y, Z 为属性组。R 中的 Y 与 S 中的 Y 可以有不同的属性名,但必须出自相同的域。除运算同时从行和列角度进行运算。R 与 S 的除运算得到一个新的关系 $P(X)$,P 是 R 中满足下列条件的元组在 X 属性列上的投影:元组在 X 上分量值 x 的象集 Y_x 包含 S 在 Y 上投影的集合。记作:

$$R \div S = \{t_r[X] \mid t_r \in R \land \pi_Y(S) \subseteq Y_x\}$$

其中,Y_x 为 x 在 R 中的象集,$x = t_r[X]$。

【例 2-6】 设关系 R、S 分别为图 2-7 中的(1)和(2)所示,求 $R \div S$ 的结果。

解:$R \div S$ 的结果如图 2-7 中(1)所示。在关系 R 中,A 可以取 4 个值$\{a_1, a_2, a_3, a_4\}$。其中,a_1 的象集为$\{(b_1, c_2), (b_2, c_3), (b_2, c_1)\}$;$a_2$的象集为$\{(b_3, c_7), (b_2, c_3)\}$;$a_3$ 的象集为$\{(b_4, c_6)\}$;a_4 的象集为$\{(b_6, c_6)\}$;S 在(B, C)上的投影为$\{(b_1, c_2), (b_2, c_1), (b_2, c_3)\}$。显然只有 a_1 的象集包含了关系 S 在$(B,$

R

A	*B*	*C*
a1	b1	c2
a2	b3	c7
a3	b4	c6
a1	b2	c3
a4	b6	c6
a2	b2	c3
a1	b2	c1

(1)

S

B	*C*	*D*
b1	c2	d1
b2	c1	d1
b2	c3	d2

(2)

R÷*S*

A
a1

(3)

图 2-7 除运算

C)属性组上的投影，所以 $R \div S = \{a_1\}$。

本节共介绍了 8 种关系代数运算，其中并、差、笛卡尔积、选择和投影是 5 种最基本的运算。其他的三种运算，即交、连接和除，可以用上述五种基本运算表达，但是使用它们可以简化表达。在实际应用的关系代数中，这些运算是需要相互结合起来使用的，经过有限次结合后形成的式子称为关系代数的表达式。

2.5　小　结

关系数据库系统是目前使用最广泛的数据库系统。因此，本章所讲的关系数据库是数据库学习的重点内容。本章首先从关系数据库的基本概念入手，讲解了关系、关系模式、关系数据模型等概念，以及它们之间的联系与区别。然后介绍了关系模型的三个组成部分：关系数据结构、关系操作和关系完整性约束，并分别展开了讲解。其中，关系数据结构是关系数据库的型，是关系模式的集合；关系操作分为查询操作和插入、删除、修改操作两大部分，并且讲述了关系数据语言的分类；完整性约束包括实体完整性、参照完整性和用户定义完整性。最后，本章重点介绍了关系代数，分为传统的集合运算和专门的关系运算两大类运算，并结合例题加以说明。

下面是本章的知识结构，可以清晰明了地表示本章的知识架构和内容。

- 关系
  - 关系概念
    - 关系
    - 关系的性质
    - 关系模式
    - 关系数据库
  - 关系模型
    - 关系模型特点及组成
    - 关系数据操作
    - 关系完整性
  - 关系运算
    - 集合运算
    - 代数运算

图 2-8　本章知识结构

习　题

一、定义并理解下列术语，说明它们之间的联系与区别

1. 域，笛卡尔积，关系，元组，属性
2. 主码，候选码，外部码
3. 关系模式，关系，关系数据库

二、选择题

1. 对于关系模型叙述错误的是________。

A. 建立在严格的数学理论、集合论和谓词演算公式基础之上

B. 微机 DBMS 绝大部分采取关系数据模型

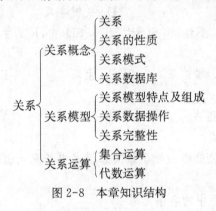

C. 用二维表表示关系模型是其一大特点

D. 不具有连接操作的DBMS也可以是关系数据库管理系统

2. 关系模式的任何属性________。

A. 不可再分　　B. 可再分

C. 命名在该关系模式中可以不唯一　　D. 以上都不是

3. 在通常情况下,下面的表达中不可以作为关系数据库的关系的是________。

A. R1(学号,姓名,性别)　　B. R2(学号,姓名,班级号)

C. R3(学号,姓名,宿舍号)　　D. R4(学号,姓名,简历)

4. 关系数据库中的码是指________。

A. 能唯一关系的字段

B. 不能改动的专用保留字

C. 关键的很重要的字段

D. 能唯一表示元组的属性或属性集合

5. 根据关系模式的完整性规则,一个关系中的"主码"________。

A. 不能有两个　　B. 不能成为另外一个关系的外码

C. 不允许为空　　D. 可以取值

6. 关系数据库中能唯一识别元组的那个属性称为________。

A. 唯一性的属性　　B. 不能改动的保留字段

C. 关系元组的唯一性　　D. 关键字段

7. 在关系R(R＃, RN, S＃)和S(S＃, SN, SD)中,R的主码是R＃,S的主码是S＃,则S＃在R中称为________。

A. 外码　　B. 候选码　　C. 主码　　D. 超码

8. 关系模型中,一个码________。

A. 可由多个任意属性组成

B. 至多由一个属性组成

C. 可由一个或多个其值能唯一标识该关系模式中任意元组的属性组成

D. 以上都不是

9. 一个关系数据库文件中的各条记录________。

A. 前后顺序不能任意颠倒,一定要按照输入的顺序排列

B. 前后顺序可以任意颠倒,不影响库中的数据关系

C. 前后顺序可以任意颠倒,但排列顺序不同,统计处理的结果可能不同

D. 前后顺序不能任意颠倒,一定要按照码段的顺序排列

10. 关系数据库管理系统应能实现的专门关系运算包括________。

A. 排序、索引、统计　　B. 选择、投影、连接

C. 关联、更新、排序　　D. 显示、打印、制表

11. 同一个关系模型的任意两个元组值________。

A. 不能全同　　B. 可全同

C. 必须全同　　D. 以上都不是

12. 自然连接是构成新关系的有效方法。一般情况下,当对关系R和S使用自然连接

时，要求 R 和 S 含有一个或多个共有的________。

A. 元组　　B. 行　　C. 记录　　D. 属性

13. 设有属性 A, B, C, D，以下表示中不是关系的是________。

A. $R(A)$　　B. $R(A, B, C, D)$

C. $R(A*B*C*D)$　　D. $R(A, B)$

14. 有两个关系 R 和 S，分别包含15个和10个元组，则在 $R \cup S$，$R-S$，$R \cap S$ 中不可能出现的元组数目情况是________。

A. 15，5，10　　B. 18，7，7

C. 21，11，4　　D. 25，15，0

15. 取出关系中的某些列，并消去重复元组的关系代数运算称为________。

A. 取列运算　　B. 投影运算

C. 连接运算　　D. 选择运算

16. 设 $W = R \bowtie S$，且 W，R，S 的元组个数分别为 p，m，n，那么三者之间满足________。

A. $p<(m+n)$　　B. $p<=(m+n)$

C. $p<(m*n)$　　D. $p<=(m*n)$

17. 关系运算中花费时间可能最长的运算是________。

A. 投影　　B. 选择　　C. 笛卡尔积　　D. 除

18. 参加差运算的两个关系________。

A. 属性个数可以不同　　B. 属性个数必须相同

C. 一个关系包含另一个关系的属性　　D. 属性名必须相同

19. 两个关系在没有公共属性时，其自然连接操作表现为________。

A. 结果为空关系　　B. 笛卡尔积操作

C. 等值连接操作　　D. 无意义的操作

三、填空题

1. 关系操作的特点是__________操作。

2. 关系模型的完整性规则包括__________、__________和__________。

3. 连接运算是由__________和__________操作组成的。

4. 自然连接运算是由__________、__________和__________组成的。

5. 关系模型由__________、__________和__________组成。

6. 关系模式是关系的__________，相当于__________。

7. 在一个实体表示的信息中，__________称为码。

8. 传统的结合运算施加于两个关系时，这两个关系的__________必须相等，__________必须取自同一个域。

9. 关系模式是对关系________的描述。

10. 在关系中能唯一标识元组的属性或属性集称为关系模式的________。

11. 一个关系模式可以形式化地表示为________。

12. 关系数据库模式是________的集合。

13. 一个关系模式的定义主要包括关系名、________、________、________和主关系键。

14. 在关系中选作元组标识的候选键称为__________ 。

15. 关系模型的三类完整型规则包括：__________、__________、__________。

16. 关系键的值__________ 的约束条件称为实体完整性。

17. 实体完整性规则定义了关系中__________，不存在没有被标识的元组。

18. 参照完整性规则定义了________的引用规则，不引用不存在的实体；________ 与关系键对应可实现两个关系的关联。

19. 关系运算可分为________ 和________ 两大类，其中关系演算又可分为________ 和__________两类。

20. 关系代数中四类传统的集合运算分别为：__________、__________、__________和广义笛卡尔积运算。

21. 关系代数中专门的运算操作包括________ 、________、________ 、______ 和除法运算五种操作。

22. 关系操作的特点是__________操作。

23. 在传统集合运算中，假定有关系 R 和 S，运算结果为 RS。如果 RS 中的元组属于 R 或者属于 S，则 RS 是________ 运算的结果；如果 RS 中的元组属于 R 而不属于 S，则 RS 是__________运算的结果。如果 RS 中的元组既属于 R 又属于 S，则 RS 是________ 运算的结果。

24. 在专门关系运算中，从表中按照要求取出指定属性的操作称为________；从表中选出满足某种条件的元组的操作称为________ ；将两个关系中满足一定条件的元组连接到一起构成新表的操作称为________ 。

四、应用题

现有关系数据库如下：

学生(学号，姓名，性别，专业，奖学金)；

课程(课程号，名称，学分)；

学习(学号，课程号，分数)。

用关系代数表达式实现下列(1)～(4)小题：

(1) 检索“英语”专业学生所学课程的信息，包括学号、姓名、课程名和分数。

(2) 检索“数据库原理”课程成绩高于 90 分的所有学生的学号、姓名、专业和分数。

(3) 检索不学课程号为“C135”课程的学生信息，包括学号，姓名和专业。

(4) 检索没有任何一门课程成绩不及格的所有学生的信息，包括学号、姓名和专业。

第 3 章

结构化查询语言(SQL)

结构化查询语言(Structured Query Language),简称 SQL,是一种介于关系代数与关系演算的、面向集合的数据库查询和程序设计语言。其主要用于定义数据、查询数据、操纵数据和控制数据。结构化查询语言作为数据操作的标准语言,不仅功能齐全,同时还具有语法结构相对简单、易于掌握的特点,因此结构化查询语言得到了广泛的应用。

SQL 的相关知识涉及数据定义、数据操纵、数据查询、数据控制、动态 SQL、存储过程与触发器,嵌入式 SQL 编程等内容。本章将重点讲解数据定义、数据操纵和数据查询,并通过实例更好地理解 SQL 的具体使用。其他内容将在后续章节详细展开讲解。

3.1 SQL 概 述

3.1.1 SQL 的发展

1970 年,美国 IBM 研究中心的 E. F. Codd 发表论文提出关系模型。1972 年,IBM 公司研究实验型关系数据库管理系统 SYSTEM R,并为其开发了一种查询语言,称为 SQUARE (Specifying Queries As Relational Expression)语言。1974 年,Boyce 和 Chamberlin 将 SQUARE 语言修改为 SEQUEL(Structured English Query Language)语言。两种语言本质上相同,只是后者去掉了数学符号,采用英语单词表示和结构式的语法规则。后来 SEQUEL 简称为 SQL(Structured Query Language)语言,即"结构化查询语言"。

1982 年美国美国国家标准局(American National Standards Institute, ANSI)将进行的数据库标准的研究拆分为两个部分,一是网状数据库语言(Network Definition Language, NDL);二是关系数据库语言(SQL)。随后的 1983 年,ISO/IEC(International Standards Organization/ International Electro technical Commission)通过了数据库标准研究的分组。

1986 年 10 月美国国家标准局(ANSI)批准 SQL 作为关系数据库语言的美国标准。1987 年 6 月国际标准化组织(ISO)将它采纳为 SQL 的第一个国际标准,又称为 SQL/86 标准。1989 年 10 月,ISO/IEC 又颁布了增强完整性特征的第二个版本"ISO/IEC 9075:1989 信息系统——增加了引用完整性(referential integrity)的数据库语言 SQL",称为 SQL/89 标准。随后,ISO 对该标准进行了大量的修改和扩充,进一步补充、增强和完善 SQL 功能。

在 1992 年 8 月 ISO/IEC 发布了标准化文件"ISO/IEC 9075:1992 信息技术——数据库语言 SQL",又称其为 SQL/92 或 SQL2 标准。其文本是 SQL/89 文本的 5 倍,增加了许多新特征,包括对时间及时间间隔的处理、动态 SQL、临时表、滚动游标等等。1999 年 ISO/IEC 又颁布了“ISO/IEC 9075:1999 数据库语言 SQL”标准化文件，我们称其为 SQL/99 或 SQL3 标准。它是 SQL/92 的一个超集，同时扩充了新的功能。包括引入对象概念；以对象概念对 SQL 进行“对象—关系”整体集成扩展；支持大数据类型的存储和操作；改善数据库完整性；等等。

2003 年 ISO/IEC 发布 SQL3 的升级版，称为 SQL 2003。SQL 2003 更新了部分语句，新增在线分析处理修正和大量的数字功能，等等。2006 年 ISO/IEC 再次发布新标准 SQL 2006，在 SQL3 的基础上增加了 SQL 与 XML 之间的交互，提供应用 XQuery 整合 SQL 应用程序的方法等。SQL 的发展历程如表 3-1 所示。

表 3-1 SQL 的发展历程

时 间	人名/公司/政府部门	事 件
1970 年	E. J. Codd	发表关系数据库理论。
1974—1979 年	IBM 公司	以 Codd 的理论为基础开发了“Sequel”，并重命名为“SQL”。
1979 年	Oracle 公司	发布了商业版 SQL。
1981—1984 年	IBM 公司 Data General 公司 Relational Technology 公司	商业版 DB2； 商业版 DG/SQL； 商业版 INGRES。
1986 年	ANSI	批准 SQL 作为关系数据库语言的美国标准。
1987 年	ISO	采纳为 SQL 的第一个国际标准，称为 SQL/86。
1989 年	ANSI/ISO	公开发布第二个版本“ISO/IEC 9075:1989 信息系统——增加了引用完整性(referential integrity)的数据库语言 SQL”，称为 SQL/89。对 SQL 功能进一步做了补充、增强和完善。
1992 年	ISO/IEC	制定“ISO/IEC9075:1992 信息技术——数据库语言 SQL”，称为 SQL/92。其文本是 SQL/89 文本的 5 倍，同时增加了许多新特征，包括对时间及时间间隔的处理、动态 SQL、临时表、滚动游标等等。
1999 年	ISO/IEC	发布 SQL/99 标准，又称 SQL3 标准。它是 SQL/92 的一个超集，同时扩充了新的功能。包括引入对象概念，以对象概念对 SQL 进行对象—关系整体集成扩展；支持大数据类型的存储和操作；改善数据库完整性等等。
2003 年	ISO/IEC	发布 SQL3 的升级版，称为 SQL 2003。SQL 2003 更新了部分语句，新增在线分析处理修正和大量的数字功能等等。
2005 年	Tim O'eilly	提出了 Web 2.0 理念，称数据将是核心，SQL 将成为“新的 HTML”。
2006 年	ISO/IEC Sun 公司	发布新标准 SQL 2006，在 SQL3 的基础上增加了 SQL 与 XML 之间的交互，提供应用 XQuery 整合 SQL 应用程序的方法等。 将以 SQL 为基础的数据库管理系统嵌入 Java V6。

由于关系模型的诸多优越性,以及 SQL 语言结构简洁、功能强大、简单易学的特点,所以自从 IBM 公司 1981 年推出以来,许多数据库系统厂商纷纷效仿,这些数据库管理系统均采用 SQL 操作语言,如 Oracle, DB2, Sybase 等大型数据库厂商,SQL 语言得到了广泛的应用。因此,现如今无论是像 Oracle, Sybase, DB2, Informix, SQL Server 这些大型的数据库管理系统,还是像 Visual Foxpro, PowerBuilder 这些 PC 上常用的数据库开发系统,都支持 SQL 语言作为查询语言。

SQL 语言已成为数据库领域中使用最为广泛的一个主流语言,各厂商也在针对各自不同的数据库产品不断扩充和修改 SQL,开发各具特色的 SQL 语言,适应不同的专业需求。比如 SQL Server 使用的语言为 Transact-SQL,简称 T-SQL 语言,它基于 SQL 标准,但在此基础上功能有所扩充和增强,添加了判断、分支、循环等功能;Oracle 的 PL-SQL 语言也对 SQL 标准进行扩展,提供类似应用开发语言的流程控制语言,SQL 功能愈加完善。

3.1.2 SQL 的功能

SQL 语言主要提供的功能可以分为三类:数据定义语言(Data Definition Language, DDL)、数据操纵语言(Data Manipulation Language, DML)和数据查询语言(Data Query Language, DQL)、数据控制语言(Data Control Language, DCL)。

1. 数据定义语言(DDL)

SQL 的 DDL 提供命令用于数据库对象的创建(CREATE)、修改(ALTER)和删除(DROP)。主要对象包括:数据库、表、视图、索引、存储过程、触发器和函数等。部分定义命令如表 3-2 所示。

表 3-2 数据定义命令

命令或选项	描 述
CREATE DATABASE	创建新的数据库
CREATE TABLE	创建表
CREATE VIEW	创建视图
CREATE INDEX	创建索引
ALTER DATABASE	修改数据库定义
ALTER TABLE	修改表定义
DROP DATABASE	删除数据库
DROP TABLE	删除表
DROP VIEW	删除视图
DROP INDEX	删除索引

2. 数据操纵(DML)与数据查询(DQL)语言

SQL 的 DQL 负责数据的查询命令,利用 SELECT 语句实现查询功能。SQL 的 DML 是对已创建的数据库对象中数据表中数据的操纵,包括数据添加(INSERT)、修改(UPDATE)、删除(DELETE)等命令。部分操作功能命令如表 3-3 所示。

表 3-3　数据库查询与操作命令

命令或选项	描　述
SELECT	指定数据库表或视图中选取的列或属性
FROM	指定所要查询数据所在的表
WHERE	用条件表达式限制行的选择
ORDER BY	指定查询的排序条件
GROUP BY	指定查询结果的分组条件
HAVING	分组后查询要符合的条件
INSERT	在数据库表中插入新行
UPDATE	修改表的一行或多行的属性
DELETE	删除表中的一行或多行

3. 数据控制语言(DCL)

SQL 的 DCL 提供对关系和视图的授权命令、事务的控制命令以及并发控制中的加锁操作等,部分控制功能命令如表 3-4 所示。

表 3-4　数据控制功能命令

命令或选项	描　述
CREATE TRIGGER	定义触发器
CREATE ASSERTION	定义断言约束
COMMIT	提交事务
ROLLBACK	回滚事务
GRANT/REVOKE	授权/回收用户的存取权限

3.1.3　SQL 的特点

SQL 语言之所以能为用户和业界接受,并成为国际标准,是因它是一个综合的、功能极强同时又简捷易学的语言。SQL 语言集数据查询、数据操纵、数据定义和数据控制功能于一体,主要特点包括如下。

1. 非过程化语言

非关系数据模型的数据操纵语言是面向过程的语言,要完成某项请求,必须指定路径。而用 SQL 语言进行数据操作,只要提出“做什么”,而无须指明“怎么做”,无需了解存取路径、存取路径的选择,SQL 语句的操作过程均由系统自动完成。这大大减轻用户负担,提高数据独立性。

2. 综合统一性

SQL 语句集数据定义、数据查询、数据操作、数据控制的功能于一体,能完成数据库的所有操作。用户在数据库系统运行期间可以随时根据需要修改数据模式,而不会像非关系数据模型语言那样影响数据库的运行。因此,系统具有良好的可扩展性。

此外,关系模型中的实体和实体之间的联系在数据库中都用关系来表示,因此数据操作在符号上是统一的。所以用户在操作时无需关注在操作对象是实体或者是实体之间的联系。

3. 关系数据库的公共语言

用户可将使用 SQL 的应用从一个 RDBMS 很容易地转到另一个系统。所有用 SQL 语言写的程序都具有可移植性。

4. 以同一种语法结构提供两种使用方式

SQL 有两种使用方法:一种是以与用户交互的方式联机使用,用户可在终端键盘上直接键入 SQL 命令对数据库进行操作;另一种是将 SQL 语句嵌入到高级语言(如 JAVA、C++、C#)程序中。

3.2 数据的定义

在进行数据查询等操作之前,要创建和定义数据库、表、视图和索引等,需要注意的是,只能使用半角英文字母、数字和下划线"_"作为数据库、数据表、视图、索引和列的名称,名称必须以半角英文字母为开头,且不能重复。一般情况下,SQL 语句与大小写无关,为了方便统一,本章 SQL 语句定义用大写表示,举例用小写表示。SQL 的数据定义语言 DDL 如表 3-5 所示。

表 3-5 SQL 的数据定义语言

操作对象 \ 操作方式	创 建	修 改	删 除
数据库	CREATE DATABASE	ALTER DATABASE	DROP DATABASE
表	CREATE TABLE	ALTER TABLE	DROP TABLE
视图	CREATE VIEW		DROP VIEW
索引	CREATE INDEX		DROP INDEX

大多数数据库系统不提供对视图和索引的修改功能。如果用户要修改视图或索引,只能先删除后再创建。

3.2.1 数据库的操作

在 SQL Server 中使用一组文件来映射数据库。数据库中的所有数据和对象(如表、视图、索引、存储过程和触发器)都存储在三类文件中:

① 主数据文件。包含数据库的启动信息及数据信息,每个数据库都有一个主文件,该文件的扩展名为 .mdf。

② 辅助数据文件。该文件含有主文件以外的所有数据,有些数据库可能没有辅助数据文件,而有些数据库则有多个辅助数据文件,该文件扩展名为 .ndf。

③ 日志文件。文件包含用于恢复数据库的日志信息,每个数据库至少有一个日志文件,扩展名为 .ldf。

1. 数据库的创建

在创建数据库时,用户应该是系统管理员或者获得创建数据库的语句(CREATE DATABASE)的使用授权。其语法结构如下:

```
CREATE DATABASE database_name
[ON
        [PRIMARY] [<filespec> [ , ... n]
        [ , <filegroup> [ , ... n]]  ]
        [LOG ON { <filespec> [ , ... n]}]
    ]
```

其中：

① <filespec>的格式如下：

```
(       NAME = 系统所使用的逻辑名,
        FILENAME = '完全限定的 NT Server 文件名'
        [ , SIZE = size [ KB | MB | GB | TB ] ]
        [ , MAXSIZE = {max_size[KB|MB|GB|TB] | UNLIMITED } ]
        [ , FILEGROWTH = growth_increment [ KB | MB | GB | TB | % ] ]
)
```

② <filegroup>的格式如下：

```
{ FILEGROUP filegroup_name [ DEFAULT ]  <filespec> [ , ... n ] }
```

说明：命令格式中，用[ ]括起来的内容表示是可选的；[,... n]表示重复前面的内容；用< >括起来表示在实际编写语句时，用相应的内容替代；用{ }括起来表示是必选的；类似 A|B 的格式，表示 A 和 B 只能选择一个，不能同时都选。以上为基本的数据库定义模式。如果在创建数据库时，只指定数据库名，而不给出其他参数，系统将会默认为其余信息与 SQL Server 的 model 数据库相同。

（1）database_name：新数据库的名称

数据库名称必须唯一，并且要符合标识规则，否则会出现创建失败。database_name 中最多包含 128 个字符，若没有添加数据文件的名称，则系统默认使用数据库名称作为系统所使用的逻辑名和完全限定的 NT Server 文件名。

（2）ON：指定显示定义存储数据库数据的数据文件

ON 字句是可选的，没有指定 ON 字句，则系统自动创建一个主数据文件，并自动生成名称。ON 后面是以逗号分隔的<filespec>选项列表，用来定义主文件组的数据文件。

（3）PRIMARY：指定<filespec>中定义主文件

指定的第一个文件为主文件，一个数据库只能有一个主文件，如果没有指定 PRIMARY，则系统默认语句中列出的第一个文件为主文件。

（4）LOG ON：指定显示定义存储数据库日志的日志文件

LOG ON 后面是以逗号分隔的<filespec>选项列表，如果没有指定 LOG ON，则系统自动创建一个日志文件，大小是该数据库所有数据文件大小总和的 25%或 512 KB 中的较大值。

CREATE DATABASE 语句的使用格式如下：

```
CREATE DATABASE <数据库名称>
[<On Primary>
    (
        [Name = 系统所使用的逻辑名],
```

```
        [Filename = 完全限定的 NT Server 文件名],
        [Size = 文件的初始大小],
        [MaxSize = 最大的文件尺寸],
        [FileGrowth = 文件每次扩展量]
    ) ...
]
[<log on>
    (
        [Name = 系统所使用的逻辑名],
        [Filename = 完全限定的 NT Server 文件名],
        [Size = 文件的初始大小],
        [MaxSize = 最大的文件尺寸],
        [FileGrowth = 文件每次扩展量]
    ) ...
]
```

【例3-1】 创建销售数据库 Sale。

```
create database Sale
on
 (
    name        =Sale_data,
    filename    = 'd:\\saledata.mdf',
    size        = 10,
    maxsize     = 50,
    filegrowth  = 5
 )
log on
 (
    name        = 'Sale_log',
    filename    = 'd:\salelog.ldf',
    size        = 5 MB,
    maxsize     = 25 MB,
    filegrowth  = 5 MB
 );
```

【例3-2】 在 Sale 数据库或事务日志中指定多个特定文件。

```
create database Sale
on
 (
    name        = Sale_data1,
    filename    = 'd:\saledata.mdf',
    size        = 10,
    maxsize     = 50,
```

```
        filegrowth  = 5
    ),
    (
        name        = Sale_data2,
        filename    = 'd:\saledata.mdf',
        size        = 10,
        maxsize     = 50,
        filegrowth  = 5
)
log on
(
        name        = 'Sale_log1',
        filename    = 'd:\salelog.ldf',
        size        = 5 MB,
        maxsize     = 25 MB,
        filegrowth  = 5 MB
),
(
        name        = 'Sale_log2',
        filename    = 'd:\salelog.ldf',
        size        = 5 MB,
        maxsize     = 25 MB,
        filegrowth  = 5 MB
);
```

注:如果要提高性能和可恢复性,可将日志文件存储在一个与数据库对象不同的设备上。

2. 数据库的修改

在创建数据库以后可以对原始设置进行修改。这些修改包括:更改数据库的配置、更改数据库名称、更改数据库管理员、扩充或收缩数据库数据或日志数据的存储空间、添加或删除数据和事务日志文件。

在数据库创建之后可使用 ALTER DATABSE 语句更改数据库的相应设置,如增添新文件或文件组、删除已有文件或文件组、修改已有文件和文件组的属性(文件名称、大小和增量方式)。其语法结构如下:

```
ALTER DATABASE database_name
    {   <add_or_modify_files>
        | <add_or_modify_filegroups>
        <set_database_options>
        MODIFY NAME = new_database_name }
```

<add_or_modify_files>格式为:

```
    {   ADD FILE <filespec> [ ,...n ][ TO FILEGROUP { filegroup_name |DEFAULT } ]
        | ADD LOG FILE <filespec> [ ,...n ]
```

```
    | REMOVE FILE logical_file_name
    | MODIFY FILE <filespec> }
```

其中：

① 在相应数据库中增加相应数据库文件。

```
ALTER DATABSE database_name
[<Add File>
    (
        [Name=系统所使用的逻辑名],
            [Filename=完全限定的 NT Server 文件名],
            [Size=文件的初始大小],
            [MaxSize=最大的文件尺寸],
            [FileGrowth=文件每次扩展量]
    )
]
```

② 在相应数据库中的更改相应数据库文件。

```
ALTER DATABSE database_name
[<Modify File>
    (
        [Name=系统所使用的逻辑名]
        ...
    )
]
```

③ 删除指定数据库文件(只能在数据文件为空时删除)。

```
ALTER DATABSE database_name
[<Remove File>
    (
        <系统所使用的逻辑名>,
        ...
    )
]
```

④ 在相应数据库中增加相应日志文件。

```
ALTER DATABSE database_name
[<Add Log File>
    (
        [Name=系统所使用的逻辑名]
        ...
    )
]
```

说明：

① database_name：所要修改的数据库逻辑名。

② ADD FILE：向数据库添加数据文件。TO FILEGROUPE 指定添加文件所在的文件组，若未指定，则为主文件组。

③ ADD LOG FILE：向数据库添加事务日志文件。

④ REMOVE FILE：从数据库中删除数据文件。该文件的逻辑文件和物理文件会被全部删除，因为只有该文件为空时才能被删除。

⑤ ADD FILEGROUPE：向数据库中添加文件组。

⑥ REMOVE FILEGROUPE：向数据库中删除文件组。

⑦ MODIFY FILE：修改数据库的文件属性。这些属性包括 FILENAME、MAXSIZE 和 FILEGROWTH，但一次只能修改一个属性。

⑧ MODIFY NAME：修改数据库名。

【例 3-3】 在 Sale 数据库上增加一个新的数据文件 Sale_data3；修改原有数据库文件 Sale_data1 的文件大小，更改为 1200MB；删除数据库文件 Sale_data2。

```
alter database Sale
add file
    (
        name        = Sale_data3,
        filename    = 'd:\saledata.mdf',
        size        = 10,
        maxsize     = 50,
        filegrowth  = 5
    );
    modify file
    (
        name        = Sale_data1,
        filename    = 'd:\saledata.mdf',
        size        = 10,
        maxsize     = 1200,
        filegrowth  = 5
    );
remove file Sale_data2;
```

3. 数据库的删除

当一个数据库不再需要时，即可删除该数据库，在数据库删除后该数据库相应的文件将从物理存储设备上删除。DROP DATABASE 语句可以删除一个或多个数据库。用户可根据各自的权限删除数据库，但不能删除当前打开的数据库，也不能删除系统数据库，数据库删除后不能恢复。其语法结构如下：

```
DROP DATABASE database_name [ ,... n]
```

【例 3-4】 删除数据库 Sale。

```
drop database Sale
```

3.2.2 数据表的操作

在关系数据库中,关系是数据库的基本组成单位,关系又称为数据表。建立数据库的重要一步就是建立数据表。数据表是数据库的重要对象之一,对数据表的操作也使用 DDL 语句,包括表的创建、修改和删除等。

在定义表时,需指出个属性数据类型和长度设定,不同的数据库系统支持的数据类型不完全相同,表 3-6 列举主要的数据类型。

1. 表的概念

表是关系模型中表示实体的方式,是数据库存储数据的主要对象。SQL Server 数据库的表由行和列组成,行有时也称为记录,列有时也称为字段或域。

在表中,行的顺序可以是任意的,一般按照数据插入的先后顺序存储。在使用过程中,可以使用排序语句或按照索引对表中的行进行排序。列的顺序也可以是任意的,对于每一个表,最多可以允许用户定义 1 024 列(SQL Server 2008)。在同一个表中,列名必须是唯一的,即不能有名称相同的两个或两个以上的列同时存在于一个表中,并且在定义时为每一个列指定一种数据类型。但是,在同一个数据库的不同表中,可以使用相同的列名。

表 3-6 常见的数据类型

数据类型		说 明
整型	BIGINT	从 -2^{63} 到 $2^{63}-1$ 的整型数据(整数)。
	INT	从 -2^{31} 到 $2^{31}-1$ 的整型数据(整数)。
	SMALLINT	从 2^{15} 到 2^{15} 的整型数据。
	TINYINT	从 0 到 255 的整型数据。
	BIT	非 1 即 0 的整型数据。
精确数值型	DECIMAL	从 $-10^{38}+1$ 到 $10^{38}-1$ 的固定精度和标度的数字数据。
	NUMERIC	功能上相当于十进制数。
货币型	MONEY	从 -2^{63} 到 $2^{63}-1$ 的货币型数据,精确到货币单位的万分之一。
	SMALLMONEY	从 −214 748.364 8 到 +214 748.364 7 的货币型数据,精确到货币单位的万分之一。
近似数值型	FLOAT	从 −1.79E + 308 到 1.79E + 308 的浮点精度数字数据。
	REAL	从 −3.40E + 38 到 3.40E + 38 的浮点精度数字数据。
日期时间型	DATETIME	从 1753 年 1 月 1 日到 9999 年 8 月 31 日的日期和时间数据。
	SMALLDATETIME	从 1900 年 1 月 1 日到 2079 年 6 月 6 日的日期和时间数据,精确到一分钟。
字符型	CHAR	最大长度 8 000 个字符的固定长度非 Unicode 字符数据。
	VARCHAR	最大长度 8 000 个字符的可变长度非 Unicode 字符数据。
	TEXT	最大长度 $2^{31}-1$(2147483647)个字符的可变长度非 Unicode 数据。
UNICODE 字符型	NCHAR	最大长度 4 000 个字符的固定长度 Unicode 数据。
	NVARCHAR	最大长度 4 000 个字符的可变长度 Unicode 数据。
	NTEXT	最大长度 $2^{31}-1$(1073741823)个字符的可变长度 Unicode 数据。
二进制字符串	BINARY	最大长度 8 000 个字节的固定长度二进制数据。
	VARBINARY	最大长度 8 000 个字节的可变长度二进制数据。
	IMAGE	最大长度 $2^{31}-1$(2147483647)字节的可变长度二进制数据。

（续表）

数据类型	说明
CURSOR	对光标的引用。
UNIQUEIDENTIFIER	全局唯一标识符(GUID)

2. 表的创建

在SQL语言中使用CREATE TABLE语句创建基本表，其语法结构如下：

```
CREATE TABLE[database_name. [ schema_name ]| schema_name]
table_name
(
    { < column_definition > | <computed_ columns_ definition}
    [ <table _ constraint ><,...>] )
    [ON {partition_schema_name (partition_ column_name)|filegroupe|"default"}]
    [ TEXTIMAGE_ON{ filegroupe|"default"}]
    [;]
```

说明：

① table_name：创建的新表名。一个数据库的表名必须唯一，表名要符合标识符的规则，表名可以是一个部分限定名，也可以为一个完全限定名。

② < column_definition >：列属性定义，包括列名、列数据类型、默认值、标识规范、是否为空等。

③ <table _ constraint >：对一个或多个表的列进行约束设计。

在CREATE TABLE语句中需要指出的元素包括表名、列名、列的数据类型以及列属性等。定义表中所有的完整性约束条件，包含有PRIMARY KEY(定义主键)、NOT NULL(属性值非空)、UNIQUE(属性值唯一)、FOREIGN KEY(定义外键)和CHECK(属性值满足该条件)等。完整性的约束条件可以定义在列级，也可以定义在表级，但如果完整性的约束条件涉及表的多个属性列，就必须定义在表级，即为表级完整性约束条件。

CREATE TABLE语句的使用格式如下：

```
CREATE TABLE <表名>
(
    <列名 1>  <数据类型><长度>[列级完整性约束],
    <列名 2>  <数据类型><长度>[列级完整性约束],
    ……  ……
    <列名 n>  <数据类型><长度>[列级完整性约束]
    <表级完整性约束 1><,表级完整性约束 1>……
);
```

【例3-5】 在数据库Sale中创建一个员工表Employee。

```
use Sale
create table Employee
(
```

```
    Enon     varchar(20)    NOT NULL ,
    Ename    varchar(20)    NOT NULL ,
    Esex     varchar(2)     NOT NULL ,
    Ebirth   smalldatetime  NULL ,
    Eage     smallint       NOT NULL,
    Eclass   varchar(20)    NULL ,
    Mnon     varchar(20),
    PRIMARY KEY (Eno) ,
    FOREIGN KEY (Mno) REFRENCES Employee(Eno)
);
```

说明：员工表 Employee 中主码是 Eno，Eno 代表员工编号，Ename 代表员工姓名，Esex 代表员工性别，Ebirth 代表员工出生年月，Eage 代表员工年龄，Eclass 代表员工部门。约束 NOT NULL 表示不能输入空白，NULL 表示可以为空值。系统在执行上面的 CREATE TABLE 语句后，就在数据库中建立一个新的空的员工表 Employee，并将有关员工表的定义及有关约束条件存放在数据字典中。

【例 3-6】 在数据库 Sale 中创建一个商品表 Commodity。

```
create table Commodity
(
    Cno        char(6)       NOT NULL,
    Cname      varchar(50)   NOT NULL ,
    Csort      varchar(30)   NOT NULL ,
    Coutprice  int,
    Cinprice   int,
    Cquantity  varchar(50) ,
    Cdate      date,
    PRIMARY KEY (Cno)
);
```

说明：商品表 Commodity 中主码是 Cno，Cno 代表商品编号，Cname 代表商品名称，Csort 代表商品类别，Coutprice 代表商品销售价格，Cinprice 代表商品进货价格，Cquantity 代表商品销售数量，Cdate 代表商品上架日期。

3. 表的修改

在表建立以后，有时候我们根据现实需要会对表进行一定的修改；那么就需要使用 ALTER TABLE 命令修改表的基本结构。ALTER TABLE 语句包含增加字段、删除字段、增加约束、删除约束、修改缺省值、修改字段数据类型、重命名字段、重命名表等。

其语法结构如下：

```
ALTER TABLE [database_name. [ schema_name ]| schema_name ]
table_name
{ALTER COLUMN column_name
    {
        [type_schema_name. ] typename [ ( {precision [ ,scale]})] |max |xml_ schema_
        collection})]
        [NULL | NOT NULL]
```

```
            |{ ADD | DROP}{ROWGUIDCOL | PERSISTED}
        }
    }[ ,...n]
    | DROP
    {
        [CONSTRAINT] constraint_name
        [WITH ( <drop_clustered_ constraint_option> [,...n]) ] | COLUMN column_name
    }[ ,...n]
```

其中,ALTER COLUMN 用于修改原有的列定义,DROP 用于删除指定的完整性约束,ADD 用于增加新列和新的完整性约束。

(1) 增加列

增加列的 ALTER TABLE 语句使用格式如下:

ALTER TABLE <表名> ADD COLUMN <列的定义>;

【例 3-7】 在表 Employee 中新增一列入职年月,列名为 Sentrance,数据类型为 datetime。

```
alter table    Employee
add            Sentrance datetime;
```

说明:

① 当向表中新增一列时,最好为该列定义一个默认约束,使该列有一个默认值。这一点可以使用关键字 DEFAULT 来实现;

② 如果增加的新列没有设置默认值,并且表中已经有了其他数据,那么必须指定该列允许空值,否则系统将产生错误信息。

(2) 修改列属性

修改列的 ALTER TABLE 语句使用格式如下:

ALTER TABLE <表名> ALTER COLUMN <列的定义>;

【例 3-8】 在[例 3-8]中创建的 Sentrance 列是 datetime 类型,并且不允许为空。现在要将该列改为 smalldatetime 类型,并且允许为空。

```
alter table      Employee
alter column     Sentrance smalldatetime NULL;
```

(3) 删除列

删除列的 ALTER TABLE 语句使用格式如下:

ALTER TABLE <表名> DROP COLUMN <列的定义>;

【例 3-9】 删除 Employee 表中的 Sentrance 列。

```
alter table  Employee
drop column Sentrance;
```

(4) 修改列名和表名

使用 sp_rename 存储过程对表和表中的列进行重命名,其语法结构如下:

sp_rename 原对象名，新对象名；

【例 3-10】 如果想将 Employee 表改名为 EmployeeInfo。

sp_rename Employee，EmployeeInfo；

4. 表的删除

在基本表建立以后，随着用户的需求不断变化，有部分表将不再需要。为了方便以后使用，这些表可以做删除处理。删除表时，只有拥有权限的用户或管理员才能够删除。删除表后将表中的数据和表的结构将从数据库中永久性的移除。也就是说，表一旦被删除，就无法恢复，除非还原数据库。因此，执行此操作时应该慎重。

其语法结构如下：

DROP TABLE <表名>；

【例 3-11】 删除员工销售表数据库中的 Employee 表。

drop table Employee；

说明：在使用 DROP TABLE 语句删除数据表时，需要注意以下几点：

① DROP TABLE 语句不能删除系统表；

② DROP TABLE 语句不能删除正在被其他表中的外键约束参考的表，当需要删除这种有外键约束参考的表时，必须先删除外键约束，然后才能删除该表；

③ 当删除表时，属于该表的约束和触发器也会自动被删除，如果重新创建该表，必须重新创建相应的规则、约束和触发器等；

④ DROP TABLE 语句可以一次性删除多个表，表之间用逗号分开。

3.3 数据的操纵

本节主要介绍数据操纵语言 DML，是指对已创建的数据库对象中数据表数据的插入（INSERT）、修改（UPDATE）和删除（DELETE）。

表 3-7 SQL 的数据操纵语言

命　令	功　能
INSERT	在数据库表中插入新行
UPDATE	修改表的一行或多行的属性
DELETE	删除表中的一行或多行

3.3.1 插入表记录

SQL 使用 INSERT 命令来向表中输入新行数据。其语法结构如下：

INSERT [INTO] table_name [(column_list)] VALUES (DATA_VALUES)；

需要注意的是，INTO 子句中的属性列与 VALUES 子句中的值必须一一对应。如果 INTO 子句中没有出现属性列，VALUES 子句中必须包含表的所有属性列的值。

INSERT 语句使用格式如下：

INSERT［INTO］<表名>［（列 1，列 2，...，列 n）］VALUES（值 1，值 2，...，值 n）；

1. 向表中插入一行简单数据

【例 3-12】 向 Employee 表中插入员工数据，基本信息：01 号男员工 MENG，年龄 27。

```
insert into Employee ( Eno, Ename, Esex, Eage ) values ('01 ', ' MENG ', '男', '27' );
```

没有插入的列值为 NULL。以此类推，直到 Employee 表中所有的记录输入完为止。

说明：

① 记录内容包含在括号里。

② 字符(字符串)类型和日期类型的值必须包含在撇号' '里。

③ 数值型不需要包含在' '里。

④ 属性值用逗号隔开。

⑤ 一个值对应表中一列。

有时由于信息不完整，会导致数据不能完整输入，这时候需要对未知数据做空置处理。

【例 3-13】 向 Employee 表中插入 02 号女员工 VINET 的信息数据，但其年龄未知。

```
insert into Employee ( Eno, Ename, Esex, Eage ) values ('02 ', ' VINET ', '女', ' NULL ');
```

2. 向表中插入不同顺序数据

如果指定列名，则插入数据的列名可以和表中原来的顺序不同。

【例 3-14】 按照自定义顺序向 Employee 表中插入 02 号员工 VINET 的信息数据。

```
insert into Employee (Ename, Eno, Eage, Esex)  values (' VINET ', '02 ', '24 ', '女');
```

插入的数据按照指定顺序插入，但各项数据的类型要跟所对应的列数据类型一致。

3. 向表中插入多行数据

【例 3-15】 向员工表 Employee，表中插入详细信息。

```
insert into Employee values ( '01', ' MENG ', '男', NULL, 27, NULL, '01');
insert into Employee values ( '02', ' VINET ', '女', NULL, 24, NULL, '01');
insert into Employee values ( '03', ' YANG ', '男', NULL, 24, NULL, '02');
insert into Employee values ( '04', ' SHEN ', '女', NULL, 23, NULL, '03');
insert into Employee values ( '05', ' JACK ', '女', NULL, 28, NULL, '02');
insert into Employee values ( '06', ' TOM ', '男', NULL,19, NULL, '03');
```

【例 3-16】 向商品表 Commodity，销售表插入详细信息。

```
insert into Commodity values ( '000001', 'A', '图书', 50, 30, 100, '2014-01-11');
insert into Commodity values ( '000002', 'B', '办公用品', 300, 200, 150, '2014-01-15');
insert into Commodity values ( '000003', 'C', '图书', 60, 40, 130, NULL);
insert into Commodity values ( '000004', 'D', '耗材', 1000, 800, 130, '2014-01-11');
insert into Commodity values ( '000005', 'E', '耗材', 900, 700, 200, '2013-10-10');
insert into Commodity values ( '000006', 'F', '耗材', 1500, 1200, 500, '2013-01-11');
insert into Commodity values ( '000007', 'G', '耗材', 500, 300, 300, '2013-06-16');
insert into Commodity values ( '000008', 'H', '办公用品', 100, 80, 50, '2014-01-11');
```

```
commit;
```

【例 3-17】 创建产品销售表 Sales 表。

```
use Sale
create table Sales
(
    Cno     char(6)          NOT NULL,
    Cname   varchar(50)      NOT NULL ,
    Enon    varchar(20)      NOT NULL ,
    Svolume smallint ,
    Sdata   smalldatetime,
    PRIMARY KEY (Cno, Eno),
    Foreign key (Cno) References Commodity(Cno),
    Foreign key (Eno) References Employee(Eno)
);
```

【例 3-18】 向员工表 Sales,表中插入详细信息。

```
insert into Sales values ( '000001', 'A', '01', 30, '2014-01-12');
insert into Sales values ( '000002', 'B', '02', 50, '2014-01-17');
insert into Sales values ( '000003', 'B', '01', 12, '2014-01-13');
insert into Sales values ( '000002', 'A', '02', 13, '2014-01-17');
insert into Sales values ( '000005', 'C', '01', 12, '2014-02-13');
insert into Sales values ( '000004', 'D', '02', 13, '2014-02-17');
```

4. 从其他表中复制数据插入

INSERT SELECT 语句是指从其他表添加数据,这种方式适合批量添加数据,需要保证目标表和源表的列、数据类型和排序等完全一致。

【例 3-19】 按照 Employee 表的属性列创建 Employee_age 表。

```
use Sale
create table Employee_age
(
    Enon     varchar(20)      NOT NULL ,
    Ename    varchar(20)      NOT NULL ,
    Esex     char(2)          NULL ,
    Ebirth   smalldatetime    NULL ,
    Eage     smallint ,
    Eclass   varchar(20)      NULL ,
    PRIMARY KEY               (Eno)
);
```

【例 3-20】 把 Employee 表所有的员工信息存储到 Employee_man 表。

```
insert into Employee_man
select * from Employee;
```

说明：SELECT 语句在第四节查询部分重点讲解，这里只是介绍插入表的一种方式。

3.3.2 删除表记录

创建了员工表之后，由于人员变更需要对员工表。比如一个员工辞职，需要将该员工的信息从现有员工表中删除。这时可以使用 DELETE 语句进行更改删除，其语法结构如下：

DELETE FROM <表名>
[WHERE <条件表达式>]；

其中，WHERE 子句指定要删除记录要满足的条件。

【例 3-21】 在 Employee 表中删除一号员工 MENG 的个人信息。

```
delete from Employee where Eno= '01 ';
```

说明：DELETE 语句一次不仅仅能删除一条语句，有时可以多语句同时删除，比如删除所有退休员工（年龄大于等于 50 岁）的所有信息。

```
delete from Employee where Eage>= '50';
```

这时所删除的结果是多列的，总的来说 DELETE 语句是面向集合的；WHERE 语句条件是可选的，因此若无 WHERE 语句指定条件，制定表中所有的记录将会被删除。

3.3.3 更新表记录

对表中的数据进行更新可以使用 UPDATE 命令进行处理。其语法结构如下：

UPDATE <表名>
SET [列名 = 表达式，列名 = 表达式]
[WHERE <条件表达式>]；

【例 3-22】 员工表中一号员工 MENG 的年龄错误，年龄实际值为 26 岁。

```
update    Employee
set       Eage = 26
where     Eno= '01';
```

如要对表中的多列数据进行更改，可使用如下语句：

```
update    Employee
set       Eage = 26, Ename= 'MENG1 '
where     Eno= '01';
```

执行完该语句后一号员工的 姓名将会更改为 MENG1，年龄更改为 26。

说明：UPDATE 语句为面向集合的语句，即也就是说在使用该语句时应该特别注意 WHERE 语句，否则会对整个表进行修改。

3.3.4 恢复表记录

如果还没有使用 COMMIT 命令在数据库中永久保存修改结果，可以使用 ROLLBACK 命令将数据库恢复到以前状态。ROLLBACK 命令能取消从上次使用 COMMIT 命令以来的所有修改命令,将数据恢复到修改前状态。

其语法结构如下:

ROLLBACK;

在运行完该语句后,可以使用 SELECT 语句查询恢复结果。

说明:COMMIT 命令和 ROLLBACK 命令只能和数据库操作命令添加、修改和删除一起使用。也就是说,对以上这些命令以外的命令是无效的。比如:在数据库 Sale 中创建一个新数据表 E1,同时向该表中插入数据,随后使用 ROLLBACK 命令,则 E1 表中的数据将被删除,E1 表会依然保留。

3.4 数据的查询

3.4.1 查询结构

一般在使用 SELECT 命令时,通常增加一些条件限制处理,有选择性地查询数据。因此 SELECT 语句不是一个单独的语句,通常包含子句,比如 FROM 子句、WHERE 子句、GROUP BY 子句、HAVING 子句、ORDER BY 子句等。使用 SELECT 语句时必须结合 FROM 分句选择查询范围,但是其他分句均按照查询需求选用。

其语法结构如下:

```
SELECT    [ * |ALL| DISTINCT]
          [<目标列表达式 1 [[as]列别名 1]> [,<目标列表达式 2 [[as]列别名 2]> [,... 目标
          列表达式 n [[as]列别名 n]]
          [INTO 新表名]
FROM      <表名或视图名 1 [[as]表别名 1> [,<表名或视图名 2 [[as]表别名 2]> [,... 表名或
          视图名 n [[as]表别名 n]]
[WHERE <条件表达式>]
[GROUP BY <列名 1> [HAVING <条件表达式 1>]]
[ORDER BY <列名 2> [asc | desc]]
```

SELECT 查询语句中,紧跟查询需要输出的列表字段,"*"表示输出结果中包含表中所有字段;选项 ALL 表示显示所有行,包含重复行;选项 DISTINCT 禁止在输出结果包含重复行;FROM 后确定查询来源,可以是表名,称为单表查询或简单查询,也可以是多张表,表之间用逗号分隔,称为连接查询。

WHERE 子句中的保留条件为真的元组;GROUP BY 子句是对指定列保留的元组分组;HAVING 子句保留条件为真的元组;ORDER BY 子句是对所查询元组按照列值排序。

3.4.2 查询基础

1. 列的查询

SELECT 语句用于查询并选取所需的内容,即可以选择输出全部列或部分列。SELECT 子句列举查询列的名称,FROM 子句指定选取数据的表名称。用*(星号)作为通

配符来表示所有的列。(通配符,用作替代其他字符或命令的一个通用替换符)

(1) 查询全部列的基本语法

```
SELECT * FROM <表名>;
```

【例 3-23】 查询 Commodity 表所有列记录。

```
select * from Commodity;
```

输出结果如表 3-8 所示。

表 3-8 查询 Commodity 表所有列记录

	Cno	Cname	Csort	Coutprice	Cinprice	Cquantity	Cdate
1	000001	A	图书	50	30	100	2014-01-11
2	000002	B	办公用品	300	200	150	2014-01-15
3	000003	C	图书	60	40	130	NULL
4	000004	D	耗材	1000	800	130	2014-01-11
5	000005	E	耗材	900	700	200	2013-10-10
6	000006	F	耗材	1500	1200	500	2013-01-11
7	000007	G	耗材	500	300	300	2013-06-16
8	000008	H	办公用品	100	80	50	2014-01-11

说明:使用 * 查询所有列,则无法设定列的显示顺序,系统按照表的列顺序排序。

(2) 查询部分列的基本语法

```
SELECT <列名 1>, <列名 2>,...
FROM <表名>;
```

【例 3-24】 在 Commodity 表中查找所有商品的商品编号 Cno 和商品姓名 Cname。

```
select Cno, Cname from Commodity;
```

输出结果如表 3-9(1)所示。

表 3-9 Commodity 表中的商品编号 Cno 和商品姓名 Cname

	Cno	Cname
1	000001	A
2	000002	B
3	000003	C
4	000004	D
5	000005	E
6	000006	F
7	000007	G
8	000008	H

(1)

	ID
1	000001
2	000002
3	000003
4	000004
5	000005
6	000006
7	000007
8	000008

(2)

	商品编号
1	000001
2	000002
3	000003
4	000004
5	000005
6	000006
7	000007
8	000008

(3)

说明:查询过程的中列的前后顺序可以与表中列的顺序不完全一致,可以根据查询需求自行调整。

(3) AS 关键字为列设列别名的基本语法:

```
SELECT <列名 1> AS <列别名 1>, <列名 2> AS <列别名 2>,...
FROM <表名>;
```

【例 3-25】 在 Commodity 表中为商品编号 Cno 设别名 ID。

```
select Cno as ID  from Commodity;
```

输出结果如表 3-9(2)所示。

【例 3-26】 在 Commodity 表中为商品编号 Cno 设别名商品编号。

```
select  Cno as '商品编号' from  Commodity;
```

输出结果如表 3-9(3)所示。

(4) DISTINCT 为查询结果删除重复行

SELECT 语句不会处理查询结果中的重复行，如果要求查询的结果行唯一，则可以在 SELECT 子句中使用 DISTINCT 来实现。

DISTINCT 的基本语法如下：

```
SELECT DISTINCT <列名1>,<列名2>,...
FROM  <表名>;
```

【例 3-27】 查询 Commodity 表中的商品类别 Csort。

```
select Csort from Commodity;
```

输出结果如表 3-10(1)所示。

表 3-10 商品表 Commodity 中的商品类别 Csort

	Csort
1	图书
2	办公用品
3	图书
4	耗材
5	耗材
6	耗材
7	耗材
8	办公用品

(1)

	Csort
1	办公用品
2	耗材
3	图书

(2)

【例 3-28】 查询 Commodity 表中的商品分类 Csort，保证 Csort 的唯一。

```
select distinct Csort from Commodity;
```

输出结果如表 3-10(2)所示。

(5) TOP 和 PERCENT 为查询限制结果集

在 SELECT 语句中使用 TOP 和 PERCENT 关键词限制查询的结果集。

其基本语法如下：

```
SELECT TOP [<行数>| <PERCENT>] <列名>,...
FROM  <表名>;
```

【例 3-29】 查询 Commodity 表中商品编号、商品名称和商品类别的前 4 条信息。

```
select top 4 Cno, Cname, Csort from Commodity;
```

输出结果如表 3-11(1)所示。

查询 Commodity 表中商品编号、商品名称和商品类别的前 30%的信息。

```
select top 30 percent Cno, Cname, Csort from Commodity;
```

输出结果如表 3-11(2)所示。

表 3-11　商品表 Commodity 中部分商品编号、商品名称和商品类别

(1)

	Cno	Cname	Csort
1	000001	A	图书
2	000002	B	办公用品
3	000003	C	图书
4	000004	D	耗材

(2)

	Cno	Cname	Csort
1	000001	A	图书
2	000002	B	办公用品
3	000003	C	图书

2. 条件约束查询

通过对输出的记录做出约束，能够选择表的部分内容。利用 WHERE 语句给 SELECT 查询增加条件约束，执行含有这些条件的 SELECT 语句得出符合条件的查询记录。

其语法结构如下：

```
SELECT<列名>, ...
FROM<表名>
WHERE<条件表达式>
```

【例 3-30】 查询 Commodity 表中商品类别 Csort 为耗材的商品名称 Cname 和商品编号 Cno。

```
select Cno, Cname, Csort from Commodity where Csort = '耗材';
```

输出结果如表 3-12 所示。

表 3-12　Commodity 表中商品类别 Csort 为耗材的商品编号和商品名称

	Cno	Cname	Csort
1	000004	D	耗材
2	000005	E	耗材
3	000006	F	耗材
4	000007	G	耗材

说明：首先通过 WHERE 子句查询符合指定条件的记录，再选取 SELECT 语句指定列。

在查询时，WHERE 语句中有时需要用到一些运算符，比如算术运算符、比较运算符和逻辑运算符，还有 SQL 所特有的一些特殊运算符。运算符使两个值之间可以进行四则运算或者字符串拼接、数值大小比较等运算。因此 SELECT 子句中的查询对象的可以是表中的属性列之一，也可以是关系表达式、字符串和函数等。

(1) 算术运算符

四则运算所使用的运算符(＋、－、＊、/)被称为算数运算符，在使用算术运算符时应注意运算符使用的优先级次序(比如，1＋2 ＊ 5＝11)。SQL 中也可以使用括号来提升表达式的运算优先级。SQL 中常用的运算符如表 3-13 所示。

【例 3-31】 查询 Commodity 表中的商品编号 Cno、商品名称 Cname、销售成本 Cost 和营业收入 Total。

```
select Cno, Cname, Cinprice * Cinprice as Cost, Cinprice * Coutprice as Total from Commodity;
```

输出结果如表 3-14 所示。

表 3-13　常见的算术运算符

算术运算符	描述	算术运算符	描述
+	加	/	除
—	减	^	次方(部分数据库使用 * *)
*	乘		

表 3-14　查询 Commodity 表中的 Cno、Cname、Cost 和 Total 列

	Cno	Cname	Cost	Total
1	000001	A	900	1500
2	000002	B	40000	60000
3	000003	C	1600	2400
4	000004	D	640000	800000
5	000005	E	490000	630000
6	000006	F	1440000	1800000
7	000007	G	90000	150000
8	000008	H	6400	8000

说明：在 SQL 中，包含 NULL 的计算，结果都肯定是 NULL。

(2) 比较运算符

在查询过程用 WHERE 子句经常会需要一些条件约束符，在 SQL 中使用主要使用的比较运算符如表 3-15 所示。

表 3-15　常见的比较运算符

符号	含义	符号	含义
<	小于	<=	小于等于
>	大于	>=	大于等于
=	等于	<>或！=	不等于

【例 3-32】　查询 Commodity 表中销售价格 Coutprice 大于等于 100 的商品信息。

```
select * from Commodity where Coutprice >= 100;
```

输出结果如表 3-16 所示。

表 3-16　Commodity 表中 Coutprice 大于等于 100 的商品信息

	Cno	Cname	Csort	Coutprice	Cinprice	Cquantity	Cdate
1	000002	B	办公用品	300	200	150	2014-01-15
2	000004	D	耗材	1000	800	130	2014-01-11
3	000005	E	耗材	900	700	200	2013-10-10
4	000006	F	耗材	1500	1200	500	2013-01-11
5	000007	G	耗材	500	300	300	2013-06-16
6	000008	H	办公用品	100	80	50	2014-01-11

【例 3-33】　查询 Commodity 表中商品上架日期 Cdate 为 2014-01-11 的商品信息。

select * from Commodity where Cdate = '2014-01-11';

输出结果如表 3-17 所示。

表 3-17　Commodity 表中 Cdate 为 2014-01-11 的商品信息

	Cno	Cname	Csort	Coutprice	Cinprice	Cquantity	Cdate
1	000001	A	图书	50	30	100	2014-01-11
2	000004	D	耗材	1000	800	130	2014-01-11
3	000008	H	办公用品	100	80	50	2014-01-11

【例 3-34】　查询 Commodity 表中商品类别 Csort 不是图书的商品信息。

select * from Commodity where Csort <> '图书';

输出结果如表 3-18 所示。

表 3-18　Commodity 表中商品类别 Csort 不是图书的商品信息

	Cno	Cname	Csort	Coutprice	Cinprice	Cquantity	Cdate
1	000002	B	办公用品	300	200	150	2014-01-15
2	000004	D	耗材	1000	800	130	2014-01-11
3	000005	E	耗材	900	700	200	2013-10-10
4	000006	F	耗材	1500	1200	500	2013-01-11
5	000007	G	耗材	500	300	300	2013-06-16
6	000008	H	办公用品	100	80	50	2014-01-11

说明：在使用大于等于或者小于等于作为查询条件时，要注意等号的位置不能出错，保证不等号在左、等号在右；小于某个日期表示在该日期之前；字符串类型的数据原则上按照字典顺序排序大小，不能与数字的大小混淆；另外，不能对 NULL 使用比较运算符。WHERE 子句的条件表达式也可以使用计算表达式。

【例 3-35】　查询 Commodity 表中商品的进价 Cinprice 和销价 Coutprice 的差价大于 100 的商品名称和商品价格信息。

select Cname, Cinprice, Coutprice from Commodity　where Coutprice-Cinprice > 100;

输出结果如表 3-19 所示。

表 3-19　Commodity 表中商品差价大于 100 的商品信息

	Cname	Cinprice	Coutprice
1	D	800	1000
2	E	700	900
3	F	1200	1500
4	G	300	500

(3) 逻辑运算符

在现实中，在查某一组数据时，可能需要同时满足多个条件，或者说满足多个条件中的一个。在 SQL 查询中用逻辑运算连接多个条件。逻辑运算符包括 AND、OR、NOT。

【例 3-36】　查找商品表中销售价格大于 200 且进货价格大于 50 的商品信息。

select * from Commodity where Coutprice >200 and Cinprice>50;

输出结果如表 3-20 所示。

表 3-20 商品表中销售价格大于 200 同时进货价格大于 50 的商品信息

	Cno	Cname	Csort	Coutprice	Cinprice	Cquantity	Cdate
1	000002	B	办公用品	300	200	150	2014-01-15
2	000004	D	耗材	1000	800	130	2014-01-11
3	000005	E	耗材	900	700	200	2013-10-10
4	000006	F	耗材	1500	1200	500	2013-01-11
5	000007	G	耗材	500	300	300	2013-06-16

查找商品表中销售价格大于 200 或者进货价格大于 50 的商品信息。

select * from Commodity where Coutprice >200 or Cinprice>50;

输出结果如表 3-21 所示。

表 3-21 商品表中销售价格大于 200 或进货价格大于 50 的商品信息

	Cno	Cname	Csort	Coutprice	Cinprice	Cquantity	Cdate
1	000002	B	办公用品	300	200	150	2014-01-15
2	000004	D	耗材	1000	800	130	2014-01-11
3	000005	E	耗材	900	700	200	2013-10-10
4	000006	F	耗材	1500	1200	500	2013-01-11
5	000007	G	耗材	500	300	300	2013-06-16
6	000008	H	办公用品	100	80	50	2014-01-11

查找商品表中销售价格不大于等于 1000 的商品信息。

select * from Commodity where not Coutprice >= 1000;

输出结果如表 3-22 所示。

表 3-22 商品表中销售价格不大于等于 1 000 的商品信息

	Cno	Cname	Csort	Coutprice	Cinprice	Cquantity	Cdate
1	000001	A	图书	50	30	100	2014-01-11
2	000002	B	办公用品	300	200	150	2014-01-15
3	000003	C	图书	60	40	130	NULL
4	000005	E	耗材	900	700	200	2013-10-10
5	000007	G	耗材	500	300	300	2013-06-16
6	000008	H	办公用品	100	80	50	2014-01-11

说明:NOT 运算符用来否定某一条件,但不能滥用;AND 运算符表示在其两侧的查询条件都成立时整个查询条件才成立,相当于"并且";OR 运算符表示在其两侧的查询条件中至少有一条成立时整个查询条件都成立,相当于"或者"。逻辑运算符可以连接多个语句,比如使用... AND... AND... OR... 可以连接多语句。

查找商品表中商品类别为耗材,且商品销售价格大于 100,上架时间是'2014-01-11'或'2013-06-16'的商品信息。

```
select * from Commodity
where     Csort = '耗材'
and       Coutprice >= 1000
and       Cdate = '2014-01-11'
or        Cdate = '2013-06-16';
```

输出结果如表 3-23 所示。

表 3-23　商品表中销售价格不大于等于 1 000 的商品信息

	Cno	Cname	Csort	Coutprice	Cinprice	Cquantity	Cdate
1	000004	D	耗材	1000	800	130	2014-01-11
2	000007	G	耗材	500	300	300	2013-06-16

说明:由于 AND 和 OR 的优先级不同导致输出有误,要将 OR 两侧的查询条件使用半角括号来提高优先级。

```
select * from Commodity
where        Csort = '耗材'
and          Coutprice >=1000
and          (Cdate = '2014-01-11'or Cdate = '2013-06-16');
```

输出结果如表 3-24 所示。

表 3-24　商品表中销售价格不大于等于 1 000 的商品信息

	Cno	Cname	Csort	Coutprice	Cinprice	Cquantity	Cdate
1	000004	D	耗材	1000	800	130	2014-01-11

(4) 特殊运算符

SQL 允许将特殊运算符和 WHERE 语句一起使用。特殊运算符包括:

① 范围运算符 BETWEEN

BETWEEN 用于检查属性是否在指定值之间。该运算符使用三个参数。

【例 3-37】 查询商品表中商品销售价格在 100 与 1000 之间的商品信息。

```
select * from Commodity where Coutprice between 100 and 1000;
```

输出结果如表 3-25 所示。

表 3-25　商品表中销售价格在 100 与 1 000 之间的商品信息

	Cno	Cname	Csort	Coutprice	Cinprice	Cquantity	Cdate
1	000002	B	办公用品	300	200	150	2014-01-15
2	000004	D	耗材	1000	800	130	2014-01-11
3	000005	E	耗材	900	700	200	2013-10-10
4	000007	G	耗材	500	300	300	2013-06-16
5	000008	H	办公用品	100	80	50	2014-01-11

说明:若所使用的数据库不支持 BETEWEEN 语法,可使用以下命令:

```
select * from Commodity where Coutprice >= 100 and Coutprice <= 1000;
```

这两种用法所得到的结果是相同的。

② 判断运算符 IS NULL

IS NULL 用于检查属性值是否为空,在 SQL 中允许用 IS NULL 来检查一个空值属性。

【例 3-38】 查询所有没有定价的商品信息,即价格属性列为空。

```
select * from Commodity where Coutprice is null;
```

在 SQL 中不能直接使用"Coutprice = NULL"这样的命令,NULL 不像"0"或"空值",NULL 是属性的特殊性质,表示没有值。

③ 一致运算符 LIKE

LIKE 用于检查指定值是否与指定值匹配，特殊运算符 LIKE 常常和通配符一起用来在字符串属性中查找模式。当不知道完整的字符串时，标准 SQL 允许使用百分号(%)和下划线(_)通配符来匹配任何值：

'J%'：表示任意一个以 J 开头的字符串；
'%J'：表示任意一个以 J 结尾的字符串；
'%J%'：表示任意一个包含 J 的字符串；
'_J'：表示 aJ 或 BJ；
'J_'：表示 Ja 或 JB；
'_J_'：表示 BJa 或 aJB。

即"%"表示可以匹配任意长度的字符。百分号在字符前表示以该字符结尾，在后表示以该字符开始，中间表示任意包含。与百分号类似，但是下划线只能表一个字符，即在字符前表示以该字符结尾且前面只有一个字符，在后表示以该字符开始只有一个字符，中间表示任意包含前后各有一个字符。

【例 3-39】 查找员工表 Employee 中员工姓名中包含字母"A"的所有员工部分信息。

```
select Eno, Ename, Esex, Eage from Employee where Ename like '%A%';
```

查询结果如表 3-26 所示。

表 3-26 姓名中包含 A 的员工部分信息

	Eno	Ename	Esex	Eage
1	03	YANG	男	24
2	05	JACK	女	28

【例 3-40】 查找员工表 Employee 中员工姓名以"E"为倒数第二个字母的所有员工信息。

```
select Eno, Ename, Esex, Eage from Employee where Ename like '%E_';
```

查询结果如表 3-27 所示。

表 3-27 姓名以"E"为倒数第二个字母的员工部分信息

	Eno	Ename	Esex	Eage
1	02	VINET	女	24
2	04	SHEN	女	23

说明：在使用该查询时可能区分大小写，即若把以上"'%E_'"写成了"'%e_'"将查询员工表 Employee 中员工姓名以"e"为倒数第二个字母的所有员工信息。

④ 特殊运算符 IN

IN 用于检查指定值是否与值列表中某个值匹配，特殊字符 IN 可以帮助查询在某个集合内的所有元素。

【例 3-41】 查找员工表 Employee 中员工编号为"01"，"02"、"04"的部分信息。

在学习 IN 之前可以使用如下语句查询：

```
select Eno, Ename, Esex, Eage from Employee where Eno= '01' or Eno= '02' or Eno= '04';
```

学习了 IN 之后可以使用如下语句查询：

```
select Eno, Ename, Esex, Eage from Employee where Eno in ('01', '02', '04');
```

查询结果如表 3-28 所示。

表 3-28 员工编号为“01”、“02”、“04”员工信息

	Eno	Ename	Esex	Eage
1	01	MENG	男	27
2	02	VINET	女	24
3	04	SHEN	女	23

说明：IN 后面应跟一个值列表；列表中的所有值属性应该相同；若列表中的属性全部为字符串类型则需加引号。

3.4.3 聚合与排序

1. 聚合函数

聚合函数是对一组值执行计算并返回单一的值的函数，它经常与 SELECT 语句的 GROUP BY 子句一同使用，SQL SERVER 中具体的聚合函数为以下几个。

(1) AVG 函数

用于返回指定组中各值的平均值，仅用于数字列，空值被忽略。其语法格式如下：

```
AVG ([ ALL | DISTINCT ] EXPRESSION)
```

其中，ALL 是默认所有值应用该聚合函数，DISTINCT 指定 AVG 只在每个唯一值上执行操作，EXPRESSION 是精确数值或近似数值数据类型(除 BIT)的表达式，不能包含聚合函数和子查询。

【例 3-42】 查询商品表中商品的平均价格。

```
select avg (Coutprice) as '均价' from Commodity ;
```

查询结果如表 3-29 所示。

表 3-29 查询商品表中商品的平均价格

	均价
1	551

(2) COUNT 函数

用于统计指定组中项目的数量，统计的是行数而不是列数，是对指定列的每一行计算后返回值的数量。其语法格式如下：

```
COUNT ({ [ [ ALL | DISTINCT ] EXPRESSION ] | * })
```

COUNT (*)返回表中行的总数，包括空值和重复值的数目；COUNT (ALL <列名>)是对组中指定列的每一行计算后返回非空值的数量；COUNT (DISTINCT <列名>)是对组中指定列的每一行计算后返回唯一非空值的数量。除了 TEXT、IMAGE、NTEXT 的类型，EXPRESSION 可以是其他的任何表达式，里面不能包含聚合函数和子查询。

【例 3-43】 查询商品表中商品编号的个数。

```
select count (Cno) from Commodity
```

查询结果如表 3-30 所示。

表 3-30　查询商品表中商品编号的个数

	(无列名)
1	8

(3) MAX(MIN)函数

用于返回指定列值的最大(小)值。其语法格式如下:

```
MAX ([ ALL | DISTINCT ] EXPRESSION])
MIN ([ ALL | DISTINCT ] EXPRESSION])
```

其中,ALL 是默认所有值应用该聚合函数;DISTINCT 指定每一个唯一值,对于 MAX 函数无实际意义;EXPRESSION 是常量、列名、函数及运算符的任意组合;MAX(MIN)可用于 NUMERIC、CHARACTER 和 DATETIME 列,但不能用于 BIT 列,不能包含聚合函数和子查询。

【例 3-44】 查询商品表中商品的最大销售价格。

```
select max (Coutprice) from Commodity;
```

查询结果如表 3-31 所示。

表 3-31　查询商品表中商品的最大销售价格

	(无列名)
1	1500

【例 3-45】 查询商品表中商品的最小销售价格。

```
select min (Coutprice) from Commodity;
```

查询结果如表 3-32 所示。

表 3-32　查询商品表中商品的最小销售价格

	(无列名)
1	50

除此之外,还有 SUM 函数,用于返回指定数据的和,只能用于数字列,空值被忽略;COUNT_BIG 函数,用于返回指定组中的项目数量,但与 COUNT 函数不同,COUNT_BIG 返回的是 bigint 值,而 COUNT 返回的是 int 值;VAR 函数,用于返回给定表达式中所有值的统计方差;VARP 函数,用于返回给定表达式中所有值的填充的统计方差。

2. GROUP BY 子句

在 SELECT 语句中可以使用 GROUP BY 语句对表进行分割(分组)查询。

其语法格式如下:

```
SELECT      <列名 1>, <列名 2>, ...
```

```
FROM        <表名>
[WHERE      <条件表达式>]
[GROUP BY   <列名 1>, <列名 2>, ...];
```

说明：GROUP BY 语句的位置在 SELECT 语句之后，如果有 WHERE 子句，则 GROUP BY 语句的位置在 WHERE 子句之后。

【例 3-46】 对商品表 Commodity 按照商品类别 Csort 统计数据行数。

```
select      Csort, count ( * ) as '数目'
from        Commodity
group by    Csort;
```

查询结果如表 3-33 所示。

表 3-33　商品表 Commodity 按照商品类别 Csort 统计数据行数

	Csort	数目
1	办公用品	2
2	耗材	4
3	图书	2

【例 3-47】 查询商品表 Commodity 中销售价格大于 100 的商品类别 Csort，并统计数据行数。

```
select      Csort, count ( * ) as '数目'
from        Commodity
where       Coutprice >100
group by    Csort;
```

查询结果如表 3-34 所示。

表 3-34　统计商品表 Commodity 销售价格大于 100 的 Csort 行数

	Csort	数目
1	办公用品	1
2	耗材	4

说明：使用 GROUP BY 子句时，SELECT 子句中不能出现聚合键之外的列名。否则系统报错。在 GROUP BY 子句不能使用 SELECT 子句定义的别名。GROUP BY 子句的结果是无序的。只有 SELECT 子句、ORDER BY 子句和 HAVING 子句能使用聚合函数。

3. HAVING 子句

在 SELECT 语句中可以使用 HAVING 子句对 GROUP BY 语句指定分组条件。而 WHERE 子句是指定数据行的条件。

其语法格式如下：

```
SELECT      <列名 1>, <列名 2>, ...
FROM        <表名>
[WHERE <条件表达式>]
[GROUP BY <列名 1>, <列名 2>, ...];
[HAVING <分组结果对应的条件>]
```

说明：HAVING 子句必须写在 GROUP BY 子句之后。

【例 3-48】 对商品表 Commodity 按照商品类别 Csort 统计数据行数后，取出数据统计行数为 2 的组。

```
select        Csort, count（*）
from          Commodity
group by      Csort
having count（*）=2;
```

查询结果如表 3-35 所示。

表 3-35　取出商品表 Commodity 中统计 Csort 行数为 2 的组

	Csort	(无列名)
1	办公用品	2
2	图书	2

说明：聚合键的条件不应该放在 HAVING 子句中，应该放在 WHERE 子句。

4. ORDER 子句

在实际生活中有时需要对一查询的结果进行排序，这时可以使用 SQL 提供的 ORDER BY 语句对查询结果进行排序。

其语法格式如下：

```
SELECT      <列名1>, <列名2>, ...
FROM        <表名>
[WHERE <条件表达式>]
[ORDER BY <排列规则1>, <排列规则1>, ...[ASC | DESC]];
```

说明：

ORDER BY 子句中[ASC | DESC]为选择升序或降序排列，默认值为升序，即在不指定的情况下将会按升序排列；ORDER BY 子句中可以使用 SELECT 中定义的列别名；ORDER BY 子句中可以使用 SELECT 中未出现的列或聚合函数；ORDER BY 子句中排序键如果包含 NULL 时，会在查询的开头或末尾汇总；ORDER BY 子句中不能使用列的编号。

【例 3-49】 将商品表 Commodity 中的商品按销售价格的升序排列。

```
select * from Commodity order by Coutprice;
```

查询结果如表 3-36 所示。

表 3-36　商品表 Commodity 中的商品按销售价格的升序排列

	Cno	Cname	Csort	Coutprice	Cinprice	Cquantity	Cdate
1	000001	A	图书	50	30	100	2014-01-11
2	000003	C	图书	60	40	130	NULL
3	000008	H	办公用品	100	80	50	2014-01-11
4	000002	B	办公用品	300	200	150	2014-01-15
5	000007	G	耗材	500	300	300	2013-06-16
6	000005	E	耗材	900	700	200	2013-10-10
7	000004	D	耗材	1000	800	130	2014-01-11
8	000006	F	耗材	1500	1200	500	2013-01-11

说明：系统默认排序为升序，如果将“order by Coutprice”改为“order by Coutprice desc”则结果将会按照降序排列。排序规则是首先按单词的第一个字母排序；第一个字母相同则按第二个字母排序，后面以此类推。

3.4.4 连接查询

使用连接查询时,必须在 FROM 子句中指定两个或两个以上的表。连接查询又称多表查询。使用连接查询时应该在列名前加表名作前缀。如果不同表之间列名不同,可以不加表名前缀,如果不同表存在同名列,则必须加前缀。

1. 笛卡尔积

当连接条件无效或被忽略,以及第一个表中所有行和第二个表中所有行都发生连接时,所有的行的组合都出现,这种结果称为笛卡尔积。

【例 3-50】 求 Employee 表与 Commodity 表笛卡尔积的记录总数。

(1) Employee 表记录总数 6

```
select count( * ) from Employee;
```

查询结果为 6。

(2) Commodity 表记录总数 8

```
select count( * ) from Commodity;
```

查询结果为 8。

(3) 笛卡尔积 Employee×Commodity 记录总数 6 * 8=48

```
select count( * ) from Employee, Commodity;
```

查询结果为 48。

2. 等值连接

两张表中必须有相等的列值,一般作为 WHERE 子句的条件,连接运算符为"=",通常这样的条件包含一个主键和一个外键。

等值连接的一般结构格式如下:

```
select table1.column,table2.column
from table1,table2
where table1.column1 = table2.column2;
```

【例 3-51】 查询有销售的员工信息及其销售信息。

```
select Employee. * , Sales. *  from  Employee, Sales  where  Employee.Eno = Sales.Eno;
```

查询结果如表 3-37 所示。

表 3-37 查询有销售的员工信息及其销售信息

	Eno	Ename	Esex	Ebirth	Eage	Eclass	Mno	Cno	Cname	Eno	Svolume	Sdata
1	01	MENG	男	NULL	27	NULL	01	000001	A	01	30	2014-01-12 00:00:00
2	02	VINET	女	NULL	24	NULL	01	000002	B	02	50	2014-01-17 00:00:00
3	01	MENG	男	NULL	27	NULL	01	000003	B	01	12	2014-01-13 00:00:00
4	02	VINET	女	NULL	24	NULL	01	000004	D	02	13	2014-02-17 00:00:00
5	01	MENG	男	NULL	27	NULL	01	000005	C	01	12	2014-02-13 00:00:00

3. 不等值连接

等值连接运算符为"=",如果采用其他运算符则称非等值连接。

【例 3-52】 查询销售业绩大于 20 的员工信息及其销售信息；

```
select Employee. * , Sales. *   from Employee, Sales
where   Employee. Eno = Sales. Eno and Sales. Svolume > 20;
```

查询结果如表 3-38 所示。

表 3-38 销售业绩大于 20 的员工信息及销售信息

	Eno	Ename	Esex	Ebirth	Eage	Eclass	Mno	Cno	Cname	Eno	Svolume	Sdata
1	01	MENG	男	NULL	27	NULL	01	000001	A	01	30	2014-01-12 00:00:00
2	02	VINET	女	NULL	24	NULL	01	000002	B	02	50	2014-01-17 00:00:00

4. 自连接

把某个表和其自身相连接。

【例 3-53】 查询每个雇员的姓名、上级主管的编号。

```
select worker. Ename as '雇员' , manager. Eno as '主管编号'
from Employee as worker, Employee as manager
where worker. Mno = manager . Eno;
```

查询结果如表 3-39 所示。

表 3-39 查询每个雇员的姓名、上级主管的编号

	雇员	主管编号
1	MENG	01
2	VINET	01
3	YANG	02
4	SHEN	03
5	JACK	02
6	TOM	03

5. 内连接和外连接

内连接返回满足条件的记录,外连接返回满足和不满足条件的记录。等值连接是内连接,外连接包含左外连接、右外连接和完全外连接。

标准查询结构如下所示：

```
select table1. column, table2. column
from table1 [inner | left | right | full] join table2
on table1. column1 = table2. column2
```

(1) 内连接

显示 Table1 表和 Table2 表中满足列相等条件的共同记录,如图 3-1 中交叉阴影所示。

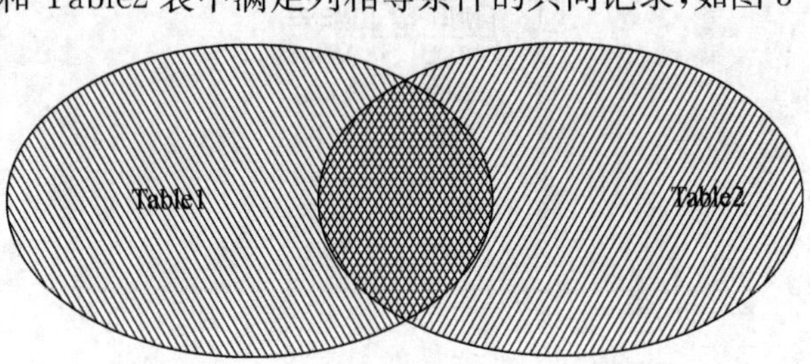

图 3-1 Table1 表和 Table2 表内连接图示

【例 3-54】 查询主管编号为'03'的雇员姓名和主管姓名。

```
select worker.Ename as '雇员姓名',
manager.Ename as '主管姓名',
manager.Eno as '主管编号'
from Employee worker inner  join  Employee manager
on  worker.Mno = manager.Eno and worker.Mno = '03';
```

查询结果如表 3-40 所示。

表 3-40　主管编号为'03'的雇员姓名和主管姓名

	雇员姓名	主管姓名	主管编号
1	SHEN	YANG	03
2	TOM	YANG	03

(2) 左外连接

显示 Table1 表和 Table2 表满足列相等条件的共同记录,以及左边 Table1 表的其他记录,如图 3-2 中阴影所示。

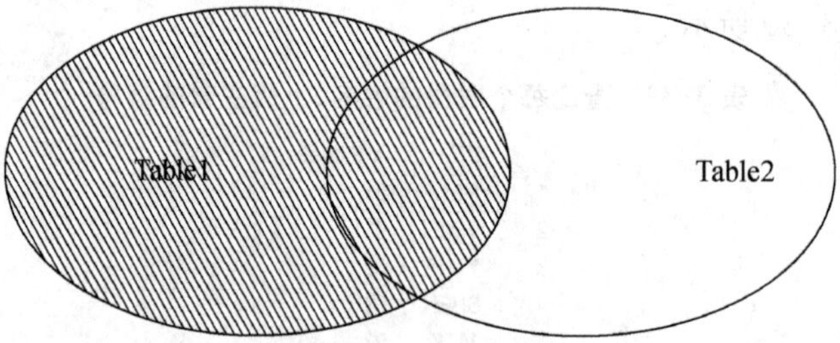

图 3-2　Table1 表和 Table2 表左外连接图示

【例 3-55】 查询主管编号为'03'的雇员姓名和主管姓名,以及其他主管名称。

```
select worker.Ename as '雇员姓名',
manager.Ename as '主管姓名'
from Employee  manager left  join  Employee worker
on  worker.Mno = manager.Eno and worker.Mno = '03';
```

查询结果如表 3-41 所示。

表 3-41　主管编号为'03'的雇员姓名和主管姓名,以及其他主管名称

	雇员姓名	主管姓名
1	NULL	MENG
2	NULL	VINET
3	SHEN	YANG
4	TOM	YANG
5	NULL	SHEN
6	NULL	JACK
7	NULL	TOM

(3) 右外连接

显示 Table1 表和 Table2 表满足列相等条件的共同记录,以及右边 Table2 表的其他记录，如图 3-3 中阴影所示。

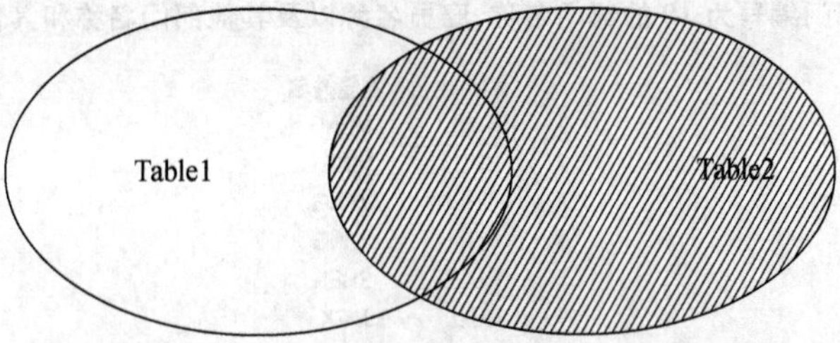

图 3-3 Table1 表和 Table2 表右外连接图示

【例 3-56】 查询主管编号为'03'的雇员姓名和主管姓名，以及其他雇员姓名。

```
select worker.Ename as '雇员姓名', manager.Ename as '主管姓名'
from Employee  manager right  join  Employee worker
on  worker.Mno =  manager.Eno and worker.Mno = '03';
```

查询结果如表 3-42 所示。

表 3-42 主管编号为'03'的雇员姓名和主管姓名，以及其他雇员姓名

	雇员姓名	主管姓名
1	MENG	NULL
2	VINET	NULL
3	YANG	NULL
4	SHEN	YANG
5	JACK	NULL
6	TOM	YANG

（4）完全外连接

显示 Table1 表和 Table2 表满足列相等条件的共同记录，以及 Table1 表和 Table2 表的其他记录，如图 3-4 中阴影所示。

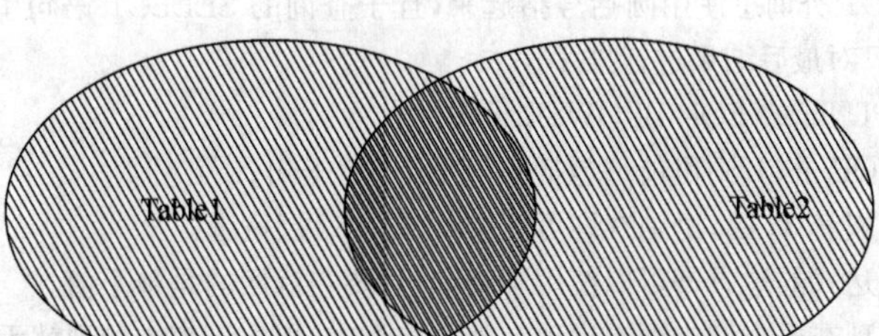

图 3-4 Table1 表和 Table2 表完全外连接图示

【例 3-57】 查询部门编号为 10 的部门名称、雇员名称以及其他部门名称和其他雇员姓名。

```
select worker.Ename as '雇员姓名',
manager.Ename as '主管姓名'
from Employee  manager full  join  Employee worker
on  worker.Mno = manager.Eno and worker.Mno = '03';
```

查询结果如表 3-43 所示。

表 3-43　部门编号为 10 的部门名称、雇员名称以及其他部门名称和其他雇员姓名

	雇员姓名	主管姓名
1	NULL	MENG
2	NULL	VINET
3	SHEN	YANG
4	TOM	YANG
5	NULL	SHEN
6	NULL	JACK
7	NULL	TOM
8	MENG	NULL
9	VINET	NULL
10	YANG	NULL
11	JACK	NULL

3.4.5　嵌套查询

嵌套查询是指在一个外层查询中包含另一个内层查询，即一个 SQL 查询语句块可以嵌套在另一个查询块的 WHERE 子句或 HAVING 子句中。其中外层查询称为父查询、主查询，内层查询也称为子查询、从查询。嵌套查询将多个简单查询构成复杂查询，增强了 SQL 语言的查询能力，层层嵌套也是结构化语言 SQL 的真正含义。

（1）子查询的基本语法结构如下：

SELECT [ALL | DISTINCT]<select item list>
FROM <Table list>
[WHERE<search condition>]
[GROUP BY <group item list>]
[HAVING <group by search conditoon>]]

说明：

1）子查询的 SELECT 查询总使用圆括号括起来，且子查询的 SELECT 语句中不能包含 ORDER BY 语句，ORDER BY 语句只对最后结果进行排序。

2）不能包括 COMPUTE 或 FOR BROWSE 子句。

3）如果同时指定 TOP 子句，则可能只包括 ORDER BY 子句。

4）子查询最多可以嵌套 32 层，个别查询可能会不支持 32 层嵌套。

5）任何可以使用表达式的地方都可以使用子查询，只要它返回的是单个值。

6）如果某个表只出现在子查询中而不出现在外部查询中，那么该表中的列就无法包含在输出中。

（2）嵌套查询语法格式

1）WHERE　查询表达式　[NOT] IN (子查询)；

2）WHERE　查询表达式　比较运算符　[ANY | ALL] (子查询)；

3）WHERE　[NOT]　EXISTS (子查询)

说明：子查询的查询条件不依赖于父查询，这类子查询称为不相关子查询；不相关子查询是较简单的一类子查询。如果子查询的查询条件依赖于父查询，这类子查询称为相关子查询，整个查询语句称为相关嵌套查询语句。

1．带比较运算符的子查询

嵌套查询内层子查询通常作为搜索条件的一部分呈现在 WHERE 或 HAVING 子句

中。例如，把一个表达式的值和一个由子查询生成的一个值相比较，这个测试类似于简单比较测试。

子查询比较测试用到的运算符是：=、<>、<、>、<=、>=。子查询比较测试把一个表达式的值和由子查询的产生的一个值进行比较，返回比较结果为 TRUE 的记录。

【例 3-58】 在“Employee”表中，查询“销售量”>30 的员工信息。

```
select * from Employee where Eno = (select Eno from Sales where Svolume >30 );
```

查询结果如表 3-44 所示。

表 3-44 “销售量”>30 的员工信息

	Eno	Ename	Esex	Ebirth	Eage	Eclass	Mno
1	02	VINET	女	NULL	24	NULL	01

2. 带 IN 谓词的子查询

一些嵌套内层的子查询会产生一个值，也有一些子查询会返回一列值，即子查询不能返回带几行和几列数据的表。原因在于子查询的结果必须适合外层查询的语句。当子查询产生一系列值时，适合用带 IN 的嵌套查询。

把查询表达式单个数据和由子查询产生的一系列的数值相比较，如果数值匹配一系列值中的一个，则返回 TRUE。

(1) 带 IN 的子查询语法格式

```
WHERE  查询表达式  IN (子查询);
```

【例 3-59】 下面在“Employee”和“Commodity”表中，查询有销售业绩的员工信息。

```
select * from Employee where Eno in (select Eno from Sales where Svolume>0 );
```

查询结果如表 3-45 所示。

表 3-45 有销售业绩的员工信息

	Eno	Ename	Esex	Ebirth	Eage	Eclass	Mno
1	01	MENG	男	NULL	27	NULL	01
2	02	VINET	女	NULL	24	NULL	01

(2) 带 NOT IN 的子查询语法格式：

```
WHERE  查询表达式  NOT  IN (子查询);
```

【例 3-60】 在“Employee”和“Commodity”表中，查询没有销售的员工信息。

```
select * from Employee where Eno not in (select Eno from Sales where Svolume>0 );
```

查询结果如表 3-46 所示。

表 3-46 没有销售的员工信息

	Eno	Ename	Esex	Ebirth	Eage	Eclass	Mno
1	03	YANG	男	NULL	24	NULL	02
2	04	SHEN	女	NULL	23	NULL	03
3	05	JACK	女	NULL	28	NULL	02
4	06	TOM	男	NULL	19	NULL	03

3. 带 SOME(ANY)/ALL 谓词的子查询

子查询返回单值时可以用比较运算符,但返回多值时要用谓词修饰符,SQL 支持 3 种谓词修饰符:SOME、ANY 和 ALL。它们都是判断是否任何或全部返回值都满足搜索要求的。其中 SOME 和 ANY 谓词是存在量的,只注重是否有返回值满足搜索要求。这两种谓词含义相同,可以替换使用。使用 ANY 或 ALL 谓词时则必须同时使用比较运算符。

其语义为:

＜SOME　小于子查询结果中的某个值;
＜＝SOME　小于等于子查询结果中的某个值;
＞SOME　大于子查询结果中的某个值;
＞＝SOME　大于等于子查询结果中的某个值;
＝SOME　等于子查询结果中的某个值;
!＝(或＜＞)SOME　不等于子查询结果中的某个值;
＜ALL　小于子查询结果中的所有值;
＜＝ ALL　小于等于子查询结果中的所有值;
＞ ALL　大于子查询结果中的所有值;
＞＝ ALL　小于等于子查询结果中的所有值;
＝ ALL　等于子查询结果中的所有值;
!＝(或＜＞) ALL　不等于子查询结果中的任意值;

【例 3-61】 下面在“Employee”表中,查询“年龄”小于平均年龄的所有员工信息。

```
select * from Employee where Eage < all (select avg(Eage) from Employee);
```

查询结果如表 3-47 所示。

表 3-47　查询“年龄”小于平均年龄的所有员工信息

	Eno	Ename	Esex	Ebirth	Eage	Eclass	Mno
1	04	SHEN	女	NULL	23	NULL	03
2	06	TOM	男	NULL	19	NULL	03

通常用聚集函数实现子查询要比直接用 SOME 或 ALL 查询更高效,简要地说:＝SOME 等价于 IN 谓词,＜(＝)SOME 等价于＜(＝)MAX,＞(＝)SOME 等价于＞(＝)MIN,＜＞ALL 等价于 NOT IN 谓词,＜(＝)ALL 等价于＜(＝)MIN,＞(＝)ALL 等价于＞(＝)MAX。

4. 带 EXISTS 谓词的查询

EXISTS 和 NOT EXIST 用于检查子查询是否至少会返回一行数据,该子查询实际上并不返回任何数据,而是返回值 True 或 False,子查询返回 True 的情况下执行父查询,子查询返回 False 的情况下终止查询。在应用有时不使用 EXISTS,也可以用谓词 IN 代替。

【例 3-62】 判断“01”员工是否存在,若存在查询全部其员工信息。

```
select Eno, Ename, Esex, Eage from Employee
where EXISTS (select * from  Employee where Employee.Eno = '01');
```

查询结果如表 3-48 所示。

表 3-48 判断“01”员工是否存在,若存在查询全部其员工信息

	Eno	Ename	Esex	Eage
1	01	MENG	男	27
2	02	VINET	女	24
3	03	YANG	男	24
4	04	SHEN	女	23
5	05	JACK	女	28
6	06	TOM	男	19

【例 3-63】 判断“08”员工是否存在,若存在查询全部其员工信息。

```
select Eno, Ename, Esex, Eage from Employee
where EXISTS (select * from  Employee where Employee.Eno = '08');
```

查询结果如表 3-49 所示。

表 3-49 判断“08”员工是否存在,若存在查询全部其员工信息

Eno	Ename	Esex	Eage

说明:当 EXISTS 判断为存在时,则会输出全部查询信息,当不存在时,则不会输出。

与 EXISTS 谓词相对应的是 NOT EXISTS 谓词。使用存在量词 NOT EXISTS 后,若内层查向结果为空,则外层的 WHERE 子句返回真值,否则返回假值。

```
select Eno, Ename, Esex, Eage from Employee
where NOT EXISTS (select * from Employee where Employee.Eno = '08');
```

查询结果如表 3-50 所示。

表 3-50 判断“08”员工是否存在,若不存在查询全部其员工信息

	Eno	Ename	Esex	Eage
1	01	MENG	男	27
2	02	VINET	女	24
3	03	YANG	男	24
4	04	SHEN	女	23
5	05	JACK	女	28
6	06	TOM	男	19

说明:如将例 3-63 的 EXIST 换为 NOT EXIST 则查询结果和例 3-62 完全一致。

3.5 视图和索引

视图是数据库的一种逻辑对象,属于虚拟表。视图可以用来定义一个或多个表的行与列的多种连接,是查询数据的一种方式,是用户查看和检索数据库中数据的一种重要机制。索引(INDEX)是数据库的重要对象之一,通过合理设计索引可以提升数据库的性能;反之,不合理的索引反而会降低数据库的效率。数据库中的索引时带有行存储位置的表中值的列表,利用数据库的索引可以快速查找到表中的数据,而不用浏览整个表。

3.5.1 视图的定义与特点

1. 视图的定义

视图是一种虚拟表，是由一个表或几个表导出的虚拟表，其内容由查询语言定义。视图中包含一系列带有名称的行数据和列数据，数据来自其定义的查询语句引用的表，在引用视图过程中自动动态生成。但跟普通表不同的是，一般的视图（不包括索引视图）并不在数据库中存储数据值集，即视图不存储任何数据，数据依旧存储在原来的表中，原表的数据发生变化则视图中查询出的数据也相应改变。定义好的视图可以用来定义新的视图，也可以和表一样可以被查询、被删除，但对其更新操作有相对的限制。

2. 视图的特点

视图的使用会给用户带来相对的便利性，主要有：提高数据安全性、数据操作简单化、增强数据独立性等特点。

（1）提高数据安全性

视图只允许用户查看表中部分数据，不允许看的数据用户无法看到。比如员工表中，利用视图只显示员工编号与姓名，不显示员工年龄及其他信息。

（2）数据操作简单化

视图简化了用户对数据的操作，对于复杂的查询，利用视图的方式将其存储到数据库，在每次执行相同的查询时，不用再重新编写复杂的查询语句，只需简单地查询视图即可完成。

（3）增强数据独立性

视图使得应用程序和数据库表在一定程度上相对独立。应用程序可以建立在视图上，也可以建立在表上。没有视图的情况下，应用程序肯定建立在表上，若存在视图，则可以将应用程序建立在视图上，保证应用程序与数据库表被视图分隔，数据被独立存储。

3.5.2 视图的操作

1. 创建视图

创建视图采用 CREATE VIEW 命令，其语法格式如下：

```
CREATE VIEW <视图名> [(<列名 1> [,<列名 2>] [,...n])]
AS
<SELECT 子查询语句>
[WITH CHECK OPTION]
```

其中，子查询语句可以任意复杂，但一般不允许包含 ORDER BY 子句和 DISTINCT 子句；WITH CHECK OPTION 表示对视图更新操作时，保证更新的行满足视图定义中的谓词条件，即满足视图查询语句中的条件表达式。一般情况下，如果只定义视图名，未说明组成视图的各属性列名，系统默认包括子查询中 SELECT 子句中的目标列所有字段。

注意下面三种情形必须明确指定组成视图的所有列名：

（1）目标列名中的某个目标列是集合函数或表达式；

（2）多表连接时选择多个同名字段作为视图的字段；

（3）在视图中为某个列取新的名字。

【例 3-64】 为 Commodity 表创建视图 Commodity_view。

```
create view Commodity_view (Commodity_cname, Commodity_count)
as
select Cname, count( * ) from Commodity
group by Cname;
```

对视图的查询要结合 SELECT FROM 语句，首先执行定义视图的 SELECT 语句，根据结果再执行 FROM 子句中使用视图的 SELECT 语句。

```
select Commodity_cname, Commodity_count from Commodity_view;
```

查询结果如表 3-51 所示。

表 3-51　视图 Commodity_view 查询结果

	Commodity_cname	Commodity_count
1	A	1
2	B	1
3	C	1
4	D	1
5	E	1
6	F	1
7	G	1
8	H	1

说明：视图的定义不能使用 ORDER BY 子句。

2. 更新视图

视图作为虚表，并不是实际存储数据的表，但对于视图的更新，还需要转换为表的更新。因此更新视图也包括插入(INSERT)、修改(UPDATE)和删除(DELETE)。为了避免用户通过视图对数据更新时，不当操作导致不属于视图范围的原表数据变动，因此在定义视图时添加 WITH CHECK OPTION 子句，当视图更新时，数据库管理系统(DBMS)检查视图定义的条件，不满足条件则拒绝执行操作。

【例 3-65】 为视图 Commodity_view 插入一行数据。

```
insert into Commodity_view values ( '图书',5);
```

其输出结果系统报错“对视图或函数 'Commodity_view' 的更新或插入失败，因其包含派生域或常量域。”关系数据库中的视图并不是都能更新，因为视图的更新必须唯一有效的转换成相对应表的更新，注意不允许更新视图的几种情形：

(1) 当视图由两个以上的表导出时，该视图不允许更新。

(2) 当视图的字段来自表达式或常数时，该视图不允许插入和更新操作，但允许删除操作。

(3) 当视图定义中含有 GROUP BY 子句时，该视图不允许更新。

(4) 当视图的属性列来自剧集函数时，该视图不允许更新。

【例 3-66】 为 Commodity 表创建视图 Commodity_view1。

```
create view Commodity_view1 (Cno, Cname, Csort)
as
```

```
select Cno, Cname, Csort from Commodity
where Csort = '图书';
```

【例 3-67】 为视图 Commodity_view1 插入一行数据。

```
insert into Commodity_view1 values ('000009','I','图书');
select * from Commodity_view1;
```

查询结果如表 3-52 所示。

表 3-52 视图 Commodity_view1 插入数据

	Cno	Cname	Csort
1	000001	A	图书
2	000003	C	图书
3	000009	I	图书

3. 删除视图

数据库中,不需要的视图通过 DROP VIEW 命令将其删除,其语法格式如下:

DROP VIEW <视图名>

【例 3-68】 删除视图 Commodity_view。

```
drop view Commodity_view;
```

3.5.3 索引的定义与特点

1. 索引的概念与类型

索引包含从表或视图中的一个或多个列生成的键,以及映射到指定数据的存储位置的指针,将这一系列键存储与一个结构,便于 SQL Server 快速有效的查找与键值相关联的行,这样不仅可以提升数据库查询效率与性能,还能减少返回查询结果时读取的数据量。索引能强制表中的行具有唯一性,确保表中数据的完整性。

在员工表 Employee 中,基于员工编号 Eno 的索引会有序的存储每一个员工的员工编号值,并与表中的行相对应。在 Employee 表中查找某个员工的 Eno 值时,系统自动找到 Eno 列索引表,利用某种算法可以快速查到结果,并提取其存储地址,然后在 Employee 表中找到该存储地址所对应员工的全部信息。如果未对 Eno 创建索引,则系统只能从表的第一行开始逐行搜索查找,直到找到为止。

索引分为很多种类型,比如常见的聚集索引、非聚集索引和唯一索引等。

① 聚集索引(Clustered Index)。指的是索引的存储顺序按照表中数据顺序存储,即表中的每行顺序与索引顺序完全相同,因此每张表只有一个聚集索引,但是聚集索引可以包含多个列(组合索引)。聚集索引用于经常被查询的列,检索效率较高,但对数据新增、修改、删除的效率影响比较大。

② 非聚集索引(Nonclustered Index)。指的是索引的存储顺序与表中数据的存储顺序不同,该索引包含索引键值与指向表数据存储位置的行定位器。通常对经常使用且未设立聚集索引的表或索引创建多个非聚集索引,目的是为了改善其查询性能,检索效率比聚集索引低,但对数据新增、修改、删除的效率影响很小。

③ 唯一索引(Unique Clustered)。保证了索引键不含重复值,从而使表中每一行具有唯一性。当某列的数据唯一时,即可为该表创建一个唯一聚集索引和多个唯一非聚集索引。在创建 PRIMARY KEY 和 UNIQUE 约束时系统自动为指定列创建唯一索引。

定义主键时使用聚集索引比非聚集索引的速度快,使用 ORDER BY 排序子句时,聚集索引比一般主键的速度还快。在应用过程中,少量数据利用聚集索引作为排序列要比非聚集索引速度快很多,但在大量数据(10^4级记录)时,两者效率差别不大。

2. 索引的优点与缺点

一个合理的索引可以减少磁盘输入和输出(I/O)操作,减少系统资源的消耗,从而提升查询性能,在进行 SELECT 查询语句中,索引能有效地、快速地找到需要检索或修改的字段。

在数据库 Sale 中查找员工编号等于 01 的员工信息,查询语言如下:

```
select * from Employee where Eno= '01' ;
```

执行该语句后,查询优化器自动选择用于检索的方法,判定列 Eno 是否存在索引,选择扫描全表搜索还是根据索引来搜索。扫描全表指的是查询优化器读取表中所有行数据,提取满足查询条件的行,这个过程有很多磁盘输入和输出(I/O)操作,占用了大量资源。这种查找方式适用于查询结果集占表的很大比例,此时查询最为有效。查询优化器根据索引查询索引键列,搜索到查询所需行的存储位置,根据该存储位置提取匹配行,一般来说,索引搜索要比扫描全表快速。

查询优化器在执行查询语句时会选择最有效的途径,在没有索引的情况下,查询优化器将直接扫描全表,若创建的索引,则可以从多个有效的索引中选择搜索。虽然索引在查询效率方面优势明显,但也不是没有其他影响,一方面含有索引的表在数据库中占用更多的存储空间,另一方面表中大量的索引会对 INSERT、UPDATE 和 DELETE 语句的修改造成影响。另外,索引对于小类型的表优化效果不明显。因此,综合而言,合理的设计和创建索引才是查询效率的关键,要综合均衡优化带来的正面“利益”和存储空间以及资源占用带来的负面“成本”。

3.5.4 索引的创建与删除

1. 创建索引

创建索引主要有两种方式,一是在创建表的时候定义主键约束(PRIMARY KEY)或唯一约束(UNIQUE),系统将自动建立唯一索引;二是直接使用 CREATE INDEX 语句,其语法格式如下:

```
CREATE [UNIQUE] [CLUSTERED | NONCLUSTERED]
INDEX 索引名 ON 表名<列名 1> [ASC | DESC][,...n]
```

语句中没有出现 CLUSTERED 或 NONCLUSTERED 则表示创建非聚集索引,SQL Server 的一张表最多可以创建 249 个非聚集索引。定义主键约束的时候没有强制指定非聚集索引且之前没有聚集索引,则系统自动为主键列建立唯一的聚集索引。

【例 3-69】 在商品表中创建索引 Cnox,保证每一行有唯一的 Cno 值。

```
create unique index Cnox on Commodity (Cno);
```

2. 删除索引

不需要的索引可以从数据库中删除，回收存储空间，一个表可以有多个索引，利用系统存储过程 sp_helpindex 可以查看该表的所有索引名称、类型等，通过检索系统表 sysindexes 也可以查看数据库中所有索引对象。

可以从数据库中删除一个或多个索引，其语法格式如下：

```
DROP INDEX 表名.索引名或视图名.索引名[,...n]
```

【例 3-70】 删除索引 Cnox。

```
drop index Commodity. Cnox;
```

3.6 小　结

本章简单介绍 SQL 的发展过程和功能特点，主要从数据的定义、数据的操纵和数据的查询三个方面详细讲解 SQL 语言，包括数据库和数据表的创建、修改与删除，数据库表记录的插入、删除与更新，数据库表的查询以及视图与索引的定义与相关操作等等。通过本章学习，要熟练 SQL 语言中的定义和操纵的语法格式，重点掌握查询语言的具体应用，适当地了解视图和索引的内容与应用。

习　题

1. 创建数据库 db_pub 数据库，数据库名称为 db_pub，分别创建数据文件和事物日志，数据文件为 db_pub _data，保存在 C:\Program Files\Microsoft SQL Server\MSSQL\Data\db_pub_data. mdf，初始大小为 10 MB，最大为 50 MB，数据库增长按 5%比例增长；日志文件为 db_pub_log，保存在 C:\Program Files\Microsoft SQL Server\MSSQL\Data\db_pub_log. ldf，大小为 2 MB，最大可增长到 100 MB，按 1 MB 增长。

2. 在 db_pub 数据库中创建 Employee 表，列包括：emp_id(数据类型为 nvarchar，长度为 20，非空)、fname(数据类型为 varchar，长度为 20，非空)、job_id(数据类型为 char，长度为 4)、job_lvl(数据类型为 varchar，长度为 20)。

3. 查询 db_pub 数据库中 Employee 表中的全部数据记录。

4. 查询 db_pub 数据库中 Employee 表中的前 5 行数据记录。

5. 查询 db_pub 数据库中 Employee 表中的前 10%的数据记录。

6. 查询 db_pub 数据库中 Employee 表，要求在结果中显示 emp_id，fname，job_id 字段。

7. 查询 db_pub 数据库中 Employee 表的前 20%的数据，要求在结果中显示员工姓名和员工 ID。

8. 查询 db_pub 数据库中 Employee 表中 job_id 字段的值，要求去掉重复值。

9. 查询 db_pub 数据库中 Employee 表，要求在结果中将 job_id 字段显示为工种，emp_

id 字段显示为工号,fname 显示为名。

10. 查询 db_pub 数据库中的 Employee 表,要求查找 job_lvl 在 80 到 100 之间的数据记录。

11. 查询 db_pub 数据库中的 Employee 表,要求查找 job_lvl 在 80 到 100 之间,并且 job_id 在 5 到 10 之间的数据记录。

12. 查询 db_pub 数据库中的 Employee 表,要求查找 job_lvl 在 80 到 100 之间,或者 job_id 小于 10 的数据记录。

第 4 章

数据库管理与保护

安全性对所有的数据库管理系统都是至关重要的。数据库通常存储了大量的数据,这些数据可能是个人信息、客户清单或者其他机密资料。如果有人未经授权非法侵入了数据库,并窃取了查看和修改数据的权限,将会造成极大的危害。

数据库的完整性是指数据的正确性和相容性。为维护数据的完整性,需在数据上定义约束,这些约束条件称为完整性约束条件,它们作为模式的一部分存入数据库。若一个数据库实例满足所有的完整性约束,它就是一个符合逻辑的实例。

数据库是一个共享的系统,可以供多个用户同时使用。多个事务并发更新数据可能引起数据不一致的问题。数据库的并发控制机制通过锁资源的管理协议控制事务之间的相互影响,防止它们破坏数据库的一致性。另外,并发控制机制还必须解决并发执行过程中可能出现死锁的现象。

数据库中的数据是有价值的信息资源,不允许丢失或损坏。因此,保证数据库日常数据的安全性和完整性是维护数据库的重要工作之一,即使在存放数据库的物理介质损坏的情况下,数据库恢复也必须保证数据库中的数据完好无损。

4.1 数据库的安全性

数据库的安全性是指保护数据库的安全,防止不合法的使用造成数据泄露、更改或破坏。安全性问题不是数据库独有的,而是所有计算机系统都具有的。大量数据集中存放在数据库系统中,并且被许多用户共享,因此数据库的安全性问题尤为重要。数据库的安全性和计算机系统的安全性是密切联系、相辅相成的,因此首先介绍计算机系统的安全性。

4.1.1 计算机系统安全性

计算机系统安全性是指为计算机系统建立和采取的安全保护措施,用来保护计算机系统的硬件、软件及数据,以防数据受到破坏、更改或泄露。

随着网络技术的发展及计算机资源共享的广泛应用,计算机安全性问题越来越受到人们的重视,人们对各种计算机及相关产品的系统安全性要求越来越高。在计算机安全技术方面已经建立了一系列可信计算机系统的标准。目前 TCSEC 和 CC 标准是国际上最具备影响力的两个标准,本节主要介绍 TCSEC 和 CC 标准的基本内容。

在20世纪60年代，美国国防部成立了专门机构，开始研究计算机使用环境中的安全策略问题。1985年，美国国防部（DoD）颁布了《DoD可信计算机系统评估准则》（Trusted Computer System Evaluation Criteria，简称TCSEC或DoD85），也称桔皮书，后经修改用作了美国国防部的标准，并相继发布了可信数据库解释（TDI）、可信网络解释（TNI）等一系列相关的说明和指南。

1991年，英、法、德、荷四国针对TCSEC准则的局限性，提出了包含机密性、完整性、可用性等概念的欧洲的信息技术安全评估准则（ITSEC，Information Technology Security Evaluation Criteria），ITSEC把可信计算机的概念提高到可信信息技术的高度上来认识，对国际信息安全的研究和实施产生了重要的影响。

1993年，由法、加、德、荷、英、美六国提出开发通用准则CC（Information Technology Security Common Criteria）。CC标准是第一个信息安全技术评价标准，是信息安全技术发展的一个重要里程碑。和早期的评估标准相比，CC具有结构开放、表达方式通用等特点。1999年12月ISO采纳CC通用标准，并正式发布国际标准ISO15408。目前CC已经基本取代了TCSEC，成为评估信息产品安全性的主要标准。

TCSEC按处理信息的等级和所采用的响应措施，将计算机系统安全等级从低到高分成D、C、B、A四大类7个等级，按系统可靠程度逐渐提高，对用户登录、授权管理、访问控制、审计跟踪、隐蔽通道分析、可信通道建立、安全检测、生命周期保障、文档写作、用户指南等内容提出了规范性要求。较高安全级别提供的安全保护包含较低级别的所有保护要求，同时能提供更多的保护。具体级别如表4-1所示。

表4-1　TCSEC安全级别

安全级别	定　义
A1	验证设计（Verified Design）
B3	安全域（Security Domains）
B2	结构化保护（Structural Protection）
B1	标记安全保护（Labeled Security Protection）
C2	受控的存取保护（Controlled Access Protection）
C1	自主安全保护（Discretionary Security Protection）
D	最小保护（Minimal Protection）

CC标准是在上述各评估准则及具体实践基础上，通过相互总结和互补发展起来的。它定义了评价信息技术产品和系统安全性的基本准则，提出了目前国际上公认的表述信息技术安全性的结构，即把安全要求分为安全功能要求和安全保证要求。安全功能要求是为了规范产品和系统安全的行为，安全保证要求则是确保如何正确地、有效地实施这些功能。CC主要包括标准简介、一般模型和安全功能要求以及安全保证要求三个部分。在安全保证要求部分提出了7个评估保证级别（Evaluation Assurance Levels：EALs），从EAL1至EAL7共分为七级，按保证程度逐渐增高，如表4-2所示。

表 4-2　CC 标准评估保证级别划分

评估保证级别	定　义	TCSEC 安全级别(近似)
EAL1	功能测试(functionally tested)	
EAL2	结构测试(structurally tested)	C1
EAL3	系统地测试和检查(methodically tested and checked)	C2
EAL4	系统地设计、测试和复查(methodically designed, tested, and reviewed)	B1
EAL5	半形式化设计和测试(semi-formally designed and tested)	B2
EAL6	半形式化验证的设计和测试(semi-formally verified designed and tested)	B3
EAL7	形式化验证的设计和测试(formally verified designed and tested)	A1

4.1.2　数据库的安全性控制

在一般的计算机系统中,安全措施逐级设置,典型的安全控制模型如图 4-1 所示。在图中所示的安全模型中,当用户要求进入计算机系统时,必须对用户输入的身份标识进行验证,只有通过验证的合法用户才允许进入系统。然而对于已经进入系统的用户,DBMS 还要进行存取权限控制,只允许合法操作。DBMS 建立在操作系统之上,安全的操作系统是数据库安全的前提,因此操作系统必须有自己的安全保护。操作系统应保证数据库的数据只能通过 DBMS 访问,不允许用户越过 DBMS 直接通过操作系统或其他途径访问。数据还可以通过密码形式存储到数据库中,为数据的安全性提供保障。

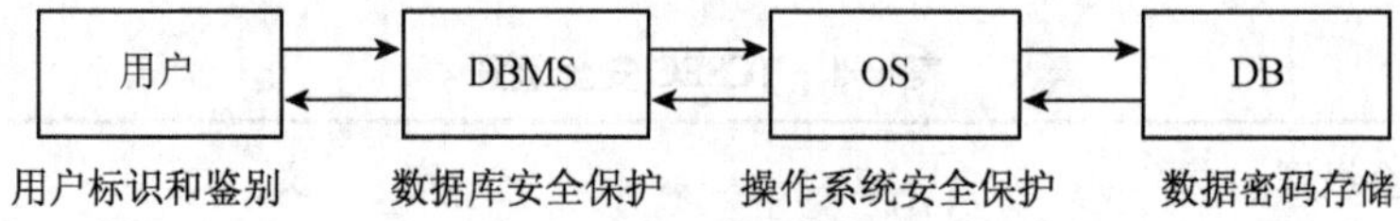

图 4-1　安全控制模型

在这里我们仅讨论与数据库有关的用户标识和身份认证、存取控制、视图和密码存储等安全技术。

1. 用户标识和身份认证

用户标识和身份认证是系统提供的最外层安全保护措施,其方法是由系统提供一定的方式让用户标识自己的名字与身份。每次用户要求进入系统时,都需要由系统核对,通过鉴定才能获得系统的使用权。

目前常见的用户标识和身份认证方式主要有三种:用户名加口令、生物特征识别技术和基于 USB Key 的身份认证方法。

第一种用户名加口令的方法是最常见、最原始的身份认证方式。首先用一个用户名(User Name)或者用户标识号(UID)作为用户标识(User Identification)来标明用户身份;其次为了进一步核实用户,系统往往还要求用户设置口令(Password)用来输入验证。系统记录着所有合法用户的标识,以此来鉴别用户是否为合法用户,若用户合法则可以进入下一步的口令核实,否则不能使用系统。在系统核对口令正确后,才允许用户使用数据库。虽然通过用户名和口令来鉴定用户的方法简单易行,但非常容易被窃取。

第二种是生物特征识别技术。该技术是以人体唯一生物特征为依据，通过可测量的身体或行为等生物特征进行身份认证。生物特征是指可以唯一测量或自动识别验证的生理特征或行为方式。身体特征包括指纹、视网膜、虹膜、DNA等；行为特征包括签名、语音等。目前指纹识别技术广泛应用于门禁系统和微信支付等领域。

第三种是目前电子商务领域最流行的基于USB Key的身份认证。USB Key结合了现代密码学技术、智能卡技术和USB技术，是新一代的身份鉴别方式。

DBMS除了存储、管理和验证用户身份外，还需要存储每个用户在使用系统期间对数据库的所有操作。一旦数据库遭到破坏，数据库管理员就可以根据存储的信息知道是哪个用户对数据库进行了破坏性操作。

2. 存取控制

数据库安全最重要的是确保只将访问数据库的权限授权给有资格的用户，同时让所有未被授权的人员无法使用数据库，这主要通过存取控制机制实现。三种常见的存取控制方法是：自主存取控制(DAC)、强制存取控制(MAC)、基于角色存取控制(RBAC)。

(1) 自主存取控制

自主存取控制(Discretionary Access Control)简称DAC，它是基于用户身份或所属工作组来进行访问控制的一种手段。它是一种常用的安全控制方式。

在自主存取控制方法中，用户对应不同的数据对象有不同的存取权限，不同的用户对于同一对象也有不同的权限，用户还可将拥有的存取权限转授给其他用户。因此它非常灵活、简便。大型的数据库管理系统几乎都支持自主存取控制，目前SQL标准也支持自主存取控制，它主要通过GRANT和REVOKE语句来实现。GRANT语句向用户授予权限，而REVOKE命令将权限收回。

用户权限由数据库对象和操作类型两个要素构成。在非关系型数据库中，用户只能对数据进行操作，存取控制的对象也仅限于数据。而在关系数据库中存取控制对象不仅有数据本身(基本表中的数据、属性列上的数据)，还有数据库模式(数据库Schema、基本表Table、视图View和索引Index的创建)等，表4-3列出了关系数据库中主要的存取权限。

表4-3 关系型数据库中主要的存取权限

对象类型	对象	操作类型
数据库	模式	create schema
	基本表	create table, altertable
模式	视图	create view
	索引	create index
数据	基本表和视图	select, insert, update, delete, references, all privileges
数据	属性列	select, insert, update, references, all privileges

在数据库中，定义一个用户的存取权限就是要定义这个用户可以在哪些数据库对象上进行哪些操作，我们称之为授权。SQL通过GRANT语句将基本表和视图的权限授予用户。

GRANT授权语句的命令一般格式为：

GRANT＜权限＞[,＜权限＞]…

```
ON＜对象类型＞＜对象名＞[,＜对象类型＞＜对象名＞]…
TO ＜用户＞[,＜用户＞]…
[WITH GRANT OPTION];
```

上述语句的含义是,将指定操作对象的指定操作权限授予指定用户。如果语句中附有 WITH GRANT OPTION 子句,则被授权者可以将此权限转授给其他用户。如果没有指定,则获得该权限的用户只能使用该权限而不能传播。

【例 4-1】 把查询 Employee 表的权限授给用户 A。

```
GRANT select
ON table Employee
TO A;
```

授予的权限可以使用 REVOKE 语句来收回,该命令的格式如下:

```
REVOKE＜权限＞[,＜权限＞]…
 ON＜对象类型＞＜对象名＞[,＜对象类型＞＜对象名＞]…
 FROM＜用户＞[,＜用户＞]…
 [CASCADE|RESTRICT];
```

【例 4-2】 把用户 A 查询 Employee 表的权限收回。

```
REVOKE select
ON table Employee
FROM A;
```

SQL 提供的授权机制非常灵活简便。用户对于自己建立的基本表和视图拥有全部操作权限,并且可以使用 GRANT 语句把某些权限授予其他用户。被授权的用户如果有"继续授权"的许可,还可以把获得的权限再授权给其他用户。而且所有权限又可以通过 REVOKE 语句收回。用户可以自主地决定数据存储权限的授予和收回,因此我们称之为自主存取控制。

但是这种机制仅仅通过对数据的存取权限来进行安全控制,而数据本身并无安全性标记,在这种机制下就可能造成数据的"无意泄露"。要解决这一问题,就要对系统控制下的所有主客体实行强制存取控制。

(2) 强制存取控制

强制存取控制(Mandatory Access Control)简称 MAC,它是根据被访问对象的信任度来进行权限控制,给每个访问主体和客体分级,指定其许可证级别,通过比较主体和客体的许可证级别来决定一个主体能否访问某个客体。

它的控制方法是:每一个数据对象被标以一定的密级,每一个用户也被授予某一个级别的许可证,对于任意一个对象,只有具有合法许可证的用户才可以存取。强制存取控制相对严格安全。

在强制存取控制方法中,有主体和客体两种对象:

主体是系统中的活动实体,包括 DBMS 所管理的实际用户和代表用户的各进程。

客体是系统中的被动实体,是受主体操纵的,包括文件、基表、索引和视图等。

DBMS 为主体和客体的每个实例(值)都分配了一个敏感度标记(Label)。敏感度标记被分为若干级别，如绝密、机密、可信、公开等。主体的敏感度标记称为许可证级别，客体的敏感度标记称为密级。MAC 机制就是通过对比主体和客体的敏感度标记，最终确定能否存取客体。

当某一用户（或某一主体）用标记注册进入数据库系统时，系统要求他对任何客体的存取必须遵循如下两条规则：

① 仅当主体的许可证级别大于或等于客体的密级时，该主体才能读取相应的客体。

② 仅当主体的许可证级别等于客体的密级时，该主体才能写相应的客体。

这两种规则的共同点在于它们都禁止了拥有高许可证级别的主体更新低密级的数据对象，从而防止敏感数据的泄露。

强制存取控制是对数据本身进行密级标记，无论数据如何复制，标记与数据都是一个不可分割的整体，只有符合密级标记要求的用户才可以使用数据，从而提供更高级别的安全性。由于较高安全性级别的安全保护要包含较低级别的所有保护，因此要实现强制存取控制，必须先实现自主存取控制，即 DAC 与 MAC 共同构成 DBMS 的安全机制。系统要先进行 DAC 检查，对于通过 DAC 检查的数据对象再由系统自动进行 MAC 检查，只有通过 MAC 检查的数据对象才可以进行存取。

（3）基于角色的访问控制

基于角色的访问控制（Role-Based Access Control）简称 RBAC，被认为是 DAC 和 MAC 的一种“中性”策略，在 RBAC 模型中可以表示 DAC 和 MAC。RBAC 是一种新的访问策略，它在用户和权限中间引入角色这一概念，把拥有相同权限的用户归入同一类角色，管理员通过定义用户的角色来为用户授权，可以简化拥有大量用户的数据库的授权管理。角色可以根据组织中不同的工作创建，然后根据用户的职责分配角色。

RBAC 的核心思想是将安全授权和角色相关联，用户首先要成为相应角色的成员，才能获得该角色对应的权限。实际应用表明将管理员的权限局限于改变用户角色要比赋予管理员更改角色权限更安全。

3. 视图

视图也是提供数据库安全性的一种措施。视图可以隐藏用户不需要看到的数据。视图隐藏数据的能力既可以简化系统，又可以实现安全性。在进行权限控制时可以为不同用户定义不同的视图，将数据对象限制在一定范围内。通过视图可以把保密的数据对无权存取的用户隐藏起来，从而自动地为数据提供一定程度的安全保护。

【例 4-3】 建立员工表中所有年龄大于 30 岁的员工的视图，并把该视图的 select 权限授予 A，把所有权限授予 B。

```
CREATE VIEW EageView
AS
SELECT *
FROM Employee
WHERE Eage>='30';
GRANT SELECT
ON EageView
TO A;
```

```
GRANT ALL PRIVILIGES
ON EageView
TO B;
```

4. 数据加密

对于高度敏感的数据,如财务数据、军事数据等,还可以采取数据加密技术。这是防止数据库中的数据在存储和传输过程中失密的有效手段。

数据加密的基本思想是根据一定的算法将原始数据(明文,Plain text)变换为不可直接识别的格式(密文, Cipher text),使得不知道解密算法的人无法获知数据的内容。算法输出的是加密后的数据。用解密密钥对加密后的数据实施解密算法就可以找到原始数据。

根据加密密钥的使用和部署,可将加密技术分为对称加密和公钥加密。在对称加密中,数据加密和解密采用的都是同一个密钥,它的缺陷是必须把密钥通过某种机制提供给授权用户,而密钥在传递过程中可能被窃取,尤其在多用户的情况下,密钥管理非常困难。公钥加密又称非对称加密,它克服了对称加密所面临的一些问题。在这种模式中,每个授权用户都有两个密钥:一个公钥(Public Encryption Key),一个私钥(Private Encryption Key)。两个密钥完全不同,但又相互匹配。公钥是所有人都可以知道的,但私钥只有用户自己知道,只有匹配的公钥和私钥才能完成解密。发信方(加密者)利用对方的公钥进行加密,收信方(解密者)利用自己的私钥进行解密。由于只有收信方知道如何对数据解密,因此在很大程度上降低了密钥被窃取的概率,信息的传输比较安全。

由于数据加密和解密的过程比较费时,而且会占用大量系统资源,因此数据加密功能通常作为可选特征,允许用户选择只对高度机密数据加密。

4.2 数据库的完整性

数据库的完整性是指数据的正确性和相容性,即保证数据的准确和一致,使数据库中的数据在任何时刻都是有效的。数据库是否具备完整性关系到数据库系统能否真实地反映现实,因此维护数据库的完整性是非常重要的。

完整性受到破坏的常见原因有:错误的数据、错误的更新操作、各种软硬件故障、并发访问及人为破坏等。

完整性约束条件也称完整性规则,是数据库中的数据必须满足的语义约束条件。若一个数据库实例满足所有的完整性约束,那么它是一个符合逻辑的实例。DBMS 检查数据是否满足完整性约束条件,只有符合逻辑的实例才能存储到数据库中。

数据的完整性和安全性是两个不同的概念。数据库的完整性是为了防止数据库中存在不符合语义和不正确的数据,而安全性是防止数据库遭到非法存取和恶意破坏。当然,安全性与完整性是密切相关的。

4.2.1 完整性约束

为了维护数据的完整性, DBMS 必须提供一种检查数据库数据的机制,看其是否满足语义规定的条件。这些语义约束条件称为数据库完整性约束条件,也称完整性规则。

在 SQL 中,完整性约束机制主要有:①主码(Primary key)约束;②外码(Foreign key)约束;③属性约束,其中包括非空值(Not null)约束、键值唯一(Unique)约束、检查(Check)约束等;④域约束;⑤断言(Assertion)约束;⑥触发器(Trigger)约束。本节主要介绍前 5 种约束,触发器约束将在第 3 节介绍。

1. 主码(Primary key)约束

主码约束是数据库中最重要的一种约束,它体现了实体完整性。实体完整性要求表中所有的元组都应该有一个唯一的标识符,这个标识符就是主码。主码不能为空值。

在使用 create table 语句定义关系时,可以用两种方法定义主码:

在一个属性的类型定义完毕后,直接在后面加上 primary key;

在所有属性定义完毕后,增加一个 primary key 的声明,指出主码保护哪些属性。

【例 4-4】 将 Employee 表中的 Eid 定义为主码

```
CREATE TABLE Employee
(
    Eid CHAR(5) PRIMARY KEY,
    Ename VARCHAR(13),
    Esex CHAR(2),
    Eage SMALLINT,
);
```

或

```
CREATE TABLEE mployee
(
    Eid CHAR(5) NOT NULL,
    Ename VARCHAR(13),
    Esex CHAR(2),
    Eage INT,
PRIMARY KEY(Eid)
);
```

在任何 CREATE TABLE 语句中,至多只能有一个 PRIMARY KEY 子句,因此,当主码是由多个属性构成时只能采用第二种定义方式。

2. 外码(Foreign key)约束

外码约束涉及的是一个表中的数据如何与另一个表中的数据相联系,这就是它被称为参照完整性的原因。参照完整性是指一个关系中给定属性集上的取值也在另一关系的某一属性集的取值中出现。在实际应用中,作为主码的关系称为被参照关系(Referenced relation),作为外码的关系称为参照关系(Referencing relation)。

【例 4-5】 定义一张门店表 Shop,主码为门店号 Sid。并定义员工表 Employee,主码为员工号 Eid,外码为门店号 Sid。

```
CREATE TABLE Shop
(
    Sid CHAR(5) PRIMARY KEY,
    Scity VARCHAR(15),
```

```
    Smanager VARCHAR(10),
);

CREATE TABLE Employee
(
    Eid CHAR(5) PRIMARY KEY,
    Ename VARCHAR(13),
    Esex CHAR(2),
    Eage INT,
    Sid CHAR(5),
    FOREIGN KEY(Sid) REFERENCES Shop(Sid)
);
```

【例 4-6】 定义一张销售表 SalesOrder,主码为销售单号 Ono,外码为 Eid。

```
CREATE TABLE SalesOrder
(
    OnoCHAR(5) PRIMARY KEY,
    Oname VARCHAR(5),
    Oquantity CHAR(2),
    Oprice NUMERIC(6,2),
    Eid CHAR(5),
    FOREIGN KEY(Eid) REFERENCES Employee(Eid)
);
```

下面详细讨论参照完整性必须考虑的几个问题。

(1) 外码能否接受空值

例如,在 Employee 关系中, Eid 为主码,Sid 为外码。其中 Shop 表是被参照关系,Employee 表是参照关系。在 Employee 关系中 Sid 店号取空值,则表示此员工入职后尚未分配到具体门店,这是符合现实的。但在 SalesOrder 关系中,Ono 为主码, Eid 为外码,同时也是 Employee 表的主码。若 Eid 为空,说明没有员工销售这笔交易。显然这是不符合实际的。因此对于参照完整性,除了应该定义外码,还应该定义外码列是否允许取空值。

(2) 参照完整性的检查和违约处理

当对被参照表和参照表进行增删改操作时可能会破坏参照完整性,系统可以采用以下策略加以处理。

拒绝执行(no action):不允许该操作执行。该策略一般是系统的默认策略。

级连操作(cascade):当删除或修改被参照表的一个元组,造成了与参照表的不一致,则删除或修改参照表中所有造成不一致的元组。

【例 4-7】 对参照完整性违约处理的级联操作示例。

```
CREATE TABLE SalesOrder
(
    Ono CHAR(5) PRIMARY KEY,
    Oname VARCHAR(5),
```

```
    Oquantity CHAR(2),
    Oprice NUMERIC(6,2),
    Eid CHAR(5),
    FOREIGN KEY (Eid) REFERENCES Employee(Eid)
    ON DELETE CASCADE
    ON UPDATE CASCADE
);
```

设置为空值:当删除或修改被参照表的一个元组造成不一致时,则将参照表中所有造成不一致的元组对应的属性设置为空值。假设门店 Shop 表中的某个门店被删除,Sid 为13002,则按照设置为空的原则,将 Employee 表中的所有 Sid 为 13002 的员工所属门店号设为空值。

【例 4-8】 对参照完整性违约处理的设置为空值操作示例。

```
CREATE TABLE Employee
(
    Eid CHAR (5) PRIMARY KEY,
    Ename VARCHAR(13),
    Esex CHAR(2),
    Eage INT,
    Sid CHAR(5),
    FOREIGN KEY (Sid) REFERENCES Shop(Sid) ON DELETE SET NULL
);
```

3. 属性约束

属性约束体现用户定义的完整性。属性约束主要限制某一属性的取值范围,属性约束可以分为 3 类,包括非空值(not null)约束、唯一值(unique)约束、基于属性的 check 约束。

(1) 非空值约束

非空值约束要求某一属性的值不允许为空值。即当向数据库中一个声明为 not null 的属性插入一个空值的数据时,会产生错误信息。

SQL 中每个属性的默认合法值都是 null。然而,对于一些属性来说,空值是不合适的,例如,在 SalesOrder 关系中的一个元组,若 Eid 为空,表示不知道是哪位员工销售的商品。

在关系模型的主码中我们是禁止出现空值的。如[例 4-6],如果声明属性 Ono 为主码,则它不能为空,它不必显式地声明为 not null。Not null 的限定可以用在定义域的声明中,由此该域类型的属性不能为空。

(2) 唯一值约束

Unique 约束要求某一属性的值不允许重复。

【例 4-9】 定义一个顾客表 Consumer,要求不得出现重名的现象。

```
CREATE TABLE Consumer
(
    Cid CHAR(4) PRIMARY KEY,
    Cname VARCHAR(13) UNIQUE,
```

```
        Cprice NUMERIC(6,2),
        Cinventory INT
    );
```

在该定义语句中，给 Cname 属性列增加了唯一值约束 unique，保证插入和修改数据时，姓名是唯一的。

(3) 检查(check)约束

SQL 中的 check 子句可以用于类型约束、属性约束、关系变量约束的声明。

Check 约束可以对一个属性的值加以限制，即给某一属性设定条件，只有满足条件的值才能允许输入，否则操作被拒绝。

【例 4-10】 定义顾客表 Consumer，要求消费金额 Cprice 大于零。

```
    CREATE TABLE Consumer
    (
        Cid CHAR(5) PRIMARY KEY,
        Cname VARCHAR(13) UNIQUE,
        Cprice NUMERIC(6,2),
        Cinventory INT,
        CHECK(Cprice>0)
    );
```

4. 域(domain)约束

create domain 语句可以定义一个新的域，通过对域进行约束可以实现对属性列取值的约束。SQL 用一个特殊的关键字 value 表示域的一个值。

【例 4-11】 定义一个性别域，约束员工的性别只为男或女。

```
    CREATE DOMAIN SexValue CHAR(2)
    CHECK(value in('男','女'));
```

我们定义一个域 SexValue，只能取“男”和“女”两个值。这样在创建 Employee 关系表时，就可以引用该域，而无须再使用 check 语句约束 Esex 的取值。

5. 断言(assertion)约束

表级约束只关联一张表。虽然在使用 check 语句时其表达式中可以引用其他关系表，但表级约束要求关联的表是非空的。当约束条件涉及两张以上的关系表时，这种表级约束的缺陷就显现出来。SQL 中的断言约束可以解决多张关系表的约束定义。前面介绍的域约束是断言的特殊形式，它们容易检测并适用于很多数据库应用。SQL 中的断言约束形式如下：

```
    CREATE ASSERTION <断言名> CHECK <谓词>
```

4.2.2 完整性约束命名子句

以上完整性约束条件都是在 create table 语句中定义的。SQL 还在 create table 语句中提供完整性约束子句 constraint，用来对完整性约束条件命名。从而可以灵活地增加、删除一个完整性约束条件。

1. 完整性约束命名子句

CONSTRAINT ＜完整性约束条件名＞［PRIMARY KEY 短语|FOREIGN KEY 短语 | CHECK 短语］

【例 4-12】 建立 Employee 表,要求姓名不能为空,性别只能是"男"或"女"。

```
CREATE TABLE Employee
(
    Eid CHAR(5),
    Ename VARCHAR(13) CONSTRAINT Ena_notnull NOT NULL,
    Esex VARCHAR (2),
    Eage INT,
    CONSTRAINT Eidkey PRIMARY KEY(Eid),
    CONSTRAINT sex CHECK(Esex in('男','女'))
);
```

在 Employee 表中建立了三个约束条件,包括主码约束(命名为 Eidkey)以及 Ena_notnull 和 sex 两个列级约束。

2. 修改表中的完整性限制

通过 alter table 语句,可以修改 primary key, foreign key, check, unique, not null 约束;通过 alter domain 修改域约束;通过 drop assertion 删除一个断言约束。

在 alter table 语句中,使用 drop constraint 关键字删除一个约束,使用 add constraint 关键字增加一个约束。

【例 4-13】 删除 Employee 表中对性别的约束。

```
ALTER TABLE Employee DROP CONSTRAINT sex;
```

4.3 数据库的并发控制

数据库可以为多个用户提供数据共享。当多个用户并发地存取数据库时就会产生多个事务同时存取同一数据的情况。如果对并发操作不加控制就可能会导致存取不正确的数据,破坏事务的一致性和数据的一致性。因此数据库管理系统必须提供并发控制机制。并发控制机制是衡量一个数据库管理系统性能的重要标志之一。

4.3.1 事务

1. 事务的概念

数据库中的数据是共享的资源,允许多个用户同时访问相同的数据。当多个用户同时对同一数据进行增加、删除、修改时,如果不采取任何措施,则会造成数据异常。事务就是为防止这种情况发生而产生的概念。事务(Transaction)是一系列的数据库操作,是数据库应用程序的基本逻辑单元。

2. 事务的特征

事务具有 4 个基本特征,原子性(Atomicity)、一致性(Consistency)、隔离性(Isolation)

和持久性(Durability)。这些特征也简称为事务的ACID特征。

(1) 原子性:事务是数据库的逻辑工作单位,事务中的所有操作必须全做,或全不做。

(2) 一致性:事务的一致性是指事务执行的结果必须是使数据库从一个一致性状态转到另外一个一致性状态。因此,如果因为某些原因,在事务尚未完成时出现了故障,造成事务的操作一部分成功,一部分失败,则系统为避免数据库产生不一致状态,会自动将事务中已完成的操作撤销,使数据库回到事务开始前的状态。

(3) 隔离性:事务的隔离性是指数据库中一个事务的执行不能被其他事务所干扰。也就是说一个事务内部的操作和使用的数据对其他事务都是隔离的,并发执行的各个事务之间不能互相干扰。

(4) 持久性:事务的持久性是指事务一旦提交,对数据库中数据的改变就是永久的,以后的操作或故障不会对事务的执行产生任何影响。

事务是数据库并发控制和恢复的基本单位。事务处理的重要任务就是保证事务的ACID特性。事务的ACID特性可能遭到以下因素破坏:

① 多个事务并行运行时,不同事务的操作有交叉的情况;

② 事务在运行过程中被迫停止。

在情况①下,数据库管理系统必须保证多个事务在交叉运行时不影响这些事务的原子性。在情况②下,数据库管理系统必须保证被迫终止的事务对数据库和其他事务没有影响。以上这些都是由数据库管理系统中恢复和并发控制机制完成的。

3. 事务处理模型

在不同的事务处理模型中,事务的开始标记不完全一样,但不管是哪种事务处理模型,事务的结束标记都是一样的。事务的结束标记有两个:一个是正常结束,用commit(提交)表示,也就是事务中的所有操作都会保存到数据库中,成为永久的操作;另一个是异常结束,用rollback(回滚)表示,也就是事务中的全部操作被撤销,数据库回到事务开始之前的状态。

4.3.2 并发控制概述

并发控制是在多用户数据库系统中,多个事务同时运行的协作。并发控制的目的是为了确保在多用户数据库环境中事务的可串性化。

数据库是一个共享的资源,在多用户系统中可能同时运行着多个事务,而事务的运行需要一定时间,并且事务中的操作需要在一定的数据上完成。当系统中同时有多个事务运行时,特别是当这些事务使用同一段数据时,彼此就可能产生相互干扰。

事务是并发控制的基本单位,保证事务的ACID特性是事务处理的重要任务,而事务ACID特性会因多个事务对数据的并发操作而遭到破坏。为了保证事务的隔离性和一致性,数据库管理系统必须对并发操作进行正确的调度。

假设有两家旗舰店A和B,如果A和B恰巧同时办理销售业务。操作过程如下:

A(事务A)读出目前库存,假设为15件。

B(事务B)读出目前库存,假设也为15件。

A售出一件衣服,修改库存为14,并将14写入数据库中。

B售出一件衣服,修改库存为14,并将14写入数据库中。

由此可见,两个事务不能反映衣服销售的真实情况,而且B事务还覆盖了A事务对数据的修改，使数据库中的数据不正确。这种情况称为数据库的不一致性。这种不一致性是由并发操作引起的。

并发操作带来的数据不一致情况主要包括：丢失修改、不可重复读和读“脏”数据。图 4-2 为并发操作带来的数据不一致性，其中 R(A)为读数据，W(A)为写数据。

T_1	T_2	T_1	T_2	T_1	T_2
R(A)=15		R(A)=10		R(C)=10	
	R(A)=15	R(B)=20		C=C+10	
A=A−1		A=A+B=30		W(C)=20	
W(A)=14			R(B)=20		R(C)=20
	A=A−1		B=B*2	ROLLBACK	
	W(A)=14		W(B)=40	B恢复原值	
		R(A)=10			
		R(B)=40			
		A=A+B=50			
时间 a. 丢失修改		b. 不可重复读		c. 读“脏”数据	

图 4-2　三种数据的不一致性

(1) 丢失修改

丢失修改是指两个事务 T_1 和 T_2 读取同一数据并作修改，T_2 提交的结果破坏了 T_1 提交的结果，导致了 T_1 的修改被丢失了。

(2) 不可重复读

不可重复读是指事务 T_1 读取数据后，事务 T_2 对其进行了更新操作，当 T_1 再次读取数据，对这些数据进行相同操作时，得到的结果与前一次不一样。

(3) 读“脏”数据

读“脏”数据是指事务 T_1 修改了某一数据，并将修改结果写回磁盘，事务 T_2 读取了同一数据，但后来由于某种原因 T_1 撤销了之前操作，这时被 T_1 修改过的数据恢复到原值，那么 T_2 读到的数据就与数据库中实际的数据值不一致。这时 T_2 读的数据就是“脏”数据，即不正确的数据。

4.3.3　封锁

封锁是实现并发控制的重要技术。封锁是指事务 T 在对某个数据对象如表或记录等进行操作之前，先向系统请求对其加锁。加锁后事务 T 就对该数据对象有了一定的控制，在事务 T 释放这个锁之前，其他事务对该数据对象不能进行更改。

封锁的类型决定了具体的控制权，基本的封锁类型主要有：排它锁(Exclusive locks，也称 X 锁或写锁)和共享锁(Share locks，也称 S 锁或读锁)。

(1) 排它锁

若事务 T 给数据对象 A 加了 X 锁，则只允许 T 读取和修改 A，不允许其他事务再给 A 加任何类型的锁。即一旦一个事务对某一数据的加了排它锁，则任何其他事务不能对该数据再添加任何封锁，其他事务只能进入等待状态，直到第一个事务撤销了对该数据的封锁。

(2) 共享锁

若事务 T 给数据对象 A 加了 S 锁,则事务 T 可以读 A,但不能修改 A,其他事务可以再给 A 加 S 锁,但不能加 X 锁,直到 T 释放了 A 上的 S 锁为止。即对于读操作来说,可以有多个事务同时获得共享锁,但不允许其他事务对已获得共享锁的数据再添加排它锁。

共享锁的操作基于这样的事实:查询操作并不改变数据库中的数据,而更新操作(插入、删除和修改)才会真正使数据库中的数据发生变化。加锁的真正目的在于防止更新操作带来的数据不一致的问题,而对查询操作则可以放心地并行进行。

排它锁和共享锁的控制方式可以用表 4-5 的相容矩阵来表示。

表 4-4　排它锁和共享锁的相容矩阵

T_1 \ T_2	X	S	无锁
X	否	否	是
S	否	是	是
无锁	是	是	是

注:是,相容的请求;否,不相容的请求

在表 4-4 的加锁类型相容矩阵中,最左边一列表示事务 T_1 已经获得的数据对象上锁的类型,最上面一行表示事务 T_2 对同一数据对象发出的封锁请求。T_2 封锁请求是否能被满足在矩阵中用了“是”和“否”表示,“是”表示事务 T_2 的封锁请求与 T_1 已有的锁兼容,封锁请求能被满足;“否”表示事务 T_2 的封锁请求与 T_1 已有的锁冲突,封锁请求不能被满足。

4.3.4　封锁协议

在运用 X 锁和 S 锁给数据对象添加封锁时,还需要约定一些规则,如怎样申请 X 锁或 S 锁、持锁时间、何时释放锁等,这些规则被称为封锁协议或加锁协议(locking protocol)。不同级别的封锁协议所能达到的系统一致性级别是不同的。

T_1	T_2
LOCK X(A)	
R(A)=15	
	LOCK X(A)
A=A-1	WAIT
W(A)=14	WAIT
COMMIT	WAIT
UNLOCK A	WAIT
	LOCK X(A)
	R(A)=14
	A=A-1
	W(A)=13
	COMMIT
	UNLOCK(A)

时间

图 4-3　解决数据丢失修改问题

1. 一级封锁协议

一级封锁协议:事务 T 在修改数据 R 之前必须先对其加 X 锁,直至事务结束(包括正常结束和非正常结束)才释放。

一级封锁协议可以防止丢失修改,并保证事务 T 是可恢复的。

如图 4-3,事务 T_1 要对 A 进行修改,T_1 在读 A 之前先对 A 加了 X 锁,当 T_2 要对 A 进行修改时,它可以申请给 A 加锁,但由于 A 已经被事务

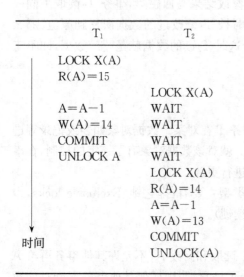

T_1加了 X 锁，因此 T_2的申请被拒绝，只能等待，直到 T_1释放了对 A 加的 X 锁为止。当 T_2能够读取 A 时，它所得到的数据已经是 T_1更新后的值了。因此，一级封锁协议可以防止了丢失修改。

在一级封锁协议中，如果事务 T 只是读取数据而不对其进行修改，则不需要加锁，因此，不能保证可重复读和不读“脏”数据。

2. 二级封锁协议

二级封锁协议是在一级封锁协议基础上，再加上事务 T 在读取数据之前必须先对其加 S 锁，读完后即释放 S 锁。

二级封锁协议除了防止丢失修改外，还可以进一步防止读“脏”数据。但在二级封锁协议中，由于读完数据后即可释放 S 锁，所以它不能保证可重复读。

在图 4-4 中，事务 T_1在对 B 进行修改之前，先对 B 加 X 锁，修改其值后写回磁盘，T_2请求在 B 上加 S 锁，因 T_1已在 B 上加了 X 锁，T_2只能等待，T_1因某种原因被撤销，B 恢复为原值 100，T_1释放 B 上的 X 锁后 T_2获得 B 上的 S 锁，读 B=100。避免了 T_2读“脏”数据。在二级封锁协议中，由于事务 T 对要读取的数据加 S 锁，并直到事务结束才释放。

T_1	T_2
LOCK X(B)	
R(B)=10	
B=B+10	
W(B)=20	
	LOCK S(B)
ROLLBACK	WAIT
UNLOCK(B)	WAIT
	LOCK S(B)
	R(B)=10
	COMMIT
	UNLOCK(B)

时间↓

图 4-4　解决读“脏”数据问题

3. 三级封锁协议

三级封锁协议是在一级封锁协议基础上，再加上事务 T 在读取数据 R 之前必须先对其加 S 锁，直到事务结束才释放。

三级封锁协议除了防止丢失修改和不读“脏”数据外，还进一步防止了不可重复读。

在图 4-5 中，事务 T_1在读 A，B 之前，先对 A，B 加 S 锁，其他事务只能再对 A、B 加 S 锁，而不能加 X 锁，即其他事务只能读 A、B，而不能修改；当 T_2为修改 B 而申请对 B 加 X 锁被拒绝时，只能等待 T_1释放 B 上的锁，T_1为验算再读 A、B，这时读出的 B 仍是 20，求和结果仍为 30，即可重复读。当 T_1结束才释放 A、B 上的 S 锁，T_2才获得对 B 的 X 锁 。

T_1	T_2
LOCK S(A)	
LOCK S(B)	
R(A)=10	
R(B)=20	
A=A+B=30	
	LOCK X(B)
R(A)=10	WAIT
R(B)=20	WAIT
A=A+B=30	WAIT
COMMIT	WAIT
UNLOCK(A)	WAIT
UNLOCK(B)	WAIT
	LOCK X(B)
	R(B)=20
	B=B*2
	W(B)=40
	COMMIT
	UNLOCK(B)

时间↓

图 4-5　可重复读

三个封锁协议的主要区别在于哪些操作需要申请锁，以及何时释放锁。三个级别的封锁协议的总结如表 4-5 所示。

表 4-5　三个级别的封锁协议

封锁协议	X 锁(对更改的数据)	S(对只读数据)	不丢失数据修改	不读"脏"数据	可重复读
一级	事务全程加锁	不加	√		
二级	事务全程加锁	事务开始加锁，读完即释放锁	√	√	
三级	事务全程加锁	事务全程加锁	√	√	√

4.3.5　活锁和死锁

1. 活锁

系统可能出现某个事务永远处于等待状态，得不到封锁的机会，这种情况称为活锁。

如果事务 T_1 封锁了数据 R，事务 T_2 又请求封锁 R，于是 T_2 等待。这时如果 T_3 也请求封锁 R，则 T_3 也进入等待状态。当 T_1 释放了 R 上的封锁之后系统批准了 T_3 的请求，T_2 仍然等待。然后 T_4 又请求封锁 R，当 T_3 释放了 R 上的封锁后又批准了 T_4 的请求……T_2 则可能永远等待，这就发生了活锁。如图 4-6 所示。

	T_1	T_2	T_3	T_4
	Lock R			
		Lock R		
		WAIT	Lock R	
	Unlock	WAIT		Lock R
		WAIT	Lock R	WAIT
		WAIT		WAIT
		WAIT	Unlock	WAIT
		WAIT		Lock R
时间		WAIT		

图 4-6　活锁

采用"先来先服务"的策略可以有效避免活锁。当多个事务对同一数据对象发出封锁请求时，系统按请求封锁的先后顺序对事务排队，当事务的封锁释放，首先批准队列中第一个事务获得锁。

2. 死锁

如果事务 T_1 封锁了数据 R_1，T_2 封锁了数据 R_2，然后 T_1 又请求封锁 R_2，由于 T_2 已封锁了 R_2，于是 T_1 等待 T_2 释放 R_2 上的锁。然后 T_2 又请请封锁 R_1，因 T_1 已封锁了 R_1，T_2 也只能等待 T_1 释放 R_1 上的锁。这样就出现了 T_1 等待 T_2，而 T_2 又在等待 T_1 的情况，T_1 和 T_2 两个事务永远不能结束，形成死锁。如图 4-7 所示。

	T_1	T_2
	Lock R_1	
		Lock R_2
	Lock R_2	
	等待	
	等待	Lock R_1
	等待	等待
时间	等待	等待

图 4-7　死锁

在数据库中，产生死锁的原因是两个或多个事务都已封锁了一些数据对象，然后又都请求对已被其他事务封锁的数据对象加锁，从而出现死等待。

目前数据库主要采用两类方法来解决死锁，其一是采取一定措施来预防死锁的发生，另一类是允许发生死锁，并采用一定手段定期检查系统中有无死锁，有则解除。

(1) 死锁的预防

预防死锁的方法一般有一次封锁法和顺序封锁法两种:

一次封锁法要求每个事务必须将所有要使用的数据一次性全部加锁,否则不能继续执行。在图 4-7 中,如果事务 T_1 对数据对象 R_1 和 R_2 进行一次加锁,T_1 就能够执行下去,而 T_2 等待。当 T_1 执行完后释放 R_1 和 R_2 上的锁,T_2 继续执行。这样就避免死锁的发生。

一次封锁法虽然可以有效地防止发生死锁,但也存在一些问题。首先,一次就将后面要用到的数据全部加锁,扩大了封锁的范围,降低了系统的并发度。其次,数据库中的数据是不断变化的,原来并不要求封锁的数据,在执行过程中可能就会变成需要封锁的对象,因此,事先难以准确地确定每个事务要封锁的数据对象,只能扩大封锁范围,将事务在执行过程中可能要封锁的数据对象全部加锁,从而进一步降低了并发度。

顺序封锁法是预先对数据对象规定一个封锁顺序,每个事务都按照这个顺序实行封锁。

顺序封锁法可以有效地避免死锁的发生,但也同样存在问题。事务的封锁请求可以随着事务的执行而动态地决定,难以事先确定每一个事务要封锁哪些对象,因此按规定的顺序去施加封锁比较困难。而且数据库中封锁的数据对象非常多,又随着数据的操作不断变化,要维护其封锁顺序难度大且成本高。

因此可以发现,操作系统中普遍使用的预防死锁的方法并不太适合数据库的特点,因此数据库系统中通常采用诊断并解除死锁的方法。

(2) 死锁的诊断与解除

数据库系统中一般采用超时法或事务等待图法来诊断死锁。

超时法。如果一个事务的等待时间超过了规定的时限,就认为发生了死锁。超时法的优点是实现起来比较简单,但其不足之处也很明显。一方面,事务等待时间超过时限并不一定都是因为死锁,而系统只根据等待时间判断就可能会误判死锁;另一方面,如果时限设置太长,则不能对死锁及时作出处理。

事务等待图法。事务等待图是一个有向图,由结点和有向边构成。每个结点表示正运行的事务,每条边则表示事务等待的情况。若事务 T_1 等待事务 T_2,则划一条有向边由 T_1 指向 T_2 的,如图 4-8 所示。

图 4-2(a)表示事务 T_1 等待 T_2,T_2 等待 T_1,因此产生了死锁。(b)表示事务 T_1 等待 T_2,T_2 等待 T_3,T_3 等待 T_4,T_4 等待 T_1,因此也产生了死锁。

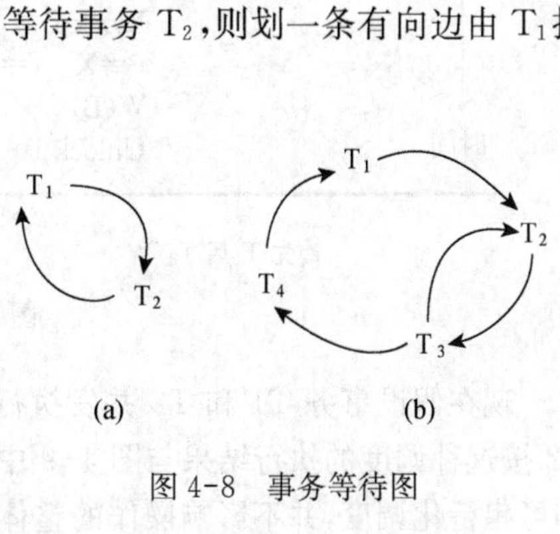

图 4-8　事务等待图

事务等待图动态地反映了所有事务的等待情况。并发控制子系统周期性地生成事务等待图,并对其进行检测,如果图中出现回路,说明系统中存在死锁。

DBMS 的并发控制子系统一旦检测出死锁,就会设法解除。通常采用的方法是选择一个处理死锁代价最小的事务,将其撤销,释放此事务的所有封锁,并将对该事务的操作撤销,恢复初始状态,使得其他事务继续运行下去。

4.3.6 事务的并发调度与可串行性

计算机系统对并发事务中并发操作的调度是随机的,而不同的调度可能会产生不同的结果。如果一个事务运行过程中没有其他事务同时运行，那么就可以认为该事务的运行结果是正常的或预想的。显然，将所有事务串行起来的调度策略是正确的。

多个事务的并发执行是正确的，当且仅当其结果与按某一次序串行地执行它们时的结果相同，我们称这种调度策略为可串行化(Serializable)的调度。

可串行性(Serializability)是并发事务正确调度的准则。对于一个给定的并发调度，当且仅当它是可串行化的，才认为是正确调度。

例如，现在有两个事务，分别包含下列操作：

事务 T_1：读 B；A＝B＋1；写回 A；

事务 T_2：读 A；B＝A＋1；写回 B；

假设 A，B 的初值均为 2。按 $T_1 \rightarrow T_2$ 次序执行结果为 A＝3，B＝4；按 $T_2 \rightarrow T_1$ 次序执行结果为 A＝4，B＝3。

图 4-9 给出了两种不同的串行调度策略，虽然执行结果不同，但它们都是正确的调度。

时间	T_1	T_2
↓	Slock B	
	Y=R(B)=2	
	Unlock B	
	Xlock A	
	A=Y+1=3	
	W(A)	
	Unlock A	
		Slock A
		X=R(A)=3
		Unlock A
		Xlock B
		B=X+1=4
		W(B)
		Unlock B

a. 先 T_1 后 T_2

时间	T_1	T_2
↓		Slock A
		X=R(A)=2
		Unlock A
		Xlock B
		B=X+1=3
		W(B)
		Unlock B
	Slock B	
	Y=R(B)=3	
	Unlock B	
	Xlock A	
	A=Y+1=4	
	W(A)	
	Unlock A	

b. 先 T_2 后 T_1

图 4-9　两种串行调度

现在假设事务 T1 和 T2 并发执行，图 4-10 给出了两个并发调度。图 4-10c 中 T1 和 T2 按这种调度的执行结果与图 4-9 中 a 图的串行调度结果相同。因此交换着两个操作得到可串行化调度，并不影响操作的整体结果。但并不是所有的并发调度都有与串行调度相同的结果。如图 4-10 中 d 所示结果是不正确的。

为了保证并发操作的正确性，DBMS 的并发控制机制必须提供一定的手段来保证调度是可串行化的。目前 DBMS 普遍采用封锁方法实现并发操作调度的可串行性，从而保证调度的正确性。两段锁(Two-Phase Locking，简称 2PL)协议就是保证并发调度可串行性的封锁协议。

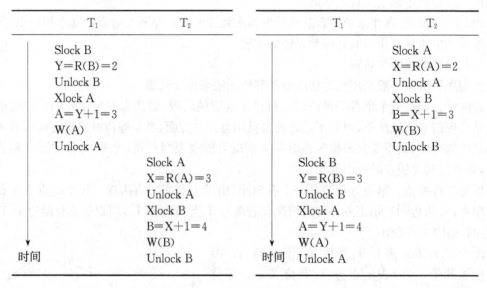

T_2	T_1	T_2
	LOCK S(B)	
	Y=R(B)=2	
	UNLOCK B	
	LOCK X(A)	
		Slock A
	A=Y+1=3	WAIT
	W(A)	WAIT
	UNLOCK A	WAIT
		X=R(A)=3
		UNLOCK A
		LOCK X(B)
		B=X+1=4
		W(B)
		UNLOCK B

c. 可串行化的调度

T_1	T_2
LOCK S(B)	
Y=R(B)=2	
	LOCK S(A)
	X=R(A)=2
UNLOCK B	
	UNLOCK A
LOCK X(A)	
A=Y+1=3	
W(A)	
	LOCK X(B)
	B=X+1=3
	W(B)
UNLOCK A	
	UNLOCK B

d. 不可串行化的调度

图 4-10　两种并发调度

4.3.7　两段锁协议

所谓两段锁协议是指所有事务必须分两个阶段对数据项加锁和解锁。

① 加锁阶段，在对任何数据进行读、写操作之前，首先要申请并获得对该数据的封锁；

② 解锁阶段，在释放一个封锁之后，事务不再申请和获得任何其他封锁。

事务开始后首先进入加锁阶段，在这个阶段，事务可以申请获得需要的所有类型的锁，但是不能释放任何锁。当事务第一次释放锁时，进入解锁阶段，事务可以释放数据项上所有类型的锁，但不能再申请任何锁。

如果所有并发执行的事务都遵守两段锁协议，则对这些事务进行的任何并发调度策略都是可串行化的。

图 4-11 的调度是遵守两段锁协议的，因此一定是一个可串行化调度。

事务遵守两段锁协议是可串行化调度的充分条件，但不是必要条件。也就是说，如果并发事务都遵守两段锁协议，则对这些事务的所有并发调度策略都是可串行化的；但如果并发事务的一个调度是可串行化的，不一定所有事务都符合两段锁协议。

	T_1	T_2
	LOCK S(A)	
	R(A=260)	
		LOCK S(C)
	LOCK X(A)	R(C=300)
	W(A=160)	
		LOCK X(C)
		W(C=250)
		LOCK S(A)
	LOCK S(B)	WAIT
	R(B=1000)	WAIT
	LOCK X(B)	WAIT
	W(B=1100)	WAIT
	UNLOCK(A)	WAIT
		R(A=160)
		LOCK X(A)
	UNLOCK (B)	
		W(A=210)
时间		UNLOCK(C)

图 4-11　遵守两段协议的可串行化调度

我们还要注意两段锁协议和防止死锁的一次

封锁法的区别。一次封锁法要求每个事务必须一次将所有要用的数据加锁,否则就不能继续执行,因此一次封锁法遵守两段锁协议;但是两段锁协议并不要求事务必须一次将所有要使用的数据加锁,因此遵守两段锁协议的事务可能发生死锁。

4.4 数据库的备份与恢复

尽管数据库系统采取了各种保护措施来防止数据的安全性和完整性被破坏,保证并发事务的正确执行,但是计算机系统中硬件的故障、操作员的失误以及恶意的破坏是不可避免的。因此,在维护数据库时,如何保护数据库中的数据不损坏或不丢失是极其重要的。数据库备份和恢复技术就是保证数据库不损坏和数据不丢失的一种技术。

4.4.1 故障的种类

1. 事务内部的故障

事务内部的故障有些是可以通过事务程序发现的。但事务内部的故障更多是不可预期的,是应用程序不能处理的。例如,运算溢出、并发事务发生死锁而被选中撤销该事务、违反了某些完整性限制等。

事务故障意味着事务没有达到预期的终点(commit 或者显示的 rollback),导致数据库可能处于不正确状态。恢复程序要在不影响其他事务运行的情况下,强行回滚该事务,即撤销该事务对数据库已做的修改,使该事务好像根本没启动一样。这类事务故障的恢复称为撤销事务(undo)。

2. 系统故障

系统故障也称为软故障,是指任何造成系统停止运转的事件,使得系统要重新启动。如特定类型的硬件错误(如 CPU 故障)、操作系统故障、DBMS 代码错误等。一方面,在发生系统故障时,一些尚未完成的事务可能已经送入物理数据库,导致数据库处于不正确的状态。为保证数据的一致性,需要撤销这些事务对数据库的所有修改。恢复子系统必须在系统重启时让所有非正常终止的事务回滚,强行撤销所有未完成事务。另一方面若发生系统故障时,事务已完成,但缓冲区中的信息尚未完全写回到磁盘上的物理数据库中,系统故障时的这些事务对数据库的修改部分或全部消失,也会使数据库处于不一致的状态。因此,当系统重启时要重做(redo)所有已提交的事务。

3. 介质故障

介质故障称为硬故障,是指外存故障,如磁盘损坏、磁头碰撞、瞬时强磁场干扰等。这类故障将破坏数据库,并影响正在存取这部分数据的所有事务。这类故障比前两种故障发生的可能性要小得多,但破坏性是最大的。

4. 计算机病毒

计算机病毒是一种人为破坏计算机正常工作的特殊程序。这些病毒可以迅速繁殖和传播,危害计算机系统和数据库。计算机病毒已成为对计算机系统安全性的重要威胁,为此计算机安全工作者已研制了不少检查、诊断、消灭计算机病毒的软件,但新的病毒软件仍不断出现,对数据库的威胁依然存在,因此一旦数据库被破坏,就要用恢复技术把数据库恢复到一致的状态。

各类故障对数据库的影响有两种可能性：一是数据库本身被破坏，如发生介质故障，或被计算机病毒所破坏；二是数据库本身没有被破坏，但数据可能不正确，这是由于事务的运行被非正常终止造成的。

一个 DBMS 从被破坏后的非一致状态恢复到故障发生前的一致状态的能力称为可恢复性。实现可恢复性的基本原理就是重复存储，即“冗余”。这就是说，数据库中任何一部分被破坏的或不正确的数据可以根据存储在系统别处的冗余数据来重建。

4.4.2　故障恢复技术

数据库恢复最常用的技术是数据转储和登录日志文件。在一个数据库系统中，这两种方法通常是一起用的。

1. 数据转储

数据转储是数据库恢复中采用的基本技术，也称数据备份。转储是指 DBA 定期将整个数据库复制到磁带或另一个磁盘上保存起来的过程，这些备份数据文本称为后备副本或后援副本。当数据库遭到破坏时，就可以利用后备副本来恢复数据库，但数据库只能恢复到转储时的状态，转储以后的所有更新事务必须重新运行，才能恢复到故障发生时的状态。

转储非常耗费时间和资源，不能频繁进行。DBA 应该根据数据库使用情况确定适当的转储周期。转储从状态上可分为静态转储和动态转储两种。

静态转储时不允许(或不存在)对数据库的进行任何存取和修改活动。静态转储前数据处于一致性状态。静态转储后得到的是一个处于数据一致性的数据库副本。静态转储比较简单，但这种方法将自上次备份以来的所有数据都复制了一遍，花费了一些不必要的时间和空间，且在转储时，数据库状态必须要冻结，从而降低了系统效率和可用性。

动态转储是指转储期间允许对数据库进行存取或修改，即转储和事务可以并发执行。动态转储克服了静态转储的缺点，它不用等待正在运行的用户事务结束，也不会影响新事务的运行。但是，转储结束时不能保证副本中的数据与当前数据一致。

例如，在转储期间的某个时刻 T_a，系统把数据 A=10 转储到磁带上，而在下一时刻 T_b，某一事务将 A 改为 20。转储结束后，后备副本上的 A 已是过时的数据了。为此必须把转储期间各事务对数据库的修改活动登记下来，建立日志文件。数据库恢复时，可以用日志文件修改后备副本使数据库恢复到某一时刻的正确状态。

按照转储方式，数据转储还可以分为海量转储和增量转储两种。海量转储是指每次转储全部数据库；增量转储是指每次只转储上次转储后更新过的数据。

由于数据库的数据量一般比较大，海量存储很浪费时间。数据库的数据一般只部分更新，很少全部更新，增量转储只需转储其修改过的物理块，则转储不必费时过多，且转储频率可以增加，从而减少发生故障时的数据更新丢失。

数据转储有两种方式，分别可以在两种状态下进行，因此数据转储方法可以分为四类：动态海量转储、动态增量存储、静态海量转储、静态增量转储。

2. 登记日志文件

日志文件(log)是用来记录事务对数据库的更新操作的文件。不同的数据库系统采用的日志文件格式并不完全一样。总的可以分为两种：以记录为单位的日志文件和以数据块为单位的日志文件。

以记录为单位的日志文件其内容包括：

① 事务的开始标记(begin transaction)。

② 事务的结束标记(commit 或 rollback)。

③ 事务的所有更新操作。

以上内容均作为一个日志记录(log record)存放在日志文件中，每条日志记录的内容主要包括：事务标识、操作类型、操作对象、更新前数据的旧值和更新后数据的新值。

DBMS 可以根据日志文件进行事务故障恢复和系统故障恢复，并结合备份副本进行介质故障恢复。利用日志，系统可以解决所有不造成非易失性存储器上的信息丢失故障。在故障发生时对已经提交的事务进行重做(redo)处理，对于未完成的事务进行撤销(undo)处理。

4.5 小 结

本章介绍了数据库的安全性、完整性、数据库恢复技术和事务操作并发控制四大模块。

随着计算机特别是计算机网络技术的发展，数据的共享性日益加强，数据的安全性问题也日益突出。DBMS 作为数据系统的数据管理核心，自身必须具有一套完整而有效的安全机制。计算机以及信息安全技术方面有一系列的安全标准。实现数据库安全性的技术和方法有很多种。两种常用的存取控制方法是：自主存取控制(DAC)和强制存取控制(MAC)。

数据库的完整性是为了保证数据库中存储的数据是正确的，而正确的含义指符合现实世界语义。关于完整性的基本要点是 DBMS 关于完整性实现的机制，其中包括完整性约束机制、完整性检查机制，以及违背完整性约束条件时 DBMS 应当采取的措施等。

事务并发控制的出发点是处理并发操作中出现的三类基本问题：丢失数据修改、读“脏”数据、不可重复读。并发控制的基本技术是实行事务封锁。为了解决这些问题，需要采用“三级封锁协议”；为了达到可串行化调度的要求需要采用“两段封锁协议”。

数据库恢复的基本原理是使用存储在其他地方的后备副本和日志文件中的“冗余”数据重建数据库，数据库恢复的最常用技术是数据库转储和登记日志文件。

习 题

1. 用户权限的两个要素是________、________。

2. 在数据库系统中，定义存取权限称为________。SQL 语言用________语句向用户授予对数据的操作权限，用________语句收回授予的权限。

3. 数据库角色是被命名的一组与________相关的权限，角色是________的集合。

4. 什么是数据库的完整性？什么是数据库的安全性？两者之间有什么区别和联系？

5. 什么是数据库中的自主存取控制方法和强制存取控制方法？

6. 现有两个关系模式：职工(职工号，姓名，年龄，职务，工资，部门号)和部门(部门号，名称，经理名，地址，电话号）请用 SQL 的 GRANT 和 REVOKE 语句完成以下授权定义或存取控制功能：

1）用户王明对两个表有 SELECT 权限；

2）用户李勇对两个表有 INSERT 和 DELETE 权限；

3）用户刘星对职工表有 SELECT 权力，对工资字段具有更新权限；

4）用户张新具有修改这两个表的结构的权限；

5）用户周平具有对两个表所有权限（读，插，改，删数据），并具有给其他用户授权的权力；

并将上述题 1)～5)中各用户所授予的权限撤销。

7. 假设有下面两种模式：

学生（学号、专业、姓名、院系、性别、年龄、课程编号）

课程（课程编号、课程名字、学分）

用 SQL 语言定义上面这两种模式，并满足以下约束条件：

1）定义每个模式的主码；

2）定义学生性别只能在“男”、“女”中取值；

3）定义学生的年龄在 15～25 之间；

8. 设 T1, T2, T3 是如下的 3 个事务，设 A 的初值为 0，

T1：A=A+2；

T2：A=A * 2；

T3：$A=A^2$

若这 3 个事务运行并发执行，则有多少种可能的正确结果，请一一列举；

请给出一个可串行化的调度，并给出执行结果；

请给出一个非串行化的调度，并给出执行结果；

若这 3 个事务都遵守两段锁协议，请给出一个不产生死锁的可串行化调度；

若这 3 个事务都遵守两段锁协议，请给出一个产生死锁的调度。

9. 数据库完整性约束有哪几种？

10. 什么是事务？简述事务 ACID 特性，理解事务的提交和回滚。

11. 什么是死锁？什么是活锁？该如何处理活锁和消除死锁？

第 5 章

关系数据库的规范化

规范化理论为数据库设计提供了理论指导和设计工具，良好的数据库设计就要匹配良好的表结构。本章详细讲解关系规范化理论，既是关系数据库的重要理论基础也是数据库设计的有力工具。

本章首先讲解规范化的重要性，只有合理的、规范的关系模型才能减少数据冗余，提高检索效率，确保数据的一致性等要求。其次介绍许多种类型的数据依赖，其中最重要的是函数依赖、多值依赖和连接依赖。最后分别讲解第一范式、第二范式、第三范式、第四范式、BC范式、第五范式等，分别给出了他们的定义、定理和公式等规范化形式，并讲解了它们之间的关系和转化形式。将多值依赖和第四范式及连接依赖和第五范式结合起来进行了讲解。

通过本章内容的学习，为后续的设计数据提供了理论依据，能够确保设计的数据库能够满足需求分析，确保数据库能够减少数据冗余、确保数据的一致性、提高检索效率。

5.1 规范化的重要性

关系数据库是建立在关系数据库模型基础上的数据库。在关系数据库的数据管理中，如果一个关系模式设计不好，就会出现数据冗余、异常以及数据不一致等问题。规范化不仅能消除数据异常，而且一个适当的表结构规范化集合要比一个非规范化集合更容易使用。关系数据库规范化理论旨在按照一个统一的标准对现有的关系模式进行优化处理，目的是将一个原始的、不太合理的关系模型转变为一个高级的、合理的关系模型。它的基本思想是通过合理分解关系模式来消除关系数据库中不合适的数据依赖，以减少冗余数据，提供有效的数据检索方法，避免不合理的插入、删除、修改等数据操作，保持数据的一致。

关系数据库规范化理论认为，一个关系数据库中的每一个关系模式都必须满足一定的约束条件(范式)。在关系数据库中，对关系模式的基本要求是满足第一范式，这样的关系模式就是合法的、允许的。规范化的过程就是将一个低一级范式的关系模式，通过模式分解转换为若干个高一级范式的关系模式的集合。范式分为 6 个等级，包含第一范式(1*NF*)，第二范式(2*NF*)和第三范式(3*NF*)等概念，并讨论规范化问题。1974 年，Codd 和 R. F. Boyce 共同提出鲍依斯—科得范式(Boyce-Codd normal form，*BCNF*)。1975 年 Fagin 提出第四范式(4*NF*)。后来人们又提出第五范式(5*NF*)和域码范式(*DKNF*)。范式的要求一个比一个严格。

从理论上讲，范式等级越高，规范化的程度就越高，关系模式就越好，但在实际应用中要具体问题具体分析，范式级别越低，数据冗余越严重，但范式级别越高则会影响系统速度。通常对于一般数据库应用系统，只要将数据表规范到 BC 范式的标准就可以满足用户需求。

本书将范式内容介绍到BC范式，对于更高级别的范式——第四范式、第五范式以及多值依赖和连接依赖的内容只作简要介绍。

【例5-1】 将表5-1中的员工关系表进行分解：

表5-1 员工关系E表

员工编号	员工姓名	性别	年龄	主管编号	主管姓名	商品编号	单价	库存	商品名	销售数量
01	张清	男	27	1	汪洋	1	14.00	100	Aba1	20
02	刘平	女	24	2	李东	3	9.80	100	Aba3	15
03	王勇	男	24	1	汪洋	2	18.50	100	Aba2	10
04	李静	女	23	2	李东	1	14.00	100	Aba1	30
05	李咏	女	28	1	汪洋	5	34.50	100	Aba5	25
06	郭晨	男	19	2	李东	4	33.80	100	Aba4	21

将表5-1分解为以下子表：表5-1(a)、表5-1(b)和表5-1(c)。

表5-1(a) ED表

员工编号	员工姓名	性别	年龄	主管编号	主管姓名
01	张清	男	27	1	汪洋
02	刘平	女	24	2	李东
03	王勇	男	24	1	汪洋
04	李静	女	23	2	李东
05	李咏	女	28	1	汪洋
06	郭晨	男	19	2	李东

表5-1(b) EC表

员工编号	商品编号	单价	数量
01	1	14.00	20
03	2	18.50	10
02	3	9.80	15
05	5	34.50	25
06	4	33.80	21
04	1	14.00	30

表5-1(c) C表

商品编号	单价	库存量	商品名
1	14.00	100	Aba1
2	18.50	100	Aba2
3	9.80	100	Aba3
4	33.80	100	Aba4
5	34.50	100	Aba5

不论是设计层次结构、网状结构还是关系结构的数据库应用系统，都需要认真考虑如何构造合适的数据模式即逻辑结构的问题。由于关系模型有严格的数学理论基础，并且可以向其他的数据模型转换，因此，以关系模型为背景来讨论这个问题，形成了数据库逻辑设计的一个有力工具——关系数据库的规范化理论。规范化理论虽然以关系模型为背景，但是它对于一般的数据库逻辑设计同样具有理论上的意义。这就需要对规范化的概念和方法详细研究，下面介绍关于数据库规范化的基本数学概念。

5.2 数据依赖

客观世界中的事物彼此联系、互相制约，这些联系分为两类：一类是实体与实体之间的联系，即数据模型；另一类是实体内部各属性间的联系，即数据依赖。数据依赖是一个关系内部属性与属性之间相互依赖、相互制约的一种约束关系。这种约束关系是通过属性间值的相等与否体现出来的数据间相关联系。它是现实世界属性间相互联系的抽象，是数据内在的性质。

人们已经提出了许多种类型的数据依赖，其中最重要的是函数依赖(Functional Dependency, FD)，多值依赖(Multivalued Dependency, MVD)和连接依赖。其中的函数依赖最为重要，下面首先介绍其定义，然后再分析推理规则。

5.2.1 函数依赖(Functional Dependency, FD)

定义 5.1 设 $R(U)$是属性集 U 上的关系模式。X,Y 是 U 的子集。若对于 $R(U)$的任意一个可能的关系 r,r 中不可能存在两个元组在 X 上的属性值相等，而在 Y 上的属性值不等，则称 X 函数确定 Y 或 Y 函数依赖于 X，记作 $X \to Y$。

函数依赖普遍存在于现实生活中。比如有一个员工关系模式：E(Eno, Ename, Egender, Eage, Dno, Dname, Cno, Cname, Cprice, Csales)，其中：Eno-员工编号、Ename-员工姓名、Egender-员工性别、Eage-员工年龄、Dno-主管编号、Dname-主管姓名、Cno-商品编号、Cname-商品名、Cprice-商品单价、Csales-员工的商品销售数量。

由于一个员工编号只对应一个员工，一个员工只有一个年龄。因而当“员工编号”值确定之后，员工的姓名及年龄也就被唯一地确定了。

表 5-2 中有 Ename=f(Eno), Eage=f(Eno)。即 Eno 函数决定 Ename, Eno 函数决定 Eage，或者说 Ename 和 Eage 函数依赖于 Eno，记作 Eno→Ename, Eno→Eage。

表 5-2 员工表

Eno	Ename	Egender	Eage	Dno	Dname	Cno	Cprice	Cname	Csales
01	张清	男	27	1	汪洋	1	14.00	Aba1	20
02	刘平	女	24	2	李东	3	9.80	Aba3	15
03	王勇	男	24	1	汪洋	2	18.50	Aba2	10
04	李静	女	23	2	李东	1	14.00	Aba1	30
05	李咏	女	28	1	汪洋	5	34.50	Aba5	25
06	郭晨	男	19	2	李东	4	33.80	Aba4	21

【例5-2】 现在建立一个描述商场销售情况的数据库，该数据库涉及的对象包括员工编号(Eno)、商品编号(Cno)、商品名(Cname)、商品单价(Cprice)、员工的商品销售数量(Csales)。

假设用一个单一的关系模式 Employee 来表示，则该关系模式的属性集合为：

U=(Eno, Cno, Cname, Cprice, Csales)

由以上可以得出以下结论：

① 一个价格可以对应若干商品，但一个商品只对应一个价格；

② 一个商品名对应一个商品编号；

③ 一个员工可以销售多种商品，每种商品可以被若干员工销售；

④ 一个员工销售每一种商品都有一个销售数量。

从以上关系得到属性组 U 上的一组函数依赖 F，F＝{Cno→Cname, Cname→Cprice,（Cno, Eno）→Csales}（如图 5-1 所示）。

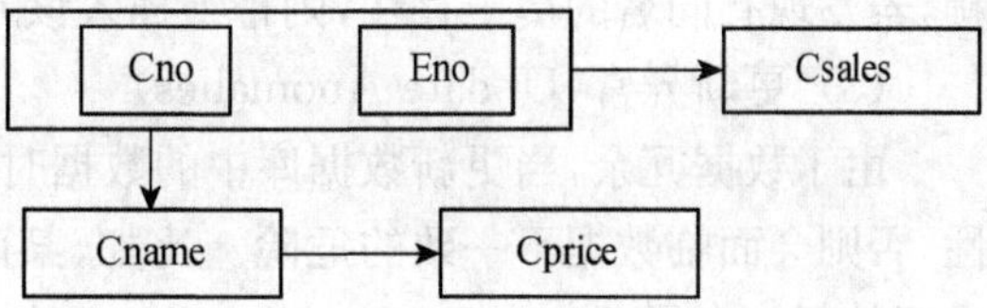

图 5-1 Employee 上一组的函数依赖

如果只考虑函数依赖这一种数据依赖，我们就得到了一个描述员工的关系模式：Employee(U, F)。表 5-3 是某一时刻关系模式 Employee 的一个实例，即数据表。

这个关系中，(Eno, Cno)是这个关系模式的主码。

一般来说，不好的数据库关系模式设计，通常出现的主要问题具体如下：

冗余存储：数据信息被重复存储。

更新异常：重复数据的一个信息副本被修改后，全部副本都必须同样修改，否则就会出现不一致问题。

插入异常：当一些数据信息被提前存储在数据库中后，另外的数据才能被存入。

删除异常：在删除某些数据信息时丢失其他数据信息。

关系模式存在以下几个问题。

(1) 数据冗余太大

比如，每一个员工要卖多种商品，这样的话，员工编号、员工姓名重复出现，出现次数和该员工所卖的所有商品种类相同，如表 5-3 所示。这将浪费大量的存储空间。

表 5-3 Employee 表

Eno	Ename	Cno	Csales	Cprice
1	MENG	1	20	14.00
1	MENG	2	10	18.50
1	MENG	3	20	9.80
1	MENG	4	20	33.80
…	…	…	…	…
2	VINET	3	15	9.80

（续表）

Eno	Ename	Cno	Csales	Cprice
3	YANG	2	10	18.50
4	SHEN	1	30	14.00
5	JACK	5	25	34.50
5	TOM	4	21	33.80

(2) 插入异常(Insertion Anomalies)

如果一个新商品刚上市，尚无员工销售，就无法把这个商品的信息存入数据库。设计者也可以对现实情况做强制的规定。例如，规定不允许姓名相同的员工出现，因而使 Ename→Eage 函数依赖成立。这样当插入某个元组时，这个元组上的属性值必须满足规定的函数依赖，若发现有同名的员工存在，则拒绝插入该元组。

(3) 更新异常(Update Anomalies)

由于数据冗余，当更新数据库中的数据时，系统要付出很大的代价来维护数据库的完整性，否则会面临数据不一致的危险。比如，某商品名更换新名称后，必须修改销售该商品的员工的每一个元组。

(4) 删除异常(Deletion Anomalies)

如果某个商品下架后，在删除该商品信息的同时，把销售这个商品的员工信息及其主管的相关信息也删除了。

Employee 的关系模式不是一个"好"的模式。一个"好"的模式应当不会发生插入异常、删除异常、更新异常，数据冗余应尽可能少。这是因为这个模式中的函数依赖存在某些不好的性质。假如把这个单一的模式改造一下，分成以下 3 个关系模式：

E(Eno, Ename, Eno→Ename)；

EC(Eno, Cno, Csales, (Eno, Cno)→Csales)；

C(Cno, Cname, Cno→Cname)。

这 3 个模式都不会发生插入异常、删除异常的毛病，数据的冗余也得到了控制。

一个模式的数据依赖会有哪些不好的性质，如何改造一个不好的模式，这就是规范化理论讨论的内容。

5.2.2 函数依赖的定义

关系模式由一组属性构成，而属性之间可能存在着相关联系，这些相关联系中，决定联系是最基本的。将这些决定联系表示出来即为函数依赖关系。例如，商场员工的一个编号代表了一个员工，它决定了该员工的姓名、性别和年龄等其他属性。

1. 定义

设 $R(U)$ 是属性集 U 上的关系模式，X,Y 是 U 的子集，r 是 R 的任一具体关系，如果对 r 的任意两个元组 s,t，由 $s[X]=t[X]$，能导致 $s[Y]=t[Y]$，则称 X 函数决定 Y，或者说 Y 函数依赖于 X，记为 $X\to Y$。X 称为决定因子或决定属性集。

因为函数依赖类似变量之间的单值函数关系，所以也可定义为：

设 $R(U)$ 是属性集 U 上的关系模式，X, Y 是 U 的子集，r 是 R 的任一具体关系，如果

$R(U)$的所有关系 r 都存在：对每一个 X 值都有唯一的 Y 值与之相对应，则称 X 函数决定 Y，或 Y 函数依赖于 X。

表 5-4 函数依赖的概念

概念	定　义
函数依赖	若属性 A 的值确定有且只有一个属性 B 的值，则属性 B 完全依赖于属性 A。
函数依赖（广义定义）	若表中所有行在属性 A 上的值一致，且在属性 B 上的值也一致，则属性 A 决定属性 B（即 B 函数依赖于 A）。
完全函数依赖（复合主码）	若属性 B 函数依赖于复合主码 A，但不依赖于复合主码的任何子集，则属性 B 完全函数依赖于 A。

由以上定义可知：

（1）函数依赖是语义范畴的概念。只能根据语义来确定一个函数依赖，不能按照形式定义来证明一个函数依赖的成立。根据函数依赖的定义和实体间联系的定义，可得：

① X 和 Y 之间的联系是 1∶1 的联系，则存在函数依赖 $X \rightarrow Y$ 和 $Y \rightarrow X$。

② X 和 Y 之间的联系是 1∶n 的联系，则存在函数依赖 $Y \rightarrow X$。

③ X 和 Y 之间的联系是 m∶n 的联系，则 X 和 Y 之间不存在函数依赖关系。

（2）函数依赖不是指关系模式 R 中的某个或部分关系满足其约束条件，而是指 R 的全部关系均要满足才行。

注意：

① 属性之间的依赖关系类似于数学函数 $y=f(x)$，即在给定 X 值的情况下，Y 值也被唯一确定，故为函数依赖。

② 函数依赖只关心一个或一组属性的值决定其他属性（组）的值。

【例 5-3】 指出表 5-2 员工关系 E 中存在的函数依赖关系。

解：关系 E(Eno, Ename, Eage, Egender, Dno, Dname, Cno, Cname, Cprice, Csales) 存在下列函数依赖：

Eno→Ename（每个员工只能有一个名字）；

Eno→Eage（每个员工只能有一个年龄）；

Eno→Egender（每个员工只能有一个性别）；

Dno→Dname（每个主管只能有一个名字）；

Cno→Cname（每种商品只能有一个名字）；

Cno→Cprice（每种商品只能有一个价格）；

Cno→Csales（每种商品只能有一个销售量）；

(Eno, Cno)→Cprice（每个员工销售一种商品只能有一个销售数量）；

Eno→Dno（每个员工只能有一个主管，而一个主管可以管理多个员工）；

Eno→Cno（每个员工可以销售多种商品，且每种商品可以由多个员工销售）。

2. 术语和记号

$X \rightarrow Y$，但 $Y \not\subset X$，则称 $X \rightarrow Y$ 是非平凡的函数依赖。

$X \rightarrow Y$，但 $Y \subseteq X$ 则称 $X \rightarrow Y$ 是平凡的函数依赖。对于任一关系模式，平凡函数依赖都是必然成立的，它不反映新的语义。若不特别声明，总是讨论非平凡的函数依赖。

若 $X \to Y$，则 X 称为这个函数依赖的决定属性组，也叫决定因素。

若 $X \to Y$，$Y \to X$，则记作 $X \longleftrightarrow Y$。

若 Y 不函数依赖于 X，则记作 $X \not\to Y$。

3. 意义

反映表中属性之间的决定关系。当 X 的值确定以后，Y 值也被唯一确定。

表中所有函数依赖的集合称为函数依赖集。该集合规定表中数据之间的依赖关系，也称为数据库表的约束条件。

5.2.3 函数依赖的分类

设 $R(U)$ 是属性集 U 上的关系模式，X，Y 和 Z 是 U 的不同子集，非空且不互相包含，函数依赖可分为完全函数依赖、部分函数依赖、传递函数依赖等几类。

关系理论中，关系模式用 $R(U, D, DOM, F)$ 表示。由于仅涉及属性全集 U 和函数依赖集 F，因此关系模式可以简化表示：$R(U, F)$。

1. 完全函数依赖

定义：在 $R(U)$ 中，如果 $X \to Y$，并且对于 X 的任何一个真子集 X'，都有 $X' \not\to Y$，则称 Y 对 X 完全函数依赖，记作 $X \xrightarrow{F} Y$。

【例 5-4】 指出表 5-2 员工关系中存在的完全函数依赖。

解：由定义可知，左部为单属性的函数依赖一定是完全函数依赖，所以 Eno→Ename，Eno→Eage，Eno→Egender，Dno→Dname，Cno→Cname，Cno→Cprice，Cno→Csales，Eno→Dno，Eno→Cno 都是完全函数依赖。

左部若由多属性组合而成的函数依赖，则需看其真子集能否决定右部属性。

(Eno，Cno)→Csales 是完全函数依赖，因为 Eno $\not\to$ Csales，Cno $\not\to$ Csales。

2. 部分函数依赖

定义：在 $R(U)$ 中，如果 $X \to Y$，并且对于 x 的任何一个真子集 X'，都有 $X' \to Y$，则称 Y 对 X 部分函数依赖，记作：$X \xrightarrow{P} Y$。

【例 5-5】 指出表 5-2 员工关系中存在的部分函数依赖。

解：(Eno，Cno)→Ename，(Eno，Cno)→Eage，(Eno，Cno)→Egender，(Eno，Cno)→Dno，(Eno，Cno)→Cname，(Eno，Cno)→Cprice 都是部分函数依赖，因为 Eno→Ename，Eno→Eage，Eno→Egender，Eno→Dno，Cno→Cname，Cno→Cprice。

3. 传递函数依赖

定义：在 $R(U)$ 中，设 X，Y 和 Z 为 U 的三个不同子集，如果 $X \to Y(Y \not\subset X)$，$Y \not\to X$，$Y \to Z$，则必有 $X \to Z$，则称 Z 传递函数依赖于 X，记作 $X \xrightarrow{T} Z$。

由定义可知：条件 $Y \not\to X$ 必不可少，因为如果是 $Y \to X$，则 $X \longleftrightarrow Z$，那么 Z 就是直接函数依赖于 X，而不是传递函数依赖。

【例 5-6】 指出表 5-2 员工关系中存在的传递函数依赖。

解：因为 Eno→Dno，Dno $\not\to$ Eno，Dno→Dname，所以 Eno→Dname 是传递函数依赖。

4. 候选码的形式定义

候选码的直观概念是：能唯一标识实体而不包含多余属性的属性集。将候选码于函数依赖相结合可以得出：

定义：设 X 是 $R(U, F)$ 中的属性集，若 $X \xrightarrow{F} U$，则 X 是 R 的候选码，简称码。

由定义可知：$X \to U$ 表示 X 能唯一决定一个元组；$X \xrightarrow{F} U$ 表示 X 能满足唯一标识性而又无多余的属性集，由于不存在 X'，使得 $X' \to U$。

(1) 候选码的唯一确定性。指候选码可以唯一决定关系(表)中的某行。

(2) 候选码的最小性。指构成候选码的属性数要最小。

(3) 存在性和不唯一性。任何一个关系都有候选码，而且可能不止一个。

由候选码可以引出以下概念：

主码：一个关系的候选码是不唯一的，当候选码多余一个时，选定其中一个作为主码。

主属性：包含任何一个候选码中的属性，叫做主属性。

非主属性：不包含任何一个候选码中的属性，叫做非主属性。

全码：整个属性组是码，称为全码。

【例5-7】 指出表5-2员工信息关系ED中的候选码、主属性和非主属性。

解：在没有同名的情况下，员工编号(Eno)、员工姓名(Ename)、主管编号(Dno)、主管姓名(Dname)这四个属性均为候选码，而员工性别(Egender)、员工年龄(Eage)这两个属性为非主属性；如果存在重复名字，则只有员工编号(Eno)和主管编号(Dno)属于主属性，其他均为非主属性。

【例5-8】 指出表5-5关系 R 中的候选码、主属性和非主属性。

表5-5 关系 *R*

A	B	C
a1	b1	c1
a2	b2	c1
a3	b3	c2
a4	b3	c3

解：关系 R 中，所有元组在属性A下的值各不相同，所以能决定关系 R 的所有属性，因此 A 是关系 R 的一个候选码。

又因为所有元组在属性集(B, C)下的值也是各不相同，所以也能决定关系 R 的所有属性，而且 $B \nrightarrow AC$, $C \nrightarrow AB$，即(B, C)中不包含多余属性，因此(B, C)也是关系R的一个候选码。关系 R 的主属性为：ABC；无非主属性。

5.2.4 数据依赖的公理系统

数据依赖的公理系统是关系模式分解算法的理论基础。在1974年，W. W. Armstrong总结了各种推理规则，把最主要、最基本的总结为一个有效而完备的公理系统——Armstrong推理规则系统，又称Armstrong公理。

定义：设 F 是关系模式 $R(U, F)$ 的一个函数依赖集，XY 是 R 的属性子集，如果从 F 中的函数依赖能推导出 $X \to Y$，则称 F 逻辑蕴涵 $X \to Y$。

若 F 是一个函数依赖集，则被 F 逻辑蕴涵得所有函数依赖的集合叫做函数依赖集 F 的闭包(closure),记作 F^+。

1. Armstrong 公理

设有关系模式 $R(U, F)$,U 为属性集合体,F 为 U 上的函数依赖集,则对于 $R(U, F)$有以下推理规则:

自反律:如果 $Y \subseteq X \subseteq U$,则 F 逻辑蕴涵 $X \rightarrow Y$。

增广律:如果 $X \rightarrow Y$ 为 F 所蕴涵,且 $Z \subseteq U$,则 F 逻辑蕴涵 $XZ \rightarrow YZ$。

传递律:如果 $X \rightarrow Y$ 和 $Y \rightarrow Z$ 为 F 所蕴涵,则 F 逻辑蕴涵 $X \rightarrow Z$。

注意:由自反律所得到的函数依赖均是平凡的函数依赖,因此所有的平凡函数都是成立的,自反律的使用并不依赖于 F;增广律说明,在函数依赖两边同时增加相同的属性,函数依赖依然成立;传递律表明,由满足特征的一对函数依赖,可以推出新的函数依赖。

定理:Armstrong 公理是正确的,即由 F 出发根据 Armstrong 公理推导出的每一个函数依赖必定被 F 所蕴涵。

根据函数依赖的定义证明:

(1) 证自反律

对于 $R(U, F)$得任一关系 r 中的任意两个元组 s, t,若 $s[X]=t[X]$,由于 $Y \subseteq X$,必有 $s[Y]=t[Y]$,所以 $X \rightarrow Y$ 成立,自反律已证明。

(2) 证增广律

对于 $R(U, F)$得任一关系 r 中的任意两个元组 s, t,若 $s[XZ]=t[XZ]$,则有 $s[X]=t[X]$,$s[Z]=t[Z]$。假设 $X \rightarrow Y$,根据函数依赖定义得 $s[Y]=t[Y]$,所以 $s[YZ]=s[Y][Z]=t[Y][Z]=t[YZ]$,所以 $XZ \rightarrow YZ$ 为 F 所蕴含,增广律已证明。

(3) 证传递律

对于 $R(U, F)$得任一关系 r 中的任意两个元组 s, t,若 $s[X]=t[X]$,由于 $X \rightarrow Y$,有 $s[Y]=t[Y]$;再由 $Y \rightarrow Z$,有 $s[Z]=t[Z]$,所以 $X \rightarrow Z$ 为 F 所蕴含,传递律已证明。

2. Armstrong 公理的推论

除了由 Armstrong 公理的三条规则外,还由以上规则可导出几条推论:

合并规则:若 $X \rightarrow Y$、$X \rightarrow Z$ 成立,则 $X \rightarrow YZ$ 成立。

分解规则:若 $X \rightarrow YZ$,则 $X \rightarrow Y$、$X \rightarrow Z$ 成立。

伪传递规则:若 $X \rightarrow Y$、$WY \rightarrow Z$ 成立,则 $WX \rightarrow Z$ 成立。

集合累计规则:若 $X \rightarrow YZ$、$Z \rightarrow W$ 成立,则 $X \rightarrow YZW$ 成立。

证明:

(1) 证合并规则

已知 $X \rightarrow Y$,得到 $X \rightarrow YZ$(增广律);同理由 $X \rightarrow Z$ 得到 $XY \rightarrow YZ$,即得到 $X \rightarrow YZ$(传递律)。

(2) 证分解规则

由 $Y \subseteq YZ$、$Z \subseteq YZ$ 得到 $YZ \rightarrow Y$、$YZ \rightarrow Z$(自反律),再加上已证明的 $X \rightarrow YZ$,即得到 $X \rightarrow Y$、$X \rightarrow Z$(传递律)。

(3) 证伪传递规则

已知 $X \rightarrow Y$,得到 $WX \rightarrow WY$(增广律),再由已知的 $WY \rightarrow Z$,即得到 $WX \rightarrow Z$(传递律)。

(4) 证集合累计规则

已知 $Z \rightarrow W$,得到 $YZZ \rightarrow YZW$(增广律),即 $YZ \rightarrow YZW$,再加上已知的 $X \rightarrow YZ$,即得到

$X \rightarrow YZW$（传递律）。

根据合并和分解规则可以得出以下定理：

定理：若 $A_i(i=1, 2, \cdots, n)$是关系模式 R 的属性，则 $X \rightarrow A_1 A_2 \cdots A_n$ 的充分必要条件是 $X \rightarrow A_i(i=1, 2, \cdots, n)$均成立。

3. Armstrong 公理的有效性和完备性

Armstrong 公理的有效性是指，在 F 中根据 Armstrong 公理推导出的每一个函数依赖一定被 F 所蕴涵。Armstrong 公理的完备性是指，F 所蕴涵的每一个函数依赖必定可以由 F 出发根据 Armstrong 公理推导得到。

公理系统的目的是有效并准确地计算函数依赖的逻辑蕴涵，即由已知的函数依赖推导出未知的函数依赖。公理的有效性就可以保障按照公理导出的所有函数依赖都为真，公理的完备性就保证可以推出所有的函数依赖，这就进而保证计算和推导的可靠性和可行性。

5.3　数据库的规范化

随着人们对规范化理论的研究，数据库设计的方法日益完善。在关系数据库中，不同的关系满足不同的、一定要求的约束条件，从而具有一定性质，而这些满足不同程度要求的关系等级即为范式。

关系数据库中所有的关系结构都必须规范化，即至少满足第一范式，满足最低要求的叫第一范式（1*NF*）。但第一范式的关系不能确保关系模式的合理性，有可能存在数据冗余、插入异常、删除异常等问题，因此还必须向高一级范式转换。

在第一范式（1*NF*）的基础上满足进一步要求即为第二范式（2*NF*），往上以此类推。一个低级范式的关系模式可以通过模式分解，转换为若干高级范式的关系模式的集合，这个过程称为关系模式的规范化。表的规范化是指评估并改良表的结构已达到最小化数据冗余，从而减少数据异常的可能性。

1971—1972 年，E. F. Codd 系统的提出关系的第一范式（1*NF*）、第二范式（2*NF*）和第三范式（3*NF*）的概念，并讨论规范化问题。1974 年，他又和 R. F. Boyce 共同提出鲍依斯—科得范式（Boyce-Codd normal form，*BCNF*）。1975 年 Fagin 提出第四范式（4*NF*）。后来人们又提出第五范式（5*NF*）和域码范式（*DKNF*）。范式的要求一个比一个严格。

范式可以理解为某一种级别的关系模式的集合，R 符合第几范式即可记作 $R \in xNF$。六类范式之间是一种包含关系如图 5-2 所示。

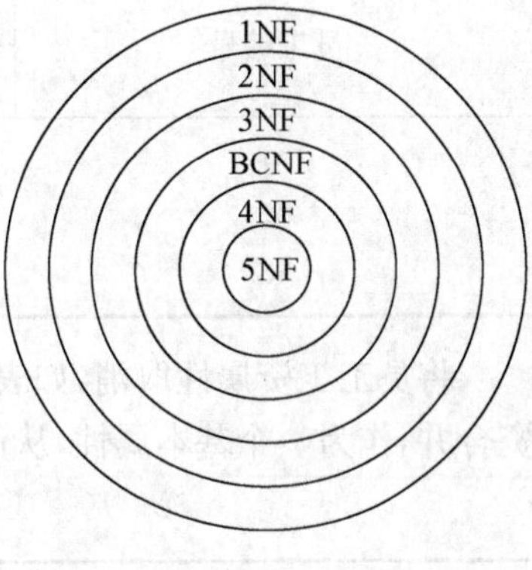

图 5-2　六类范式之间的联系

$$5NF \subset 4NF \subset BCNF \subset 3NF \subset 2NF \subset 1NF$$

关系模式规范化的目的就在于控制数据冗余，避免插入和删除异常的操作，来增强数据库结构的稳定性和灵活性。

说明：1*NF* 级别最低，5*NF* 级别最高；高级别范式可以看做低级别范式的特例。范式级别和异常问题的关系表现为级别越低，出现异常的程度越高。

规范化的目的是确保每张表都保证良好的结构，应具备以下特性：

① 每张表表示一个物体。

② 不在多表中保存不必要的数据(控制冗余)，确保数据只在一处更新。

③ 表中所有非主属性都依赖于主码且依赖于主码——整个主码。确保数据可以通过主码值唯一标识。

④ 避免插入、更新和删除异常，确保数据的完整性和一致性。

5.3.1 第一范式(1*NF*)

对一张二维表，有一个最起码的要求：每一个分量必须是不可分的数据项。满足了这个条件的关系模式就属于第一范式(1*NF*)。

1. 定义

设 R 是一个关系模式，如果 R 的每个属性值都是不可分割的简单数据项的集合，则称 R 为第一范式(1*NF*)，记作 $R \in 1NF$。

通过定义可以看出，第一范式(1*NF*)关系不含重复组。重复组的存在反映数据冗余。与规范化关系区别，把不满足第一范式的关系统称为非规范化关系。

第一范式(1*NF*)规定一个关系中的属性值必须是"原子"的，排斥属性值为元组、数组或某种复合数据，这就保证关系数据库中所有关系的属性值都是最简的。

如果关系不满足第一范式(1*NF*)条件，可以按照消除重复组、找到主码、找出所有依赖的步骤转换。

2. 转化方法

(1) 模式中存在组合属性，则取消组合属性。

【例 5-9】 表 5-6(a)的姓名是个组合属性，姓名被分成姓和名两列，相应的模式不满足 1NF 的条件。

表 5-6(a) 具有组合属性的非规范化关系

员工编号	员 工 工 资	
	基本工资	业绩奖励
01	1 000	800
02	1 000	500
03	1 000	500

将员工工资属性取消，如表 5-6(b)：分成基本工资和业绩奖励两个属性；或者直接将工资合并，作为一个基本属性，从而取消该组合属性，符合第一范式(1*NF*)的关系。

表 5-6(b) 转换后的关系

员工编号	基本工资	业绩奖励	工资总计
01	1 000	800	1 800
02	1 000	500	1 500
03	1 000	500	1 500

(2) 关系中包含重复组,则需对其拆分。

【例5-10】 表5-7(a)的商品编号和销售量是个多值重复组,相应的模式不满足1*NF*的条件。如表5-7(b)纵向展开,即可符合第一范式(1*NF*)的关系。

表5-7(a) 具有多值重复组的非规范化关系

员工编号	商品编号	销售量
01	01 02 03 04	20 10 20 20
02	03	15

表5-7(b) 转换后的关系

员工编号	商品编号	销售量
01	01	20
01	02	10
01	03	20
01	04	20
02	03	15

关系模式仅满足第一范式(1*NF*)是不够的,可能存在部分函数依赖和传递函数依赖,因此可能出现冗余、插入、更新和删除异常。

【例5-11】 关系模式U=(Eno, Cno, Cname, Cprice, Csales)中。主码为(Eno, Cno),函数依赖包括:

$$(Eno, Cno)\xrightarrow{t} Csales;$$

$$Cno \rightarrow Cname; (Eno, Cno)\xrightarrow{p} Cname;$$

$$Cno \rightarrow Cprice; (Eno, Cno)\xrightarrow{p} Cprice; Cname \rightarrow Cprice$$

关系模式U属于第一范式, Eno和Cno两个主属性决定Csales,也决定Cname和Cprice,其实是仅由Cno决定Cname和Cprice。所以非主属性Cname和Cprice部分函数依赖于主码(Eno, Cno)。

因此,关系模式U存在以下异常:

(1) 冗余度大

如果一个员工同时销售多种商品,则该员工的编号就需要重复存储多次。

(2) 更新异常

如果一个员工销售的多种商品出现新商品后,需要无遗漏地对多个商品的名称、价格全部修改,这会造成修改复杂化,破坏数据一致性。

(3) 插入异常

如果要将一名新员工的信息插入时,该员工还未选定销售的商品,这时主码的部分为空,该信息无法插入。

(4) 删除异常

如果一个员工只销售一种商品，当该商品下架时，需要删除商品号这个主属性，这样就会删除整个元组，把不该删除的信息也删除了，出现异常。

5.3.2　第二范式(2*NF*)

作为第一范式(1*NF*)的关系模式，很可能出现数据冗余和异常操作，因此需要进一步规范化。若第一范式(1*NF*)的主码是组合属性时，需要将关系模式中的局部依赖排除，即分解关系模式，使其达到第二范式(2*NF*)的标准；若第一范式(1*NF*)的主码是单属性，则该表就是第二范式(2*NF*)。

1. 定义

若 $R \in 1NF$，且 R 中每个非主属性都完全函数依赖于 R 的任意候选码，则 $R \in 2NF$。

该定义中，主要强调非主属性和候选码之间的函数依赖关系。非主属性对候选码的函数依赖总是成立，但是第二范式(2*NF*)关系中不存在非主属性对候选码的部分函数依赖。

由于第一范式(1*NF*)在插入、修改和删除时会出现异常问题，因此要对其进行规范化。可以按照以下步骤：将每个码属性各写一行，然后将源(组合)码写在最后一行，每个部分将成为新表的主码，即源表被分解，然后分配对应的依赖属性从而转化为第二范式(2*NF*)。

2. 转化方法

对原关系进行投影并分解，使分解后的关系模式符合第二范式(2*NF*)。

【例 5-12】 表 5-8(a)中的关系模式 ED 和 EC 符合第一范式(1*NF*)。

表 5-8(a)　符合 1*NF* 的关系模式

ED	EC
Eno Ename Egender Eage Dno Dname	Eno Cno Cname Cprice Csales

表中函数依赖包括：

Eno→(Ename, Egender, Eage, Dno, Dname)；

Dno→Dname；

Cno→(Cname, Cprice)；

(Eno, Cno)→Csales。

由于 Cno→(Cname, Cprice)，但是非主属性 Cname 和 Cprice 并不完全依赖于主码(Eno, Cno)，因此关系模式 EC 不符合第二范式(2*NF*)，即 $EC \notin 2NF$。

因此，关系模式 EC 存在以下异常：

① 修改复杂。如果需要修改某种商品名，而该商品被多个员工同时销售，那么该商品名就被储存了多次，修改时，必须无遗漏地修改多个元组，这种冗余度大的表很容易造成修改复杂。

② 插入异常。如果要插入一个新商品，而该商破暂时未有员工销售，那么这样的元组就插不进 EC 表，因为主码(Eno，Cno)的部分为空，信息无法插入。

③ 删除异常。类似的，如果删除 EC 表中某种商品的价格，那么有关这个价格的商品名和商品编号就可能也被删除，删除了不该删除的信息，出现异常。

出现异常的问题在于 Cname 和 Cprice 对主码(Eno，Cno)不是完全函数依赖，转换方法是把 EC 分解为两个关系模式(数据库分解为表 5-8(b))：

EC(Eno，Cno，Csales)；
C(Cno，Cname，Cprice)。

表 5-8(b) 符合 *2NF* 的关系模式

ED	EC	C
Eno Ename Egender Eage Dno Dname	Eno Cno Csales	Cno Cname Cprice

但是，达到第二范式(*2NF*)的关系并不是不存在问题，修改复杂、插入异常、删除异常问题依旧存在，这是因为还存在着非主属性对候选码的传递函数依赖，因此还需要进一步分解。

5.3.3 第三范式(*3NF*)

1. 定义

若 $R \in 2NF$，且 R 的任何一个非主属性(组)都不传递函数依赖于它的任何一个候选码，则 $R \in 3NF$。

由定义可知：

① 若 $R \in 3NF$，则每一个非主属性既不部分依赖于码，也不传递依赖于码。

② 第三范式(*3NF*)不存在非主属性之间的函数依赖，但仍存在主属性之间的函数依赖。

换一种说法，在关系模式 R 中，对任一非平凡函数依赖 $X \rightarrow A$，满足 X 是超码(含有码的属性集)或 A 是码的一部分的条件之一，则 $R \in 3NF$。

说明：第三范式(*3NF*)不允许关系模式的属性之间有这样的非平凡函数依赖：$X \rightarrow Y$，其中 X 不包含码，Y 是非主属性。X 不包含码有两种情况：第一，X 是码的真子集，这是第二范式(*2NF*)不允许的；第二，X 含有非主属性，这是第三范式(*3NF*)进一步限制的。

可以按照步骤：找出所有新的主属性，把它的主属性作为新表的主码；找出依赖属性并标出依赖关系；从传递依赖的每个表中移除依赖属性(投影分解法)。从而转化为第三范式(*3NF*)。

2. 定理和判定

定理：一个第三范式(*3NF*)的关系必定是第二范式(*2NF*)。(反之则不成立)

第三范式(3*NF*)和第二范式(2*NF*)的概念易混淆,区别是第二范式(2*NF*):非主码列是完全依赖于主码,还是依赖与主码的一部分;第三范式(3*NF*):非主码列示直接依赖于主码,还是依赖于非主码。

判定:找候选码,确定非主属性;考察非主属性对候选码的函数依赖是否存在部分函数依赖,不存在即为 2*NF*,否则不是;再考察非主属性之间是否存在函数依赖,不存在即为 3*NF*,否则不是。

3. 转化方法

依然是对原关系进行投影并分解,使分解后的关系模式符合第二范式(2*NF*)。

【例 5-13】 表 5-8(b)中,关系模式 ED 的主码为 Eno,关系模式 EC 的主码为(Eno, Cno),关系模式 C 的主码为 Cno。表 5-8(b)符合第二范式(2*NF*),是否还存在异常?

在关系模式 ED 中,如果旧员工升职需要换新主管,那么就需要将员工信息移走到其他主管的表中,当最后一个员工的信息被删除时, ED 中就不会剩下任何信息,那些旧主管的信息就遗失了,所以仍然会出现异常。

三个模式的函数依赖未变,依然是:

Eno→(Ename, Egender, Eage, Dno, Dname);
Dno→Dname;
Cno→(Cname, Cprice);
(Eno, Cno)→Csales。

从以上依赖可以发现,由 Eno→Dno、Dno $\nrightarrow$ Eno、Dno→Dname 可得 Eno $\xrightarrow{T}$ Dname,存在非主属性 Dname 对码 Eno 的传递函数依赖。因此,关系模式 ED 不符合第三范式(3*NF*),即 ED$\notin$3*NF*。

转换方法是把 ED 分解为两个关系模式,如表 5-8(c):

ED(Eno, Ename, Egender, Eage, Dno);
D(Dno, Dname)。

表 5-8(c) 符合 3*NF* 的关系模式

ED	D	EC	C
Eno Ename Egender Eage Dno	Dno Dname	Eno Cno Csales	Cno Cname Cprice

一般来说,第三范式(3*NF*)的关系大多数都能解决插入和删除异常等问题,但并"不彻底"。这种"不彻底"主要表现在:可能存在主属性对候选码的部分函数依赖或传递函数依赖,第三范式(3*NF*)有时出现的插入和删除异常等问题,将进一步改进。

5.4 更高级别范式

符合第三范式(3*NF*)可以满足商用事务数据库的需求,然而有时也需要更高的范式,一种特殊的第三范式（3*NF*），称鲍依斯-科得范式（Boyce-Codd normal form，*BCNF*），又称*BC*范式，以及理论研究所需的第四范式（4*NF*）、第五范式（5*NF*）等等。

5.4.1 *BC*范式（*BCNF*）

当表中所有属性集都是候选码时，该表属于鲍依斯-科得范式（Boyce-Codd normal form，*BCNF*），又称*BC*范式。由Boyce和Codd共同提出，比第三范式（3*NF*）更进一步。

当表中只有一个候选码时，第三范式（3*NF*）与*BC*范式（*BCNF*）等价。只有当表中含有多个候选码时才不满足*BC*范式（*BCNF*）。因此也通常称*BC*范式（*BCNF*）是增强的第三范式（3*NF*）。

1. 定义

关系模式$R(U, F) \in 1NF$。若函数依赖集合F中所有函数依赖$X \rightarrow Y$且$Y \not\subset X$时，X都包含R的任意候选码，则$R \in BCNF$。

换一种说法，在关系模式$R(U, F)$中，若每个决定因素都包含码，则$R(U, F) \in BCNF$。

由定义可知，*BC*范式（*BCNF*）中只含有依赖于候选码的函数依赖，无其他函数依赖。即若R中每个非平凡函数依赖的决定因素都包含一个候选码，则R是*BCNF*。

性质：

① 所有非主属性都完全函数依赖于每个候选码。

② 所有主属性都完全函数依赖于每个不包含它的候选码。

③ 没有任何属性完全函数依赖于非码的任何一组属性。

说明：

① *BC*范式（*BCNF*）的每一个非平凡函数依赖的决定子都是候选码，所以不会出现第三范式（3*NF*）中决定子不是候选码的情况。

② *BC*范式（*BCNF*）和第三范式（3*NF*）的区别是，对一个函数依赖$X \rightarrow Y$，第三范式（3*NF*）允许Y是主属性，而X不是候选码，但是*BC*范式（*BCNF*）要求X必须是候选码。因此*BC*范式（*BCNF*）一定是第三范式（3*NF*），而*BC*范式（*BCNF*）不一定是第三范式（3*NF*）。

③ *BC*范式（*BCNF*）和第三范式（3*NF*）都是数据库设计者理想的关系范式。

④ *BC*范式（*BCNF*）在函数依赖的范围内已经达到最高的规范化程度（但并不是完美的范式），在一定程度上消除了冗余、插入、更新和删除异常。

2. 定理

一个*BF*范式（*BCNF*）的关系必是第三范式（3*NF*），反之则不成立。

反证法证明：设$R \in BCNF$，但$R \notin 3NF$，则R上必存在传递依赖$X \rightarrow Y$、$Y \rightarrow A$，这里X是R的码，A、Y是非主属性（组），$A \notin Y$，$Y \nrightarrow X$。显然Y不包含R的码；否则$Y \rightarrow X$也成立。因此$Y \rightarrow A$违反*BC*范式（*BCNF*）的定义，与假设矛盾，已证明。

【例5-14】 表5-7(c)分解而成的四个关系模式ED、D、EC和C不仅是第三范式（3*NF*）的，也是*BF*范式（*BCNF*）的。

因为分解后的依赖是：

Eno→(Ename，Egender，Eage，Dno，Dname)；

Dno→Dname；

Cno→(Cname，Cprice)；

(Eno，Cno)→Csales。

以上四个函数依赖中,每一个函数依赖的决定因素都含有码,因此该关系模式属于 BF 范式(*BCNF*)。

BC 范式(*BCNF*)和第三范式(3*NF*)是以函数依赖为基础的关系模式规范化程度的度量标准。仅仅考虑函数依赖范畴,则 *BC* 范式(*BCNF*)已经实现了数据库中关系模式的彻底分离,已消除了插入和删除的异常,所以 *BC* 范式(*BCNF*)达到了函数依赖范围下最高级别的范式。但在其他数据依赖(比如多值依赖)下,*BC* 范式(*BCNF*)仍旧存在问题。

5.4.2　多值依赖与第四范式(4*NF*)

1. 多值依赖(Multivalued Dependency, MVD)

函数依赖和多值依赖的范围比较:

(1) 函数依赖讨论元组内属性与属性之间的依赖或决定关系对属性取值的影响。即属性级的影响,如属性值的插入和保留等。

(2) 多值依赖讨论对元组级的影响,也就是元组内属性间的依赖关系对元组级的影响。即某一属性取值在插入与删除时,是否影响多个元组。

(3) 和多值依赖在冗余及更新异常时的表现是相同的。

有些关系模式虽然属于 *BF* 范式(*BCNF*),但从某种意义上来讲,*BF* 范式(*BCNF*)依旧存在信息重复的问题,没有被充分规范化。

【例 5-15】 如表 5-9 所示,有一个关系 *R*,其属性为主管编号 D、员工编号 E 和商品编号 C,简称 DEC。一个元组表示主管 D 管理员工 E, C 是员工 E 销售的商品。

表 5-9　冗余的 BCNF 关系

D	E	C
01	01	01
01	01	03
01	01	04
02	02	01
02	02	02
01	03	01
01	03	04
…	…	…

关系模型 *R*(D, E, C)的码是 DEC,即全码(All-Key),所以 *R* 属于 *BC* 范式(*BCNF*)。但是仍然存在大量信息冗余,重复存储不止一次。这个问题主要是由于商品独立于员工这个约束而引起的,该约束不能用函数依赖表达,这是一个多值依赖(Multivalued Dependency, MVD)的数学依赖。

定义:设 *R* 是属性集 *U* 上的一个关系模式,*X*, *Y*, *Z* 是 *U* 的子集,且 $Z=U-X-Y$。对 *R* 的任一实例 *r*,*r* 在(*X*, *Z*)上的每个值对应一组 *Y* 的值,这组值仅决定于 *X* 的值而与 *Z* 的值无关时,则称 *X* 多值决定 *Y* 或 *Y* 多值依赖于 *X*,记作 $X \longleftrightarrow Y$。

若 *Z* 为空集(即 $X \cup Y=U$ 且 *X* 是 *Y* 的一个子集),则称 *R* 中的多值依赖 $X \rightarrow\rightarrow Y$ 为平凡的多值依赖,否则称为非平凡的多值依赖。

【例5-16】 由表5-9可知，在关系模式R中，对于一个(主管编号，商品编号)(01，01)有一组员工编码值{01，03}。而对于另一个(主管编号，商品编号)(01，04)，它仍对应一组员工编码值{01，03}，虽然商品编号已经改变，但是仍然存在。所以E多值依赖于D，即$E \rightarrow\rightarrow D$。

多值依赖是一种一般化的函数依赖，即每一个函数依赖都是多值依赖。因为$X \rightarrow Y$表示每个X值决定一个Y值，而$X \rightarrow\rightarrow Y$表示每个$X$值决定的是一组Y值(与另个$Z$值无关)，所以若$X \rightarrow Y$，则必有$X \rightarrow\rightarrow Y$，反之则不成立。

多值依赖是成对出现的。比如，对于一个关系模式$R(X,Y,Z)$，多值依赖$X \rightarrow\rightarrow Y$存在，当且仅当多值依赖$X \rightarrow\rightarrow Z$也存在，则可用$X \rightarrow\rightarrow Y/Z$表示。

和函数依赖相似，多值依赖也有一套完备有效地推理规则，可以推导出多值依赖集闭包的所有多值依赖。设U是一个关系模式的属性集合，X，Y，Z，V，W都是U的子集合，以下是多值依赖的公理(包含三条函数依赖的)：

① 自反律：如果$Y \subseteq X \subseteq U$，则$X \rightarrow Y$。

② 增广律：如果$X \rightarrow Y$，且$Z \subseteq U$，则$XZ \rightarrow YZ$。

③ 传递律：如果$X \rightarrow Y$和$Y \rightarrow Z$，则$X \rightarrow Z$。

④ MVD对称律：如果$X \rightarrow\rightarrow Y$，则$X \rightarrow\rightarrow Z, Z=U-X-Y$。

⑤ MVD增广律：如果$X \rightarrow\rightarrow Y$，且$V \subseteq W$，则$WX \rightarrow\rightarrow YV$。

⑥ MVD传递律：如果$X \rightarrow\rightarrow Y$，且$Y \rightarrow\rightarrow Z$，则$X \rightarrow\rightarrow (Z-Y)$。

⑦ 替代律：如果$X \rightarrow Y$，则$X \rightarrow\rightarrow Y$。(即每个函数依赖都是多值依赖)

⑧ 聚集律：如果$X \rightarrow\rightarrow Y$，且存在$W$使$W \cap Y$为空，$W \rightarrow Z, Z \subseteq Y$，则$X \rightarrow Z$。

还有以下推论：

① 若$X \rightarrow\rightarrow Y$，且$X \rightarrow\rightarrow Z$，则$X \rightarrow\rightarrow YZ$。

② 若$X \rightarrow\rightarrow Y$，且$X \rightarrow\rightarrow Z$，则$X \rightarrow\rightarrow Y \cap Z$

③ 若$X \rightarrow\rightarrow Y$，且$X \rightarrow\rightarrow Z$，则$X \rightarrow\rightarrow Y-Z, X \rightarrow\rightarrow Z-Y$。

多值依赖和函数依赖的区别：

① 多值依赖的有效性与属性集的范围有关。

若$X \rightarrow\rightarrow Y$在$U$上成立，则在$W(XY \subseteq W \subseteq U)$上一定成立；反之则不然。因为多值依赖的定义中不仅涉及属性组X和Y，而且还涉及U中其余属性Z。但在关系模式$R(U)$中函数依赖$X \rightarrow Y$的有效性仅取决于X和Y这两个属性集的值。

若在$R(U)$上有$X \rightarrow\rightarrow Y$在$W(W \subset U)$上成立，则称$X \rightarrow\rightarrow Y$为$R(U)$的嵌入型多值依赖。

② 若函数依赖$X \rightarrow Y$在$R(U)$上成立，则对任何$Y' \subset Y$均有$X \rightarrow Y'$成立。但是多值依赖$X \rightarrow\rightarrow Y$若在$R(U)$上成立，却不能断定对于任何$Y' \subset Y$均有$X \rightarrow\rightarrow Y'$成立。

2. 第四范式($4NF$)

关系在函数依赖中反映的概念最简单，但可能存在数据冗余，扩展到多值依赖，则可以定义更高级别的范式——第四范式($4NF$)。它是BC范式($BCNF$)的直接推广，适用于具有多值依赖的关系模式。

(1) 定义：关系模式$R(U, F) \in 1NF$。若对于R的每一个非平凡多值依赖$X \rightarrow\rightarrow Y$($Y \not\subset X$)，$X$都包含$R$的候选码，则$R(U, F) \in 4NF$。

由定义可知：第四范式（$4NF$）限制关系模式的属性之间不允许有非平凡且非函数依赖的多值依赖。对于每一个非平凡的多值依赖 $X \rightarrow\rightarrow Y (Y \not\subset X)$，$X$ 都含有候选码，所以都有 $X \rightarrow Y$，因此第四范式（$4NF$）所允许的非平凡的多值依赖其实是函数依赖。

（2）定理：一个第四范式（$4NF$）的关系必定是 BC 范式（$BCNF$）。

第四范式（$4NF$）和 BC 范式（$BCNF$）的唯一区别是多值依赖取代了函数依赖。第四范式（$4NF$）一定属于 BC 范式（$BCNF$），因为如果 $R \notin BCNF$，则 R 上存在非平凡的函数依赖 $X \rightarrow Y$ 且 X 不是超码。由 $X \rightarrow Y$ 蕴涵 $X \rightarrow\rightarrow Y$（替代律），因此 $R \notin 4NF$。

一个已经达到 BC 范式（$BCNF$）而不是第四范式（$4NF$）的关系模式，仍然具有不好的性质，即刻用投影的方法消除关系模式中非平凡且非函数依赖的多值依赖，实现第四范式（$4NF$）的规范化。

【例 5-17】 在关系模式 R(E, D, C)中，存在非平凡多值依赖 E→→D，但是 E 不是候选码，所以该关系模式不属于第四范式（$4NF$）。

将该关系转换为第四范式（$4NF$），消除非平凡且非函数依赖的多值依赖，就可以解决。依旧使用投影分解的方法将其分解为以下两个关系模式：

ED（员工编号 E，主管编号 D）；EC（员工编号 E，商品编号 C）

分解表如表 5-9(a)、5-9(b)所示。

表 5-9(a)

E	C
01	01
01	03
01	04
02	01
02	02
03	01
03	04
…	…

表 5-9(b)

E	D
01	01
02	02
01	03
…	…

函数依赖和多值依赖是两种最重要的函数依赖。只考虑函数依赖，则 BC 范式（$BCNF$）的关系模式规范化程度最高；如果考虑多值依赖，则第四范式（$4NF$）的关系模式规范化程度最高。如果消除了属于第四范式（$4NF$）的关系模式中存在的连接依赖，则可以进一步达到第五范式（$5NF$）的关系模式。

5.4.3 连接依赖与第五范式（5NF）

1. 连接依赖（Join Dependency, JD）

函数依赖、多值依赖，连接依赖均反映属性之间的相互约束，函数依赖是多值依赖的一种特殊情况，而多值依赖实际是连接依赖的一种特殊情况。但不同于函数依赖、多值依赖的是，连接依赖不能由语义直接导出，只有在关系的连接运算时才能反映。存在连接依赖的关系模式仍可能遇到数据冗余及插入、修改和删除异常等问题。

定义：假设给定一个关系模式 R，R_1，R_2，R_3，…，R_n 是 R 的分解，当且仅当 R 是由它

在 R_1, R_2, R_3, …, R_n 上的投影的自然连接所组成时，则称 R 满足对于 R_1, R_2, R_3, …, R_n 的连接依赖，记作：$JD*\{R, R_1, R_2, R_3, \cdots, R_n\}$。

即若 $R=R_1\cup R_2\cup\cdots R_n$，且 $r=\Pi R_1(r)\bowtie\Pi R_2(r)\bowtie\cdots\bowtie\Pi R_n(r)$，则称 R 满足对于 R_1, R_2, R_3, …, R_n 的连接依赖 $JD*\{R_1, R_2, R_3, \cdots, R_n\}$。其中，如果某个 R_i 就是 R 本身，则该连接依赖是平凡的连接依赖。

2. 第五范式(5*NF*)

定义：给定关系模式 R，当且仅当 R 中的每一个非平凡的连接依赖都被 R 的候选码所蕴涵时，则 $R\in 5NF$。

虽然 5*NF* 关系中存在连接依赖，但是，由于连接依赖蕴涵于模式的候选码，所以 5*NF* 关系实际上不包含任何连接依赖。一般来说，判断一个已知的关系模式 R 是否为 5*NF* 要比判断 4NF 更加复杂，需要计算所有的连接依赖及模式中所含的所有候选码，然后检查每一个连接依赖是否为候选码所蕴涵，这个过程非常困难。

从数据建模角度来说，规范化目标是确保所有的表最低为第三范式(3*NF*)，所以在商业环境下几乎没有第五范式和域码范式(*DKNF*)，他们主要用于理论研究。这些高级范式通常会增加连接(降低性能)而不能消除任何数据冗余。而在特定的应用程序中，比如统计学，可能会需要超过第四范式(4*NF*)的规范化，这大大超出绝大多数商业操作范畴，本书不详细深入。

虽然规范化是数据库设计中的一个重要组成部分，但不总是需要更高的范式。因为，一般范式越高就需要更多的关系连接来产生指定的输出，与更多的数据库系统资源来响应用户的查询。一个好的设计需要同时考虑如何快速响应用户的需求。所以偶尔也需要反规范化，来产生低范式，即通过反规范化将高级别范式转变成较低一级别的范式(如：3*NF*→2*NF*)。但是反规范化虽然能够提高性能，同时付出的代价则是更多的数据冗余。

5.5 小 结

在关系数据库中，对关系模式的基本要求是满足第一范式。这样的关系模式就是合法的、允许的。但是，人们发现有些关系模式存在插入异常、删除异常、修改复杂、数据冗余等问题。人们寻求解决这些问题的方法，这就是规范化的目的。

规范化的基本思想是逐步消除数据依赖中不合适的部分，使模式中的各关系模式达到某种程度的"分离"，即"一事一地"的模式设计原则。让一个关系描述一个概念、一个实体或者实体间的一种联系。若多于一个概念就把它"分离"出去。因此所谓规范化实质上是概念的单一化。

人们认识这个原则是经历了多个过程的。从认识非主属性的部分函数依赖的危害开始，2*NF*, 3*NF*, *BCNF*, 4*NF*, 5*NF* 的提出是这个认识过程逐步深化的标志，图 5-3 可以概括这个过程。关系模式的规范化过程是通过对关系模式的分解来实现的。把低一级的关系模式分解为若干个高一级的关系模式。这种分解不是唯一的。

在函数依赖、多值依赖的范畴内讨论了关系模式的规范化，基本思想可用图 5-3 表示。

在整个讨论过程中，只采用了两种关系运算——投影和自然连接。并且总是从一个关

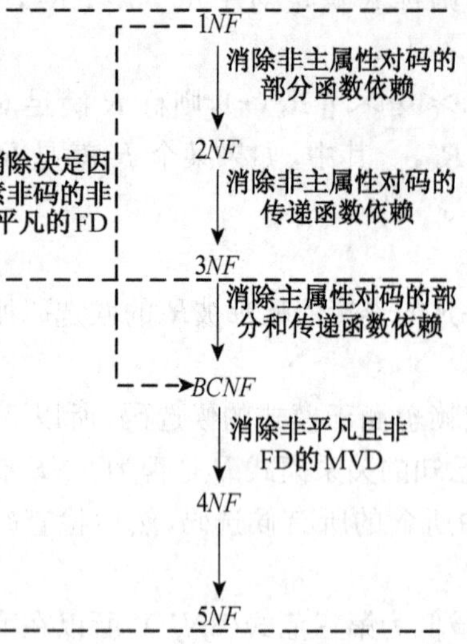

图 5-3　关系模式规范化

系模式出发，而不是从一组关系模式出发实行分解。"等价"的定义也是一组关系模式与一个关系模式的"等价"，这就是说，在开始讨论问题时事实上已经假设了存在着一个单一的关系模式，这就是泛关系假设。

泛关系假设是运用规范化理论时的障碍，因为承认了泛关系假设，就等于承认了现实世界各实体间只能有一种联系，而这常常是办不到的。

比如工人与机器之间就可以存在"使用""维护"等多种联系。对此，人们提出了一些办法，希望解决这个矛盾。例如，建立一个不受泛关系假设限制的理论，或者采用某些手段使现实世界向信息世界转换时适合于泛关系的要求。

最后应当强调的是，规范化理论为数据库设计提供了理论的指南和工具，但仅仅是指南和工具。并不是规范化程度越高，模式就越好，而必须结合应用环境和现实世界的具体情况合理地选择数据库模式。

习　题

1. 解释以下术语：

函数依赖、多值依赖、连接依赖；

部分函数依赖、完全函数依赖、传递函数依赖；

候选码、主码、外码、全码。

2. 函数依赖、多值依赖和连接依赖有哪些主要区别？

3. 建立一个销售员工，商品，销售等信息的关系数据库。

(1) 描述销售员工的属性有：员工编号，姓名，性别，年龄。

(2) 描述商品的属性有：产品编号，单价，库存量，商品名。

(3) 描述销售的属性有：员工编号，产品编号，单价，数量。

指出关系中存在哪些函数依赖。

4. 形式化定义 1*NF*、2*NF*、3*NF*、*BCNF*、4*NF* 和 5*NF*，并解释他们之间的区别与联系。

5. 说明以下关系模式最高属于第几范式。

(1) $R(X, Y, Z)$ $F\{XY \to Z\}$

(2) $R(X, Y, Z)$ $F\{Y \to Z, XZ \to Y\}$

(3) $R(X, Y, Z)$ $F\{Y \to Z, Y \to X, X \to YZ\}$

(4) $R(X, Y, Z)$ $F\{X \to Y, X \to Z\}$

(5) $R(X, Y, Z)$ $F\{X \to Z, WX \to Y\}$

6. 判断以下结论是否正确，如果错误，反之是否正确？并加以证明。

(1) 任何一个二元关系都属于第三范式(3NF)

(2) 任何一个二元关系都属于 BC 范式(BCNF)

(3) 任何一个二元关系都属于第四范式(4NF)

7. 证明下列公理系统。

(1) 如果 $X \rightarrow\rightarrow Y$,且 $Y \rightarrow\rightarrow Z$,则 $X \rightarrow\rightarrow (Z-Y)$。

(2) 如果 $X \rightarrow\rightarrow Y$,且 $V \subseteq W \subseteq U$,则 $WX \rightarrow\rightarrow YV$。

(3) 如果 $X \rightarrow\rightarrow Y$,且 $X \rightarrow\rightarrow Z$,则 $X \rightarrow\rightarrow YZ$。

(4) 如果 $X \rightarrow\rightarrow Y$,且 $XY \rightarrow Z$,则 $X \rightarrow (Z-Y)$。

(5) 如果 $X \rightarrow\rightarrow Y$,且 $X \rightarrow\rightarrow Z$,则 $X \rightarrow\rightarrow Y-Z$, $X \rightarrow\rightarrow Z-Y$。

第 6 章

数据库设计

本章介绍数据库设计的步骤，详细说明了数据库设计需经历的六个阶段，即需求分析、概念结构设计、逻辑结构设计、物理结构设计、数据库实施、数据库运行和维护。本章将详细介绍数据库设计过程中的问题，并通过实例的分析，讲解数据库设计。

数据库设计是指对于一个给定的应用环境，构造最优的数据库模式，建立数据库及其应用系统，使之能够有效地存储数据，满足各种用户的应用需求。简单地说就是指把现实世界中的数据，根据用户的各种需求，加以正确地分析和合理地组织，利用已有的数据库管理系统来建立能够满足硬件和操作系统的、能够实现系统目标的数据库。数据库的设计不是一蹴而就的，而是需要经过反复修改、精益求精，最终得到满足用户需求的最优数据库。

6.1 数据库设计的步骤

6.1.1 数据库设计概述

数据库是长期存储在计算机内的、有组织的、可共享的数据集合，是计算机应用系统的核心和基础。数据库应用系统把一个企业或部门中大量的数据按 DBMS 所支持的数据模型组织起来，为用户提供数据存储、查询、维护等功能，使得用户方便、及时、准确地从数据库中获得所需的数据和信息。数据库设计则直接影响着整个数据库系统的效率和质量。

对数据库应用开发人员而言，数据库设计就是针对一个给定的实际应用环境，如何利用数据库管理系统、系统软件和相关的硬件系统，将用户的需求转化成有效的数据库模式，并使该数据库模式易于适应用户新的数据需求的过程。

从数据库理论角度看，数据库设计就是根据用户需求和特定数据库管理系统的具体特点，如何将现实世界的数据特征抽象为概念数据模型，构造出最优的数据库模式，使之既能正确地反映现实世界的信息及其联系，又能满足用户各种应用需求的过程。

由于数据库系统的复杂性以及它与实际应用环境联系的密切性，使得数据库设计成为一个困难、复杂和费时的过程。大型数据库的设计和实施涉及多学科的综合与交叉，是一项开发周期长、耗资巨大、风险较高的工程。一个从事数据库设计的专业人员应该掌握数据库的基本知识和数据库设计，计算机科学的基础知识和程序设计，软件工程的原理和方法及其应用领域的知识等。

数据库设计的目标是建立一个完整、独立、共享、冗余小和安全有效的数据库系统。成功的数据库系统应具备如下特点：满足客户实际需求；功能强大；使用方便，易于维护；便于数据库结构的改进；便于数据的检索和修改；确保数据安全；数据冗余最小或不存在；便于数据的备份和恢复；数据库结构对最终用户透明；等等。

6.1.2 数据库设计方法

本质上，数据库的设计和开发是软件工程的范畴。数据库设计是一项复杂的工作，大型的数据库的设计和开发必然会使用到很多工程化的设计方法。从数据库的应用发展过程来看，数据库的设计方法也经历也一个逐步改进和完善的发展过程。

数据的设计方法目前可以分为四类：手工设计法；规范设计法；面向对象设计法；计算机辅助设计法。

1. 手工设计法

手工设计法是由数据库设计者手工设计实现，是数据库初始阶段的一般设计方法。这种方法依赖于设计者的经验和技巧，缺乏科学理论和工程原则，很难保证设计的质量和实用性。之后在使用过程中发现问题再进行修改，增加了数据库系统维护的代价。随着数据库、实体和联系规模的扩大，手工设计的管理工作很难得到开展，这种方法越来越不能满足信息管理发展的需求。

2. 规范化设计法

规范化设计法的基本思想是过程迭代和逐步求精，具有代表性的是新奥尔良设计方法、基于实体—关系模型的数据库设计方法和基于第三范式的数据库设计方法。

新奥尔良设计方法，是在1978年10月，来自三十多个国家的数据库专家在美国新奥尔良市专门讨论数据库设计问题，提出的数据库设计的规范。该方法至今还是目前所公认的规范化数据库设计方法之一。该方法将数据库的设计分为4个阶段：分析用户需求；建立概念模型；逻辑设计；物理设计。目前常用的规范设计方法大多起源于新奥尔良法，有些设计方法引入了数据库的实施阶段和运行维护阶段。

基于实体—关系模型的数据库设计方法，是1976年P. P. S. Chen提出的设计方法。它是在需求分析的基础上，采用实体—关系图的方式构造出可以反映现实世界的概念模型，然后转化为特定的逻辑模型。

基于第三范式的数据库设计方法是结构化的设计方法，是在需求分析的基础上，确定数据库模式中的全部属性与属性间的依赖关系，将他们组织在一个单一的关系模式中，然后再分析模式中不符合$3NF$的约束条件，将其进行分解，规范化成若干个$3NF$关系模式的集合，该方法是目前使用较广泛的数据库设计方法。

3. 面向对象设计法

面向对象的数据库设计方法，使用面向对象的概念和术语来描述和完成数据库的结构设计，可以方便地转化为面向对象的数据库。随着面向对象技术的成熟和发展，该方法使用也比较广泛。

4. 计算机辅助设计法

计算机辅助设计法是数据库设计趋向自动化的一个重要方面，其设计的基本思想是提供一个交互式过程。一方面充分利用计算机的速度快，容量大和自动化程度高的特点，完成比较规则、重复性大的设计工作；另一方面又充分发挥设计者的技术和经验，做出重大决策，人机结合、相互渗透，帮助设计者更好的设计。

6.1.3 数据库设计的基本步骤

按照规范设计的方法，考虑到数据库及其应用系统开发的全过程，将数据库设计分为六个阶段。见图 6-1。

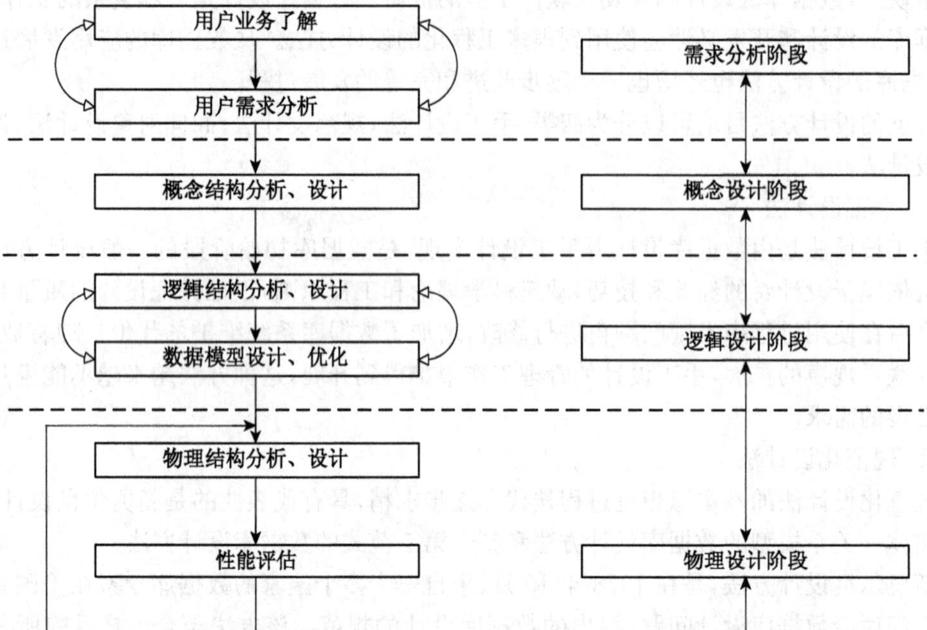

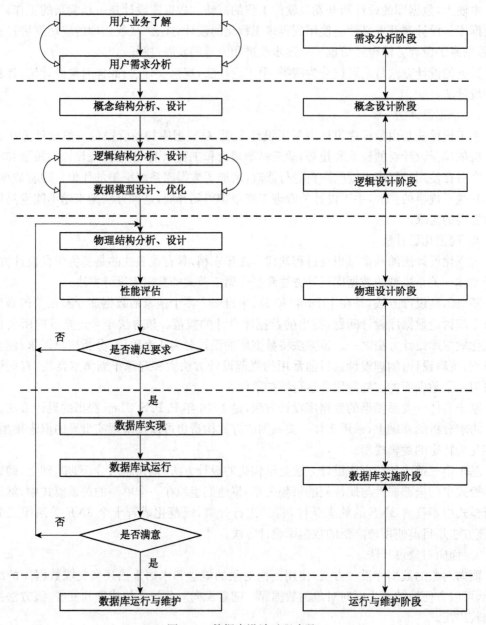

图 6-1　数据库设计过程步骤

1. 需求分析

需求分析阶段是整个数据库设计的基础，搜集信息并进行整理和分析，为后续的各个阶段提供充足的信息。需求分析的主要任务是通过详细调查用户，与用户进行大量的沟通和交流，需要准确了解和分析用户的业务和需求，在充分了解用户业务和需求的基础上设计数据库,才能确保最终的数据库的实用性。在需求阶段需要制定需求规则说明书,将需求分析的信息详细记录下来。

2. 概念结构设计

该环节是数据库设计中的关键,通过对需求分析进行综合、归纳与抽象,形成一个独立于具体DBMS的概念模型,用E-R图表示。数据库概念设计将用户的需求抽象为用户与开发人员都能接受的概念模型,是用户实现需求与数据库产品之间的纽带。在此过程中要编写概念设计说明书,要详细说明概念模型的设计过程及结果。

3. 逻辑结构设计

逻辑结构设计是将概念结构转换为DBMS所支持的数据模型,并在设计过程中优化。在数据库逻辑设计阶段,根据关系数据库理论将概念数据模型转化为关系模型,然后细化事务、报表、显示和查询、视图,同时确定数据库的完整性规则、安全性控制以及数据库的容量。同样需要编写逻辑设计说明书,将利用的逻辑设计准则、数据的约束、规范化理论等进行说明,设计并优化逻辑模型。

4. 物理结构设计

物理结构设计是根据用户具体的计算机系统特点,为逻辑数据模型选取一个最适合应用环境的物理结构(包括存储结构和存取方法)。一方面要使设计出的物理数据库占用较少的存储空间,另一方面是对数据库的操作具有尽可能高的速度。在此阶段需要进行模型评估,看是否满足用户的需要,如不满足,需要重新重复上述步骤,进行模型的优化及改进,需要编写物理设计说明书。

5. 数据库实施

在数据库的设计完成之后,需要对数据库进行试运行,运用DBMS提供的数据语言(如SQL语言)及其宿主语言(如C语言),编制与调试应用程序,组织数据入库,并进行试运行,验证是否满足用户的需求,并编写测试文档。

6. 数据库运行和维护

数据库应用系统经过试运行后即可投入正式运行。在数据库系统运行过程中必须不断地对其进行评价、调整与修改。

数据库系统的开发过程是一个不断完善的交互过程,上述的各个阶段相互之间存在较密切的联系。整个过程是渐进并且反复的,每个阶段都要有相应的文档生成,以形成对系统开发和质量追踪的控制记录。因此,设计一个完善的数据库应用系统是不可能一蹴而就的,它往往是上述六个阶段的不断反复,逐步的优化设计。

6.2 数据库需求分析

数据库需求分析是数据库系统开发工作的重要基础。本节首先介绍数据库需求分析的概念、原则、步骤以及数据库系统需求分析的方法和工具,然后介绍数据库需求调查、数据字典、信息分类与编码的基本概念和方法,接着介绍数据定义分析、数据操纵分析、数据完整性分析、数据安全性分析、并发处理分析、数据库性能分析的基本概念和方法,最后介绍数据库需求分析的重要工具E-R图的基本概念及其设计方法。

6.2.1 数据库需求分析的内容

数据库需求分析是在现存系统的基础上，通过对现存系统的调查和分析，开发符合用户需求的数据库系统。作为数据库系统需求分析的一部分，数据库需求分析是数据库需求分析人员在调查现存系统基础上，分析和确认用户的数据需求。数据库需求分析是数据库开发的基础，其工作质量的好坏将直接影响到数据库设计乃至整个数据库系统开发工作的成败。

需求分析必须正确理解客户的需求，需求分析人员必须与用户达成一致的需求认识，需求分析的结果直接影响到以后各阶段的合理性和实用性。需求分析的内容一般包括了需求的获取与分析、规则说明及变更、需求的验证等内容。需求分析的主要任务就是通过详细调查要处理的对象，包括用户的各个组织、部门等，充分了解用户现存系统，了解用户各个工作的流程概况，明确用户的需求，产生数据流图和数据字典，并在此基础上确定新系统的功能，编写需求说明书。

6.2.2 数据库需求分析的过程

根据数据库需求分析的内容及目标，制定数据库需求分析过程，一般流程如图 6-2 所示。

1. 制定数据库需求分析计划

数据库需求分析人员首先要制定好工作计划，如何时到何地做何工作，需要用户方何人协助，需要哪些开发人员协助，等等。制定需求分析计划书，便于不断检查、调整，及时总结工作成果。

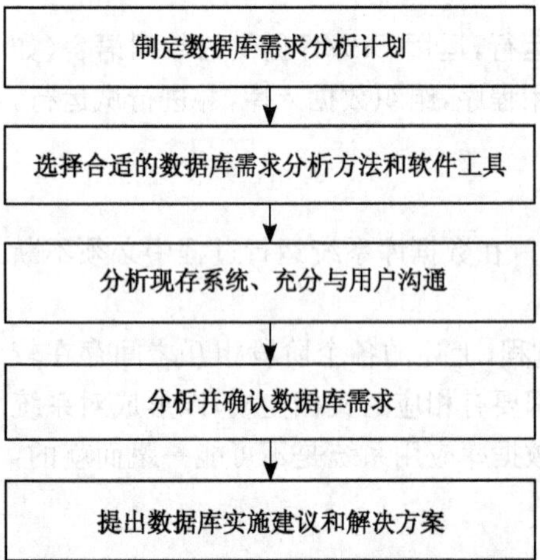

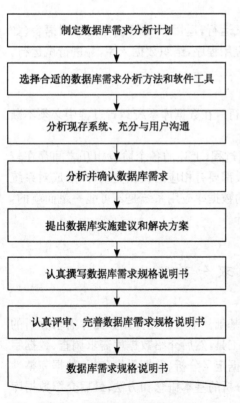

图 6-2　数据库需求分析过程

2. 选择合适的数据库需求分析方法和工具软件

需求分析人员可采用多种需求方法确定用户的产品需求，常用的需求分析方法是结构化分析方法，该方法简单实用，一般采用自顶向下，或者自底向上的分析方式，采用逐层分解的方式系统，用数据流图、数据字典描述系统。其中数据流图表达了数据和处理过程的关系。如图 6-3 所示。

为了提高数据库需求分析的效率，数据库需求分析人员应使用数据库需求分析工具，如美国 Microsoft 公司的 Visio。

3. 分析现存系统、充分与用户沟通

数据库需求分析人员应该认真收集、整理现存系统中的各种数据，避免遗漏和错误发生。数据库需求分析人员要使用用户能够理解的语言进行沟通，避免使用计算机专业语言来提问、解释有关问题。充分尊重用户的意见，尽可能满足用户的需求。对一些不能实现的要求则要耐心解释为什么不能实现。数据库需求分析人员只有理解用户的数据管理内容及目标，才能有助于数据库设计人员

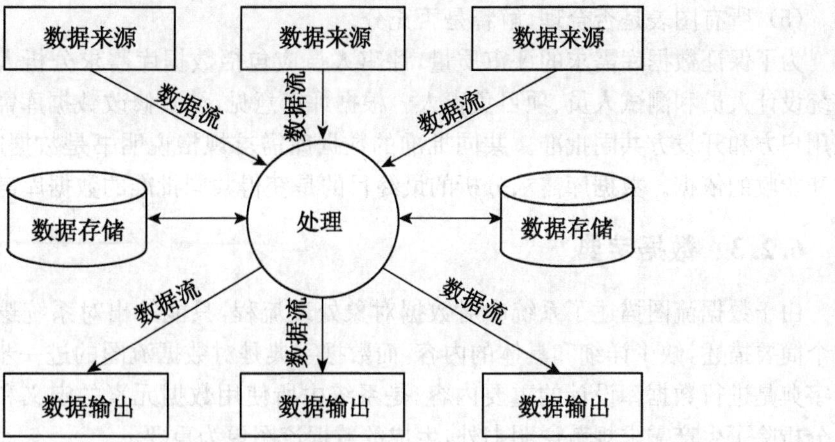

图 6-3 数据流示意图

设计出满足用户需要的目标系统。

4. 分析并确认数据库需求

数据需求并不是现存系统数据实际情况的复制，因为现存系统中的数据可能存在描述错误、冗余、不准确、不完整、不一致等现象。数据库需求分析人员应该消除以上不合理现象，必要时通过修改数据结构、合并数据、分解数据等手段，反复权衡，获得准确的数据库需求。虽然完全消除数据库需求变更非常困难，但过多的需求变更会严重影响系统开发进度和质量。因此，减少乃至消除需求变更是数据库需求分析人员的重要任务之一，需求变更的多寡也反映了数据库需求分析工作的质量和水平。

5. 提出数据库实施建议和解决方案

通常用户所说的“需求”已经是一种实际可行的实施方案，数据库需求分析人员应尽力从该实施方案中了解真正的数据需求，同时还应找出现存系统数据管理业务不合理之处，以确保目标系统不会无效或低效；在彻底弄清业务领域内的数据后，提出改进方法，增加一些用户没有发现的有价值的数据特性，使得所建数据库更具有实际价值。

6. 认真撰写数据库需求规格说明书

数据库需求规格说明书是数据库系统需求分析的一部分，它完整、清晰、准确、易于理解地描述了数据库的各种需求。因此，数据库需求分析人员不仅要有良好的计算机专业知识，还要有所处理的事务对应领域的专业知识，以及良好的文字表达能力。用户可以同开发人员一起反复修改，不断完善需求定义。数据库需求分析人员如果发现有某个软件的数据库需求与用户描述的需求相近，则可以充分利用，以缩短数据库需求分析的时间。

7. 认真评审、完善数据库需求规格说明书

为了确认数据库需求规格说明书所描述的数据库需求的合理性、完整性、正确性，还必须进行数据库需求评审。

数据库需求评审一般和数据库系统评审一起进行，评审的主要内容是：

(1) 数据库需求是否和用户的需求一致。

(2) 数据库需求是否满足数据库系统的要求，是否存在接口问题。

(3) 数据库需求规格说明书的内容是否齐全。

(4) 数据库需求规格说明书是否完整、清晰、准确、易于理解地反映了用户数据需求。

(5) 所有图表是否合理,解释是否充分。

为了保证数据库需求的评审质量,评审人员应包括数据库需求分析人员、用户、数据库系统设计人员和测试人员、项目负责人。根据评审意见,认真修改数据库需求规格说明书直至用户方和开发方共同批准。共同批准的数据库需求规格说明书是数据库设计、数据库测试和验收的依据。数据库需求分析的最终目的是获得共同批准的数据库需求规格说明书。

6.2.3 数据字典

由于数据流图描述了系统中对数据对象处理流程,只能给出对系统逻辑功能总框架的一个简要描述,缺少详细和具体的内容,而数据字典是对数据流图的进一步说明和补充。数据字典是进行数据库设计的重要内容,是系统中所使用数据元素的定义和描述的集合。需求分析除了生产需求规范说明书外,生成的数据流图更为重要。

数据字典是数据收集和分析后所获得的成果,它定义了所有与系统相关的数据项、数据结构、外部实体、数据流、数据存储、处理逻辑等数据字典元素,并按字典顺序组织编写,以方便用户和开发人员理解系统的输入、输出、存储和处理逻辑。数据字典中的所有描述应该具有严密性、准确性和无二义性。通常数据字典包括了5个基本组成部分:数据项、数据结构、数据流、数据存储和数据处理过程。

1. 数据项

数据项也称为数据元素,是在其所属系统范围内具有完整意义的、不可再分的数据。数据项的含义是相对的,它和所属系统有着密切的关系。即某些数据在一个系统中是数据项,而在另一个系统中未必是数据项。

在数据库系统开发中,大部分数据项作为基本表和视图的属性(属性也称为字段、属性列、列)的设计依据,部分作为应用程序常量或变量的设计依据。

数据项一般包括下述几项内容:数据项名、数据项含义说明、别名、数据类型、长度、取值范围、取值含义、与关联数据项之间的约束关系。

例如,在员工信息表中,对员工工号的描述为:{名称:工号;说明:本单位员工工号;别名:NO.;数据类型:离散型;长度:7;取值范围:根据员工人数而定;取值含义:前两位代表部门,再两位代表入职年份;后三位代表员工编号}。

2. 数据结构

数据结构是由若干个相互关联的数据项依据某种逻辑联系组织起来的联合体。例如,在员工管理系统中,员工信息就是一个数据结构,即用姓名、工号、所在部门、工龄等数据项联合起来描述员工,表示员工身份的完整信息。

值得注意的是,数据结构可能是若干个数据项或其他数据结构构成的。也就是说,数据结构中可以含有数据结构。在数据库系统开发中,数据结构可以用基本表、视图等实现。

3. 数据流

数据流是系统中有着起点和终点的数据结构。数据流反映了数据从起点到终点的流动。例如,在员工管理系统中,从绩效数据存储中读出某个员工的绩效用于形成绩效单,绩效单就是数据流,其起点是绩效数据存储、终点是形成绩效单处理。

在数据库系统开发中,数据流可以用视图等实现。数据流描述通常包含以下内容:数据流名、数据流的含义说明、数据流取向、数据结构等。

4. 数据存储

数据存储是数据及其结构停留或保存的地方，是数据流的来源和去向之一。数据存储可以是手工文档、手工凭单或计算机文档。例如，在员工管理系统中，员工基本信息就是一个数据存储。

在数据库系统开发中，数据存储一般用基本表实现。数据存储用数据存储词条描述。数据存储词条一般应包含如下内容：数据存储名、数据存储的含义说明、数据存储的编号、流入的数据流、流出的数据流、组成(数据结构)、存储的数据量、存取频度、存取方式。

5. 数据处理过程

数据处理过程仅是对处理相关信息的简要描述，一般应包含下述几个方面的内容：处理过程名、处理过程的含义说明、所处理的输入数据流、所处理的输出数据量、处理行为描述。

从上述内容可见，数据字典涵盖了对数据库系统所用到的数据对象的所有信息描述，清晰体现了系统的组织结构。数据字典在需求分析阶段开始建立，在数据库的设计过程中，仍然需要不断进行充实和完善。需求分析阶段收集到的基础数据用数据字典和数据流图表达，能够精确详细地表述系统数据的各个层次和各个方面，并把数据和处理有机地结合起来，为下一步的概念结构设计奠定了良好的基础。

6.3 数据库结构设计

现阶段，计算机可以实现的 DBMS 软件都是基于某种特定的数据模型，该数据模型一般是能够被人们轻易理解、便于在计算机上实现、比较真实地模拟现实世界。事实上，一种数据模型往往是复杂多变的，所以在数据库系统中应该可以针对不同的使用对象和应用目的采用不同的数据模型。不同的数据模型可以提供给我们模型化数据和信息。

在数据库设计过程中，需要以某种数据模型为基础来开发建设，因此需要把现实世界中的具体事物抽象、组织为与各种 DBMS 相对应的数据模型。但是在实际操作时，这种转换不是可以直接执行的，需要一个中间过程，这个中间过程就是概念模型(如图 6-4)。通常人们首先将现实世界中的客观对象抽象为信息结构，将这种不依赖于具体的计算机系统，也不与具体的 DBMS 相关的结构，称为概念模型；然后再把概念模型转换到计算机上具体的 DBMS 支持的数据模型。

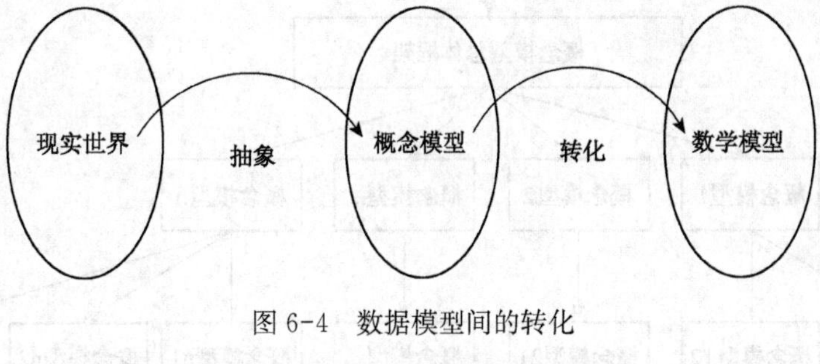

图 6-4 数据模型间的转化

在上述转换过程的概念模型和数据模型就是数据库设计中的两个设计阶段，从现实世界抽象到概念模型就是概念结构设计阶段，从概念模型抽象到计算机支持的数据模型过程是数据库的逻辑结构设计阶段，其任务就是把概念结构设计阶段设计好的概念模型转换为与选用的 DBMS 所支持的数据模型相符合的逻辑结构。继而，为一个给定的逻辑数据模型选取一个适合应用要求的物理结构的过程是数据库的物理结构设计。本节主要介绍数据库的概念结构设计、逻辑结构设计和物理结构设计。

6.3.1　概念结构设计

将需求分析得到的用户需求抽象为概念模型的过程就是概念结构设计，它是整个数据库设计的关键步骤。

1. 概念模型

概念模型是现实世界到数据模型的一个中间过程，是现实世界的抽象，是用户与设计人员之间进行交流的语言。在进行数据库设计时，如果将现实世界中的客观对象直接转换为机器世界中的对象，注意力往往被转移到更多的细节限制方面，不能集中在最重要的信息的组织结构和处理模式上。因此，通常是将现实世界中的客观对象首先抽象为不依赖任何具体机器的信息结构，这种信息结构就是概念模型。

在进行数据库设计时，概念设计是非常重要的一步，首先，概念模型要真实、充分地反映现实世界事物之间的联系，满足用户的各种需求，描述现实世界中各种对象及其复杂的联系。其次，概念设计应该简明易懂，能够为非计算机专业的人员所接受，容易向数据模型转换。最后，概念模型的应用环境或应用要求不同时，便于对概念模型修改和补充。

2. 概念结构设计的方法与步骤

数据库的概念结构设计是通过对现实世界中信息实体的收集、分类、聚集和概括等处理，建立数据库概念结构的过程。

概念结构的设计策略主要有自顶向下、自底向上、自内向外和混合策略四种。自顶向下就是先从整体给出概念结构的总体框架再逐步细化；自底向上就是先给出局部概念结构再进行全局集成；自内向外就是先给出核心部分的概念结构再逐步扩充；混合策略是自顶向下方法与自底向上方法的结合。图 6-5 至图 6-7 分别表示概念结构模型的几个策略。

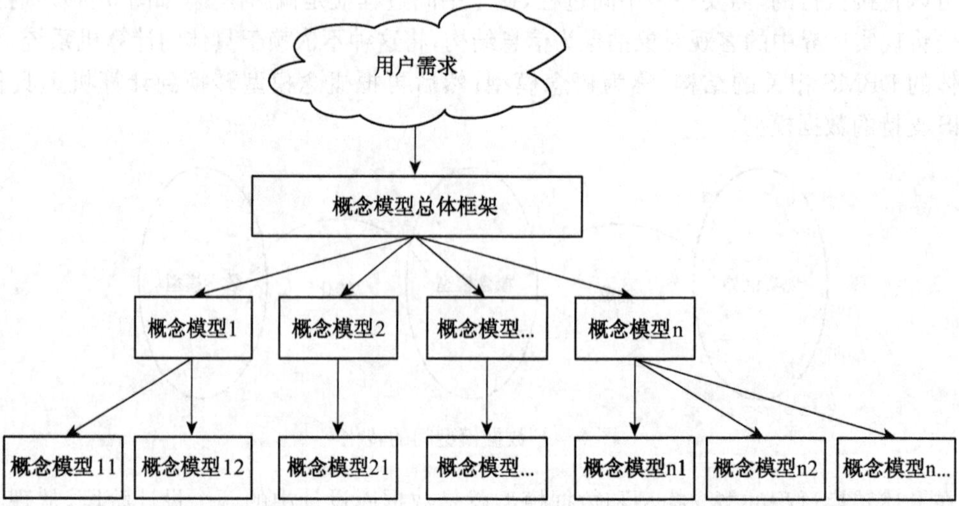

图 6-5　自顶向下设计

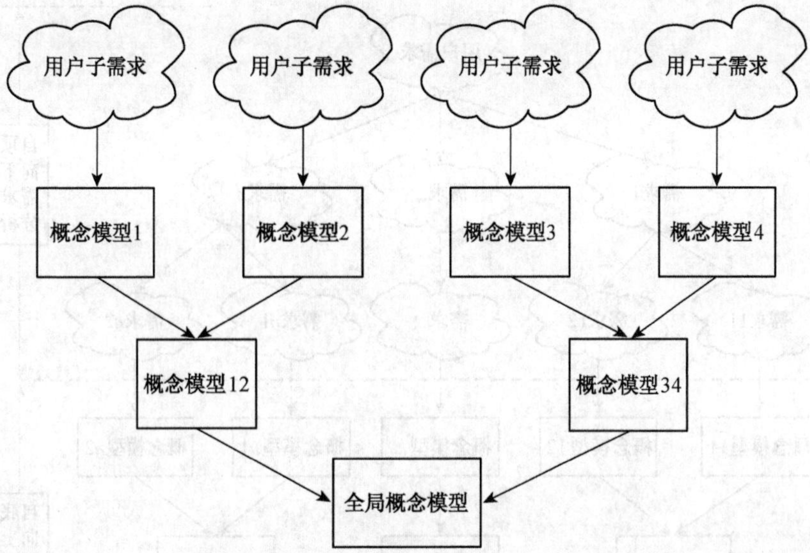

图 6-6　自底向上设计

这些方法中最常用的是自底向上方法，就是在需求分析过程中采用自顶向下的方式，然后再自底向上的进行概念结构设计。下面就介绍基于自底向上方法的概念设计的步骤(如图 6-8)。

在整个设计过程中，先从局部用户需求出发，为每个用户建立一个相应的局部概念结构。在此过程需要对需求分析的结果进行细化、补充和修改。然后将综合局部概念模式成全局概念模式，主要是综合各局部概念结构，得到反映所有用户需求的全局概念结构。在这一过程中，主要处理各局部模式对各种对象定义的不一致等各种冲突问题，同时还要注意解决各局部结构合并时可能产生的冗余问题等，还需要对信息需求再调整、分析与重定义。最后一步是把全局结构进行测评，用户评审的重点是确认全局概念模式是否准确完整地反映了用户的信息需求，是否符合现实世界事物属性间的固有联系；开发人员评审则侧重于确认全局结构是否完整，各种成分划分是否合理，是否存在不一致性，以及各种文档是否齐全等。

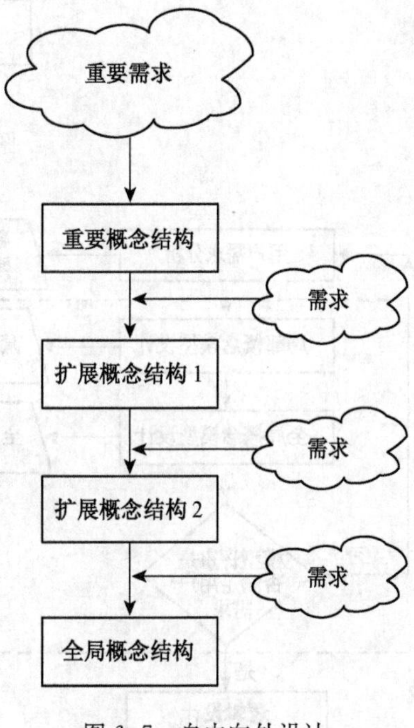

图 6-7　自内向外设计

3. 采用 E-R 模型方法的概念结构设计

数据库概念结构设计的核心内容是概念模型的表示方法。概念模型的表示方法有很多，其中最常用的是由 PeterChen 于 1976 年在题为“实体联系模型：将来的数据视图”论文中提出的实体一联系方法，简称 E-R 模型。该方法用 E-R 图来表示概念模型。

根据上描述的概念结构设计的步骤，分别对应着不同的 E-R 图模型，步骤流程如图 6-9 所示。

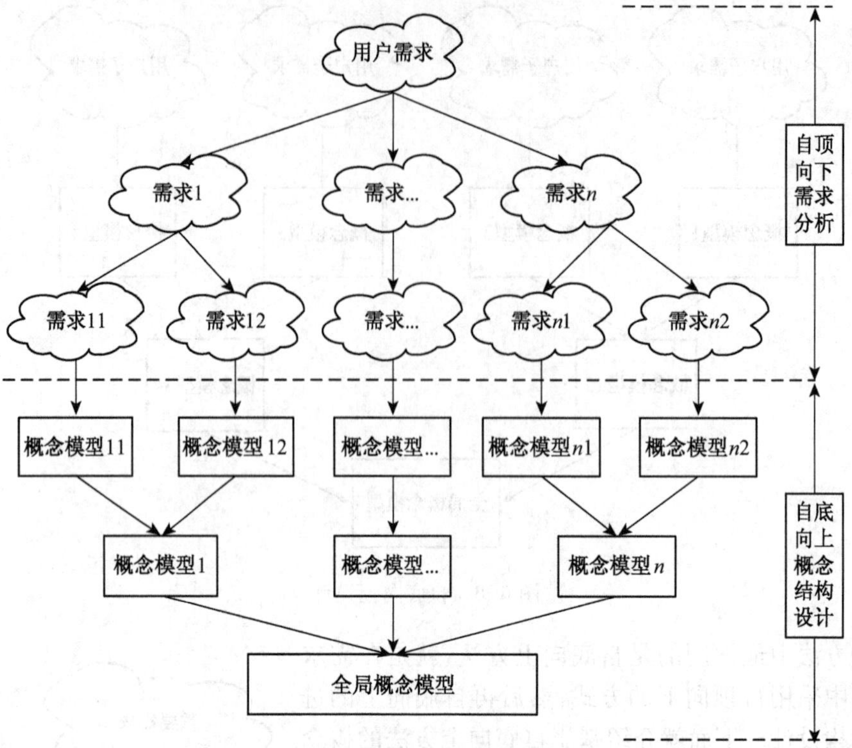

图 6-8　自底向上结构设计模型

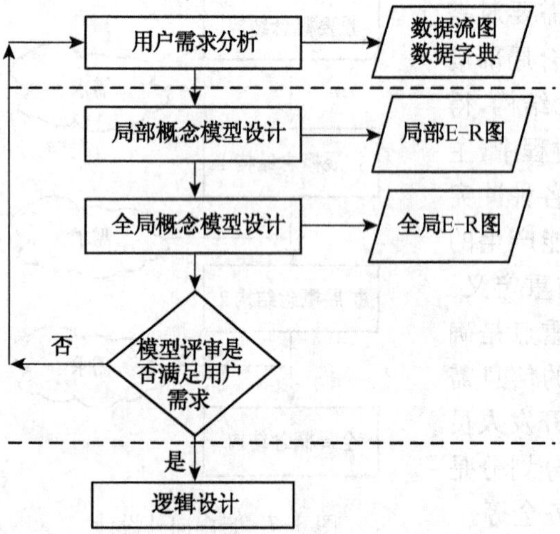

图 6-9　概念结构设计模型

利用 E-R 模型对数据库进行概念设计，可以分成三步进行：第一步设计局部 E-R 模型，即逐一设计分 E-R 图，第二步把各局部 E-R 模型综合成一个全局 E-R 模型，第三步对全局 E-R 模型进行优化，得到最终的 E-R 模型，即概念模型。

（1）设计局部 E-R 模型。局部概念模型设计可以以用户完成为主，也可以以数据库设计者完成为主。如果是以用户为主，则局部结构的范围划分就可以依据用户进行自然划分，也就是以企业各个组织结构来划分，因为不同组织结构的用户对信息内容和处理的要求会有较大的不同，各部分用户信息需求的反应就是局部概念 E-R 模型。

确定了局部结构范围之后要定义实体和联系。实体定义的任务就是从信息需求和局部范围定义出发，确定每一个实体类型的属性和码，确定用于刻画实体之间的联系。局部实体的码必须唯一的确定其他属性，局部实体之间的联系要准确地描述局部应用领域中各对象之间的关系。

实体与联系确定下来后,局部结构中的其他语义信息大部分可用属性描述。确定属性时要遵循两条原则:第一,属性必须是不可分的,不能包含其他属性;第二,虽然实体间可以有联系,但是属性与其他实体不能具有联系。

【例6-1】 设有如下员工和销售两个方面的实体集:

员工方面:

员工:编号、姓名、性别、年龄、工龄、学历、主管编号

部门:部门编号、部门名称、部门主管

其中,一个员工有一个部门主管,一个部门主管管理多个员工,一个员工属于一个部门,一个部门包括多个员工。

销售方面:

员工:员工编号、姓名、性别、年龄、工龄、学历、主管编号

产品:产品编号、产品名、单价、库存量

其中,一个员工可销售多种产品,一个产品可以有多个员工销售。

要求:分别设计员工和销售两个局部E-R图

解:员工局部E-R图如图6-10所示,销售局部E-R图如图6-11所示。

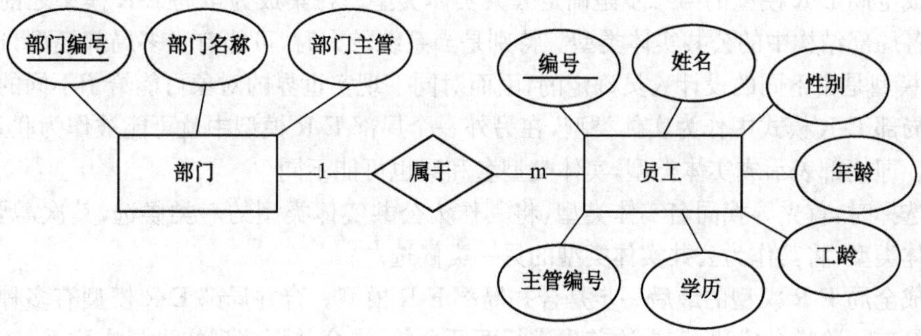

图6-10 员工局部E-R图

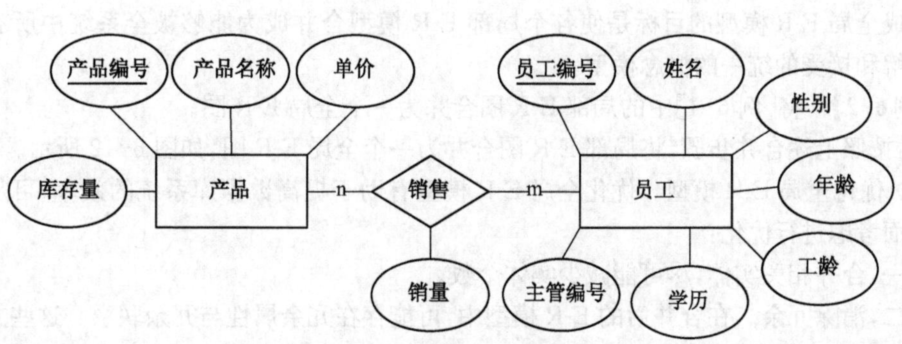

图6-11 销售局部E-R图

(2) 集成全局E-R模型。全局概念结构不仅要支持所有局部E-R模型,而且必须合理地表示一个完整、一致的数据库概念结构。经过了上述步骤,虽然所有局部E-R模型都已设计好,但是因为局部概念模式是由不同的设计者独立设计的,而且不同的局部概念模式的应用也不同,所以局部E-R模型之间可能存在很多冲突和重复,主要有属性冲突、结构冲突、命

名冲突和约束冲突。集成全局 E-R 模型的第一步就是要修改局部 E-R 模型,解决这些冲突。

属性冲突。属性冲突又包括属性域冲突和属性取值单位冲突。属性域冲突主要指属性值的类型、取值范围或取值集合不同。例如,员工编号有的定义为字符型,有的定义为整型。属性取值单位冲突主要指相同属性的度量单位不一致。例如,销量有的用千克为单位,有的用克为单位。

命名冲突。主要指属性名,实体名,联系名之间的冲突。主要有两类:同名异义,即不同意义的对象具有相同的名字;异名同义,即同一意义的对象具有不同的名字。如[例 6-1]中两个局部 E-R 图中对员工编号这一相同对象具有不同的属性名。

解决以上两种冲突比较容易,只要通过讨论,协商一致即可。

结构冲突。结构冲突又包括两种情况:一种是指同一对象在不同应用中具有不同的抽象,即不同的概念表示结构。如在一个概念模式中被表示为实体,而在另一个模式中被表示为属性。解决这种冲突的方法是让该实体的属性为各局部 E-R 图中属性的并集。

约束冲突。主要指实体之间的联系在不同的局部 E-R 图中呈现不同的类型。如在某一应用中被定义为多对多联系,而在另一应用中则被定义为一对多联系。

集成全局 E-R 模型的第二步是确定公共实体类型。在集成为全局 E-R 模型之前,首先要确定各局部结构中的公共实体类型。特别是当系统较大时,可能有很多局部模型,这些局部 E-R 模型是由不同的设计人员确定的,因而对同一现实世界的对象可能给予不同的描述。在一个局部 E-R 模式中作为实体类型,在另外一个局部 E-R 模型中就可能被作为联系类型或属性。即使都表示成实体类型,实体类型名和码也可能不同。

在选择时,首先寻找同名实体类型,将其作为公共实体类型的一类候选,其次需要相同键的实体类型,将其作为公共实体类型的另一类候选。

集成全局 E-R 模型的最后一步是合并局部 E-R 模型。合并局部 E-R 模型有多种方法,常用的是二元阶梯合成法,该方法首先进行两两合并,先合并那些现实世界中联系较为紧密的局部结构,并且合并从公共实体类型开始,最后再加入独立的局部结构。

集成全局 E-R 模型的目标是使各个局部 E-R 模型合并成为能够被全系统中所有用户共同理解和接受的统一的概念模型。

【例 6-2】 将[例 6-1]中的局部 E-R 图合并为一个全局 E-R 图。

解:按照上述合并步骤,将局部 E-R 图合并为一个全局 E-R 图,如图 6-12 所示。

(3) 优化全局 E-R 模型。优化全局 E-R 模型有助于提高数据库系统的效率,可从以下几个方面考虑进行优化:

第一,合并相关实体,尽可能减少实体个数。

第二,消除冗余。在合并后的 E-R 模型中,可能存在冗余属性与冗余联系。这些冗余属性与冗余联系容易破坏数据库的完整性,增加存储空间,增加数据库的维护代价,除非因为特殊需要,一般要尽量消除。例如,在运动队和运动员实体中均包含队编号属性,可删除运动员实体中的队编号属性。运动队与项目中的联系也可删除。消除冗余主要采用分析方法,以数据字典和数据流图为依据,根据数据字典中关于数据项之间逻辑关系的说明来消除冗余。此外,还可利用规范化理论中函数依赖的概念来消除冗余。

需要说明的是,并不是所有的冗余属性与冗余联系都必须加以消除,有时为了提高效

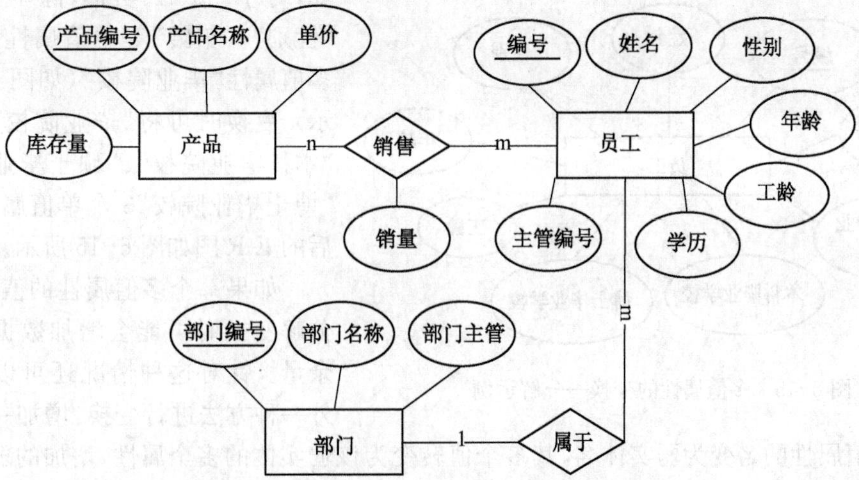

图 6-12 两个局部 E-R 图合并后的全局 E-R 图

率，就要以冗余信息作为代价。因此，在设计数据库概念结构时，哪些冗余信息必须消除，哪些冗余信息允许存在，需要根据用户的整体需求来确定。

4. E-R 模型的一些变换操作

用 E-R 模型方法进行数据库概念设计时，有时需要对 E-R 模型作一些变换操作。

(1) 引入弱实体。所谓弱实体，是指一个实体对于另一个(些)实体具有很强的依赖联系，而且该实体码的部分或全部从其父实体中获得。在 E-R 模型中，弱实体用双线矩形框表示，与弱实体直接相关的联系用双线菱形框表示(如图 6-13 所示)。

图 6-13 “弱实体”示例

在图 6-13 中，“员工简历”实体与“员工”实体具有很强的依赖联系，“员工简历”实体是依赖于“员工”实体而存在的，而且员工简历的码从员工中获得。因此“员工简历”是“弱实体”。

(2) 多值属性的变换。对于多值属性，如果在数据库的实施过程中不作任何处理，将会产生大量冗余数据，而且使用时有可能造成数据的不一致。因此要对多值属性进行变换。主要有两种变换方法，第一种变换方法是对多值属性进行分解，即把原来的多值属性分解成几个新的属性，并在原 E-R 图中用分解后的新属性替代原多值属性。例

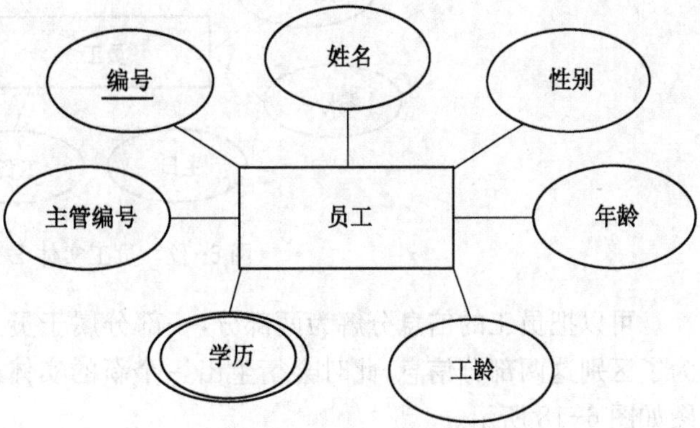

图 6-14 多值属性示例

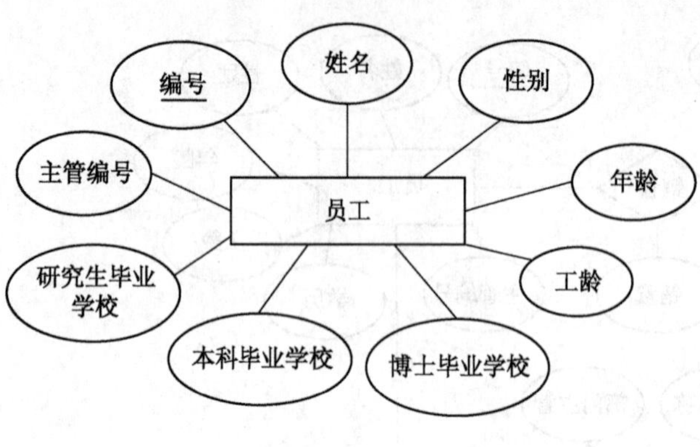

图 6-15　多值属性的变换—分解示例

如，对于“员工”实体，除了“姓名”、“性别”、“年龄”等单值属性外，还有多值属性“毕业院校”（如图 6-14 所示），变换时可将“毕业院校”分解为“本科毕业院校”、“硕士毕业院校”、“博士毕业院校”3 个单值属性，变换后的 E-R 图如图 6-15 所示。

如果一个多值属性的值较多，在分解变换时可能会增加数据库的冗余量。针对这种情况还可以采用另外一种方法进行变换：增加一个弱实体，原多值属性的名变为弱实体名，其多个值转变为该弱实体的多个属性，增加的弱实体依赖于原实体而存在，并增加一个联系，且弱实体与原实体之间是 1∶1 联系。

(3) 复合属性的变换。对于复合属性可以用层次结构来表示。例如，“地址”作为员工实体的一个属性，它可以进一步分为多层子属性（如图 6-16 所示）。复合属性不仅准确模拟现实世界的复合层次信息结构，而且当用户既需要把复合属性作为一个整体使用也需要单独使用各子属性时，属性的复合结构不仅十分必要，而且十分重要。

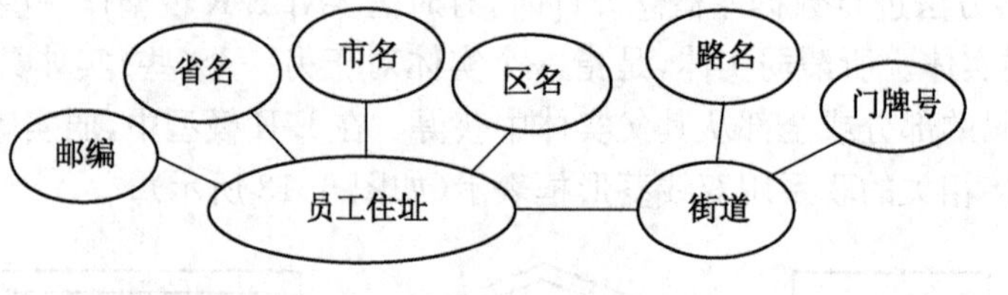

图 6-16　复合属性的变换示例

(4) 分解变换。如果实体的属性较多，可以对实体进行分解。例如，对于员工实体，拥有编号、姓名、性别、生日、部门号、职务、工资、奖金等属性（如图 6-17 所示）。

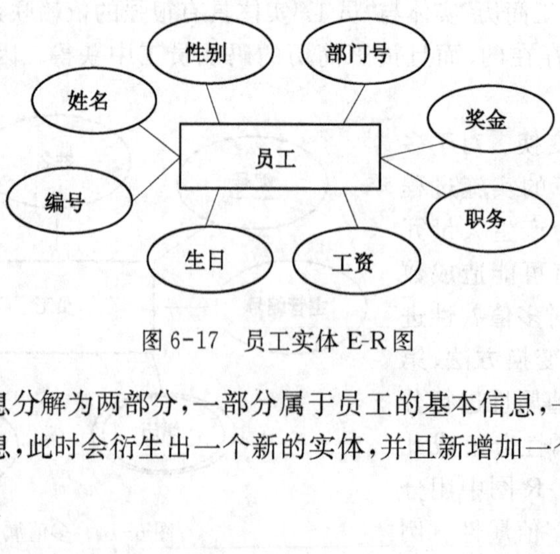

图 6-17　员工实体 E-R 图

可以把员工的信息分解为两部分，一部分属于员工的基本信息，一部分归为变动信息。为了区别这两部分信息，此时会衍生出一个新的实体，并且新增加一个联系，分解后的 E-R 图如图 6-18 所示。

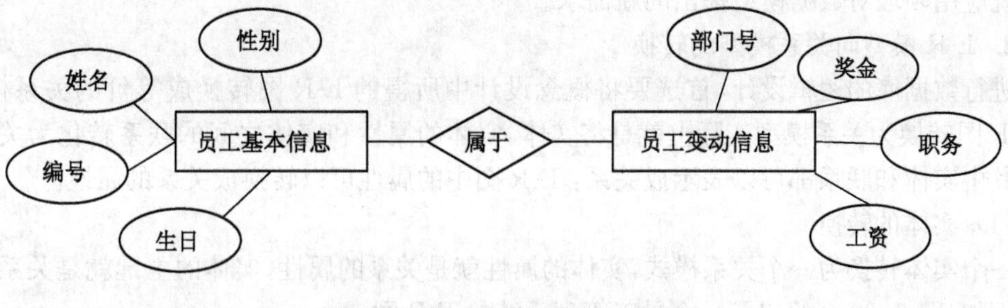

图 6-18 员工实体分解后 E-R 图

6.3.2 逻辑结构设计

逻辑结构设计就是把在概念结构设计阶段设计好的 E-R 模型转换为具体的数据库管理系统支持的数据模型。本节主要以关系模型为例,介绍逻辑结构设计的任务,主要流程如图 6-19 所示。

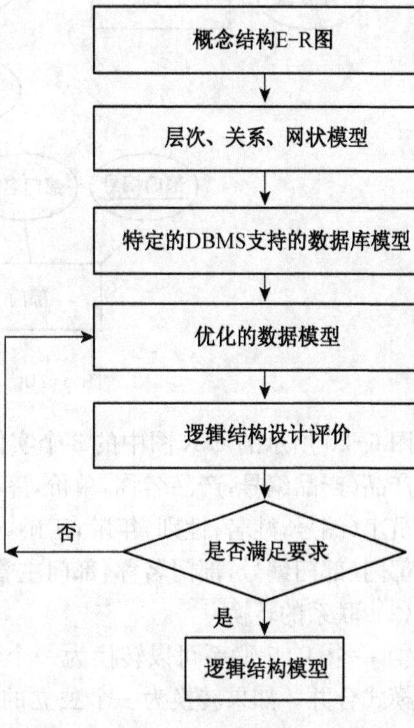

图 6-19 逻辑结构模型设计流程

1. 逻辑模型

目前,数据库领域中主要的逻辑模型有层次模型、网状模型、关系模型和面向对象模型等。

层次模型是按照层次结构的形式组织数据库数据的数据模型,是数据库中使用较早的一种数据模型。用树形结构表示实体类型和实体间联系的数学模型称为层次模型。层次模型的树形中每个节点代表记录类型,树状结构表示实体型之间的联系。层次模型的限制条件是:有且仅有一个节点,无父节点,此节点为树的根,其他节点有且仅有一个父节点。缺点是只能表示为 1∶n 的联系。

网状模型是指用有向图结构表示实体类型及实体间联系的数据结构模型。用网络结构表示实体类型及其实体之间联系的模型。一个事物和另外的几个都有联系这样构成一张网状图。网状模型的数据结构主要有以下两个特征:①允许一个以上的节点无双亲。②一个节点可以有多于一个的双亲。

关系模型是目前最重要、应用最广泛的一种数据模型。现在主流的数据库系统大都是基于关系模型的关系数据库系统。20 世纪 80 年代以来,计算机新推出的 DBMS 几乎都支持关系模型。关系模型自诞生以后发展迅速,深受用户的喜爱。本书后面章节所介绍的内容主要讲解关系数据库。

面向对象的概念最早出现在程序设计语言中,20 世纪 70 年代末、80 年代初开始提出了面向对象的数据模型,面向对象模型是面向对象概念与数据库技术相结合的产物,用以支持非传统应用领域对数据模型提出的新需求。

2. E-R模型向关系模型的转换

进行数据库的逻辑设计，首选要将概念设计中所得的E-R图转换成等价的关系模式。将E-R图转换为关系模型实际上就是将实体、实体的属性和实体之间的联系转化为关系模式。其中实体和联系都可以表示成关系，E-R图中的属性可以转换成关系的属性。

(1) 实体的转换

一个实体转换为一个关系模式，实体的属性就是关系的属性，实体的主键就是关系的主键。例如，图6-20个给出了一个员工管理系统的E-R图。

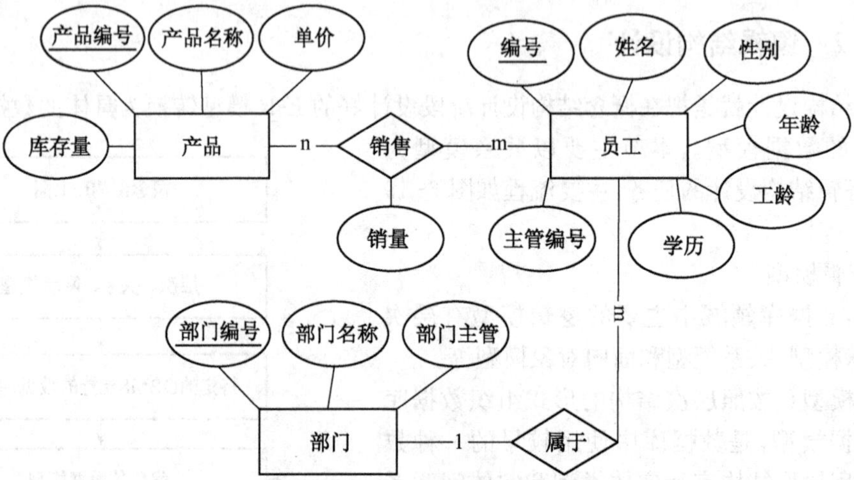

图6-20　员工管理系统的E-R图

图6-20所示的E-R图中的3个实体产品、员工、部门分别转换成以下3个关系模式：

产品(产品编号，产品名称，单价，库存量)；

员工(编号，姓名，性别，年龄，工龄，学历，主管编号)；

部门(部门编号，部门名称，部门主管)。

(2) 联系的转换

① 一个1∶1联系可以转换为一个独立的关系模式，也可以与任意一个实体所对应的关系模式合并。如果转换为一个独立的关系模式，则与该联系相连的各实体的主键以及联系本身的属性转换为关系的属性，每个实体的主键均可以作为该关系的主键。如果是与联系的任意一端实体所对应的关系模式合并，则需要在该关系模式的属性中加入另一个实体的主键和联系本身的属性。一般情况下，1∶1联系不转换为一个独立的关系模式。

例如，对于如图6-21所示的E-R图，如果将联系与经理一端所对应的关系模式合并，则转换成以下两个关系模式：

经理(工号，姓名，性别，部门号)，其中工号为主键，部门号为引用部门关系的外键。

部门(部门号，部门名)，其中部门号为主键。

如果将联系与部门一端所对应的关系模式合并，则转换成以下两个关系模式：

经理(工号，姓名，性别)，其中工号为主键。

部门(部门号，部门名，工号)，其中部门号为主键，工号为引用经理关系的外键。

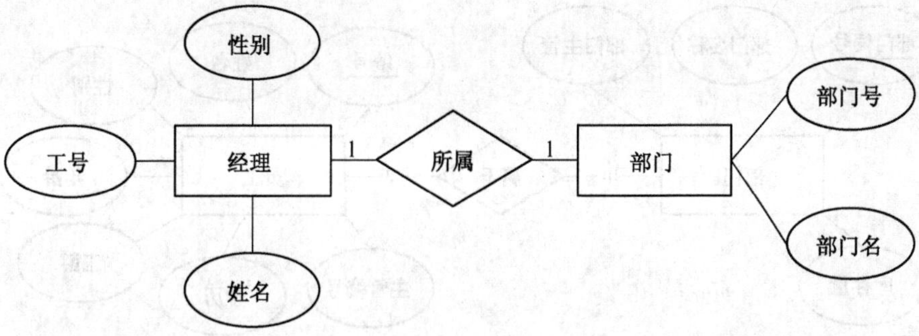

图 6-21 1∶1联系示例

如果将联系转换为一个独立的关系模式，则转换成以下三个关系模式：

经理(工号，姓名，性别)，其中工号为主键。

部门(部门号，部门名)，其中部门号为主键。

管理(工号，部门号)，其中工号与部门号均可作为主键(这里将工号作为主键)，同时也都是外键。

② 一个1∶n联系可以转换为一个独立的关系模式，也可以与n端实体所对应的关系模式合并。如果转换为一个独立的关系模式，则与该联系相连的各实体的主键以及联系本身的属性转换为关系的属性，n端实体的主键为该关系的主键。一般情况下，1∶n联系也不转换为一个独立的关系模式。

例如，对于如图6-22所示的E-R图中的部门与员工的1∶n联系，如果与n端实体员工所对应的关系模式合并，则只需将员工关系模式修改为：

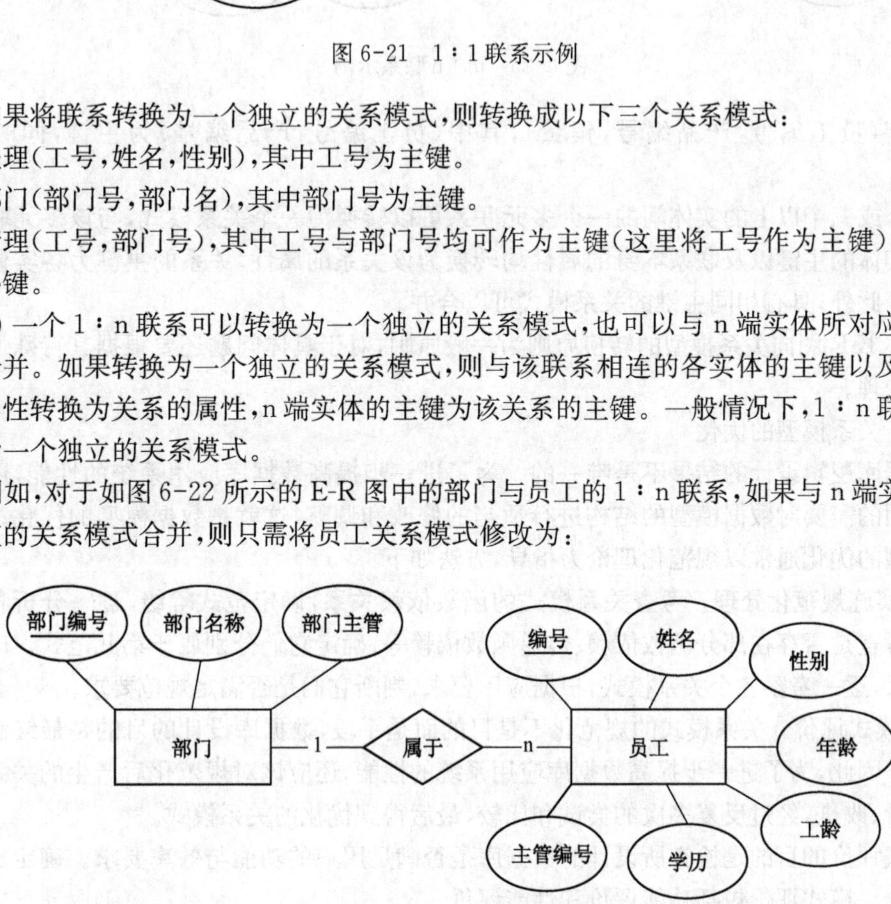

图 6-22 1∶n联系示例

员工(编号，姓名，性别，工龄，学历，主管编号，部门编号)，其中学号为主键，部门编号为引用部门的外键。

如果将联系转换为一个独立的关系模式，则需增加以下关系模式：

部门(员工编号，部门编号)，其中员工编号为主键，员工编号与部门编号均为外键。

③ 一个m∶n联系要转换为一个独立的关系模式，与该联系相连的各实体的主键以及联系本身的属性转换为关系的属性，该关系的主键为各实体主键的组合。

例如，对于的E-R图中的产品与员工的m∶n联系，需转换为如下的一个独立的关系模式：

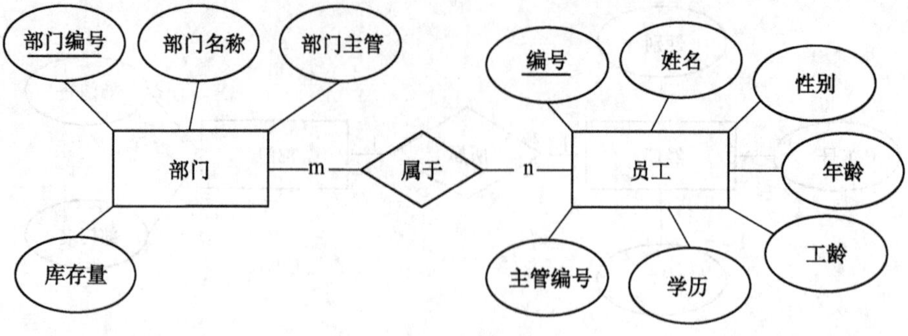

图 6-23　m∶n联系示例

销售(员工编号,产品编号,销量),其中(员工编号,产品编号)为主键,同时也是外键。

三个或三个以上的实体间的一个多元联系可以转换为一个关系模式,与该多元联系相连的各实体的主键以及联系本身的属性均转换为该关系的属性,关系的主键为各实体主键的组合。此外,具有相同主键的关系模式可以合并。

上述 E-R 图向关系模型的转换原则为一般原则,对于具体问题还要根据其特殊情况进行特殊处理。

(3) 关系模型的优化

数据库逻辑设计的结果不是唯一的。为了进一步提高数据库应用系统的性能,还应该根据应用的需要对数据模型的结构进行适当的修改和调整,这就是数据模型的优化。关系数据模型的优化通常以规范化理论为指导,方法如下:

① 实施规范化处理。考查关系模式的函数依赖关系,确定范式等级,逐一分析各关系模式。考查是否存在部分函数依赖、传递函数依赖等,确定它们分别属于第几范式。确定范式级别后,逐一考察各个关系模式,根据应用要求,判断它们是否满足规范要求。

② 模式评价。关系模式的规范化不是目的而是手段,数据库设计的目的是最终满足应用需求。因此,为了进一步提高数据库应用系统的性能,还应该对规范化后产生的关系模式进行评价、改进,经过反复多次的尝试和比较,最后得到优化的关系模式。

模式评价的目的是检查所设计的数据库是否满足用户的功能与效率要求。确定加以改进的部分。模式评价包括功能评价和性能评价。

功能评价。功能评价指对照需求分析的结果,检查规范化后的关系模式集合是否支持用户所有的应用要求。关系模式必须包括用户可能访问的所有属性。在涉及多个关系模式的应用中,应确保连接后不丢失信息。如果发现有的应用不被支持,或不完全被支持,则应改进关系模式。发生这种问题的原因可能是在逻辑结构设计阶段,也可能是在系统需求分析或概念结构设计阶段。

性能评价。对于目前得到的数据库模式,由于缺乏物理设计所提供的数量测量标准和相应的评价手段,所以性能评价是比较困难的。

③ 模式改进。根据模式评价的结果,对已生成的模式进行改进。如果因为系统需求分析、概念结构设计的疏漏导致某些应用不能得到支持,则应该增加新的关系模式或属性。如

果因为性能考虑而要求改进,则可采用合并或分解的方法。

经过多次的模式评价和模式改进后,最终的数据库模式得以确定。逻辑设计阶段的结果是全局逻辑数据库结果。对于关系数据库系统来说,就是一组符合一定规范的关系模式组成的关系数据库模型。

6.3.3 物理结构设计

数据库的物理结构设计是根据具体的计算机系统的特点,确定合适的存储结构和存取方法。所谓合适就是需要满足运行响应时间短、存储空间利用率高的要求。因此,对所设计的物理结构进行评价过程中,评价的重点是系统的运行时间和空间利用效率。如果评价结果满足原设计要求,则可以进入到物理实施阶段。否则,需要重新设计或修改物理结构,有时甚至需要返回到逻辑设计阶段修改数据模型。

1. 确定数据库的物理结构

确定数据库的物理结构之前,设计人员必须详细了解给定的DBMS的功能和特点,特别是对该DBMS所提供的物理环境和功能;熟悉应用环境,了解所设计的应用系统中各部分的重要程度、处理频率、对响应时间的要求,并把它们作为物理设计过程中平衡时间和空间效率的依据。

经过对上述问题的全面了解,则可以进行物理结构的设计。物理结构设计的内容,包括以下几个方面。

(1) 存储记录结构的设计

在物理结构中,数据的基本存取单位是存储记录。一个存储记录可以和一个或多个逻辑记录相对应。存储记录结构包括记录的组成、数据项的类型和长度,以及逻辑记录到存储记录的映射。上述信息可以为物理设计实际存储空间的分配和部署提供依据和参考。

数据记录集合在存储空间中以“文件”的形式保存,文件的存储结构及物理上的存储表示为格式,即文件的格式、逻辑排列顺序、物理存储顺序、访问路径、物理存储设备的分配等。

确定了使用的DBMS产品之后,需要具体的了解该产品的使用环境等基本信息,在此基础上,综合考虑性能和成本等因素,将数据根据操作或存取的性质进行区分存放。

(2) 存取方法的设计

存取方法是快速存取数据库中数据的技术。数据库管理系统中提供了多种存取方法,系统根据数据的存储方式决定采取何种存取方法,一般用户不能进行干预。但是一般用户可以通过特定的方法来提高数据的存取效率。在此主要介绍聚簇和索引两种方法。

① 聚簇。聚簇是为了提高某个属性或者属性组的查询速度,把在一个(或一组)属性上具有相同值的元组集中地存放在一个物理块中的原则。如果存放不下,可以存放在相邻的物理块中。将这个(或这组)属性称为聚簇码。

使用聚簇后,聚族码相同的元组集中在一起,因而聚簇值不必在每个元组中重复存储,只要在一组中存储一次即可,因此可以节省存储空间;在聚簇数据查询时,可一次性提取聚簇元素的记录,可以大大减少分散存储数据的多I/O操作,能够显著降低对存储设备的访问次数,大大提高按聚簇码进行查询的效率。

例如,想要查询销售部500名员工的销售信息,在极端情况下,这500名员工的信息所对应的数据元组分布在500个不同的物理块上,尽管对员工信息建立了部门索引,由索引可以很快地找到销售部员工的元组表识，避免了全表的扫描，但是再由元组标识去访问数据块时就要存取500个物理块，直线500次I/O操作。所以建立聚簇之后，便可以减少访问磁盘的次数，从而提高存取效率。

聚簇建立时，也应当考虑建立与维护聚簇的开销。以及聚簇的建立有可能导致索引的无效，从而需要从新建立索引，一般需要确保聚簇应相对稳定。

② 索引。索引是最常用、最基本的存取方法。根据应用要求，确定对关系的哪些属性列建立索引。一般情况下，将经常作为查询条件的属性考虑建立索引；将经常作为表连接条件的属性考虑建立索引；将经常作为分组的依据列考虑建立索引；将经常进行连接操作的表建立索引等经验性原则。

建立索引文件可以缩短存取时间，提高查询性能，但是会增加存放索引文件所占用的存储空间，增加建立索引与维护索引的开销。此外，索引还会降低数据修改性能。因为在修改数据时，系统要同时对索引进行维护，使索引与数据保持一致。因此，在决定是否建立索引以及建立多少个索引时，要权衡数据库的操作，如果查询操作多，并且对查询的性能要求比较高，则可以考虑多建一些索引。如果数据修改操作多，并且对修改的效率要求比较高，则应该考虑少建一些索引。因此，应该根据实际需要综合考虑。

(3) 数据存储位置的设计

确定数据存储的位置和结构，包括确定关系、索引、日志、备份等存储安排及存储结构。确定数据存储的位置主要是从提高系统性能的角度考虑，根据不同的系统不同的应用环境有不同的应用需求。

一般而言，数据库的数据备份、日志文件备份等数据可以考虑存放在单独的磁盘上。将表和索引存放在不同的磁盘上，从而使得在查询时，保证物理读写速度较快。将比较大的表单独存放在不同的磁盘上，同样可以加快存取的速度。因此，在数据存储位置设计时，对系统配置变量的调整只是初步的，在系统运行时还需要根据实际运行情况做进一步的参数，以改进系统性能。

2. 评价物理结构

在物理设计过程中需考虑的因素很多，包括时间和空间效率、维护代价和用户的要求等，对这些因素进行权衡后，在具体的DBMS系统下，对设计出的多个物理设计方案进行评价，并从中选择较好的物理结构设计。如果该结构设计存在不符合用户需求，则需要修改设计。往往需要经过反复测试才能优化物理设计，最终满足用户需求。

评价的标准是系统的时间和空间效率，查询和响应时间短、更新事务的开销少、生成报告的开销少、主存储空间的开销少、辅助存储空间的开销少等。根据上述标准进行物理结构模型的评价。

6.4 数据库实施

数据库之前的设计阶段之后，系统开发人员就要使用DBMS所提供的数据定义语言和程序来实现数据库系统。数据库实施是指根据数据库的逻辑设计和物理设计的结果，在计算机系统上建立实际的数据库结构、装入数据、进行测试和试运行的过程。

6.4.1 建立数据库结构及数据装载

确定了数据库的逻辑结构与物理结构后，就可以用所选用的DBMS提供的数据定义语言来严格描述数据库结构。开发人员编写SQL语句用以创造数据库、创建表和定义视图等，也可以使用数据库系统提供的管理工具来完成数据库的实施。

数据库结构建立好后，就可以向数据库中装载数据了。组织数据入库是数据库实施阶段最主要的工作。数据装载方法主要有人工方法和计算机辅助数据入库。

1. 人工方法

人工方法主要适用于小型系统、数据量较少的系统。首先，由于需要装入数据库中的数据通常都分散在各个部门的数据文件或原始凭证中，所以必须把需要入库的数据筛选出来。然后，筛选出来需要入库的数据，其格式往往不符合数据库要求，还需要进行转换。最后，将转换好的数据输入计算机中并检查输入的数据是否有误。

2. 计算机辅助数据入库方法

这个方法适用于中大型系统。其步骤与人工方法基本相同，只是需要计算机的辅助。首先也是筛选数据，将筛选的原始数据输入到计算机数据输入子系统中。然后，数据输入子系统采用多种检验技术检查输入数据的正确性。接下来，数据输入子系统根据数据库系统的要求，从录入的数据中抽取有用成分，对其进行分类，然后转换数据格式。抽取、分类和转换数据是数据输入子系统的主要工作，也是数据输入子系统的复杂性所在。最后，数据输入子系统对转换好的数据根据系统的要求进一步综合成最终数据。

由于实际的数据库所处理的数据量很大，而且数据来源多且复杂，表现形式也多种多样，如数据文件、表单和报表等。因此数据录入数据库是很大的工作量。还存在一些其他的问题。例如，由于数据的来源不同，在局部应用中需要完成对数据的抽取、计算机录入、数据转换、分类并整合等工作；数据中可能存在大量的冗余，录入过程中也可能会存在差错；现实的数据结构和设计、实现中的数据结构域组织方式等也可能会存在一定的差距等等。因此，开始对数据库进行装载时，需要先装载小部分进行尝试，用来检测数据库对所装载的数据的适应性，减少不匹配数据录入所导致的浪费。

6.4.3 应用程序开发和调试

数据库应用程序的设计与数据库设计并行进行。当数据库结构建立好后，就可以开始编制与调试数据库的应用程序。调试应用程序时由于数据入库尚未完成，可先使用模拟数据。从理论上而言，任何程序设计语言都能作为数据库系统的程序设计语言，但因为各个语言特点不同，其适用范围也有所不同，甚至对于一个数据库系统可采用多种语言以实现不同的功能。其语言的选用应针对数据库项目的具体要求而定。这一阶段要实际运行数据库应用程序，执行对数据库的各种操作，测试应用程序的功能是否满足设计要求，如果不满足，则要对应用程序进行修改、调整，直到达到设计要求为止。

6.4.4 数据库系统试运行

应用程序调试完成，并且已有一小部分数据入库后，就可以开始数据库的试运行。数据

库试运行也称为联合调试,其主要工作包括:

(1) 功能测试:实际运行应用程序,执行对数据库的各种操作,测试应用程序的各种功能。

(2) 性能测试:测量系统的性能指标,分析是否符合设计目标。

在数据库试运行过程中要实际测量系统的各种性能指标,如果结果不符合设计目标,则需要返回物理设计阶段,调整物理结构,修改参数;有时甚至需要返回逻辑设计阶段,调整逻辑结构。

在实际试运行阶段需要注意,由于数据入库工作量大,可以采用分期输入数据的方法,先输入小批量数据供先期联合调试使用,待试运行基本合格后再输入大批量数据;逐步增加数据量,逐步完成试运行评价。在数据库试运行阶段,系统还不稳定,硬、软件故障随时都可能发生,系统的操作人员对新系统还不熟悉,误操作也不可避免。因此必须做好数据库的转储和恢复工作,尽量减少对数据库的破坏。

6.5 数据库运行与维护

数据库试运行结果符合设计目标后,数据库就可以真正投入运行了。数据库投入运行标志着开发任务的基本完成和维护工作的开始。对数据库设计进行评价、调整、修改等维护工作是一个长时间的任务,也是设计工作的逐步提高和完善。在数据库运行阶段,对数据库经常性的维护工作主要是由数据库系统管理员来。主要是从下面几个方面进行维护:

(1) 备份和恢复

备份和恢复是指数据库管理员要针对不同的应用要求制定不同的备份计划,定期对数据库和日志文件进行备份。一旦发生故障,要能够及时地利用数据库备份及日志文件备份,将数据库恢复到尽可能正确的状态,以减少对数据库的损失。

(2) 安全性、完整性控制

数据库管理员必须根据用户的实际需要授予不同的操作权限,当系统的应用环境发生变化时,对安全性的要求也随之改变。数据库管理员需要根据实际情况修改原有的安全性控制。同样,由于应用环境的变化,数据库的完整性约束条件也会变化,也需要数据库管理员能够不断修正,以满足用户要求。

(3) 监督、分析和改进数据库性能

在数据库运行过程中,数据库管理员必须监督系统运行,对监测数据进行分析,找出改进系统性能的方法。数据库管理员需要利用数据库管理系统产品中提供的监测工具获取系统运行过程中性能参数值,通过对这些数据的统计和分析,寻找当前系统是否处于最佳运行状态,否则需要通过调整某些参数来进一步改进和完善数据库性能。

(4) 数据库的重组、重构

在数据库运行一段时间后,存储的数据也会随之改变。记录的增加、删除、修改等操作都会改变数据库的物理存储情况发生变化,从而引起数据的存取效率,使数据库的性能下降。所以,数据库管理员应该制定周期性的重新组织计划,重新安排和整理数据的存储结构,从而保证数据的存储效率和存取性能。数据库的重组织不会改变原设计的数据逻辑结构和物理结构，数据库管理系统都提供了供重组织数据库使用的实用程序，帮助数据库管理员重新组织数据库。

6.6 小 结

本章介绍了数据库设计的全部过程，一个数据库应用系统需要经历需求分析、概念结构设计、逻辑结构设计、物理结构设计、数据库实施、数据库运行和维护六个阶段，设计过程中往往需要许多反复修改、完善。

本章详细介绍了数据库设计各个阶段的目标、方法、注意事项。在严密的需求分析之后，进行概念结构的设计和逻辑结构的设计，这也是数据库设计过程中最重要的两个环节，然后选择合适的物理结构设计。数据库设计完成之后，下一步要进行数据库的实施和维护，数据库应用系统不同于一般的应用软件，它在实施运行后也必须要有专门的数据库管理人员对其进行管理和调整，以保证数据库应用系统能够保持持续的高效率运行。

数据库设计的成功与否与许多具体有关，所以掌握了数据库设计的基本方法，然后与实际应用相结合，设计出可行的数据库系统。

习 题

1. 简述数据库设计的基本步骤。
2. 实体之间的联系有哪几种？并为每一种联系举一个例子。
3. 简述用E-R图进行数据库概念设计的步骤。
4. 如何将E-R模型转换为关系模型？
5. 简述物理设计的内容。
6. 数据库设计与应用开发。基本要求：利用合适的应用系统开发工具为学校某个部门或单位开发一个数据库系统。要求利用本章的数据库设计步骤，然后编写各个阶段的详细报告。

第 7 章

数 据 库 编 程

数据库建立后就可以进行应用系统的开发,本章主要讲解应用系统中如何使用编程方法对数据库进行操纵的技术。

Transact-SQL(简称 T-SQL)是 SQL Server 编程的重要工具,也是 SQL Server 编程的基础。相对于 SQL 而言,最大的不同是它提供了编程结构。灵活地使用这些编程控制结构,可以实现复杂的应用规则,从而可以编出复杂的查询控制语句。

Transact-SQL 游标主要用在存储过程、触发器和 Transact-SQL 脚本中,它们使结果集的内容对其他 Transact-SQL 语句同样可用。

存储过程和触发器是两个重要的数据库对象。通过存储过程的使用,可以将 T-SQL 语句和控制流程语句预编译到集合并保存到服务器端,它使得管理数据库、显示数据库及用户信息的工作更为容易。触发器是一种特殊类型的存储过程,在用户使用一种或多种数据修改操作来修改指定表中的数据时被触发并自动执行,可以更有效地实现数据完整性。

7.1 数据库编程概述

数据库编程是对数据库的创建、读写等一系列的操作。数据库编程分为数据库客户端编程和数据库服务器端编程。

标准 SQL 是非过程化的查询语言,具有操作统一、面向集合、功能丰富、使用简单等多项优点。但和程序设计语言相比,高度非过程化的优点同时也造成了它的一个弱点:缺少流程控制的能力,难以实现应用业务中的逻辑控制,SQL 编程技术可以有效克服 SQL 语言实现复杂应用方面的不足,提高应用系统和 RDBMS 间的互操作性。

Transact-SQL 是 SQL Server 编程的重要工具,也是 SQL Server 编程的基础。该语言允许用户直接查询在数据库中的数据,也可以把语句嵌入到一些高级程序设计语言中使用。应用系统中使用 SQL 编程来访问和管理数据库中数据的方式主要有:ODBC(Open Data Base Connectivity)编程、JDBC(Java Data Base Connectivity)编程和 OLEDB(Object Linking and Embedding DB)编程等方式。数据库客户端编程主要使用 ODBC、ADO、ADO.NET 等方法;数据库服务器端编程主要使用 OLE DB 等方法。数据库编程需要掌握一些访问数据库技术方法,在编程中还需要注意设计高效的数据库、数据库管理与运行的优化、数据库语句的优化。

7.2 T-SQL 编程基础

T-SQL 语言是微软公司在 SQL Server 中对 SQL 语言的扩充，是应用程序与数据库引擎沟通的主要语言。T-SQL 语言是一种交互式查询语言，功能强大、简单易学。该语言允许用户直接查询在数据库中的数据，也可以把语句嵌入到一些高级程序设计语言中使用，如 C#、JAVA 等语言。与其他设计语言一样，T-SQL 语言具有自己的数据类型、表达式和关键字等。本节主要对 T-SQL 的语句编程方面的内容进行详细讲解，通过对本节的学习，学生可以基本掌握 T-SQL 语言的基础知识。

7.2.1 T-SQL 语言的类型

1. 数据定义语言

数据定义语言是 T-SQL 中最基本的语言类型，它主要用来创建数据库和各种数据库对象，如表、视图、存储过程等。只有创建了数据库对象，才能够为其他语言的操作提供所需要的对象。在数据定义语言中，主要的 T-SQL 语句包括 CREATE、ALTER 和 DROP 语句。CREATE 语句用来创建数据库及各种数据库对象；ALTER 语句用来修改数据库及数据库对象；DROP 语句用来删除数据库及数据对象。

2. 数据操纵语言

数据操纵语言用于操纵数据库中的数据。在使用数据定义语言创建了数据库和表之后，使用数据操纵语言即可实现在表中查询、插入、更新、删除数据等操作。数据操纵语言主要包括的语句有 SELECT、INSERT、UPDATE、DELETE 和 CURSOR 语句等。

3. 数据控制语言

数据控制语言是用来确保数据库安全的语句。数据控制语言用于控制数据库组件的存取许可、存取权限等用以解决涉及权限管理的问题，主要包括 GRANT、REVOKE、DENY 等语句。GRANT 语句可以将指定的安全对象的权限授予相应的主体，REVOKE 语句则用来删除授予的权限，DENY 语句拒绝授予主体权限，并且防止主体通过组或角色成员继承权限。

4. 事务管理语言

事务管理语言是用来进行事务管理的语句。在数据库中执行成功时，经常需要多个操作同时完成或同时取消。事务就是一个单元的操作，这些操作要么全部都做，要么全部都不做。例如，可以使用 COMMIT 语句提交事务，使用 ROLLBACK 语句进行操作的撤销。

5. 附加的语言元素

T-SQL 还提供了有关变量、标示符、数据类型、表达式及控制流语句等语言元素，这些语言元素称为附加的语言元素。

7.2.2 T-SQL 语言和 SQL 语言

SQL 是国际标准化组织采纳的标准数据库语言。

不同的数据库供应商在采纳 SQL 语言作为自己的数据库操作语言的同时，为了达到特殊性能和实现新的功能，也会对 SQL 语言进行不同程度的扩展，而这些扩展往往又是 SQL 语言的下一版本的主要实践来源。T-SQL 语言就是微软公司对 SQL 语言的扩展。

T-SQL 语言与 SQL 语言相比，具有以下四个特点。

一体化：T-SQL 语言集数据定义语言、数据操纵语言、数据控制语言元素为一体。附加语言元素虽然不是标准 SQL 语言的内容，但是它提高了用户操作数据库的灵活性和简便性，从而增强了程序的功能。

使用方式：T-SQL 语言有两种使用方式，即交互使用方式和嵌入高级语言的使用方式。统一的语法结构使 T-SQL 语言可用于所有用户的数据库活动模型，包括系统管理员、数据库管理员、应用程序员、决策支持系统管理人员以及许多其他类型的终端用户。

非过程化语言：T-SQL 语言的语句操作过程是由系统自动完成的。T-SQL 语言不要求用户指定对数据的存储方法，为了使数据以最快速度存取，所有的 T-SQL 语句都使用查询优化器。

人性化：T-SQL 语言继承了 SQL 语言易学易用的特点，容易理解和掌握。

7.2.3 常量和变量

1. 标识符

在 T-SQL 语言中，标识符是指数据库对象的名称。SQL Server 系统中的所有内容都可以有标识符。服务器、数据库和数据库对象（如表、视图、列、索引、触发器、过程、约束和规则等）都可以有标识符。大多数对象是必须要有标识符的，例如，在创建表时必须为表指定标识符。但有些对象的标识符是可选的，例如创建约束时用户可以不提供标识符，由系统自动生成标识符。

按照标识符的使用方式，标识符可以分为两种：常规标识符和分隔标识符。

（1）常规标识符

在 T-SQL 语句中，常规标识符通常指不使用分隔标识符分开的标识符。常规标识符的规则包括：首字符必须是以 Unicode 标准定义的字母、下划线（_）、符号（@）或者数字符号（#）开头；标识符第一个字母后面的字符可分为字母、数字或下划线（_），符号（@），数字符号（#）或美元符号（$）；标识符不能是 T-SQL 的保留字，包括大写和小写形式；不允许嵌入空格或其他特殊字符。

（2）分隔标识符

如果符合常规标识符规则的标识符可以分隔，也可以不分隔。对不符合标识符规则的标识符必须进行分隔。

分隔标识符类型主要有两种：被引用的标识符用双引号（""）分隔开；括在括号中的标识符用方括号（[]）分隔。

分隔标识符的格式规则如下：

分隔标识符可以包含与常规标识符相同的字符数（1～128 个，不包括分隔符字符）。

标识符的主体可以包含当前代码页内字母（分隔符本身除外）的任意组合。

2. 常量

常量是指程序运行过程中值不变的量，也称为标量值或字面值。常量的使用格式由值的数据类型决定。根据常量值的类型的不同，可以分为数字、字符串、日期时间常量、货币、唯一标识常量多种。

字符串常量是被单引号(' ')括起来的字符串,包括字母、数字、字符(a~z、A~Z和0~9等)以及特殊字符(!、@、#等)。

数字常量分为整型和字符数字常量,整型表示的是二进制、十六进制和十进制的整数,字符数字常量则表示小数。

日期时间常量由单引号将表示日期时间的字符串括起来构成。

货币常量是以"$"为前缀的一个整型或实型常量数据。

唯一标识常量用于表示全局唯一标识(GUID)值的字符串。可以使用字符或十六进制字符串格式指定。

3. 变量

变量用于临时存放数据,这些数据随着程序的运行而变化,变量的属性包括名称和数据类型。变量名用于标识该变量,数据类型则用来确定该变量存放值的格式和允许的运算。在SQL Server中变量可以分为两类:全局变量和局部变量。

局部变量是一个能够拥有特定数据类型的对象,它的作用范围仅限于程序内部。这些变量可以用来存储数值型、字符串型等数据,也可以存储函数或存储过程返回的值。局部变量被引用时要在其名称前加上标志"@",且使用前必须先用DECLARE命令定义。其语法格式如下:

```
DECLARE
{@local_variable [AS] data_type}
[, ...n]
```

语句中参数的含义为:

@local_variable:局部变量名称;Data_type:局部变量的数据类型,但不能是text,ntext或image数据类型。一般情况下,如果没有特殊的用途,在应用时尽量使用系统提供的数据类型;n表示可定义多个变量,各变量间用逗号隔开。

当DECLARE命令声明并创建局部变量后,会将初始值设为NULL,如果想要设定局部变量的值,必须使用SET或SELECT语句为其赋值。其语法格式如下:

```
SELECT {local_variable = value}或 SET {local_variable = value}
```

当局部变量被赋值后,可以用SELECT或PRINT语句输出变量的值。其语法格式为:

```
SELECT local_variable 或 PRINT local_variable
```

【例7-1】 在SELECT语句中使用已声明并赋值的局部变量,查询Employee表中女员工的信息。

```
DECLARE @sex bit
SET @sex = '女'
SELECT Eid, Ename, Esex FROM Employee WHERE Esex = @sex
```

全局变量是用来记录SQL Server服务器活动状态的一组数据,是SQL Server系统提供并赋值的变量,用户不能建立全局变量,也不能给全局变量赋值或直接更改全局变量的值。通常将全局变量的值赋给局部变量,以便保存和处理。全局变量的名字以

@@开始。

SQL Server 提供的全局变量分为两类：

与每次处理相关的局部变量。如@@rowcount 表示最近一个语句影响的行数。

与系统内部信息有关的全局变量。如@@version 表示 SQL Server 的版本号。

全局变量是 SQL Server 系统内部使用的变量，其作用范围并不仅仅局限某一程序，而是任何程序均可以随时调用。全局变量通常存储 SQL Server 的一些配置设定值和统计数据。用户可以在程序中用全局变量来测试系统的设定值或者是 T-SQL 命令执行后的状态值。

【例 7-2】 显示从上次服务器启动到当前日期为止，试图登录 SQL Server 的次数。

```
SELECT GETDATE () AS '当前日期',
@@CONNECTIONS as '试图登录的次数'
```

7.2.4 运算符与表达式

1. 运算符

运算符是一些符号，它们能够用来执行算术运算、字符串连接、赋值，以及在字段、常量和变量之间进行比较。在 SQL Server 中主要有算术运算符、赋值运算符、位置运算符、比较运算符、逻辑运算符、字符串运算符和一元运算符。

算术运算符用于对两个表达式执行数学运算，这两个表达式可以是数值数据类别的一个或多个数据类型。如＋、－、＊、/、%分别表示加、减、乘、除和取模。

赋值运算符，在 T-SQL 中只有一个赋值运算符，即等号(＝)。

位运算符在两个表达式之间执行位操作，这两个表达式可以是整数数据类型中任何一个数据类型。如 &(按位 AND)、\(按位 OR) 和^(按位异或 OR)。

比较运算符，也称关系运算符，用于比较两个表达式的大小或是否相同。比较运算符的返回值为布尔数据类型，它有三个值：TRUE(表示表达式的结果为真)、FALSE(表示表达式的结果为假)和 NULL(当比较操作数中有任一个为 NULL 时)。如＝(等于)、＞(大于)、＜(小于)、＞＝(大于等于)、＜＝(小于等于)、＜＞和！＝(不等于)、！＜(不等于)、！＞(不大于)。

逻辑运算符用于对某些条件进行测试，以获得其真实情况。逻辑运算符和比较运算符一样，返回带有 TRUE 和 FALSE 值的布尔类型的数据类型。如 BETWEEN，AND，ANY 等。

【例 7-3】 查询销售表中产品名包含“商品一”的所有销售情况。

```
SELECT * FROM SalesOrder WHERE Oname like'%商品一%'
```

字符串连接运算符允许加号(＋)作为字符串连接符，可以用它将字符串串联起来。其他的所有字符串操作都是使用字符串函数进行处理。

2. 运算符优先级

当一个复杂的表达式有多个运算符时，运算符优先级决定执行运算的先后次序，执行的顺序会影响所得到的值。运算符的优先级别如表 7-1 所示。

表 7-1 运算符优先级

级别	运算符
1	～(位非)
2	*(乘)、/(除)、%(取模)
3	＋(正)、－(负)＋(加)、－(减)、&(位与)、^(位异或)、|(位或)
4	＝,＞,＜,＞＝,＜＝,＜＞,！＝,！＞,！＜(比较运算符)
5	NOT
6	AND
7	ALL、ANY、BETWEEN、IN、LIKE、OR、SOME
8	＝(赋值)

7.2.5 内置函数

T-SQL 中提供了许多内部函数供用户调用,使得用户在对数据库进行查询和修改时更加方便。在使用时在 T-SQL 语句中引用这些函数,并提供调用函数所需的参数,服务器根据参数执行系统函数,返回正确的结果。T-SQL 中的内置函数较多,本节介绍常用的一些标量函数和聚合函数。

1. 标量函数

标量函数用于对传递给它的一个或多个参数值进行处理和计算,并返回一个单一的值。标量函数可以应用在任何一个有效的表达式中,标量函数可以分为数学函数、字符串函数、日期和时间函数、系统函数等,如表 7-2 所示。

表 7-2 运算符优先级

级别	运算符
数学函数	对作为函数参数提供的输入值执行计算
字符串函数	对字符串输入值执行操作
日期和时间函数	对日期和时间输入值进行处理
系统函数	执行操作并返回有关 SQL Server 中的值、对象和设置的信息
其他函数	如元数据函数、安全函数、游标函数、配置函数、文本和图像函数等

2. 聚合函数

聚合函数用于对一组数据进行汇总统计并返回一个单一的值。除 COUNT 函数之外,聚合函数忽略空值。聚合函数经常与 SELECT 语句的 GROUP BY 子句一起使用。

(1) AVG(col_name):返回有关列的算术平均值。

(2) COUNT(*)或 COUNT(col_name):返回与选择表达式匹配的列中不为 NULL 值的数据个数。

(3) MAX(col_name):返回某一数据列的最大值。此函数适用于数值型、字符型和日期型的列。对于列值为 NULL 的列,该函数不将其列为对比的对象。

(4) MIN(col_name):返回某一数据列的最小值。此函数适用于数值型、字符型和日期型的列。对于列值为 NULL 的列,该函数不将其列为对比的对象。

(5) SUM(col_name):返回某数据列的实体总和。此函数适用于数值型的列。求和时不包括 NULL 的值。

7.2.6 流程控制语句

流程控制语句是指那些用来控制程序执行和流程分支的语句，在 T-SQL 中，流程控制语句主要用来控制 SQL 语句、语句块或者存储过程的执行流程，包括 Begin ... End，If，While，Case，Goto，WaitFor 和 Return 语句。

1. BEGIN ... END

在 T-SQL 中可以定义 BEGIN ... END 语句块。当要执行多条 T-SQL 语句时，就需要使用 BEGIN ... END 将这些语句定义成一个语句块，作为一组语句来执行。其语法格式如下：

```
BEGIN
{
    sql_statement | statement_block
}
END
```

语法参数的含义如下：

sql_statement：是使用语句块定义的任何有效的 T-SQL 语句或语句组。

statement_block：表示使用 BEGIN ... END 定义的另一个语句块。BEGIN ... END 可以嵌套使用。

BEGIN：标识为语句块的结尾位置。

END：标识为语句块的结尾位置。

2. IF ... ELSE 语句

IF ... ELSE 语句是条件判断语句，其中，ELSE 子句是可选的，最简单的 IF 语句没有 ELSE 子句部分。IF ... ELSE 语句用来判断当某一条件成立时执行某段程序，条件不成立时执行另一段程序。SQL Server 允许嵌套使用 IF ... ELSE 语句，而且嵌套层数没有限制。

条件判断语句一般有三种表达形式。

表达形式一：

```
IF Boolean_expression
    {sql_statement | statement_block}
```

这个结构用于简单条件的测试，如果 Boolean_expression 条件表达式为 true，则执行 sql_statement 或 statement_block 操作。

表达形式二：

```
IF Boolean_expression
    {sql_statement1 | statement_block1}
ELSE
    {sql_statement2 | statement_block2}
```

这种结构与 IF 结构非常相似，唯一不同的是在条件为 false 时，执行 ELSE 后的一条或多条语句。

表达形式三：

```
IF Boolean_expression1
    {sql_statement1 | statement_block1}
ELSE IF Boolean_expression2
    {sql_statement2 | statement_block2}
ELSE
    {sql_statement3 | statement_block3}
```

【例 7-4】 查询员工表中所属门店为 20001 的员工数是否大于 10，是则输出员工数大于 10，否则输出小于 10。

```
DECLARE @count int
SELECT @count = COUNT（*）FROM Employee WHERE Sid = 20001
  IF @count>10
  PRINT '门店员工数大于 10'
  ELSE
  PRINT '员工人数小于 10'
```

3. WHILE 语句

WHILE 语句用于设置重复执行 SQL 语句或语句块条件。只要指定的条件为真，就重复执行语句。可以使用 BREAK 和 CONTINUE 关键字在循环内部控制 WHILE 循环语句的执行。其语法格式如下：

```
WHILE Boolean_expression
      { sql_statement | statement_block }
      [BREAK]
      { sql_statement | statement_block }
      [CONTINUE]
      { sql_statement | statement_block }
```

参数的含义如下：

Boolean_expression：表达式，返回 TRUE 或 FALSE。如果布尔表达式含有 SELECT 语句，则必须用括号将 SELECT 语句括起来；

{ sql_statement | statement_block }：T-SQL 语句或用语句块定义的语句分组。如果定义语句块，需使用控制流关键字 BEGIN 和 END；

BREAK：导致从最内层的 WHILE 循环中退出。将执行出现在 END 关键字（循环结束的标记）后面的任何语句。

CONTINUE：使 WHILE 循环重新开始执行，忽略 CONTINUE 关键字后面对的任何语句。

4. CASE 语句

CASE 语句提供比 IF ... ELSE 语句更多的选择和判断机会。使用 CASE 语句可以很方便地实现多重选择的情况。从而避免编写多重的 IF ... ELSE 嵌套循环。CASE 语句有两种形式，即简单表达式和选择表达式。

（1）简单表达式

简单表达式的语法格式如下：

```
CASE input_expression
     WHEN when_expression THEN result_expression
          [ ... n]
     {
          ELSE else_result_expression
     }
END
```

在上述格式中，参数 input_expression 是用于条件判断的表达式，接下来是一系列的 WHEN ... THEN 块，每一块的 when_expression 参数是指定要与 input_expression 比较的值，当与 input_expression 的值相等时执行后面的 result_expression 语句，当没有一个 when_expression 与 input_expression 的值相等时执行 else_result_expression 语句。CASE 语句最后用 END 关键字结束。

（2）选择表达式

```
CASE
     WHEN boolean_expression THEN result_expression
          [ ... n]
     {
          ELSE else_result_expression
     }
END
```

在上述格式中，CASE 关键字后面没有参数，在 WHEN ... THEN 块中，如果 boolean_expression 指定了一个比较表达式，表达式的值为 True，就执行 result_expression 语句。如果没有一个 boolean_expression 的值为 True，则执行 else_result_expression 语句。与第一种格式相比，这种格式能够实现更为复杂的条件判断，使用起来更方便。

5. GOTO 语句

GOTO 语句可以改变流程执行的顺序，将执行流程转移到标号处继续执行流程，从而 GOTO 语句后至标号前的 T-SQL 语句不会执行。标识符可以为数字与字符的组合：标识符必须以冒号"："结尾，其语法格式如下：

```
GOTO lable1
...
lable1：
```

使用 GOTO 语句必须十分谨慎，GOTO 跳转对于代码理解和维护会造成很大的困难，尽量不要使用 GOTO 语句。

6. WAITFOR 语句

WAITFOR 语句用于延迟后续的代码执行，或等到指定的时间后再执行后续的代码，其语法格式如下：

```
WAITFOR
    {
        DELAY 'time_to_pass'
        | TIME 'time_to_continue'
        | (receive_statement)[,TIMEOUT timeout]
    }
```

7. RETURN语句

RETURN语句可在任何时候用于从存储过程，批处理或语句块中无条件地退出，RETURN之后的语句是不执行的。其语法格式如下：

```
RETURN[integer_expression]
```

8. TRY ... CATCH语句

TRY ... CATCH语句类似于C＃和C＋＋语言中对程序运行错误的异常处理。当执行TRY语法块中的代码出现错误时，系统将会把控制传递给CATCH语法块去处理。

其语法格式如下：

```
BEGIN TRY
    {sql_statement | statement_block}
END TRY
BEGIN CATCH
    {sql_statement | statement_block}
END CATCH
[;]
```

7.2.7 批处理

批处理，它是对一组命令以一定的顺序依次来执行的过程。

批处理包含一条或多条SQL语句，这些语句是一起提交并作为一个组依次执行，每个批处理可以编译成单个执行计划，在T-SQL中，使用GO命令标志一个批的结束，它的作用是通知查询分析器有多少语句包含在当前的批处理中，查询分析器将两个GO之间的语句组成一个字符串交给服务器去执行。

对于一个包含员工详细信息的数据库来说，用户可以根据基本薪水的详细信息，工作的总天数以及休假的总天数来计算某个员工的收入。为了重复执行这个任务，将这些命令存储在一个文件中，并作为单个执行计划向数据库发送所有命令将会更方便。

7.2.8 注释

注释是程序代码中不执行的文本字符串(也称注解)。使用注释对代码进行说明，不仅能使程序简单易懂，而且有助于日后的管理和维护。在T-SQL程序中加入注释，可以增加程序的可读性。SQL Server不会对注释语句进行编辑和执行，在T-SQL中支持两种注释方式。一种是“--”注释，“--”是一种ANSI标准的注释符，它用于单行注释。如果有多行需要注释，则每一行前面都必须要“--”。另一种是“/＊＊/”注释。利用“/＊＊/”可以在程序中对多行文字进行注释。

7.3 游　标

关系型数据库的操作会对整个行集产生影响。由 SELECT 语句返回的行集包括所有满足该语句 WHERE 子句条件的行。由语句返回的这一完整的行集被称为结果集。应用程序,特别是交互式联机应用程序,并不总能将整个结果集作为一个单元有效地处理。这些应用程序需要一种机制以便每次处理一行或一部分行。游标就提供这种机制的结果集扩展。

7.3.1 游标概述

在数据库中游标是非常重要的概念,它提供了一种对从表中检索出的数据进行操作的灵活手段,游标是一种能够从包括多条数据记录的结果集中每次提取一条记录的机制。它可以指向结果集中任意位置,允许用户对指定位置的数据进行处理。游标向数据库发送查询,得到一个记录集,但是游标一次只返回一个记录行,而不是大批返回行。游标可以在记录集上滚动,能够指向记录集中任何一个记录行。在游标转移到下一个记录之前,可以在当前的记录行上执行所需的外部操作。游标还提供了基于游标位置对表中数据进行删除或更新的能力。在默认情况下,大多数游标是动态的。

游标主要用于 T-SQL 批处理、处理过程以及触发器当中,游标处理结果集的方法主要有以下三种:定位到结果集的某一行;从当前结果集的位置搜索一行或一部分行;允许对结果集中的当前行进行数据修改。

7.3.2 游标的使用

游标的操作由五个部分构成,包括声明游标 DECLARE,打开游标 OPEN,从游标中提取数据 FETCH,关闭游标 CLOSE 和释放游标 DEALLOCATE。

(1) 声明游标

在使用之前需要预先定义,即声明游标。游标定义通过 DECLARE CURSOR 语句来实现。其语法格式如下:

```
DECLARE cursor_name CURSOR
    [ LOCAL | GLOBAL]
    [ FORWARD_ONLY | SCROLL]
    [ STATIC | KEYSET | DYNAMIC | FAST_FORWARD ]
    [ READ_ONLY | SCROLL_LOCKS | OPTIMISTIC ]
    [ TYPE_WARNING ]
FOR select_statement
[ FOR UPDATE [OF column_name] [ , ... n] ]
```

语法参数的含义如下:

cursor_name:定义 T-SQL 服务器游标的名称,其必须符合标识符的规则。

LOCAL:表示所定义的是局部游标。局部游标的作用域在其所在的存储过程、触发器或批处理中。当建立游标的存储过程执行结束后,游标会自动被释放。因此,常在存储过程中使用 OUTPUT 保留字,将游标传递给该存储过程的调用者,这样在存储过程执行结束后,可以引用该游标变量,直到引用该游标的最后一个被释放,游标才会自动释放。

GLOBAL:指定该游标的作用域是全局的。选择 GLOBAL 表明在整个会话层的任何存储过程、触发器或批处理中都可以使用该游标,只有当用户脱离数据库时该游标才会被自动释放。

FORWARD_ONLY 选项:指明游标为只进游标,此时只能选用 FETCH NEXT 操作。如果未指明是使用 FORWARD_ONLY 还是使用 SCROLL,那么 FORWARD_ONLY 将成为默认选项。另外, FORWARD_ONLY 与 FAST_FORWARD 不能同时被使用。

SCROLL:表明所有的提取操作(如 FIRST、LAST、PRIOR、NEXT、RELATIVE、ABSOLUTE)都可用。如果不使用该关键字,那么只能进行 NEXT 提取操作。因此,SCROLL 极大地增加了提取数据的灵活性,可以随意读取结果集中的任一行数据记录,而不必重新打开游标。

STATIC:指定游标为静态游标。

KEYSET:指明所定义游标。

DYNAMIC:指明将游标定义为动态游标。使用这个选项会最大程度保证数据的一致性。提取动态游标数据时,不支持 ABSOLUTE 提取选项。

FAST_FORWARD:使得 FORWARD_ONLY、READ_ONLY 游标执行最优化。如果 SCROLL 或 FOR_UPDATE 选项被定义,则 FAST_FORWARD 选项不能被定义,反之亦然。

READ ONLY:指定游标为只读游标,它禁止 UPDATE 或 DELETE 语句通过游标修改基本表中的数据。

SCROLL_LOCKS:指明在数据被读入游标中时,就锁定基本表中的数据行,以确保以后能通过游标成功的对基本表进行更新和删除操作。如果 FAST_FORWARD 被定义,则不能选择该选项。

OPTIMISTIC:指明在数据被读入游标后,如果游标中某行数据已发生变化,那么对游标数据进行更新或删除可能会导致失败。如果使用了 FAST_FORWARD,则不能使用该选项。

TYPE_WARING:指明如果游标类型被修改成与用户定义的类型不同时,将发送一个警告信息给客户端。

select_statement:定义游标返回结果集的 SELECT 语句,不允许在 SELECT 语句中使用关键字 COMPUTE、COMPUTE BY、FOR BROWSE 和 INTO。

UPDATE[OF column_name[, ... n]]:用来定义游标内可更新的列。如果指定 OF 参数,则只允许修改所列出的列。如果在 UPDATE 中未指定列的列表,则可以更新所有列。

在游标定义中,如果有下列条件之一,无论是否指定 STATIC 选项,系统将自动把所建立的游标定义为静态游标:

SELECT 语句中使用了 SELECT, UNION, GROUP BY 和 HAVING 等关键字。

SELECT 语句选择列表中包含有集合表达式。

所有游标基表均没有建立唯一索引,而又要求建立键集游标时。

【例 7-5】 声明一个名为 cursor_student 的游标来查询女员工的信息。

```
DECLARE cursor_employee SCROLL CURSOR
FOR
SELECT EID, Ename, Eage, Esex FROM Employee WHERE Esex='女'
```

(2) 打开游标

声明一个游标后,游标中没有任何数据,因此无法使用,只有将游标打开后才可以使用该游标,打开游标是执行与其相关的一段 SQL 语句,打开游标后使用 OPEN 语句。其语法格式如下:

```
OPEN {{[GLOBAL] cursor_name}|cursor_variable_name}
```

语法参数的含义如下:

GLOBAL:指定打开的是全局游标。

cursor_name:表示已声明但没有打开的游标。

cursor_variable_name:表示游标变量的名称,该名称引用一个游标。

当执行 OPEN 语句打开 cursor 时,SQL Server 首先会检查 cursor 声明,如果 cursor 声明中使用了参数的话则将参数值带入,然后根据 SELECT 语句到数据库查询,获得符合条件的数据来填充游标。如果所打开的是静态游标,那么 SQL Server 将创建一个临时表保存结果集;如果所打开的是键集驱动游标,那么 SQL Server 将创建一个临时表保存键集。

可以通过检查@@ERROR 此全局变量值来判断 cursor 是否打开成功,如果值为 0 表示打开成功。当 cursor 打开成功后,可以用@@CURSOR_ROWS 全局变量检查 cursor 内的数据行数。

全局变量@@CURSOR_ROWS 有以下几种取值:

n 表示该游标所定义的数据已完全从表中读入,n 为全部的数据行;－m 表示该游标所定义的数据未完全从表中读入,m 为目前游标数据子集内的数据行;0 表示无符合条件的数据或该游标已被关闭或释放;－1 表示该游标为动态的,数据行经常变动,无法确定。

如果游标为动态游标,@@CURSOR_ROWS 系统变量的值为－1。因为动态游标可反映所有更改,所以游标符合条件的行数不断变化。因此,永远不能确定已检索到所有符合条件的行。如果游标为静态游标,则@@cursor_cursor 系统变量的值为 cursor 内全部数据条数。

【例 7-6】 定义游标,然后打开游标,测试游标内数据行数。

```
DECLARE cursor_employee CURSOR
LOCAL SCROLL SCROLL_LOCKS
FOR
SELECT EID, Ename, Eage, Esex FROM Employee WHERE Esex='女'
OPEN cursor_employee
SELECT '游标内数据行数' = @@CURSOR_ROWS
```

(3) 从游标中取值

游标打开后,可以从中提取记录。在从游标中取值的过程中,可以在结果集的每一行上来回移动和处理。如果游标定义成了可滚动的，则任何时候都可取出结果集中的任意行。对于非滚动的游标，只能对当前行的下一行实施操作，结果集中的数据可以提取到局部变量中，FETCH 语句用于提取游标中的记录。其语法格式如下：

```
FETCH
[[NEXT | PRIOR | FIRST | LAST
| ABSOLUTE { n | @nvar }
| RELATIVE { n | @nvar }
]
FROM
]
{ { [GLOBAL] cursor_name } | @cursor_variable_name }
[INTO @variable_name [,... n]]
```

语法参数的含义如下：

NEXT：紧跟当前行返回结果行，并且当前行递增为返回行。如果 FETCH_NEXT 为对游标的第一次提取操作，则返回结果集中的第一行。NEXT 为默认的游标提取选项。

PRIOR：返回紧邻当前行前面的结果行，并且当前行递减为返回行。如果 FETCH PRIOR 为对游标的第一次提取操作，则没有行返回并且游标置于第一行之前。

FIRST：返回游标中的第一行并将其作为当前行。

LAST：返回游标中的最后一行并将其作为当前行。

ABSOLUTE{n|@nvar}：如果 n 或@nvar 为正数，则返回从游标头开始的第 n 行，并将返回行变成新的当前行。

RELATIVE{n|@nvar}：如果 n 或@nvar 为正数，则返回从当前行开始的第 n 行，并将返回行变成新的当前行。

GLOBAL：指定 cursor_name 是指全局游标。

cursor_name：要从中进行提取的打开的游标名称。

cursor_variable_name：游标变量名，引用要从中进行提取操作的打开的游标。

INTO@variable_name[,... n]：允许将提取操作的列数据放到局部变量中。

执行一个 FETCH 语句后，可以通过系统函数@@FETCH_STATUS 来报告游标的当前状态，该函数有以下几种取值：当其取值为 0 时，表示 FETCH 语句执行成功；当取值为 -1时，表示 FETCH 语句执行失败或记录不存在结果内；当取值为 -2 时，表示被提取的记录不存在。

当 FETCH 语句读取范围超过数据子集范围，cursor 指向数据子集的第一行之前或最后一行之后，@@FETCH STATUS 值为 -1。打开 cursor 时，cursor 指向结果集第一行之前。

如果当第一次读取数据时执行 FETCH NEXT 语句，将读取结果集的第一行，当 cursor 指向最后一行时执行 FETCH NEXT 语句，将无值返回，@@FETCH_NEXT 值为 -1，cursor 指向最后一行之后。如果此时执行 FETCH PRIOR 语句，将返回最后一行。当 cursor 指向第一行或当第一次读取数据时，执行 FETCH PRIOR 语句，将无值返回，@@FETCH STATUS 值为 -1，cursor 指向第一行之前。如果此时执行 FETCH NEXT，返回第一行数据。

如果是 FORWARD_ONLY 或 FAST_FORWARD 游标,只能使用 NEXT 关键字一行一行往下读取,读到最后一条数据时也无法回到第一条数据从头读取,除非先关闭再重新打开游标。这种游标常用在报表的处理上,因为根据报表的打印特点,每条数据读取一次即打印到报表上不再回头读取。

如果是 DYNAMIC SCROLL 游标,不能使用 ABSOLUTE 选项。

如果是 KEYSET、STATIC 或 SCROLL 游标,且没有指定 DYNAMIC、FORWARD_ONLY 或 FAST_FORWARD 关键字, FETCH 命令中所有的选项都可使用。

【例 7-7】 从游标中循环提取数据并使用 PRINT 语句将其显示。

```
DECLARE cursor_employee CURSOR
LOCAL SCROLL SCROLL_LOCKS
FOR
      SELECT EID, Ename, Eage, Esex FROM Employee WHERE Esex='女'
OPEN cursor_employee
DECLARE @EID char(5), @Ename varchar(13), @Eage int, @Esex char(2)
FETCH NEXT FROM cursor_employee INTO @EID, @Ename, @Eage, @Esex
WHILE @@FETCH_STATUS=0
BEGIN
      PRINT @EID+@Ename+@Eage+Esex
      FETCH NEXT FROM cursor_employee INTO @EID, @Ename, @Eage, @Esex
END
```

(4) 使用游标修改和删除数据

通常情况下,用游标从基础表中查询数据,以实现对数据的行处理,但在某些情况下,也常需要修改游标中的数据,即定位更新或删除游标所包含的数据。当改变游标中的数据时,这种变化会自动地影响到游标的基础表。使用游标更新数据需要使用 UPDATE 语句,删除数据使用 DELETE 语句。其语法格式如下:

```
UPDATE table_name
SET
WHERE CURRENT OF cursor_name

DELETE FROM table_name
WHERE CURRENT OF cursor_name
```

在通过游标修改和删除数据时,如果要另外执行 UPDATE 或 DELETE 命令,需要在 WHERE 子句重新给出行筛选条件,才能修改到该条数据。如果有多个行满足 UPDATE 或 DELETE 语句中 WHERE 子句的条件,那么将导致无意识的更新和删除。为了避免这样的麻烦,可以在游标声明中加上 FOR UPDATE 子句,这样就可以在 UPDATE 或 DELETE 命令中使用 WHERE CURRENT OF 子句,直接修改或删除当前 cursor 所指的行数据,而不必重新给定选取条件。

当游标声明中有 STATIC 选项或 INSENSITIVE 选项,游标内的数据无法被修改,有时即使没有使用 STATIC 选项，但在某些情况下，STATIC 特性仍然会被启动，在这种情况下，该游标内的数据仍无法被修改。

【例 7-8】 使用游标更新数据。

```
DECLARE cursor_update CURSOR
GLOBAL SCROLL SCROLL_LOCKS
FOR
    SELECT EID, Ename, Esex, Eage, BaseSalary FROM Employee
FOR UPDATE OF BaseSalary
OPEN cursor_update
FETCH NEXT FROM cursor_update
UPDATE Employee SET BaseSalary = 2000 WHERE CURRENT OF cursor_update
```

(5) 关闭和释放游标

在处理完游标中的数据之后，必须关闭游标来释放数据结果集和定位于数据上的锁。所以，在关闭游标后，禁止提取游标数据或通过游标进行定位修改和删除操作。但关闭游标后并不释放游标占用的数据结构。可以使用 CLOSE 语句关闭游标。其语法格式如下：

```
CLOSE {{[GLOBAL] cursor_name}|cursor_variable_name}
```

语法参数的含义如下：

cursor_name：是需要关闭的游标名称。

cursor_variable_name：表示游标变量的名称，该名称引用一个游标。

【例 7-9】 关闭 cursor_update 游标。

```
CLOSE cursor_update
```

被关闭的 cursor_update 游标，其定义仍旧保存在系统内，系统只是释放了该游标内的结果集，可以重新执行 OPEN 语句打开游标，填充结果集。当执行 COMMIT TRANSACTION 语句或 ROLLBACK TRANSACTION 语句结束事务处理时，目前所有已打开的游标会被关闭。

由于关闭游标时并没有删除游标，因此它仍然占用着系统资源。如果一个游标确定不再使用，可以使用 DEALLOCATE 命令释放游标所占用的资源，此时，游标的名字可以被再次使用。DEALLOCATE 语句的语法格式如下：

```
DEALLOCATE {{[GLOBAL] cursor_name}|@cursor_variable_name}
```

【例 7-10】 在使用完游标后，释放 cursor_update 游标。

```
CLOSE  cursor_update
DEALLOCATE   cursor_update
```

7.4 存储过程

存储过程是一种数据库对象，是为了实现某个特定任务，将一组预编译的 SQL 语句以一个存储单元的形式存储在服务器上，供用户调用。存储过程在第一次执行时进行编译，然后将编译好的代码保存在高速缓存中以便以后调用，这样可以提高代码的执行效率。

7.4.1 存储过程概述

在开发 SQL Server 应用程序过程中，T-SQL 语句是应用程序与 SQL Server 数据库之间使用的主要编程接口。应用程序与 SQL Server 数据库交互执行某些操作有两种方法：一种是存储在本地应用程序中记录操作命令，应用程序向 SQL Server 发送每一个命令，并对返回的数据进行处理；另一种是在 SQL Server 中定义某个过程，其中记录了一系列的操作，每次应用程序只需调用该过程就可以完成操作。这种过程就称为存储过程。

相对于直接使用 T-SQL 语句来说，存储过程具有以下优点：

安全机制：只给用户访问存储过程的权限，而不授予用户访问表和视图的权限。

改良了执行性能：只在第一次执行时进行编译，以后执行无需重新编译，而一般 SQL 语句每执行一次就编译一次。

减少网络流量：存储过程存在于服务器上，调用时，只需传递执行存储过程的执行命令和返回结果。

模块化的程序设计：增强了代码的可重用性，提高了开发效率。

7.4.2 存储过程的类型

1. 用户定义的存储过程

用户定义的存储过程是用户根据需要，为完成某一特定功能，在自己的数据库中创建的存储过程。

2. 系统存储过程

SQL Server 提供了一系列预编译的存储过程，用以管理 SQL Server 和显示有关数据库与用户信息。这些存储过程称为系统存储过程。

系统存储过程是从系统表中检索信息的快捷方式。通过配置 SQL Server，可以生成对象、用户、权限、信息和定义，这些信息和定义存储在系统表中。每个数据库都有一个包含配置信息的系统表集。这些系统表是在创建数据库时自动创建的。用户可以通过系统存储过程访问和更新这些系统表。

系统存储过程以 sp_ 为前缀，主要用来从系统表中获取信息，为系统管理员管理 SQL Server 提供帮助，为用户查看数据库对象提供方便。比如用来查看数据库对象信息的系统存储过程 sp_help。从物理意义上讲，系统存储过程存储在资源数据库中。从逻辑意义上讲，系统存储过程出现在每个系统定义数据库和用户定义数据库的 sys 构架中。

7.4.3 创建存储过程

创建存储过程(CREATE PROCEDURE)，存储过程是保存起来的可以接受和返回用户提供的参数的 T-SQL 语句的集合。使用 CREATE PROCEDURE 语句创建存储过程的语法格式如下：

```
CREATE PROC[EDURE] procedure_name [;number]
```

```
[{@parameter data_type}[=default][OUTPUT]]
[,... n1]
[WITH {RECOMPILE | ENCRYPTION | RECOMPILE, ENCRYPTION}]
[FOR REPLICATION]
AS
sql_statement[,... n2]
```

语法参数的含义如下：

CREATE PROCEDURE：定义存储过程的关键字，其中 PROCEDURE 也可以使用缩写形式 PROC。

procedure_name：用于指定存储过程名。创建局部临时过程，可以在 procedure_name 前面加一个“#”，创建全局临时过程，可以在其前面加“##”。

number：为可选的整数参数，用于区别同名的存储过程，以便用一条 DROP PROCEDURE 语句删除一组存储过程。

@parameter：存储过程的形参。@作为第一个字符来指定参数名。可声明一个或多个参数，执行存储过程时应提供相应的实参，除非定义了默认值。

data_type：用于指定形参数据类型。形参可作为 SQL Server 支持的任何类型，但 cursor 类型只能用于 OUTPUT 参数，如果指定数据类型为 cursor，必须同时指定 VARYING 和 OUTPUT 关键字。

default：指定存储过程输入参数的默认值，默认值必须是常量或 NULL，其中可以包含通配符%、_、[]和[^]，如果定义了默认值，执行存储过程时根据情况可不提供参数。

OUTPUT：用于指定参数从存储过程返回信息。

RECOMPILE：表明 SQL Server 每次运行时，将对其重新编译。ENCRYPTION 表示 SQL Server 加密 syscomments 表中包含 CREATE PROCEDURE 语句文本的条目。使用 ENCRYPTION 可防止存储过程作为 SQL Server 复制的一部分发布，防止用户使用存储过程读取存储过程的定义文本。

FOR REPLICATION：用于说明不能再订阅服务器上执行复制、创建的存储过程，该选项不能和 WITH RECOMPILE 一起使用。

sql_statement：代表过程体包含的 T-SQL 语句。

【例7-11】 建立存储过程 add_emp，输入员工号、姓名、年龄、门店，为 Employee 表插入数据。

```
CREATE PROCEDURE add_emp
@id varchar(5), @name varchar(10), @age int, @shop varchar(5)
AS
BEGIN
    INSERT INTO Employee VALUES(@id, @name, @age, @shop)
END
```

7.4.4 执行存储过程

当需要执行存储过程时，可以使用 T-SQL 语句 EXECUTE。如果存储过程是批处理中的第一条语句，那么不使用 EXECUTE 关键字也可以执行该存储过程，其语法格式如下：

```
[ { EXEC | EXECUTE } ]
{
[@return_status = ]
{module_name[;number]|@module_name_var}
[[@parameter = ]{value|@variable[OUTPUT]|[DEFAULT]
}[,...n]
[WITH RECOMPILE]
}
[;]
```

语法参数含义如下：

@return_status：可选的整型变量，存储模块的返回状态。

module_name：是要调用的存储过程或标量值用户定义函数的完全限定或者不完全限定名称。

number：可选整数，用于对同名的过程分组。

@module_name_var：是局部定义的变量名，代表模块名称。

@parameter：module_name 的参数，与在模块中定义的相同。

value：传递给模块或传递给命令的参数值。

@variable：用来存储参数或返回参数的变量。

OUTPUT：指定模块或命令字符串返回一个参数。

DEFAULT：根据模块的定义，提供参数的默认值。

WITH RECOMPILE：执行模块后，强制编译、使用和放弃新计划。

【例 7-12】 执行存储过程 add_emp。

```
DECLARE @id varchar(5), @name varchar(10), @age int, @shop varchar(5)
SET @id = 10003
SET @name = 'Tom'
SET @age = 21
SET @shop = 20012
EXEC add_emp @id, @name, @age, @shop
```

7.4.5 存储过程参数和返回值

在存储过程中，参数可以用来向存储过程中输入值，也可以从存储过程中输出值。下面将介绍在存储过程中使用参数的内容。

1. 指定默认参数

在创建存储过程时，可以通过为参数指定默认值，而创建一个带有可选参数的存储过程，在执行该存储过程中，如果不传递该参数，则使用默认值。

如果在创建存储过程时没有为参数指定默认值，并且在调用该存储过程的程序中也没有为该参数提供值，那么系统会返回错误信息。因此指定参数的默认值是有必要的。

若执行不提供任何参数值的存储过程，则会提示无法进行操作。

【例 7-13】 建立为指定员工增加工资的存储过程。

```
CREATE PROCEDURE increateSal
    @Eid char(6) = '',
    @salary int = 300
AS
BEGIN
    IF @Eid = ''
    BEGIN
    PRINT '没有指定员工号,操作无法完成'
    RETURN
    END
    UPDATE Employee SET Esal = Esal + @salary
    WHERE Eid = @Eid
END
```

2. 指定参数方向

当调用程序执行存储过程时,所有过程参数都可以接收输入值。如果在存储过程中为某个参数指定 OUTPUT 选项,则存储过程将在执行完毕退出时向调用程序返回该函数的当前值。调用程序在调用该存储过程时,也必须使用 OUTPUT 关键字指定相对应的实参,并且该实参必须是一个变量而不能是一个常量,这样才能将该参数的返回值保存到变量中以便在调用程序中使用。

【例 7-14】 创建指定门店的平均年龄的存储过程,并输出平均年龄。

```
CREATE PROCEDURE avg_age
@shopid varchar(5), @avg decimal(2,1) output
AS
SELECT @avg = AVG(Eage) FROM Employee
WHERE Sid = @shopid
```

该过程的第一个参数为输入参数,第二个参数为输出参数,因为该参数指定了 OUTPUT 关键字。第一个参数@shopid 将接收由调用程序提供的专业编号,第二个参数@avg 将向调用程序返回指定专业的平均总学分。SELECT 语句使用 avg()聚合函数计算出指定门店的平均员工年龄,并将该值赋值给@avg 输出参数。

执行并调用该存储过程如下,以门店编号为 10001 为例:

```
DECLARE @avgAge decimal(2,1)
EXEC avg_age 10001, @avgAge output
print('门店平均年龄:' + CAST(@avgAge as varchar))
```

在指定存储过程时,如果将参数指定为 OUTPUT,但在存储过程中该参数不是用 OUTPUT 定义的,那么系统会发送一条错误信息。在执行带有 OUTPUT 参数的存储过程时,可以不指定 OUTPUT。这样不会返回错误,但是无法在调用程序中使用该返回值。执行存储过程时,也可以为 OUTPUT 参数指定输入值。这样将允许存储过程从调用程序中接收一个值,使用该值进行相应操作,并更改该参数的值,然后将新值返回到调用程序。

3. 使用 RETURN 语句

RETURN 语句用于退出存储过程,返回到调用程序继续执行。在存储过程中可以使用 RETURN 语句返回一个被称为返回代码的整数值,以表明存储过程的状态。通常来说,返回 0 代表成功,非 0 表示失败。RETURN 不能返回空值(null),如果某个过程试图返回空值,则将生成警告消息并返回 0 值。

调用程序在执行存储过程时,与 OUTPUT 参数一样,必须将返回代码保存到一个变量中,以便在调用程序中查看和使用该返回代码值。

【例 7-15】 检查指定员工的姓名是否含有“丽”字。

```
CREATE PROCEDURE check_name
@employeeId char(5)
AS
IF(SELECT Ename FROM Employee WHERE Eid = @employeeId)LIKE'%丽%'
    RETURN 1
ELSE
    RETURN 2
```

7.4.6 修改存储过程

存储过程是一段 T-SQL 代码,在使用过程中,如果它无法满足业务需要,就要对存储过程进行修改,修改存储过程通常指编辑它的参数和 SQL 语句。

修改存储过程时可以使用 ALTER PROCEDURE 语句修改存储过程,但该语句不会更改权限,也不影响相关的存储过程。其语法格式如下:

```
ALTER PROC[EDURE] procedure_name[;number]
[{@parameter data_type}[ = default][OUTPUT]][,...n]
[WITH {RECOMPILE | ENCRYPTION}]
[FOR REPLICATION]
AS
sql_statement[,...n]
```

【例 7-16】 修改 check_name 存储过程为查询员工的姓名不含有“丽”字。

```
ALTER PROCEDURE check_name
@Eid char(5)
AS
IF(SELECT Ename FROM Employee WHERE Eid = @employeeId) NOT LIKE'%丽%'
    RETURN 1
ELSE
    RETURN 2
```

7.4.7 删除存储过程

当不再使用一个存储过程时,就要把它从数据库中删除。T-SQL 语言删除存储过程的语句是 DROP PROCEDURE,其语法格式如下:

```
DROP PROCEDURE procedure_name [,...n]
```

语法参数含义如下：

procedure_name：要删除的存储过程或存储过程组的名称。

【例7-17】 删除 check_name 存储过程。

```
DROP PROCEDURE check_name
```

7.5 触发器

7.5.1 触发器概念

触发器是一种特殊的存储过程，它在程序执行 SQL 查询语句时将自动生效，不由用户直接调用，而且可以包含复杂的 SQL 语句。它们主要用于强制复杂的业务规则或要求。触发器还有助于强制引用完整性，以便在添加、更新或删除表中的行时保留表之间已定义的关系。

可以完成存储过程能完成的功能，但是它具有自己显著的特点：与表紧密相连，可以看做表定义的一部分；不能通过名称被直接调用，更不允许带参数，而是当用户对表中的数据进行修改时，自动执行；可以用于 SQL Server 约束、默认值和规则的完整性检查，实施更为复杂的数据完整性约束。

触发器有以下优点：

(1) 触发器自动执行

在对表的数据作了任何修改（比如手工输入或者应用程序采取的操作）之后立即被激活。

(2) 触发器能够对数据库中的相关表实现级联更改

触发器是基于一个表创建的，但是可以针对多个表进行操作，实现数据库中相关表的级联更改。例如，在学生数据库中，可以在产品表的产品编号字段上建立一个插入触发器，当对产品表增加记录时，在产品销售表的产品编号上自动插入编号值。

(3) 触发器可以实现比 CHECK 约束更为复杂的数据完整性约束

在数据库中为了实现数据完整性约束，可以使用 CHECK 约束或触发器。CHECK 约束不允许引用其他表中的列来完成检查工作，而触发器可以引用其他表中的列。例如，在 STUDENT 数据库中，向学生表中插入记录时，当输入系部代码时，必须先检查系部表中是否存在该系。这只能通过触发器实现，而不能通过 CHECK 约束完成。

(4) 触发器可以评估数据修改前后的表状态，并根据其差异采取对策。

(5) 一个表中可以存在多个同类触发器（INSERT、UPDATE 或 DELETE），对于同一个修改语句可以有多个不同的对策以响应。

7.5.2 触发器类型

SQL Server 提供了 AFTER 和 INSTEAD OF 两种触发器，主要差别在于被激活的时机不同。

1. AFTER 触发器

AFTER 触发器在触发它们的语句和约束检查完成后执行。如果该语句因错误(如违反约束或语法错误)而失败,触发器将不会执行。

不能为视图指定 AFTER 触发器,只能为表指定该触发器。可以为对每个触发操作(INSERT、UPDATE)指定多个 AFTER 触发器。如果表有多个 AFTER 触发器,可使用 sp_settriggerorder 存储过程定义哪个 AFTER 触发器最先激发,哪个最后激发。除第一个和最后一个触发器外,所有其他的 AFTER 触发器的激发顺序不确定,并且无法控制。

2. INSTEAD OF 触发器

INSTEAD OF 触发器用于替代引起触发器执行的 T-SQL 语句,简单地讲就是,AFTER 触发器是告诉 T-SQL 语句执行了 INSERT、UPDATE 或者 DELETE 操作后干什么。INSTEAD OF 触发器是告诉当要执行 INSERT、UPDATE 或者 DELETE 操作时用什么别的操作来代替。

可以在表和视图上指定 INSTEAD OF 触发器。在 SQL Server 中,不能为每个触发器操作(INSERT、UPDATE 和 DELETE)定义多个 INSTEAD OF 触发器。INSTEAD OF 触发器在约束检查之前执行。

7.5.3 inserted 表和 deleted 表

在使用触发器过程中,SQL Server 使用了两张特殊的临时表,分别是 inserted 表和 deleted 表。这两张表都存在于高速缓存中,它们创建的触发器表有着相同的结构。

用户可以使用这张临时表来检测某些修改操作所产生的效果。例如,可以使用 SELECT 语句检查 INSERT 语句和 UPDATE 语句执行的插入操作是否成功,触发器是否被这些语句触发等,但是不允许用户直接修改 inserted 和 deleted 临时表中的数据。

inserted 表和 deleted 表都是针对当前触发器的局部临时表,这些表只对应于当前的触发器的基本表,如果在触发器中使用存储过程,或者产生了嵌套触发器的情况,则不同的触发器将会使用属于自己基本表的 inserted 和 deleted 临时表。

在 inserted 表中存储着被 INSERT 和 UPDATE 语句影响的新的数据行。当用户执行 INSERT 和 UPDATE 语句时,新的数据行被添加到 inserted 表中,同时这些数据行的备份被复制到 inserted 临时表中。

在 deleted 表中存储着被 DELETE 和 UPDATE 语句影响的旧数据行。在执行 DELETE 或 UPDATE 语句过程中,指定的数据行被用户从基本表中删除,然后被转移到了 deleted 表中。一般来说,在基本表和 deleted 表中不会存在有相同的数据行。

7.5.4 创建触发器

1. 使用 T-SQL 语句创建触发器

创建触发器的 T-SQL 语句是 CREATE TRIGGER,其语法格式如下:

```
CREATE TRIGGER [schema_name.]trigger_name
ON {table|view}
[WITH <dml_trigger_option>[,...n]]
```

```
{FOR|AFTER|INSTEAD OF}
{[INSERT][,UPDATE][,DELETE]}
[WITH APPEND]
[NOT FOR REPLICATION]
AS {sql_statement}[;][...n]}
```

其语法参数含义如下：

trigger_name：表示触发器的名称，并且在数据库中必须唯一。

table | view：表示在其上执行触发器的表或视图，有时称为触发器或触发器视图。

WITH ENCRYPTION：可防止将触发器作为 SQL Server 复制的一部分发布。

AFTER：指定触发器只有在触发器 SQL 语句中指定的所有操作都已经成功执行后才激发。如果仅指定 FOR 关键字，则 AFTER 是默认设置。AFTER 不能作用于视图。

INSTEAD OF：指定执行触发器而不是执行触发 SQL 语句，从而替代触发语句的操作。

DELETE：指明是 DELETE 触发器，每当一个 DELETE 语句从表中删除一行时激发触发器。

INSERT：指明是 INSERT 触发器，每当一个 INSERT 语句向表中插入一行时激发触发器。

UPDATE：指明是 UPDATE 触发器，每当 UPDATE 语句修改由 OF 子句指定的列值时，激发触发器。如果忽略 OF 子句，每当 UPDATE 语句修改表的任何列值时，DBMS 都将激发触发器。

WITH APPEND：指定应该添加现有类型的其他触发器。WITH APPEND 不能与 INSTEAD OF 触发器一起使用，或者，如果显示声明 AFTER 触发器，也不能使用该子句。

NOT FOR REPLICATION：表示当复制进程更改触发器所涉及的表时，不应执行该触发器。

AS：触发器要执行的操作。

sql_statement：是触发器的条件和操作。触发器条件指定其他准则，以确定 DELETE、INSERT 或 UPDATE 语句是否导致执行触发器操作。

IF UPDATE(column)：测试在指定的列上进行的 INSERT 或 UPDATE 操作，不能用于 DELETE 操作。可以指定多列。

column：表示要测试 INSERT 或 UPDATE 操作的列名。

【例 7-18】 创建实现当 Store 门店表发生任何更新时显示操作成功的触发器。

```
CREATE TRIGGER tri_Employee
ON Store
AFTER INSERT, UPDATE, DELETE
AS
BEGIN
    PRINT '触发操作已成功'
END
```

以上语句使用 AFTER 触发器同时基于 INSERT、UPDATE、DELETE 语句来创建，而不是分别创建三个触发器。

2. INSERT 触发器

当向表中插入数据时,将执行 INSERT 触发器。INSERT 触发器可以确保添加到表中的数据是有效的。要插入的数据先保存在 inserted 表,然后添加到触发器所依赖的表中。对于插入操作,由于没有删除数据,所有没有 deleted 表。

当试图向表中插入数据时,INSERT 触发器执行下列操作:

(1) 向 inserted 表中插入一个新行的副本。

(2) 检查 inserted 表中的新行是否有效,如果有效则插入表中,否则阻止该插入操作。

可以通过检查 inserted 表中的新行是否有效,如果有效则插入表中,否则阻止该插入操作。

【例 7-19】 在销售表上创建一个 INSERT 触发器 insertSales,当向销售订单中插入数据时,如果销售金额大于 0,则在员工表的总销售额中加上该订单销售额。

```
CREATE TRIGGER insertSales
ON SalesOrder
FOR INSERT
AS
IF(SELECT Oquantity FROM inserted)>0
BEGIN
    DECLARE @Eid varchar(5), @OrderPrice NUMERIC(6,2)
    SELECT @Eid = Eid, @OrderPrice = Oprice FROM inserted
    UPDATE Employee set totalsales = totalsales + @OrderPrice WHERE Eid = @Eid
END
```

3. UPDATE 触发器

当对表执行更新操作时,将执行 UPDATE 触发器。当在表上执行更新操作时,UPDATE 触发器会执行下列操作:

① 将原始数据行移动到 deleted 表中。

② 将一个新行先插入到 inserted 表中,然后再插入到触发器所依赖的表中。

可以创建 UPDATE 触发器来验证对整个表的更新,也可以创建 UPDATE 触发器对单个列的更新进行验证。

【例 7-20】 在 Employee 表上创建一个 UPDATE 触发器 updateEmp,要求基本信息名称和性别不能被修改。

```
CREATE TRIGGER updateEmp
ON Employee
FOR UPDATE
AS
IF (UPDATE(Ename)or UPDATE(Esex))
BEGIN
    PRINT '基本数据不能修改!'
    ROLLBACK TRANSACTION
END
ELSE
```

```
        PRINT '数据修改成功!'
```

4. DELETE 触发器

当试图从表中删除数据行时，将执行 DELETE 触发器。在 DELETE 触发器操作中，由于不会将行插入到目标表中去，因此不会使用 inserted 表。

当试图从表中删除数据行时，DELETE 触发器会执行下列操作：

(1) 从触发器表中删除行。

(2) 将删除的行插入到 deleted 表中。

可以通过检查 deleted 表中的数据，来确定是否需要或者如何执行触发器操作。

【例 7-21】 在商品表 Commodity 上建立一个 DELETE 触发器 delCom，确保商品编号为 30001 的商品(商品一)不能被删除。

```
CREATE TRIGGER delCom
ON Commodity
FOR DELETE
AS
IF (SELECT ComId FROM deleted) = 30001
BEGIN
    PRINT '不能删除该商品!'
    ROLLBACK TRANSACTION
END
ELSE
    PRINT '数据删除成功!'
```

5. INSTEAD OF 触发器

INSTEAD OF 触发器与 AFTER 触发器的工作流程是不一样的。AFTER 触发器是在 SQL Server 服务器接到执行 SQL 语句请求后，先建立临时的 inserted 表和 deleted 表，然后实际更改数据，最后才激发触发器的。而 INSTEAD OF 触发器则相对简单，在 SQL Server 服务器接到执行 SQL 语句请求后，先建立临时的 inserted 表和 deleted 表，然后就触发 INSTEAD OF 触发器，由它去完成之后的操作。

INSTEAD OF 触发器可以同时在数据表和视图中使用，通常在以下几种情况下，建议使用 INSTEAD OF 触发器：

数据库里的数据禁止修改，这时可以用 INSTEAD OF 触发器来跳过 UPDATE 修改记录的 SQL 语句；

有级联关系的多表删除；

有可能要回滚修改的 SQL 语句；

在视图使用触发器。因为 AFTER 触发器不能在视图中使用，如果想在视图中使用触发器，只能用 INSTEAD OF 触发器；

用自己的方式去修改。如果不满意使用 SQL 语句直接修改数据的方式，可以用 INSTEAD OF 触发器来控制数据的修改方式和流程。

【例 7-22】 在员工表上创建一个 INSTEAD OF 触发器 delEmp。

```
CREATE TRIGGER delEmp
```

```
ON Employee
INSTEAD OF DELETE
AS
DECLARE @EmpID char(6)
BEGIN TRY
    BEGIN TRAN   /*开始事务*/
    SELECT @EmpID=EID FROM deleted   /*从deleted表中找出要删除的员工工号*/
    DELETE FROM Sales WHERE EID=@EmpID   /*删除该员工的销售记录*/
    DELETE FROM Employee WHERE EID=@EmpID   /*删除员工记录*/
    COMMIT TRAN   /*提交事务*/
    PRINT '操作成功'
END TRY
BEGIN CATCH
    ROLLBACK TRAN
END CATCH
```

7.5.5 修改触发器

触发器在使用过程中,如果它无法满足业务需要,就需要修改触发器的定义和属性,修改触发器可以使用 T-SQL 的 ALTER TRIGGER 语句修改存储过程,但该语句不会更改权限,也不影响相关存储过程。其语法格式如下:

```
ALTER TRIGGER trigger_name
ON (table|view)
[WITH ENCRYPTION]
{
{(FOR|AFTER|INSTEAD OF){[DELETE][,][INSERT],[UPDATE]}
[NOT FOR REPLICATION]
AS
sql_statement[...n]
}
```

【例 7-23】 修改 delEmp 触发器。

```
ALTER TRIGGER delEmp
ON Employee
INSTEAD OF DELETE
AS
PRINT '触发器已修改'
```

7.5.6 删除触发器

当不再需要某个触发器时,可以将它删除。触发器被删除时,触发器所在表中的数据不会因此改变。当某个表被删除时,该表上的所有触发器也自动被删除。T-SQL 语言删除触发器的语句是 DROP TRIGGER,其语法格式如下:

```
DROP TRIGGER schema_name. trigger_name [,... n][;]
```

【例 7-24】 删除 delEmp 触发器。

```
DROP TRIGGER delEmp
```

7.5.7 关闭和启用触发器

当不再需要某个触发器时,可将其关闭,关闭触发器不会删除该触发器。该触发器仍然作为对象存在于当前数据库中。但是,当执行任意 INSERT、UPDATE 或 DELETE 语句(在其上对触发器进行了编程)时,触发器将不会激发。已关闭的触发器可以被重新启用。启用触发器会以最初创建它时的方式将其激发。默认情况下,创建触发器后会自动启用触发器。关闭触发器可以使用 T-SQL 的 ALTER TABLE 语句,其语法格式如下:

```
ALTER TABLE 数据表名
DISABLE TRIGGER 触发器名
或
ENABLE TRIGGER 触发器名
```

【例 7-25】 先关闭再启用 delEmp 触发器。

```
ALTER TABLE Employee
DISABLE TRIGGER delEmp
ALTER TABLE Employee
ENABLE TRIGGER delEmp
```

7.6 嵌入式 SQL 编程

SQL 语言是一种结构化查询语言,在许多数据库系统环境中,一般是作为独立语言,由用户在交互环境下使用,又是一种应用程序进行数据库访问时所采取的编程式数据库语言。SQL 语言在这两种方式中的大部分语法是相同的。由于 SQL 语言具有面向集合、非过程化的特点,主要负责对数据库中数据的存取操作,在用户界面及控制程序流程方面的功能较弱,因此 SQL 语言仅仅只在交互环境中执行很难满足应用需求。而高级语言正好相反,它是一种过程化的、与运行环境有关的语言,具有较强的用户界面设计及控制程序流程的能力。

由于上述原因,出现了 SQL 语言的另一种执行方式,就是将 SQL 语言嵌入到某种高级语言中使用,以便发挥 SQL 语言和高级语言的各自优势,这种被引入的 SQL 语言称为嵌入式 SQL(Embedded SQL)。

7.6.1 嵌入式 SQL 概述

嵌入式 SQL 是一种将 SQL 语句直接写入其他编程语言源代码中的方法,使应用程序拥有了访问数据以及处理数据的能力。在这种方法中,将 SQL 嵌入的目标源码的语言称为宿主语言。

在编写访问数据库的程序时，必须从普通的编程语言开始（如C语言），再把SQL加入到程序中。嵌入式SQL语言就是将SQL语句直接嵌入到程序的源代码中，与其他程序设计语言语句混合。专用SQL预编译程序将嵌入的SQL语句转换为能被程序设计语言的编译器识别的函数调用。

嵌入式SQL语句完成的功能也可以通过应用程序编程接口（API）实现。通过API的调用，可以将SQL语句传递到DBMS，并用API调用返回查询结果。这个方法不需要专用的预编译程序。

7.6.2 数据库访问技术

1. ODBC简介

ODBC（Open Database Connectivity，开放数据库互连）是由Microsoft开发和定义的一种访问数据库的应用程序接口标准，是一组用于访问不同构造的数据库的驱动程序，在数据库应用程序中，不必关注各类数据库系统的构造细节，只要使用ODBC提供的驱动程序，发送SQL语句，就可以存取各类数据库中的数据。

ODBC体系结构分为应用程序、驱动管理程序、驱动程序和数据源4层，如图7-1所示。

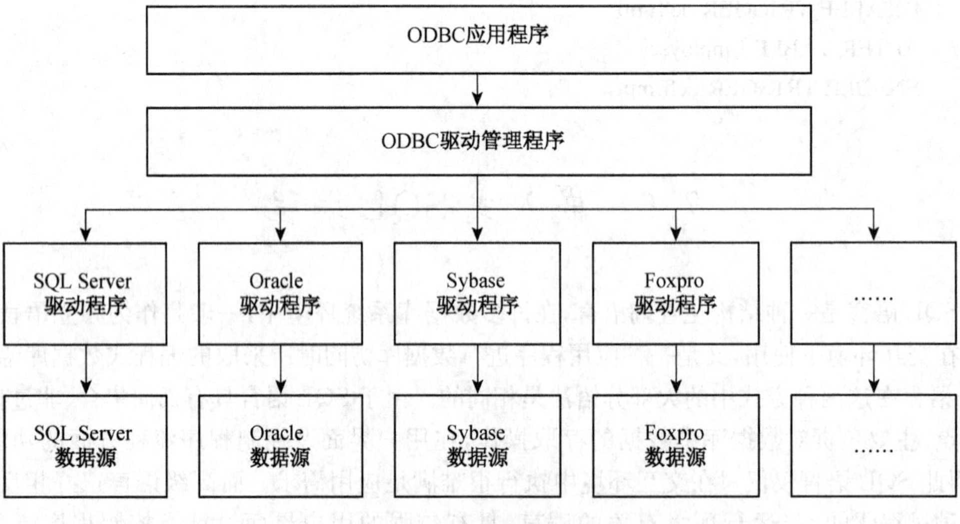

图7-1 ODBC体系结构

（1）应用程序

应用程序是使用Visual Basic、Visual C++、C#等语言编写的。这些语言一般称为数据库应用系统的宿主语言。在应用程序中，利用宿主语言的开发平台，编制图形用户界面和数据处理的逻辑算法，通过ODBC应用程序的接口，实现对数据库的操作。

（2）驱动管理程序

驱动管理程序用于在应用程序和各类数据库系统的驱动程序之间传递数据。应用程序不能直接调用各类数据库的驱动程序。驱动管理程序在应用系统运行时，负责加载相应的各类数据库的驱动程序,如 SQL Server、Oracle、FoxPro 等驱动程序,并把结果返回给应用程序。

(3) 驱动程序

各种数据库有各自的驱动程序。某种数据库的驱动程序与对应的数据源连接。驱动程序应用于实现 SQL 请求,并把操作结果返回给 ODBC 驱动管理程序。驱动程序还负责访问数据源时,进行数据格式和类型的转换。

(4) 数据源

数据源是一组数据的位置。表示驱动程序与某个目标数据集 连接的命名表达式,被称为数据源名。数据源名中,包括用户名、服务器名和数据库名等。

数据源分为用户数据源、系统数据源和文件数据源三类:

用户数据源即用户创建的数据源,只有创建者才能使用,并且只能在所定义的机器上运行。任何用户都不能使用其他用户创建的用户数据源;系统数据源,所有用户和在 Windows NT 下以服务方式运行的应用程序均可使用系统数据源;文件数据源是 ODBC 3.0 以上版本增加的一种数据源,可用于企业用户,ODBC 驱动程序也安装在用户的计算机上。

总之,ODBC 提供了在不同数据库环境中为客户机/服务器(简称 C/S)结构的客户机访问异构数据库的接口,也就是在由异构数据库服务器构成的 C/S 结构中,要实现对不同数据库进行的数据访问,就需要一个能连接不同的客户机平台到不同服务器的桥梁,ODBC 就是起这种连接作用的桥梁。ODBC 提供了一个开放的、标准的能访问从 PC 机、小型机到大型机数据库数据的接口。使用 ODBC 标准接口的应用程序,开发者可以不必深入了解要访问的数据库系统,比如其支持的操作和数据类型等信息,而只需掌握通用的 ODBC API 编程方法即可。使用 ODBC 的另一个好处是当作为数据库源的数据库服务器上的数据库管理系统升级或转换到不同的数据库管理系统时,客户机端应用程序不需作任何改变,因此利用 ODBC 开发的数据库应用程序具有很好的移植性。

2. ADO

ADO 是封装 OLE DB 所提供的功能的高级包裹程序,最初是为 Visual Basic 6.0 提供的。ADO 将 OLE DB 封装在一个对象模型中,允许不支持低级内存访问和操纵的交互式脚本语言,提供了对 OLE DB 数据源应用程序级的访问功能。

OLE DB 是在 ODBC 之后开发的,提供了对关系数据库的访问,并且扩展了由 ODBC 提供的功能,主要用作所有数据类型的标准接口。OLE DB 是 Microsoft 的通用数据访问的基础。通用数据访问指的是一组通用接口,它用来代表来自任何数据源的数据。除了关系数据库的访问外,OLE DB 还提供对各种数据源的访问接口。

ADO 代表了一种通过数据绑定的 ActiveX 控件和五种特殊类的组合来提供数据库访问方法。这些类按照功能分为两组:数据提供程序和数据集,其中每一种都可以完成数据库连接的部分工作并具备一定级别的自动化处理能力。

由于 ADO 是基于 COM 技术的,所以可以创建对象的脚本语言基本上都能够使用 ADO 从数据库中检索数据,ADO 通常会用在不同类型的脚本语言中。

使用 ADO 时会用到以下对象。

① Connection 对象。在 ADO 的模型中,Connection 对象是最基本的对象,它主要是提供与数据库的连接。其他的两个对象都是通过它与数据库的连接来完成操作的。只有

Connection 对象才能指定希望使用的 OLE DB 提供者、连接到数据存储的安全细节以及其他任何连接到数据存储特有的细节。

② Command 对象。Command 对象是对数据存储执行命令的对象。Command 对象是特别为处理命令的各个方面问题而创建的。实际上，当从 Connection 对象中运行一条命令时，已经隐含地创建一个 Command 对象。Command 对象主要是向 SQL 语句、StroredProcude 传递参数，依靠 SQL Server 的强大功能来完成数据库的操作。

③ Recordset 对象。Recordset 对象是 ADO 中使用最为普遍的对象，因为它含有从数据存储中提取的数据集。我们经常运行不返回数据的命令，比如那些增加或更新数据的命令，但在大多数情况下很有可能会取得一系列记录。Recordset 对象是拥有这些记录的对象。可以更改（增加、更改和删除）记录集中的记录，上下移动记录，过滤记录并只显示部分内容，等等。Recordset 对象也包含 Fields 集合，Fields 集合中有记录集中每一个字段（列）的 Fields 对象。

④ Error 对象。ADO 会在 Connection 对象中创建一个 Error 对象。由于由 OLE DB 提供程序所产生的错误，Error 对象提供了附加的信息。单个 Error 对象可以包含一个以上错误的信息。每个对象都与一个特定的事件相关联。

⑤ Field 对象。Field 对象包含 Recordset 对象中单列数据的信息。可以把 Field 对象想象为表中的一个列，它包含的都是同一种类型的数据，这些数据来自于一个记录集合相关的所有记录中的同一列。

⑥ Parameter 对象。Parameter 对象用于为 Command 对象定义单个参数。利用参数可以控制存储过程或者查询的结果。Parameter 对象可以提供输入参数、输出参数或者输入输出参数。

⑦ Property 对象。一些 OLE DB 提供程序需要对标准的 ADO 对象进行扩展。Property 对象为完成这类工作提供了一种方法。Property 对象包含属性、名字、类型以及值的信息。

使用 ADO 访问 SQL Server 数据库的方法有两种：一是借助于 ODBC 驱动程序，二是借助于 SQL Server 专用的 OLE DB 提供者。

3. ADO. NET

ADO. NET 是一种高级的数据库访问技术，是 ADO 改进了的新版本。ADO. NET 的应用重点是 Internet 和基于 Web 的应用程序。可以将 ADO. NET 对象模型划分为两个组件：DataSet 和数据提供程序。DataSet 和数据提供程序。DataSet 是一个特殊的对象，它包含有一个或者多个表。数据提供程序则是由 Command、Connection、DataReader 和 DataAdapter 组合而成的。

① Command 对象。用于定义要在 DBMS 上执行的操作，如添加、删除或者更新一条记录。通常情况下，并不需要使用 ADO. NET 创建一个 Command 对象，除非需要完成特殊的工作。在 DataAdapter 对象中，已经包含了查询、删除、插入和编辑记录所需的 Command 对象。

② Connection 对象。在 DBMS 和 DataAdapter 对象之间直接创建物理连接。Connection 对象是数据提供程序的具体体现。它也包含用于优化分布式应用程序环境下的连接逻辑。

③ DataAdapter 对象。将 DBMS 中的原始数据转换为 DataSet 可以接受的形式。DataAdapter 完成所有的查询,将数据从一种格式转换为另一个格式,它甚至可以完成表的映射。一个 DataAdapter 可以管理一个数据库关系。它的结果集可以具有任意级别的复杂性,但必须是单个的结果集 DataAdapter 也负责发送要求建立新连接的请求,并在获取数据之后终止连接。

④ DataReader 对象。提供到数据库的活动连接。但是,它只提供了读取数据库的方法。此外,DataReader 的游标只能向前移动。如果只需要对本地表进行快速地检索,而不需要完成任何更新操作,则应使用这个对象。DataReader 会阻塞 DataReader 和相关的连接对象,因此在用完 DataReader 对象之后立即将其关闭是非常重要的。

⑤ DataSet 对象。包含检索自一个或者多个 DataAdapter 的数据的本地备份。由于 DataSet 使用数据的本地备份,所以它到数据库的连接不是活动的。用户对数据库的本地备份进行所有的修改,然后应用程序会发出一个更新请求(可以以批处理模式进行更新,或者也可以按照一次一条记录的方式进行更新)。DataSet 会同时保留有关每个修改过的行的原始数据和当前状态的信息。如果它所保留的行的原始数据与数据库中该行的数据相匹配,DataAdapter 就会按照要求进行更新。否则,DataAdapter 就会返回一个错误,应用程序必须对这个错误进行处理。

ADO. NET 的可管理的数据库提供程序具有一定级别的智能,而在同一个提供程序的 ADO 版本中不含有这样的智能。相比 ADO. NET,ADO 所使用的不可管理的数据提供程序实际上更加有效和安全。虽然 ADO. NET 和 ADO 都使用 OLE DB 作为连接技术,但建立连接后,ADO 只能提供少数几种数据更新的方式,而 ADO. NET 在完成更新方法方面更加灵活。ADO 适用于本地数据库,而 ADO. NET 适用于分布式应用程序,两者不可互相替代。

4. JDBC 概述

JDBC 是 Sun Microsystems 制定的 Java 数据库连接(Java Database Connectivity)技术的简称,由一组用 Java 编程语言编写的类和接口组成,是为各种常用数据库提供无缝连接的技术。

JDBC 定义了 Java 语言同 SQL 数据之间的程序设计接口。JDBC 是一种低级的 API,它用于直接调用 SQL 命令,并比其他的数据库连接 API 易于使用。同时它也是高级 API 的基础,它被设计为一种基础接口,在此之上可以建立高级接口和工具。高级接口使用一种更易理解和更为方便的 API,这种 API 在幕后被转换为如 JDBC 这样的低级接口。高级接口是"对用户友好"的接口,例如,用于 Java 的嵌入式 SQL, DBMS 实现 SQL 都是基于 JDBC 的高级 API。

JDBC 完全是用 Java 编写的。JDBC 在 Web 和 Internet 应用程序中的作用和 ODBC 在 Windows 系列平台应用程序中的作用类似,它为工具/数据库开发人员提供了一个标准的 API,使他们能够用纯 Java API 来编写数据库应用程序。

Java 具有坚固、安全、易于使用、易于理解等特性,是编写数据库应用程序的杰出语言,虽然 Microsoft 的 ODBC API 可能是目前用于访问关系数据库的编程接口中使用最广泛的,但是 ODBC 不适合直接在 Java 中使用。因为 ODBC 使用 C 语言接口,从 Java 调用本地 C 代码在安全性、实现、坚固性和程序的自动移植性方面都有许多缺点。所以 Java. 可以使用 ODBC，但最好是在 JDBC 的帮助下以 JDBC-ODBC 桥的形式使用。JDBC API 对于基本的 SQL 抽象和概念是一种自然的 Java 接口。它建立在 ODBC 上，保留了 ODBC 的基本设计特征，同时以 Java 风格与优点为基础并进行优化，因此更加易于使用。

JDBC 提供了 Java 应用程序与各种不同数据库之间进行对话的方法，它提高了软件的通用性，只要系统上安装了正确的驱动器组，JDBC 应用程序就可以访问其相关的数据库。JDBC 目前可以连接的数据库包括：xBase、Oracle、Sybase、Access 以及 Paradox 等。在 JDBC 规范中，已经成功地提供了采用 SQL 标准数据库语言访问 Java 方法。使用 JDBC 可以完成一些简单而直接的任务，如数据查询、修改、增加、删除等，对于较复杂或综合的任务，JDBC 提供了一些单独的语句、类和方法，实现对数据库表结构等的操作方法。

综上所述，JDBC 的优点在于它有利于用户理解，并且使编程人员从复杂的驱动器调用命令和函数中解脱出来，可以致力于应用程序中的关键地方。JDBC 支持不同的关系数据库也使程序的可移植性大大增强。用户还可以使用 JDBC-ODBC 桥驱动器将 JDBC 函数调用转换为 ODBC。它面向对象的特性，可以让用户把常用的方法封装为一个类而备用。它的不足之处在于使用 JDBC，访问数据记录的速度会受到一定程度的影响，并且因为 JDBC 结构中包含了不同厂家的产品，这给更改数据源带来很大麻烦。

JDBC API 支持数据库访问的两层模型，也支持三层模型。在两层模型中，用户的计算机为客户机，提供数据库的计算机为服务器，Java 应用程序在客户端的本地机器上使用 JDBC 驱动程序，通过某种专有的 JDBC 驱动程序在网络上连接远程数据库。这种结构中，Java 应用程序将透明地连接资源。

在三层模型中，用户的 SQL 语句先是被发送到服务的“中间层”，然后由中间层将 SQL 语句发送给数据库。数据库对 SQL 语句进行处理并将结果送回到中间层，中间层再将结果送回给用户，由于三层模式在性能上有优势，越来越多的数据库应用程序已经往三层或多层模型发展。

7.7 小　　结

本章通过对 T-SQL 语言、游标、存储过程和触发器的相关概念及应用的介绍，让读者对数据库编程有了基本的了解，为数据库编程奠定了一定基础。

SQL 是关系型数据库的标准语言，在 SQL Server 中使用的是 T-SQL 语言。本章详细介绍了 T-SQL 提供的编程结构的基本概念和特点，介绍了这些编程结构编写程序的基础知识。本章还介绍了目前几种主流的访问技术，阐述了其基本概念。ODBC 是一个底层接口，是由 Microsoft 开发和定义的一种访问数据库的应用程序接口标准，ADO 和 ADO. NET 是两种不同的高级数据库访问技术，ADO 适用于本地数据库，而 ADO. NET 适用于分布式应用程序。JDBC 是一种低级 API，它定义了 Java 语言通 SQL 数据之间的程序设计接口。JDBC 在 Web 和 Internet 应用程序中的作用和 ODBC 在 Windows 系列平台应用程序中的作用类似。通过学习，读者应该对 SQL Server 的编程逻辑有着清楚的认识、能够胜任复杂的数据查询和修改工作。

习 题

1. T-SQL 语言的三种类型分别是哪些?
2. 什么是批处理,如何标识多个批处理?
3. 流程控制语句包括哪些语句,它们各自的作用是什么?
4. 使用存储过程的主要优点是哪些?
5. 实际操作题

(1) 用动态 SQL 创建表 worker,以工人编号为主键详细要求参考如下表格。

(2) 用动态 SQL 给表 worker 中插入表格 2 中的数据。

(3) 用嵌入式 SQL 查询工人编号为"11080303"的工人姓名、地址和工资。

(4) 用嵌入式 SQL 查询由主变量指定的工人编号为"11080303"的工人姓名、地址和工资。

(5) 用嵌入式 SQL 将工人编号为"11080304"的职位修改为"经理助理"。

(6) 用嵌入式 SQL 删除由主变量指定的工人编号为"11080302"的工人信息。

(7) 用嵌入式 SQL 中的游标显示所有工人的姓名、职位和工资。

备注:此作业要求先搭建一个应用系统,创建一个窗口,各个功能通过按钮实现,返回是否执行成功,并把返回的数据显示在数据窗口中。

列名	数据类型	是否为空	备注
number	char(8)	否	工人编号
name	char(8)	否	姓名
sex	char(2)	否	性别
birthday	datetime	否	出生时间
Job_title	char(12)	是	职位
salary	decimal(7,2)	否	工资
memo	Varchar(255)	是	备注信息

number	name	sex	birthday	Job_title	salary	address
11080301	张小飞	男	1981/10/12 15:32	总经理	6 000.36	山东_淄博
11080302	李兵	男	1979/11/12 5:36	销售总监	5 666.66	山西_太原
11080303	张磊	男	1995/1/12 21:06	职员	5 000	null
11080304	刘青	女	1995/9/12 1:06	秘书	3 000.36	陕西_渭南
11080305	张媛媛	女	1990/9/12 1:06	职员	3 666	山东_聊城

6. ODBC 的作用是什么? 简述 ODBC 的体系结构。
7. 简述 ADO 和 ADO.NET 的区别。
8. 简述 JDBC 的特点。

第 8 章

分布式数据库系统概论

计算机网络技术的迅猛发展，极大地拓展了数据库技术应用的广度和深度。在现实世界中，由于地域分散性和管理集中性的实际现状，要求实现地域分散的信息能够互联和共享，实现集中管理。因此在集中式数据库系统基础上发展的分布式数据库系统应运而生。

分布式数据库系统能够满足当今应用系统的需求，适应现代企业、事业单位和政府机构管理的思想和方式，特别是在地域上分散而又在管理上需要相对集中的企业单位，比如大型互联网公司、大型连锁超市、交通运输企业、通信公司等等。因此，分布式数据库技术有广阔的应用背景。

分布式数据库系统是计算机网络技术与数据库技术相互渗透和有机结合的产物，主要研究在计算机网络上如何进行数据的分布和处理。本章我们概述分布式数据库系统，介绍相关的基础知识，主要对分布式数据库系统的概念、结构、功能和特点进行讲解。

8.1 分布式数据库系统的发展

8.1.1 起步成长阶段

20 世纪 70 年代中期，随着数据库应用需求的拓展和信息技术特别是计算机网络与数字通信技术的飞速发展，卫星通信、移动通信、局域网、广域网、Internet 等得到了广泛的应用，集中式数据库已经不能适应这样的环境，分布式数据库系统(Distributed Database System, DDBS)应运而生。由于在地域分散而管理相对集中的集团公司和事业单位中数据经常处于分布状态，这使得每个部门只维护与自己相关的数据，这就很容易形成企业的信息孤岛，而分布式数据库系统的作用就是提供桥梁将这些孤岛联系在一起，将这些子部门的信息通过网络组成一个分布式数据库，或建立一个既能满足各部门独立处理要求又能满足全局应用要求的分布式数据库系统。分布式数据库的结构使企业能够将本地信息数据保存在本地以方便维护，而在需要时也可以存取异地的数据。既实现了各部门的局部控制和分散管理，也实现了整个组织的全局控制和协同管理，从而便于灵活交流和共享，统一管理和使用。

世界上第一个分布式数据库系统 SDD-1(System of Distributed Database)是一家美国计算机公司(Computer Corporation of America, CCA)在 1976—1978 年间设计，并于 1979 年在计算机 DEC-10 和 DEC-20 上实现。

20 世纪 80 年代分布式数据库系统进入成长阶段，主要是两方面原因：一是计算机功能增强、成本下降，各行业纷纷置办计算机，从而有利于实现数据的分布处理；二是计算机网络技术的发展降低了数据网络传输费用，尤其是个人计算机(Personal Computer，PC)、掌上电脑(Personal Digital Assistant，PDA)的普及与计算机局域网的广泛应用，是分布式数据库系统开发与实现的基础条件。

关系数据库的最早设计者之一 C. J. Date(另一位是 E. F. Codd)于 1987 年在"Distributed Database：A Closer Look"中提出完全的、真正的分布式数据库管理系统应遵循的 12 条规则：

① 本地自治性(Local Autonomy)；
② 不依赖于中心站点(No Reliance On Central Site)；
③ 可连续操作性(Continuous Operation)；
④ 位置透明与独立性(Location Transparency And Location Independence)；
⑤ 数据分片独立性(Fragmentation Independence)；
⑥ 数据复制独立性(Replication Independence)；
⑦ 分布式查询处理(Distributed Query Processing)；
⑧ 分布式事务管理(Distributed Transaction Management)；
⑨ 硬件独立性(Hardware Independence)；
⑩ 操作系统独立性(Operating System Independence)；
⑪ 网络独立性(Network Independence)；
⑫ 数据库管理系统独立性(DBMS Independence)。

虽然它们既不是相互独立的，也不是同等重要的，完全实现难度很大，但是这 12 条规则现已被广泛接受，并作为分布式数据库系统的理想目标或标准定义，有助于区分一个真正的、普遍意义上的分布式数据库系统与一个只能提供远程数据存取的系统。在一个远程数据存取的系统中，用户可以操作远程站点上的数据，甚至可以同时操作多个远程站点上的数据。但远程与本地并不是无缝连接的，用户清楚地知道数据是存储在远程站点上的，需要采取相应的操作，他们能感受到远程与本地结合的接缝。然而，在一个真正的、普遍意义上的分布式数据库系统中，远程与本地是无缝连接的，用户几乎完全感觉不到远程与本地结合存在的接缝，即"一个分布式系统应该看起来完全像一个非分布式系统"。

8.1.2　商业应用阶段

20 世纪 90 年代，分布式数据库系统进入商品化应用阶段。为了更好地适应市场应用的需要并扩大市场占有份额，数据库商家不断推出和改进自己的分布式数据库产品。但是要建立并实现分布式数据库系统不仅仅是数据库技术与网络技术的简单结合，而是两种技术的相互凝结和升华。分布式数据库系统虽然基于集中式数据库系统，但却有自己的特色和理论基础。正是因为数据的分布环境造成了许多技术难题，使分布式数据库系统的应用被推迟，至今完全遵循分布式数据库系统 12 条规则，特别是实现完全分布透明性的商用系统仍然难以见到。

当前市场上商品化的数据库系统产品，如 Oracle、Ingres、Sybase、Informix、IBM DB2 等，大都提供了对分布式数据库的支持，但是它们所提供的支持程度不一。新时代的今天，Web2.0 带来的海量数据(网页、搜索引擎等产生的大数据)涌入人们的日常生活，大数据有以下特点：价值密度低、实时数据增加、跃升到 PB(Petabyte，1 PB＝10^{15} B)级别、社交网络普及、非结构化数据增加等。对此，传统的数据库技术已经无法满足人们对大数据的存储和处理需求，人们开始广泛关注新兴的分布式数据库系统，提出了新的分布式大数据组织和管理方式。

例如，Google 设计的 BigTable 用来管理结构化数据，BigTable 利用 Google 分布式文件系统(Google File System，GFS)实现数据的分布式存储和管理，BigTable 适用 PB 级别的数据处理以及上千台计算机的数据分布，具有高可测量行、高可用性、高效性和高可靠性。特别之处，BigTable 不是一个关系型数据库，不支持关联或类似 SQL 的高级查询，而是多级映射的数据结构。它是面向大数据处理、容错性强的自我管理系统，拥有 TB 级的内存和 PB 级的存储能力，读写操作的处理速度可以达到为数百万次每秒。还有，Apache 以 Google Bigtable 为模板开发了开源的分布式数据库 HBase，HBase 利用 Hadoop 的分布式文件系统管理和存储数据。HBase 不同于一般关系数据库，它是一个适合于非结构化数据存储的数据库。其中，Hadoop 是常见的处理大数据的平台，能将大数据进行分布式计算，以 Google 的 Hadoop/MapReduce 为例，工作原理就是将数据进行分割，然后通过多台电脑进行分散处理，再将处理结果统一整合在一起。Hadoop 适用于大量日志数据和交易数据等的处理与分析。

我国对分布式数据库系统的研究大约从 20 世纪 80 年代初期开始，一些科研单位和高等学校先后建立和实现了几个各具特色的分布式数据库系统。如由中国科学院数学研究所设计，由该所与上海科技大学、华东师范大学合作实现的 C-POREL，武汉大学研制的 WDDBS 和 WOODDBS，东北大学研制的 DMU/FO 系统等。他们的工作对我国分布式数据库技术的理论研究和应用开发起到了积极的推动作用。

分布式数据库系统从产生到发展已有 30 多年的历史，许多技术问题被提出并得到解决。从技术角度来看，随着计算机相关学科与数据库技术的有机结合，如面向对象程序设计技术、多媒体技术、并行处理技术、人工智能技术等，将促进分布式数据库系统向面向对象分布式数据库系统、分布式智能库和知识库系统、数据仓库系统等广阔的领域发展。云计算时代的来临必将实现全球分布式云数据库。从应用领域来看，当前的分布式数据库技术已经成熟并得到应用。比如较成熟的办公自动化系统(Office Automation，OA)、计算机辅助设计与制造系统(Computer Aided Design/Manufacturing，CAD/CAM)、计算机集成制造系统(Computer Integrated Manufacturing System，CIMS)、企业资源计划系统(Enterprise Resources Planning，ERP)、供应链管理系统(Supply Chain Management，SCM)、客户关系管理系统(Customer Relation Management，CRM)和商务智能系统(Business Intelligence，BI)等。

8.2 分布式数据库系统的概述

8.2.1 分布式数据库系统的定义

从一般意义上理解分布式数据库系统，它是代表在物理上分散而在逻辑上集中的数据库系统。分布式数据库系统的基本思想是利用计算机网络将地理位置上处于分散而管理控制上需要不同程度集中的多个逻辑单位(通常是集中式数据库系统)连接起来,共同组成一个统一的数据库系统。所以,分布式数据库系统可以看成是计算机网络与数据库系统的有机结合。

在分布式数据库系统中,被计算机网络连接的每个逻辑单位是能够独立工作的计算机,这些计算机称为站点(Site)或场地,也称为结点(Node)。所谓地理位置上分散是指各站点分散在不同的地方,大可以到不同国家,小可以仅指同一建筑物中的不同位置。所谓逻辑上集中是指各站点之间是存在一定关系的,它们是一个逻辑整体,并由一个统一的数据库管理系统进行管理,这个数据库管理系统称为分布式数据库管理系统(Distributed Database Management System, DDBMS)。

在分布式数据库系统中,一个用户或一个应用如果只访问他注册的那个站点上的数据称为本地(或局部)用户或本地应用。如果访问涉及两个或两个以上的站点中的数据,称为全局用户或全局应用。所以分布式数据库系统具有自己独有的特点,也具有与集中式数据库系统相类似的特点。

1. 分布式数据库系统的独有特点

(1) 物理分布性

与集中式数据库系统的最大差别之一,就是分布式数据库系统的数据具有物理分布性。即分布式数据库系统中的数据并不是存储在一个站点上,而是分散存储在由计算机网络连接起来的多个站点上,并且用户感觉不到这种分散存储。

(2) 逻辑整体性

与分散式数据库的最大区别在于分布式数据库的"逻辑整体性"特点。即从物理角度来看,分布式数据库系统中的数据是分散在各个站点中的,但从逻辑角度来看,这些分散的数据在逻辑上却构成一个整体,它们被分布式数据库系统的所有用户(全局用户)共享,并由一个分布式数据库管理系统统一管理,这使得"分布"相对于用户来说是透明的。区别一个数据库系统是分散式还是分布式,只需判断该数据库系统是否支持全局应用。全局应用指的是一个应用所使用的数据涉及两个或两个以上站点的数据。

(3) 站点自治性

站点自治性又称场地自治性,因为各站点上的数据由本地的DBMS管理,具有自治处理能力,完成本站点的应用(局部应用),这是分布式数据库系统与多处理机系统的区别(比较图8-1和图8-2)。虽然多处理机系统也是把数据分散存放于不同的数据库中,但从应用角度来看,这种数据分布与应用程序并没有直接联系,所有的应用程序均由前端机处理,只是对应用程序的执行是由多个处理机进行,这样的系统仍然是集中式数据库系统。

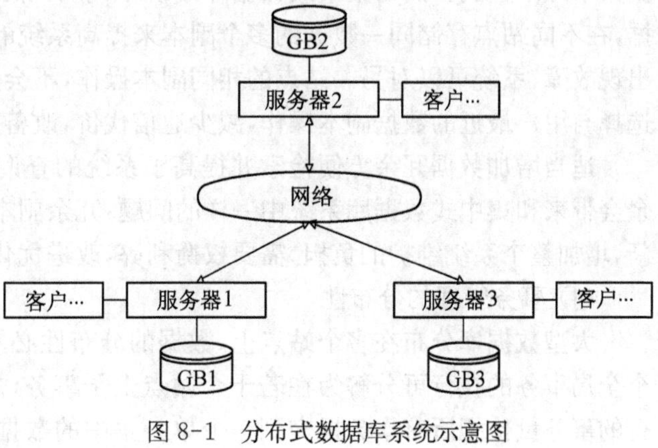

图8-1 分布式数据库系统示意图

除了以上这三个分布式数据库系统的基本特点,由于分布式数据库来源于集中式数据库系统,分布

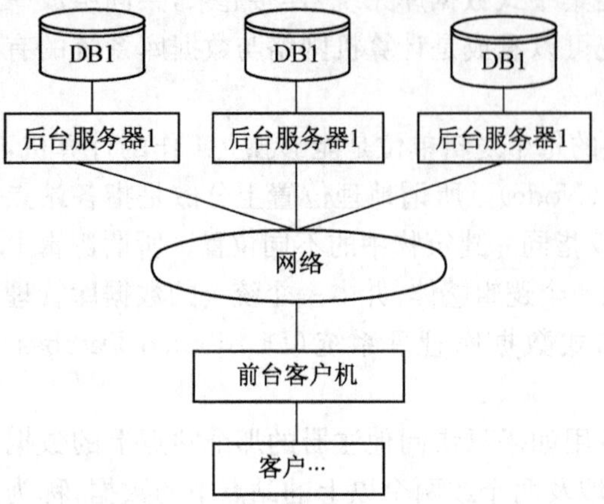

图 8-2 多处理机系统示意图(SN 并行)

式数据库系统还可以得出在数据独立性、数据共享、冗余度、并发控制、完整性、安全性和恢复等方面属于自己的特性和特征。

2. 分布式数据库系统的继承特征

(1) 数据独立性

分布式数据库系统中，除了数据的逻辑独立性与数据的物理独立性外，还有数据的分布独立性，又称分布透明性。分布透明性是指用户不用担心数据的逻辑分片、数据物理位置分布以及重复副本(数据冗余)一致性问题，也不用担心局部站点上的数据库支持哪种数据模型。因此，分布透明性可以归入物理独立性的范围。

分布透明性的优点是：用户的应用程序中的数据可以没有分布，当数据从一个站点转移到另一个站点或增加一些数据的重复副本时均不必更改原应用程序；数据分布的信息由系统存储在数据字典中，用户对非本地数据的访问请求由系统根据字典予以解释、转换并传送。

(2) 数据共享和控制机制

分布式数据库系统中，数据共享包含局部共享和全局共享两个层次：局部共享，在局部数据库中存储站点上的各用户共享数据，通常是本地用户常用的数据；全局共享，在分布式数据库系统的各个站点都存储以便于其他站点的用户共享的数据，用来支持系统的全局应用。

分布式数据库系统采用集中和自治相结合的控制机构。各局部的 DBMS 具有自治功能即独立管理局部数据库，同时，系统设有集中控制机构，协调各局部 DBMS，执行全局应用。然而，不同的系统中集中和自治的程度不尽相同，有些高度自治，有些则高度集中。

(3) 数据冗余度

冗余数据不仅浪费存储空间，而且会造成数据副本之间的不一致性，因此为了保证数据一致性，减少系统的维护代价，减少冗余度是集中式数据库系统的目标之一，该目标通过数据共享可以达到。而与集中式数据库系统不同，分布式数据库系统通过存储必要的冗余数据，在不同站点存储同一数据的多个副本来提高系统的可靠性、可用性和性能。当某一站点出现故障，系统可以对另一站点的相同副本操作，不会造成整个系统的瘫痪。而且系统可以选择与用户最近的数据副本操作，减少通信代价，改善整体性能。

适当增加数据冗余方便检索并提高了系统的查询速度、可用性和可靠性。但是数据冗余会带来和集中式数据库系统中一样的问题：冗余副本之间数据副本不一致，而且不利于更新，增加整个系统维护的负担，需要权衡利弊，改进优化。

(4) 事务管理的分布性

大型数据库分布在多个站点上，数据的分布性必然造成事务执行和管理的分布性。一个全局事务的执行可分解为在若干个站点上子事务(局部事务)的执行。此外，每个站点执行的事务量比把所有事务提交到一个单一集中的数据库时的事务量要小，而且通过将多个查询放在不同站点上分别执行或将一个查询分解成一组查询，以并行执行的方式来实现网间查询和网内查询并行，促使了执行性能的改进。同样，由于数据的分布性使得事务的原子性、一致性、可串行性、隔离性和永久性，以及事务的恢复也都应考虑分布性。

在分布式数据库系统中，全局应用需要涉及两个以上站点的数据，全局事务由不同站点的多个操作组成，因此，分布式数据库系统中各局部数据库不仅要满足集中式数据库的一致性、并发事务的可串行性和可恢复性，还要保证数据库的全局一致性、全局并发事务的可串行性和系统的全局可恢复性。这些都比集中式数据库系统复杂和困难。

8.2.2 分布式数据库系统的分类

分布式数据库的分类没有统一标准，目前较为认同的分类方法有以下两种：一是按照分布式数据库系统的全局控制类型来进行分类；另一种是按照构成分布式数据库的局部数据库管理系统的数据模型来进行分类。另外，还有两种不同的分类方法：一是按照分布式数据库系统的功能分类；二是按照分布式数据库系统的层次分类。

1. 按 DDBS 的全局控制类型分类

(1) 全局控制集中型 DDBS

特点是 DDBS 中的全局控制机制和全局数据字典(Global Data Dictionary, GDD)集中在一个中心站点上，由该站点完成全局事务的协调和局部数据库转换等控制功能。全局数据字典只有一个，也存在该站点上，它是全局数据库管理系统执行控制的主要依据。

虽然集中型的数据库系统简单控制，容易实现更新一致性，但是由于控制集中在中心站点上，不仅容易形成瓶颈而且系统较脆弱，一旦该站点出现故障，整个系统即将瘫痪。

(2) 全局控制分散型 DDBS

特点是全局控制机制和全局数据字典分散在网络的各个站点上，全局数据字典也在各个站点上存放一份。这样每个站点都能完成全局事务的协调和局部数据库转换的控制功能，每个站点既是全局事务的参与者又是全局事务的协调者。如图 8-1，一般称这类结构为完全分布的 DDBS。

优点是站点独立，自治性强，单个站点退出或进入系统均不会影响整个系统的运行，但是全局控制的协调机制和一致性的维护都比较复杂。

(3) 全局控制可变型 DDBS

也称主从型 DDBS。在这种类型的 DDBS 中，根据应用的需要，将 DDBS 系统中的站点分为两组站点，一组包含全局控制机制和全局数据字典(可能是部分)，为主站点组，它的每个站点都是主站点；另一组的站点都不包含全局控制机制和全局数据字典，为辅站点组，它的每个站点都是辅站点或从站点。

全局控制可变型 DDBS 介于全局控制集中型 DDBS 和全局控制分散型 DDBS 之间，若主站点组的站点数目等于 1 时为集中型；若 DDBS 中全部站点都是主站点时为分散型。

2. 按局部 DBMS 的数据模型分类

(1) 同构型 DDBS

每个站点的局部数据库的数据模型都是同一类型的(例如都是关系型数据库模型)。它们彼此了解，共同合作处理用户请求。虽然具有相同类型的数据模型，但是不同公司的 DBMS 会导致不同性质的 DDBS 。因此，同构型 DDBS 又分为：同构同质型 DDBS，如果每个站点都采用同一类型(比如都是关系型的)的数据模型并采用相同的 DBMS,则称该分布式数据库系统是同构同质型 DDBS;同构异质型 DDBS,每个站点都采用同一类型的数据模型但采用不同的 DBMS(例如,分别是 Oracle、SQL Sever 等),则称该分布式数据库系统是同构异质型 DDBS。

早期国际上同构型分布式数据库系统主要有:SDD-1,美国 CCA 公司;SYSTEM R,美国 IBM 公司;POREL,德国斯图加特大学;DDM,美国 CCA 公司;SIRIUS-DELTA,法国。

(2) 异构型 DDBS

不同站点的局部数据库可能具有不同类型的数据模型和不同的 DBMS。数据模型的区别是查询处理中的主要问题,而 DBMS 软件的不同是处理访问多站点事务的障碍。站点之间可能彼此互不了解,在合作处理事务的过程中需要实现不同数据模型之间的转换,所以执行起来比较复杂。

早期国际上异构型数据库系统主要有:MULTIBASE,美国 CCA 公司 1981 年研制;LMDAS,美国佛罗里达大学 1984 年开发;DDTS,美国 HDNEYWELL 公司 1978 年研制。

另外,还有一些准分布式数据库系统,这类系统具有某些分布式系统的特征,但又未能实现或达到分布式数据库综合指标的系统,它们基本上是分布式数据库系统的雏形(有的现在已经发展成为分布式数据库系统),主要有:TANDEM 公司的产品 ENCOMPASS 系统;IBM 公司的产品 CICS/ISC 系统;Oracle 公司的产品 SQL * STAR;分布式 Ingres 产品为 Ingres/Star;Applied Data Research(ADR)公司的产品 D-NET;CULLINAAE CORP 的产品 IDMS DD5;International Computer Limited(ICL)公司的 IDMS-DDB50;Siemens AG 公司的 VDS-D;Software AG 公司的 NET-WORK;Sybase 公司的 REPLICATION SERVER 等。

3. 按功能分类

由 R. Peele 和 E. Manning 根据 DDBS 的功能和相应的配置提出,分为以下两种。

(1) 综合型体系结构

设计新的 DDBS 时,可以综合权衡用户需求,采取自上而下的设计方法设计完整的 DDBS,并把系统的功能按照一定的策略分期配置在分布式环境中。

(2) 联合型体系结构

在原有的 DBMS 基础上建立分布式 DDBS,按照 DDBS 的类型又分为同构型 DDBS 和异构型 DDBS。

4. 按层次分类

由 S. Deen 提出,按照层次结构将 DDBS 体系结构分为单层(SL)和多层(ML)。

单层模型是一种基于主机/终端模式的计算机模型,在这种模型中几乎所有的计算和处理都由主机来完成,终端只是作为一种显示、输入和输出设备。这种模式结构简单、管理方便、安全性好。

多层结构主要有两层和三层结构,客户/服务器结构是常用的两层结构,即系统分成客户端和服务器端两部分。三层结构将数据库应用的三个部分:表示逻辑、业务逻辑、数据访问逻辑清晰的映射为实现上的三层,分别称之为客户(表示层)、应用服务器(业务逻辑层)、数据库服务器(数据服务层)。与两层结构相比,最大的区别是将业务逻辑部分明确的划分出来。

8.3 分布式数据库系统的结构

随着计算机软件系统规模的不断扩大和复杂程度的日益提高,体系结构模式对于软件系统的性能影响越来越大。选择和设计合理的体系结构模式可以说比算法设计和数据结构设计更为关键,分布式数据库系统亦是如此。

8.3.1 分布式数据库系统的体系结构

一个系统的体系结构也称总体结构。包括介绍该系统的总体构架,定义整个系统的各组成部分及它们的功能,定义系统各组成部分之间的相互关系。在集中式数据库系统中,除了计算机系统本身的硬件和软件(包括操作系统、语言及语言编译程序、其他应用程序)外,主要组成成分有:数据库(DB),数据库管理系统(DBMS)和数据库管理员(DBA)。分布式数据库系统在此基础上扩充:数据库分为局部数据库和全局数据库;数据库管理系统分为局部数据库管理系统和全局数据库管理系统;数据库管理员也有局部数据库管理员和全局数据库管理员之分。如图 8-3 是分布式数据库系统体系结构的示意图。

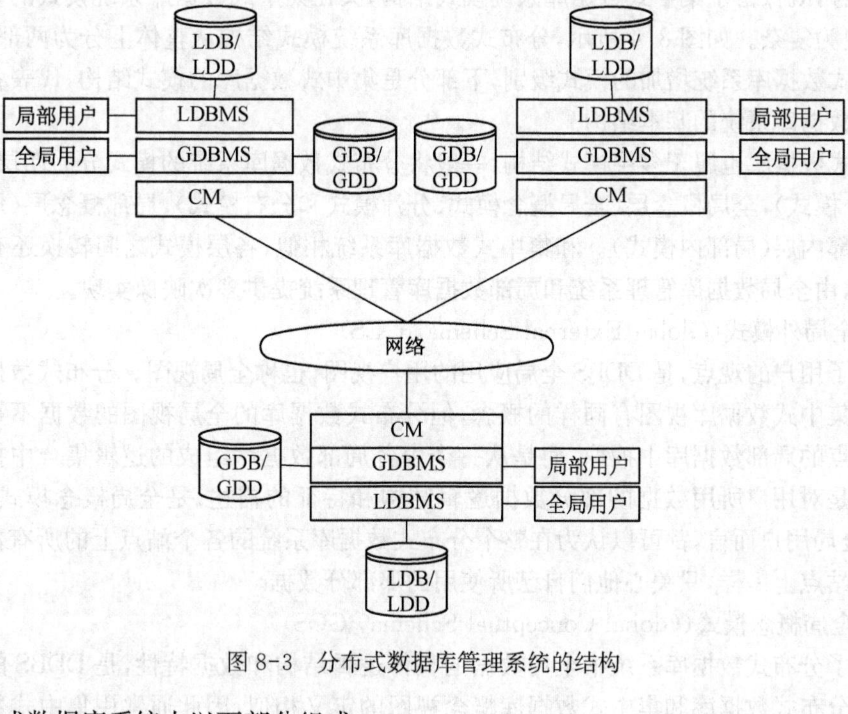

图 8-3 分布式数据库管理系统的结构

分布式数据库系统由以下部分组成:

① 多台计算机设备,并由计算机网络连接。

② 计算机网络设备,网络通信的一组软件。

③ 分布式数据库管理系统。包括 GDBMS、LDBMS、CM,除了具有全局用户接口外,还可能具有自治站点用户接口(由站点 DBMS 链接),并持有独立的站点目录/词典。

④ 分布式数据库(DDB)。包括全局数据库(GDB)和局部数据库(LDB)。

⑤ 分布式数据库管理员。包括全局数据库管理员(GDBA)和局部(或自治站点)数据库管理员(LDBA)。

⑥ 分布式数据库系统软件文档。是一组和软件相配合的软件文档及系统的各种使用说明和文件。

美国国家标准协会中的标准计划与需求委员会制定了一个统一的数据库系统体系结构的规范,即外模式、概念模式、内模式的三层模式结构,后来又出现基于组件、功能、数据的模式结构。

8.3.2　基于三层模式的分布式数据库系统体系结构

集中式数据库系统的模式结构是由内模式、概念模式和外模式三级模式组成。这三级模式结构描述了数据库数据的三个抽象级别,把数据的具体组织留在数据库管理系统中管理,用户能抽象处理数据,不用担心数据在计算机中的表示和存储方式。数据库管理系统为三级模式提供两次映像以便于三级模式之间的转换,分别是外模式/概念模式映像和概念模式/内模式映像。

分布式数据库在集中式数据库的基础上发展,它是计算机网络连接中的集中式数据库的逻辑集合,既保留了集中式数据库系统模式结构,又在集中式数据库系统模式的基础上扩展,结构更为复杂。如图 8-4 所示,分布式数据库系统模式结构从整体上分为两部分:上部分是分布式数据库系统增加的模式级别,下部分是集中式数据库的模式结构,代表各局部站点上局部数据库系统的基本结构。

分布式数据库也属于多层模式结构,一般将分布式数据库系统的模式分为四层:全局外层(全局外模式),全局概念层(全局概念模式、分片模式和分布模式),局部概念层(局部概念模式),局部内层(局部内模式)。和集中式数据库系统相似,各层模式之间转换还有相应的层次映射,由全局数据库管理系统和局部数据库管理系统提供多次映像实现。

(1) 全局外模式(Global External Schema, GES)

代表了用户的观点,是 DDBS 全局应用的用户视图,也称全局视图。分布式数据库的全局视图与集中式数据库视图有同样的概念,但分布式数据库的全局视图的数据不是从某一个具体站点的局部数据库中抽取,而是从一个由各局部数据库组成的逻辑集合中抽取。全局外模式是对用户所用数据的部分数据逻辑结构和特征的描述,是全局概念模式的子集。然而,对全局用户而言,都可以认为在整个分布式数据库系统的各个站点上的所有数据库都如同在本站点上一样,只关心他们自己所使用的那部分数据。

(2) 全局概念模式(Global Conceptual Schema, GCS)

定义了分布式数据库系统中全局数据的整体逻辑结构和数据特性,是 DDBS 的全局概念视图。分布式数据库和集中式数据库概念视图的定义相似,因此通常用集中式数据库定义概念模式的方法定义全局概念模式。为了方便将全局概念模式中所用的数据模型向其他模式映像,全局概念模式由一组全局关系的定义组成。但是,定义全局模式中所用的数据模型应该方便于定义该分布式数据库其他各层的映像,为此,一般采用关系数据模型。采用关系模型的全局概念模式由一组全局关系的定义(如关系名、关系中的属性、每一属性的数据类型和长度等)和完整性定义(关系的主码、外码及完整性约束条件等)组成。

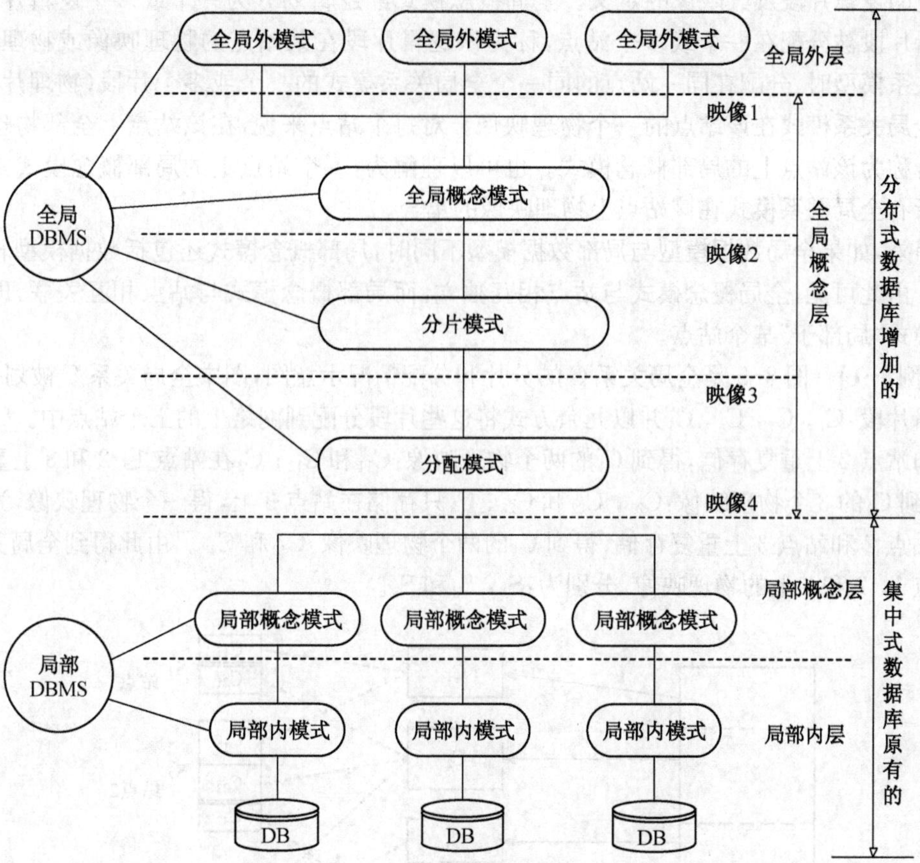

图 8-4 分布式数据库系统的模式结构示意

(3) 分片模式(Fragmentation Schema，FS)

描述了全局关系的逻辑划分视图，是全局关系逻辑结构根据某一条件的划分，每一个划分称为一个片段，即分片。在关系型分布式数据库中，每个全局关系可以通过选择和投影这样的关系操作被逻辑划分为若干个片段，即“数据分片”。分片模式描述数据分片、定义片段以及全局关系到片段的映像。这种映像是一对多的，一个全局关系可以对应多个片段，但一个片段只来自一个全局关系。

(4) 分配模式(Allocation Schema，AS)

描述了局部逻辑的局部物理结构，是划分后的片段的物理分布视图。由数据分片得到的片段仍然是分布式数据库的全局数据，每一片段在物理上可定位(分配)于计算机网络的一个或多个站点中。分配模式定义各个片段到站点的映像类型(冗余、非冗余及冗余程度)，即分布模式定义片段的存放站点。分配模式的映像类型确定了分布式数据库的冗余情况，若映像是一对一的，则是非冗余的；若映像为一对多的，则是冗余的，即一个片段可以分配在多个站点存放。冗余程度描述片段映像到站点的个数，每个片段映像的冗余程度可以根据需要而定，不尽相同。

(5) 局部概念模式(Local Conceptual Schema，LCS)

一般来说，局部概念模式是全局概念模式的子集，是全局概念模式被分段和分配在局部站点上的逻辑片段及其映像的定义。全局概念模式经逻辑划分为一个或多个逻辑片段，每个逻辑片段被分配在一个或多个站点，称为该逻辑片段在某站点的物理映像或物理片段。采用关系模型时，分配在同一站点的同一个全局关系模式的一个或多个片段（物理片段）构成该全局关系模式在该站点的一个物理映像。对每个站点来说，在该站点上全部物理映像的集合称为该站点上的局部概念模式。也可以理解为，一个站点上的局部概念模式是该站点上所有全局关系模式在该站点上物理映像的集合。

另外，如果全局数据模型与局部数据模型不同时，局部概念模式还包括数据模型转换的描述。由此可见，全局概念模式与站点相互独立，而局部概念模式与站点相互关联，即局部概念模式"局部于"某个站点。

【例 8-1】 图 8-5 是全局关系 C 的分片和分配情况示意图，图中全局关系 C 被划分为 4 个逻辑片段：C_1，C_2，C_3，C_4 并以冗余方式将这些片段分配到网络上的三个站点中。C_1 在站点 1 和站点 2 上重复存储，得到 C_1 的两个物理映像：C_{11} 和 C_{12}；C_2 在站点 1，2 和 3 上重复存储，得到 C_2 的 3 个物理映像：C_{21}，C_{22} 和 C_{23}；C_3 只存储在站点 3 上，得一个物理映像，为 C_{33}；C_4 在站点 2 和站点 3 上重复存储，得到 C_4 的两个物理映像：C_{42} 和 C_{43}。由此得到全局关系 C 在站点 1，2 和 3 上的物理映像，分别为：S_1，S_2 和 S_3。

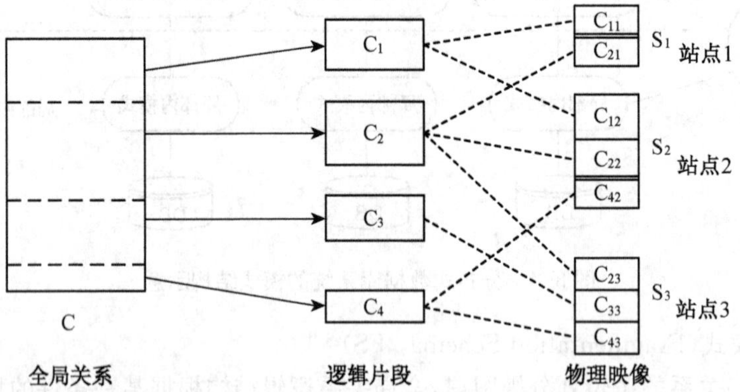

图 8-5　全局关系 R 的逻辑片段与物理映像

同一个逻辑片段在不同站点上的物理映像相同，且其中一个为正本，其他为它的副本。例如，C_2 有 3 个相同的物理映像 C_{21}，C_{22} 和 C_{23}；C_{21}，C_{22} 是 C_{23} 的副本，或 C_{22}，C_{23} 是 C_{21} 的副本，或 C_{23}，C_{21} 是 R_{22} 的副本。

（6）局部内模式（Local Internal Schema，LIS）

局部内模式是分布式数据库系统中关于物理数据库的描述。与集中式数据库中的内模式相似，但其描述的内容不仅包含只局部于木站点的数据的存储描述，还包括全局数据在本站点的存储描述。

在图 8-5 的分布式数据库模式结构图中，全局概念模式、分片模式、分布模式与各站点特征无关，它们并不依赖于各站点上的局部 DBMS 的数据模型。而当全局数据库的数据模型与局部数据库的数据模型不同时，则物理映像与各局部数据库的数据模型之间还必须进行数据模型转换。即使数据模型相同，可能因产品的厂家不同，它们的数据类型和格式也不同，同样需要进行相应转换。这就是说，需要把物理映像转换为本地 DBMS 支持的数据模型和可操作的对象，这种转换(映射)称为本地化映射，由局部映射模式完成。具体的映射关系，由各局部 DBMS 的类型决定在异构分布式数据系统中，由于各站点上数据库的数据模型不同，各站点可拥有不同类型的局部映射模式。

(7) 映像

各层模式之间的联系和转换是由各层模式间的映像实现的。分布式数据库系统中不仅保留了集中式数据库中的局部外模式/局部概念模式和局部概念模式/局部内模式映像，还包括以下：

① 映像 1。定义全局外模式和全局概念模式之间的对应关系。当全局概念模式改变时，只需修改该映像则可以保持全局外模式不变。

② 映像 2。定义全局概念模式和分片模式之间的对应关系。由于一个全局关系可以对应多个片段，因此该映像是一对多的。

③ 映像 3。定义分片模式和分布模式之间的对应关系。即定义片段与站点的对应关系。

④ 映像 4。定义分布模式和局部概念模式之间的对应关系。即定义存储在局部站点的全局关系或其片段与各局部概念模式之间的对应关系。

这种基于三级模式的分层体系结构为理解分布式数据库提供了一种极通用的概念结构，而且分布式数据库中增加的这些模式和相应的映像使分布式数据库系统具有分布透明性。它有三个显著特征：

① 将数据分片和数据分布概念的分离，即形成了“数据分布独立性”的概念。

② 将数据冗余的显式控制，即数据在各个站点上的分布情况在分布模式中一目了然，便于系统管理。

③ 局部 DBMS 的独立性，即允许在不考虑局部 DBMS 的数据模型的情况下来研究分布式数据库管理的有关问题。

通常分布式数据库还支持局部用户和局部应用，而且局部用户定义的数据局部于本站点使用，不参与全局应用。因此，通常局部概念模式实际上还应该包含这些局部数据的局部概念模式和它的子集局部外模式，它们不是来自全局概念模式且由局部 DBA 描述和管理。而且，全局数据在物理上存储在各个站点，但由全局 DBA 管理，由全局 DBA 授权用户访问全局数据库，而局部数据由局部 DBA 管理。

8.3.3 基于组件模式的分布式数据库系统组件结构

分布式数据库系统的这种结构由应用处理器、数据处理器和通信管理器三类处理器组成，如图 8-6 所示。

(1) 应用处理器(Application Processor, AP)

应用处理器用于完成分布式数据库处理，比如访问多个站点的请求，查询全局字典中的分布信息等。主要包含用户接口、语义数据控制器、全局查询处理器、全局执行监控器(全局事务管理器)，功能分别如下：

① 用户接口：检查用户身份，接受用户命令(SQL 等)。

② 语义数据控制器：视图管理、安全控制、语义完整性控制(全局概念模式)。约束全部定义在数据字典或元数据。

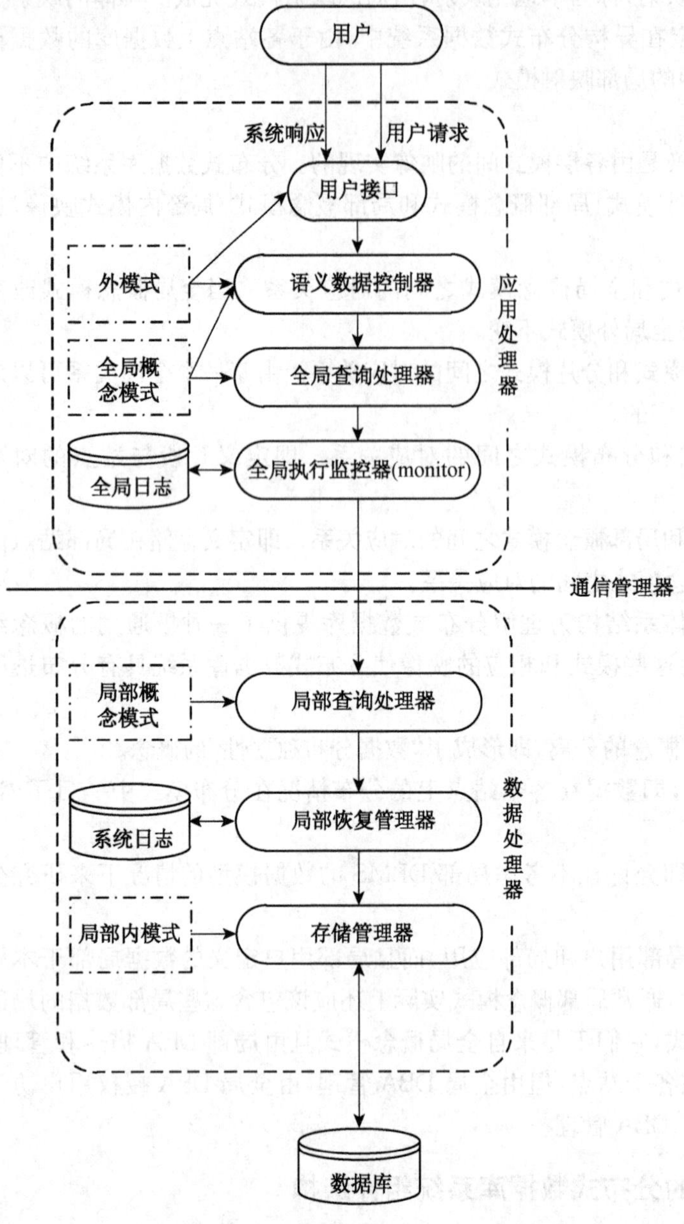

图 8-6　分布式数据库系统的组件结构示意

③ 全局查询处理器：将用户命令全部转换为数据库命令，生成全局查询的分布执行计划。收集局部执行结果并反馈给用户。

④ 全局执行监控器(全局事务管理器)：调度协调、监控应用处理器和数据处理器之间的分布执行，保证复制数据的一致性，保证全局事务的原子性。

(2) 数据处理器(Data Processor，DP)

数据处理器负责数据管理，类似于一个集中式数据库管理系统(DBMS)，主要包括局部查询处理器、局部恢复管理器、运行支持处理器(存储管理器)和本地执行监控器，功能分别如下：

① 局部查询处理器：实现局部命令到局部命令的转换，访问路径选择，选择最好的路径执行。

② 局部恢复管理器：维护本地数据库一致性的故障恢复。

③ 运行支持处理器(存储管理器)：按照调度命令访问数据库；控制数据库缓存管理；返回局部执行结果；保证自事务执行的正确性。

④ 本地执行监控器：在本地数据处理器中，执行分布式执行策略中与本地站点有关的部分。当执行策略的某部分在该数据处理中完成执行或出现故障时，本地执行处理器自动通知全局执行监视器。

(3) 通信管理器(Communication Processor，CP)

负责分布式数据库系统中各站点之间的通信。应用处理器和数据处理器所在站点之间的信息传送都需要通信管理器来实现。通信管理器使用一组通信协议来正确利用通信设施为分布式数据库系统提供可靠的通信服务，分布式数据库系统基于通信设施可以是点对点的公用网,局域网或者是两者组合。

8.4　分布式数据库管理系统

8.4.1　分布式数据库的主要功能与组成

分布式数据库管理系统(DDBMS)是对数据进行管理和维护的一组软件,是分布式数据库系统的重要组成部分,也是用户和分布式数据库的接口。

1. 分布式数据库的主要功能

① 提供全局和局部数据库模型。

② 提供全局和局部数据描述语言。

③ 提供全局和局部数据操纵语言。

④ 目录(数据字典)管理。

⑤ 分布式查询。

⑥ 分布式事务管理。

⑦ 并发事务控制。

⑧ 支持数据完整性。

⑨ 支持数据的恢复。

⑩ 通信管理。

这里给出一种 DDBMS 的结构,如图 8-7 所示,分析它的主要成分和功能。

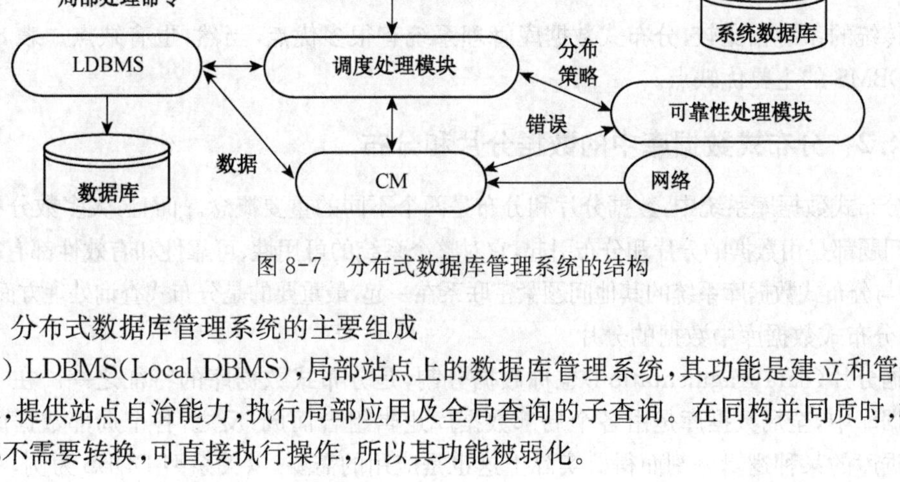

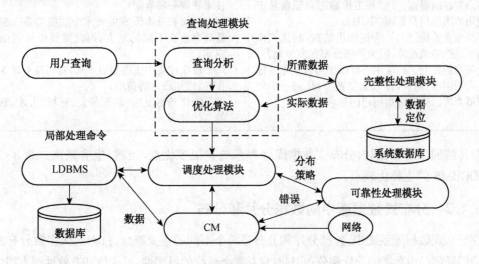

图 8-7　分布式数据库管理系统的结构

2. 分布式数据库管理系统的主要组成

(1) LDBMS(Local DBMS),局部站点上的数据库管理系统,其功能是建立和管理局部数据库,提供站点自治能力,执行局部应用及全局查询的子查询。在同构并同质时,模式和操作都不需要转换,可直接执行操作,所以其功能被弱化。

(2) GDBMS(Global DBMS),全局数据库管理系统,主要功能是提供分布透明性,协调全局事务的执行,协调各局部 DBMS 以完成全局应用,保证数据库的全局一致性。执行并发控制,实现更新同步,提供全局恢复功能等。

(3) 全局数据字典(Global Data Directory, GDD),存放全局概念模式、分片模式、分布模式的定义以及各模式之间映像的定义,存放有关用户存取权限的定义,以保证用户的合法权限和数据库的安全性,存放数据完整性约束条件的定义,其功能与集中式数据库的数据字典类似。

(4) 通信管理(Communication Management, CM),通信管理系统在分布式数据库各站点之间传送消息和数据,对不同的通信网络都遵循一组网络协议,以保证站点之间完成通信服务。

表 8-1　分布式 DBMS 的优缺点

优　点	缺　点
• 数据存放在事件最需要的地方。 • 终端用户能快速访问数据。 • 不同地方都能快速处理数据并传到系统。 • 新节点能在不影响其他节点的情况下加到网络。 • 提高通信,尤其在局域网中的客户和公司员工通信很好。 • 减少操作代价,增加工作站到网络中比更新主机系统成本更低,完成操作更便宜且在低成本的 PC 上比在主机上更快。 • 用户友好的界面。PC 和工作站通常配备易于使用的图形用户界面(GUI)。 • 减少单点故障。当一个终端出错时,其他工作站可以弥补该故障,因为数据分布在多个地方。 • 处理器的独立。终端用户可以访问数据库的任一可用副本,而且,在数据位置上,任何一个处理器都可以处理终端用户的请求	• 管理和控制的复杂性。应用层必须找到数据的位置,并要把不同地点的数据整合在一起,由于数据的异常,数据库管理员也必须要能协调数据库活动,防止数据库退化。 • 技术的困难性。如数据库完整性、数据库安全性、事务管理、并发控制、查询优化、备份恢复、访问路径等都必须解决。 • 安全性。数据位于多个站点,不同地方的不同人共享,安全性可能降低。 • 应用层缺乏标准(不同的数据库厂商采用不同的技术管理分布数据)。 • 增加存储和基本设施的要求。数据的多个副本需要存放在不同的地方,因此需要额外的磁盘空间。 • 培训成本比集中式模型成本高,有时甚至减少操作性,增加硬件的费用。 • 需要操作基本设施(物理位置、环境、人才、软件等),代价高

与传统的系统相比较,分布式数据库管理系统有很多优点,当然,也有缺点。表 8-1 概括了 DDBMS 的主要优缺点。

8.4.2　分布式数据库中的数据分片和分布

在分布式数据库系统中,数据分片和分布是两个不同的重要概念。而且,大多数分布式数据库的问题都是由数据的分片和分布引起,它对整个系统的可用性、可靠性和有效性都有很大影响,同时与分布式数据库系统的其他问题紧密联系在一起,最重要的是分布式查询处理方面。

1. 分布式数据库中数据的分片

数据分片(data fragmentation)也称数据分割,是分布式数据库的特征之一。在一个分布式数据库中,全局数据库是由各个局部数据库逻辑组合而成;反之,各个局部数据库是由全局数据库的某种逻辑分割而得。实际上这也是应用的需要,以关系型 DDBS 为例,一个关系描述了某些数据之间的逻辑相关性，但是，因为不同站点的用户需要该关系中的元组可能不同。例如，某个关系中的元组是与地区有关。上海站点的用户关心、需要的是有关“上海”的那些元组，而北京站点的用户关心、需要的是有关“北京”的那些元组等。这就需要对这个关系进行分割，并将分割后得到的各部分元组，称为该关系的逻辑片段(fragments)，存放在相应的站点上。这样处理将各得其所，可以大大减少网络上的通信，从而提高系统的响应效率。

在分布式数据库中，数据存放的单位是数据的逻辑片段。对关系型数据库来说，一个数据的逻辑片段是关系的一部分。数据分片有三种基本方法，它们是通过关系代数的基本运算来实现的。

(1) 水平分片

按特定条件把全局关系的所有元组分划成若干个互不相交的子集，每一子集为全局关系的一个逻辑片段，简称片段口，它们通过对全局关系施加选择运算得到，并可通过对这些片段执行合并操作来恢复该全局关系。

(2) 垂直分片

把全局关系的属性集分成若干子集。为得到这些子集，对全局关系作投影运算，要求全局关系的每一属性至少映射到一个垂直片段中，且每一个垂直片段都包含该全局关系的码。这样，可以通过对这些片段执行连接操作来恢复该全局关系。

(3) 混合分片

由上述三种分片方式得到的片段继续按另一种方式分片。可以先水平分片再垂直分片，或先垂直分片再水平分片，但它们的结果大不相同。

(4) 导出分片

是指导出水平分片，即水平分片的条件不是本身属性的条件而是其他关系属性的条件。

在定义各类片段时要遵守如下规则：

① 完备性条件：必须把全局关系的所有数据映射到各个片段中，绝不允许有属于全局关系的数据却不属于它的任何一个片段。

② 可重构条件：必须保证能够由同一个全局关系的各个片段来重建该全局关系。对于水平分片可用并操作重构全局关系，对于垂直分片可用连接操作重构全局关系。

③ 不相交条件：要求一个全局关系被分割后所得的各数据片段互不重叠(对水平分片)或只包含主码重叠(对垂直分片)。

2. 分布式数据库中数据的分布

数据分布(Data Distribution)是分布式数据库的又一特征。所谓数据分布是指分布式数据库中的数据不是存储在一个站点的计算机存储设备上，而是根据需要将数据划分成逻辑片段，按某种策略将这些片段分散地存储在各个站点上。数据分布的策略有以下几种。

(1) 集中式

所有数据片段都安排在同一个站点上。这种分布策略因系统的数据都存放在同一个站点上，对数据的控制和管理都比较容易，数据的一致性和完整性能够得到保证。但由于对数据的检索和修改都必须通过这个站点，使这个站点负担过重，系统对这个站点的依赖性过多。一则容易出现瓶颈，二则一旦这个站点出现故障，将会使整个系统崩溃，系统的可靠性较差。为了提高系统的可靠性，该站点的设施就要提高。

(2) 分割式

所有数据只有一份,它被分割成若干个逻辑片段,每个逻辑片段被指派在某个特定的站点上。这种分布策略可充分利用各个站点上的存储设备,数据的存储量大。在存放数据的各个站点上可自动地检索和修改数据,发挥系统的并发操作能力。同时,由于数据是分布在多个站点上,当部分站点出现故障时,系统仍能运行,提高了系统的可靠性口对于全局查询和修改,所需的时间会比集中式长些,因为数据不在同一站点上,需要进行通信。

(3) 复制式

全局数据有多个副本,每个站点上都有一个完整的数据副本。采用这种策略的系统可靠性高,响应速度快,数据库的恢复也较容易,可从任一站点得到数据副本。但是要保持各个站点上数据的同步修改,将要付出高昂的代价。另外,整个系统的数据冗余很大,系统的数据容量也只是一个站点上数据库的容量。

(4) 混合式

全部数据被分为若干个子集,每个子集安置在不同的站点上,但任一站点都没有保存全部的数据,并且根据数据的重要性决定各个子集的副本的多少。这种分布策略,兼顾了分割式和复制式的做法,也获得了两者的优点,它灵活性好,能提高系统的效率,但同时也包括了两者的复杂性。

8.5 分布式数据库系统的主要技术及应用

分布式数据库系统主要涉及分布式数据库设计、分布式查询和优化、分布式事务管理和恢复、分布式并发控制、分布式数据库的可靠性、分布式的安全性等主要技术。在分布式数据库系统的应用中,主要讲解分布式数据库在移动通信行业、银行业、交通运输业等行业的应用。

8.5.1 分布式数据库系统的主要技术

1. 分布式数据库设计

分布式数据库设计方法要比集中式数据库系统的设计困难,设计方法也包括自顶向下和自底向上方法。设计者在理解用户的数据库应用需求和分布要求的基础上,将其转化为形式规格说明。设计者将概念设计、全局逻辑设计、分布设计、局部逻辑设计和物理设计阶段。

2. 分布式查询和优化

在分布式数据库系统中有三类查询:局部查询、远程查询和全局查询。局部查询和远程查询都只涉及单个结点上的数据(本地的或远程的),所以查询优化采用的技术就是集中式数据库的查询优化技术(代数优化和非代数优化)。全局查询涉及多个结点的数据,因此查询处理和优化要复杂得多,下面要讨论的是全局查询处理和优化涉及的问题,优化的目标及连接查询的优化方法。

为了执行全局查询和确定一个好的查询处理策略,要做许多判断、计算工作,但总体上可分为三类。

(1) 查询分解

对于全局查询必须把它们分为若干子查询,每个查询只涉及某一结点的数据,可以由局部 DBMS 处理。在分布式数据库中一个关系可分为若干逻辑片段,这些片段又可以在系统的多个结点上存放。所以,对一个查询中所涉及的关系需要确定一个物理片段,选择不同的物理片段执行查询操作会直接影响查询执行的效率。因此必须选择查询开销最省的那些物理片段。

(2) 选择操作执行的次序

主要是确定连接和并操作的次序,其他的操作顺序是不难确定的,例如,选择和投影操作总是应尽量提前执行。这个原则和集中数据库中代数优化的策略相同。但是,涉及不同结点上关系的连接和并操作的次序是必须认真考虑的。

(3) 选择执行操作的方法

这包括将若干操作组合在对数据库的一次存取中执行;选择可用的存取路径(如索引)以及选择某一种算法等问题。连接(Join)是查询中最费时的操作,因此连接的执行方法是研究的重点。在分布式数据库中连接查询的优化可以采取两种策略,一种是通过半连接(Semi-Join)操作减少关系元组数,从而降低站点之间的数据传输量;另一种是不采用半连接,而是完全在连接的基础上执行查询处理的直接连接优化。

3. 分布式事务管理和恢复

分布式数据库依然满足事务的原子性、一致性、隔离性和持久性。但是分布式数据库在事务管理过程中会遇到不同的问题,例如,需要保证同一数据多个副本一致性、单点故障的恢复管理等问题、通信网络故障的恢复管理问题等。

4. 分布式并发控制

以集中式数据库中的并发控制技术为基础,解决多个分布式事务对数据并发执行的正确性。主要包括死锁处理、分布式数据库并发控制的时标技术、多版本技术等。

5. 分布式数据库的可靠性

可靠性是指分布式数据库在一个给定的时间间隔内不产生任何失败的概率,强调分布式数据库的正确性。一个可靠性高的系统要求故障少、容易修复或修复快。分布式数据库的可靠性协议可以保证在分布式数据库上执行的分布式事务的原子性和持久性。

6. 分布式数据库的安全性

分布式数据库系统具有物理上分散而逻辑上集中的特征。计算机网络是实现地理位置分散而需要集中管理和控制的多个逻辑单位连接起来的途径。网络安全因素也是分布式数据库的安全因素。单站点故障、网络故障、管理制度的不完善、人为攻击等引起的安全问题等都是影响数据库的安全,因此需要建立安全数据模型、设定有效的访问控制机制、建立多级安全数据库、数据加密等措施。

8.5.2 分布式数据库系统的主要应用

1. 移动分布式数据库系统

移动计算是在无线技术和分布式数据库技术的发展过程中出现的一种新的技术,移动计算环境促进了无线技术与分布式数据库应用的融合,形成移动分布式数据库系统。移动数据库技术配合无线定位技术,可以用于智能交通管理、大宗货物运输管理和消防现场作业等。

2. 连锁超市分布式数据库系统

大型超市的业务不断地扩大，连锁超市运营需要有一个结合地理位置和资源数据库的连锁超市管理系统。由于连锁超市位于不同的城市或不同的地区，地理位置的不同造成了商品数据、销售数据、管理数据的分散。各连锁超市在业务上独立处理各自的数据。同时可以彼此进行数据的交换和处理。连锁超市管理系统的后台数据库就是分布式数据库，只有分布式数据库才能支持连锁超市的管理和业务系统的运行。

3. 银行管理分布式数据库系统

银行业的发展在经济全球化的大背景下，由于计算机系统计算能力的飞速提升，海量数据的处理以及银行地理位置的分散造成了业务数据的分散，则需要采用分布式数据库技术来解决各类数据信息的存储和管理问题。

8.6 小　结

随着数据库技术和网络技术的进步，分布式数据库技术也得到了长远发展。分布式数据库系统以集中式数据库系统技术为基础，但不是集中式数据库简单地联网就能实现，分布式数据库系统具有自己的性质和特征。本章主要介绍分布式数据库系统的基本概念、主要问题以及解决问题所采用的基本技术和方法，并简单介绍了分布式数据库在各个行业的应用。

分布式数据库非常成功，但是在获得灵活性和理论上的能力之前，仍然有一段很长的路要走。复杂的分布式数据库环境将增加标准协议的紧迫性，需要用这些协议来管理事务处理、并发控制、完全性、备份、恢复、查询优化和访问路径的选择，等等，这些问题必须找到并得到解决。

习　题

1. 数据库系统和分布式数据库系统之间的联系与区别。
2. 简述分布式数据库的特点。
3. 简述分布式数据库系统的优点。
4. 简述分布式数据库系统的模式结构。
5. 数据分片的定义，分类与优点。
6. 分别解释同构型 DDBMS 和异构型 DDBMS 的定义。
7. 简述分布透明性。
8. 不同层次分布透明性的应用。

第 9 章

数据仓库与商务智能

在信息时代的今天，数据俨然成为了信息时代的关键原始材料，数据的存储及应用成了众多学者、企业，研究关注的焦点。数据的良好存储及利用成为企业的另一项重要资源与财产。对于较多企业来说，能够从数据中得到良好的信息，将成为企业成败的关键。

商务智能(Business Intelligence, BI)是支持实践决策和软件工具结合的集合，用于支持当今全球化、新兴市场、快速变化的需要。BI 包括工具和技术，如数据仓库和联机分析处理(Online Analytical Processing, OLAP)，从公司的全面角度对数据及分析进行关注。

商务智能的设计是为了更好地服务于企业的决策制定过程。然而随着信息要求的复杂性和范围日益的增长，人们发现在运营数据库中提取相应需要的数据很难，不能满足商务智能设计的根本要求。因此，新的存储模式数据仓库应运而生。数据仓库从运营系统中获取数据，将数据整理形成更为合理的数据池。

和数据仓库一起诞生的还有新型的分析与展示功能。OLAP 提高数据分析和演示工具(包括多维数据分析)。数据挖掘实现了应用统计工具的应用，通过数据仓库和其他资源，分析现有的有用信息来确定可能的关系与异常，支持企业的近期与远期决策。

本章探索商务智能和决策支持的主要概念和组件。结合实例对数据仓库的设计的过程进行介绍。

9.1 商务智能的需求

随着对环境更好地理解，组织逐渐发展和繁荣。大多数管理者都希望能追踪日常事务，评估业务运行。通过运营数据库，可以开发策略满足目的。另外，数据分析还提供短期营销策略评估，比如我们现在实施促销有用吗？我们实施这个战略对企业近几年的影响是什么？我们的顾客群具有哪些共同点？这些均可以通过数据的分析与挖掘实现。将数据的分析用于商务分析中，将有助于企业实施商务智能。

从竞争优势创建角度讲，企业的管理者是通过产品的开发和维护、服务、市场占有、销售增长等方面建立自身的竞争优势。同时管理者需要根据动态信息，需要对市场的变化迅速做出反应，以使自身能够更好地维护自身的竞争优势。如何通过数据信息快速掌握市场数据变换信息，对企业来说尤为重要。

不同的管理级别需要不同决策分析需求。例如，事务处理系统，基于运营数据库，设计为服务人们处理短期清单、账单支持和采购的信息需求。中层管理者、总经理、副总裁和总裁集中于各种战略及运营管理需求。这些管理者均需要对其所有决策的信息数据进行分析，以减少其的决策复杂性，进而促进管理者的决策。

目前商务智能在各行各业均得到了较好的运用，如铁路、教育、卫生保健和金融等，股票的投资经理可以通过对购买股票人员特征信息，选择新的股民作为其目标客户；期货的操作者可以根据世界上相关行业的波动信息分析期货价格；医院可以根据病人的一些理化信息分析病人的病痛；超市可以根据顾客的购买习惯分布其布货；等等，可以说商务智能目前已充斥于我们生活的方方面面。在这个时代里，大数据的商务智能也开始兴起，你可以发现自己打开电脑时，相关广告会推荐你最近浏览过的商品，同时还会包含你可能会购买的类似产品比较。

9.2 商务智能简介

9.2.1 商务智能理论发展

商务智能（Business Intelligence, BI）的发展经历了一个复杂的渐进过程，先后演变的系统包括事务处理系统（Transaction Processing System, TPS）、主管信息系统（Executive Information System, EIS）、管理信息系统（Management Information System, MIS）、决策支持系统（Decision Support System, DSS）等。其中关系数据库系统、数据仓库、数据挖掘、分析型应用软件、地理信息系统、管理信息系统、决策支持系统等都是重要的里程碑。

1989 年 Gartner Group 的分析师 Howard Dresner 最早提出商务智能的理念，他将商务智能描述为由数据仓库（或数据集市）、查询、报表、数据分析、数据挖掘、数据备份和恢复等技术组成，用于辅助企业决策的应用。随后在 1996 年 Gartner 集团正式提出商务智能的概念，商务智能被定义为一系列的概念和方法，通过应用基于事实的支持系统来辅助企业决策的制定。

1. 学术界定义

Olszak(2002)将商务智能描述为一系列的流程、概念和方法的有机组合，商务智能的应用不仅仅辅助企业决策，更重要的是有效辅助实施企业战略。商务智能的主要任务为将不同的信息源集中起来，进而方便企业的查询及多维分析处理。

Kamel Rouibah, Samia ould-all(2002)给商务智能下的定义为：商务智能是一种战略方法，它系统地辅助战略决策，瞄准、跟踪、转换、分析企业的业务数据，成功地将业务数据变成有价值的信息。

Sal March 基于之前商务智能专家的研究，按照先后次序总结归纳。他指出传统的商务智能仅仅被当做一种智能处理后台数据的方式，用以辅助经理主管人员制定商业决策，未来的商务智能将帮助企业管理者决策、预测未来的业务发展趋势，提高企业战略执行和流程的效率，进而使得企业获得更多的竞争优势。

根据以往商务智能专家对商务智能的理解，经过分析和总结，王茁给出了较为精确的定义：商务智能是企业通过对结构化和非结构化的业务和管理数据的获取、集中管理，分析和挖掘有价值的业务和管理知识，从而采取有效的管理方式，完善各种业务与管理流程，提高企业业务与管理决策水平，从而提升企业绩效，保证企业战略的正确执行，增强企业综合竞争能力的现代企业管理技术。

2. 企业界定义

IBM对商务智能的定义:商务智能是一系列技术支持的简化信息收集、分析的策略集合,通过利用企业的数据资产来制定更好的商务决策。

IDC对商务智能的定义:商务智能是一组信息技术的集合,包括ETL工具、数据仓库(Data Warehouse)和数据集市(Data Mart)、OLAP工具、数据挖掘(Data Mining)工具、终端用户查询和报表工具、企业信息门户等。

AMT对商务智能的定义:商务智能通过利用信息技术获取、集中管理结构化和非结构化的业务与管理数据,分析和挖掘出有价值的企业知识,从而提高企业决策水平。从信息系统的角度来看,它包括如下的工具集合:ETL工具、数据仓库、元数据管理工具、OLAP工具、数据挖掘工具、用户查询和报表工具、企业信息门户。

Business Objects公司的首席执行官、商务智能大师伯纳德-利奥托德通过对商务智能的多年研究,给商务智能下的定义为:商务智能是一项专门用于处理企业海量业务与管理数据的技术,其融合了计算机软硬件、网络、通信和决策等多种技术,其重点在于对大量数据的分析和挖掘,其主要目的是为了满足企业内部员工以及企业外部的客户、合作伙伴和供应商对信息的访问和共享需求。商务智能能够提高企业的运作效率,建立有利的客户关系,提高产品和服务的竞争力,将帮助企业从现有的海量数据中分析和挖掘出更多的有价值信息,让知识创造和共享成为现实。

Bill Hostmannn(Gartner公司的研究副总裁)最初给商务智能的概念和国内多数人一致,商务智能是报表和查询及OLAP的简称,部分专家进一步通过报表、查询和OLAP将商务智能定义为一种技术。

商务智能概念的第一次转变发生在2004年Gartner商务智能峰会上,它被认为是数据仓库之上的查询、报表和多维数据分析,商务智能被界定为一个分析、报告和前端展现工具。商务智能概念的第二次转变发生在2007年Gartner商务智能峰会上,它被定义为一个伞状的概念,包括了分析应用、基础架构、平台和良好的实践。数据仓库、数据标准等已经覆盖在商务智能范畴里,商务智能已不仅仅是前端展现工具,而是一个从数据到平台、到应用的整体。

两次Gartner商务智能峰会使商务智能的概念经历了三个转折:从数据驱动到业务驱动、从关注技术转向关注应用、从关注工具转向关注工具产生的绩效。自此,通用的商务智能定义:一个包括信息管理基础架构的商务智能平台,它通过数据分析应用为企业的业务与管理决策和绩效管理提供支持,并可对流程设备和员工进行一定的管控。

9.2.2　商务智能分类

Gartner集团根据商务智能在企业中的应用方式将其分为流程型商务智能和功能型商务智能。流程型商务智能为管理者提供对业务流程和绩效的深刻洞察力,它更加关注业务流程、强调业务部门的应用,更加关注日常运营活动及企业绩效视图,通过流程商务智能,企业不仅可以知道发生了什么,还能知道具体怎么样,为什么会这样,是谁的问题等。流程型商务智能适用于多个层面,包括:服务于企业管理者的战略流程智能,通过流程架构、交通信号灯等图形化的方法展示整合的流程绩效,支持业务管理和决策活动;服务于流程负责人的战术流程智能，支持流程的深入分析与挖掘，寻找流程优化改进潜力；服务于流程人员的运营流程智能，支持流程的实时监控、预警等。功能型商务智能（传统商务智能）是关于报表、仪表盘和即时查询、跟踪关键业务与管理绩效，并进行测量，它专注于从数据仓库或数据集市中将数据转换成有价值的信息，从而辅助企业决策。

IBM 则把商务智能分为企业级商务智能和操作型商务智能。比较流行的分类方法是将商务智能按照用户层次划分为战略型商务智能、战术型商务智能和操作型商务智能。战略型商务智能专注于帮助高层经理和分析师管理长期业务与管理计划；战术型商务智能则倾向于帮助分析师和部门主管或经理管理战术性行动方案，从而实现战略目标，评估与优化企业活动的绩效；操作型商务智能专注于帮助部门主管、操作员和操作流程管控人员管理日常业务运作，监控和优化业务流程操作与绩效。

9.2.3　商务智能应用发展

根据 GARTNER 的调查研究，世界范围内的商务智能平台、分析系统和绩效管理软件收益在 2010 年已达到 105 亿美元，与 2009 年 93 亿美元的收益相比增长了 13%。五家大型的商务智能供应商 SAP、ORACLE、IBM、SAS 和 Microsoft 继续稳占市场 60%的份额。在商务智能平台和关键路径法（CPM）套件一块，他们占据了近三分之二的市场份额，同时，在分析系统市场上，SAS 占据主导地位。

2007 年 3 月，Oracle 以 33 亿美元收购 Hyperion 公司。2007 年 10 月，SAP 以 67.8 亿美元收购了 Business Objects，2010 年 5 月又以 58 亿美元收购了 SYBASE。IBM 在 2007 年 11 月以 50 亿美元收购 Cognos 公司，并于 2009 年以 12 亿美金收购 SPSS。从全球范围来看，商务智能领域并购和整合不断，商务智能市场已经超过 ERP 和 CRM 成为最具增长潜力的领域。

1. 商务智能应用行业

通过对商务智能概念的分析，可以看到它最大的优势是从海量的业务与管理数据中分析和挖掘出有价值的信息，从而辅助企业管理者做出合理、有效的决策。因此，商务智能有较强的行业特征，在应用方面适合于有海量数据的行业：

① 企业的运营规模很大，如石油行业、电信行业、银行业、保险业、航空业等，这些行业每天业务运营产生的数据量大且杂，员工和客户的管理以及各方面绩效的管理非常重要。

② 业务的客户规模很大，如电信行业、银行业、保险业、航空业、零售业等，这些行业的业务客户基数很大，每天客户增加与流失比较频繁，业务客户的分类与管理尤显重要。

③ 企业的产品线规模很大，如制造业、零售业等，这些行业业务的运作涉及产业链的方方面面，每天业务数据与市场需求的急剧变动对企业的生存至关重要。

④ 企业的市场规模很大，如电信业、银行业、保险业、物流业等，这些行业业务与产品的用户类别很多，市场规模比较大，对于客户的争夺比较激烈。

⑤ 政府部门，如公安、工商、财税、统计等，这些部门管理的信息量很大，有些重要信息对关系国计民生的政策制定影响很大，同时有些信息的保密性要求很高。

2. 商务智能软件供应商

根据 IDC 统计的 2009 年全球各商务智能厂商的市场份额分析报告，SAP、IBM、SAS、Oracle、Microsoft 五家公司占据 60%以上的商务智能市场，具体见表 9-1。

表 9-1 2009 年全球各商务智能厂商市场份额

公司	全球市场份额		
	2007	2008	2009
SAP	19.0	20.2	19.5
IBM	16.1	14.7	15.3
SAS	11.0	11.1	11.4
Oracle	8.3	9.0	9.0
Microsoft	7.8	8.3	8.8
其他	37.8	36.8	36.1

根据有关数据显示，目前商务智能在中国用户的认知度已经达到了55%，接受度是15%，在大型企业中认知度是95%，接受度是53%。有调研数据表明，2009 年占据国内商务智能市场前四位的依然是国外品牌的产品，有着 62.5%的市场份额，在高端市场的占有率高达 79%。

国内本土商务智能厂商则主要分为报表厂商、传统的 ERP 等专业厂商，和独立的商务智能厂商。相对而言，国内商务智能厂商主要集中于本地化的报表和展示领域，在前端的数据仓库、解决方案和行业模型等方面还有比较大的差距。报表厂商和独立的商务智能厂商未来生存空间将越来越窄，未来被并购的情况越来越多，唯一的出路或许是进一步与传统的软件厂商和系统集成商等形成联合。

9.2.4 商务智能发展趋势

伴随商务智能的广泛应用，应用软件的越发成熟，信息技术的不断创新，商务智能正呈现着以下的发展趋势。

1. 全面集成，升级为企业信息门户

商务智能未来的发展趋势是企业各业务与管理系统的全面集成，是企业级的运作与管理信息系统。它将企业所有岗位上的员工与管理者，和企业各类业务与管理信息系统以及资源联结在一起，实现跨平台运营与管理，最终升级为企业信息门户。为了实现企业战略和改善业务流程，商务智能可以借助信息门户整合 OA、CRM、ERP、SCM 等业务与管理系统，实现各系统之间的数据交流与共享，全面辅助企业各层面的决策支持，使企业的管理更加数字化、科学化。未来的商务智能将远远超出传统商务智能的范畴，演变成为企业综合性管理支撑平台。

2. 解决方案可扩展，人性化，易操作

未来的商务智能系统在提供数据仓库、联机在线分析、数据挖掘三大核心技术的同时，更加强调系统的人性化，即在原有系统的基础上额外加入一些代码和功能，增加客户化的接口和扩展特性。随着商务智能系统的广泛应用，系统在强调稳定性和开放性的同时更加强调易用性，重视人与人以及人与系统沟通的便捷性，通过整合企业众多业务与管理信息系统，从而进一步的拓展和完善商务智能系统，改变过去人找系统的状况，逐步完善系统找人的新功能。

3. 移动商务智能发展前景很好

全球移动用户数量在2010年达到50亿，而中国移动用户数量已经突破7亿，由此可以估计，未来的几年里，通过应用新技术移动商务智能将成为未来商务智能市场的增长点。随着国家加快推进信息终端应用的全面融合，中国已在全国范围内大力推广3G无限移动技术的应用，它将提供个人办公信息终端产品，这些产品融合了先进的计算机技术、互联网技术和通信技术，在个人办公信息终端设备上应用移动商务智能将使管理上的很大创新。移动商务智能用户可以借助智能手机等设备操作业务，向系统传输数据，并获取商务智能系统分析报告和报表，从而可以实现时时刻刻的动态管理，传统商务智能功能将得到很大的提升。当前国内外主流商务智能软件供应商都在积极的发展移动商务智能，帮助企业实现移动商务智能办公。

4. 借助云计算部署商务智能

云计算的概念这几年来越来越受到企业的重视，云计算凭借其极其强大的功能，将主宰未来管理软件的发展潮流，成为软件方面最热门的名词，未来几年将是云计算大为发展的好机会，以云计算为基础部署商务智能系统将成为商务智能系统主流的部署方向。当前云计算的应用已经开始受到各商务智能厂商的重视，未来面向云计算设计商务智能系统架构以及部署系统将是商务智能系统软件受到企业用户青睐的必备条件。尽管商务智能系统在向云计算迁移时遇到了很多的困难，但是伴随越来越多的企业在云计算中部署业务应用系统，未来在云计算中部署商务智能将是必然实现的理想目标。

5. SaaS商务智能将被广泛应用于中小企业

根据IDC机构的调查，未来几年里SaaS商务智能将被广泛应用于中小企业，同时也是各主流商务智能软件供应商争夺市场的焦点。相对于中小企业的经验状况，传统的商务智能产品价格过于昂贵，并且实施商务智能系统的过程相对复杂，需要耗费不少人力和财力。根据目前国内和国外的经济发展形势，使用费用较低且高效的SaaS租用模式将受到中小企业的广泛关注和使用，也将促进中小企业的良性发展。权威机构Gartner预测，随着SaaS的发展，到2012年，中小企业中将有20%～30%租用软件即服务SaaS这种服务模式，15%～20%将通过租用SaaS服务部署具有行业和自身特点的分析软件，SaaS商务智能将是商务智能应用的又一发展领域。然后，从SaaS目前的发展情况分析，该服务模式的应用还不够完善和成熟，还有待继续的发展和推广，等到SaaS发展相对完善和成熟的时候，商务智能才能借助它更好地服务于中小企业，所以，传统模式的商务智能应用还是会继续占据主流市场。

6. 可视化技术和交互式分析将大为发展

随着商务智能的普及，面对比较单一和死板的图像展现和交互式分析，更多的企业用户表示不满意，原因在于企业很多的数据分析需求，比如噪音数据、数据集趋势等，越来越需要图像联机分析处理来完成。目前，Oracle开始研究数据可视化分析，并且已经将可视化的数据挖掘服务提供给用户。这种可视化的分析服务将是商务智能发展的趋势。同时，面对企业的一些特殊分析需求，传统的商务智能联机分析处理功能也很难满足，未来商务智能供应商将大力发展分摊、假设模拟等交互式技术。

7. 操作型商务智能将更受青睐

通过应用商务智能软件，企业实现了智能化管理，但是从发现业务与管理问题到采取有效行动的延迟时间越来越让企业苦恼。战略型商务智能(传统商务智能)是从海量业务数据中分析与挖掘出有用的信息,从而在战略和战术上辅助企业决策。但是操作型商务智能将数据分析与挖掘转移到业务操作流程的优化与管理上,辅助操作人员的日常管理与决策。相对于战略型商务智能,操作型商务智能有效地减少数据准备、分析和展现等操作带来的延迟,从而更快的做出决策。

8. 满足中小企业需求成 BI 产业发展突破点

目前,越来越多的中小企业已经意识到信息化的重要性和迫切性,并且很注重自身信息化的发展,中小企业逐渐呈现出对管理软件旺盛的需求态势,很多商务智能厂商专门针对中小企业发布了廉价的商务智能产品。中小企业在实施 ERP、CRM 产品后,必然将应用商务智能,由此可见,中小企业市场将是商务智能应用非常重要的组成部分。

值得注意的是,中小企业的用户需求与传统的大型企业有所区别,必须有新的服务模式来满足,这对所有厂商是新的挑战,对本土厂商来说则更是机遇。因此,本土厂商的突破点是以简易实施、本地化操作习惯、应用便利性等方面的优势,探索出一条适合中小企业且廉价的商务智能模式,更好的满足中小企业需求。

9. 嵌入式商务智能将更加普及

嵌入式商务智能将是未来商务智能应用的发展趋势,通过将商务智能组件嵌入到企业现有的应用系统中,如财务、人力等系统,传统的事务处理系统将具有商务智能的功能。但是将商务智能的某个组件嵌入到应用系统中并不是一件容易的事,相对完整的商务智能实施过程是嵌入式商务智能实施过程中必不可少的。

9.3　商务智能应用及模型

9.3.1　商务智能的适用场合

1. 客户关系管理

对客户行为的了解有助于改善与客户的关系。做出正确的商业决策,这里因为客户关系能为企业带来如下好处:①降低交互成本;②转移工作到客户;③监视公司效能;④培养忠诚的客户;⑤获取客户信息;⑥程序化公司的商业处理流程。

Internet 对公司最重要的贡献在于它具有建立公司与客户一对一关系的能力,从而改变整个客户关系,使公司与终端客户间的联系更为紧密和容易。带来的商业挑战就是要找到并理解客户的需求;然后提供正确的产品来满足客户的这种需求。商务智能正好适合于做这类工作,并能通过培养客户忠诚度和提供特色服务带来更多的便利与竞争优势。

2. 商业谈判

谈判意味着买、卖双方的信息交换。商业谈判也许只关心价格或更广泛的产品属性、产品选项(如质量保证、投递时间、支付方式、服务条款等)。由于参与各方彼此互不见面的空间分隔,而且他们可能有不同的商业实践经验以及不同的文化背景等,电子商务中的谈判显得更为重要和复杂,基于商务智能的软件代理可以参与商业谈判并克服许多困难,其工作原理是买方与一个软件代理通信,该代理自动执行买方的要求,它给卖方必要的信息以完成既定价值链模型中的所有步骤，由它实现谈判和决策分析。软件代理是个性化、自治和自适应的，其操作模式是预先设定的。

3. 信息安全保障

电子商务中涉及大量的客户资料和敏感数据，为了保障电子商务交易的安全性参与交易的各方需要进行身份鉴别等操作。需要访问控制、机密性、完整性、非否认性等安全服务，整个交易活动将涉及多项信息安全保障行为的实施基于商业原理的安全代理机制可以很好地适应并满足这种需要。

4. 物流规划

现代物流的基本需求包括：实时跟踪物流操作的整个过程，如实时向客户报告其物品的位置，准确预报物品的抵达时间并及时通知客户。客户能在线查询其物品的运输和投递状态信息，物流操作的成本尽可能地低，出厂时间尽可能地短，物流操作的响应速度尽可能地及时，接受第三方的物流管理等。物流系统中的路由规划、车次调度、发运计划的编制要满足这些严格的要求是一项复杂的任务，这是一个以时限和成本为主要决策因素的多目标决策问题，要解决这类产问题，智能而高效的决策支持系统是必要。

9.3.2 商务智能的实现模型

1. 识别商务智能机遇

启动商务智能的首要任务是明确想要达到的目标，这意味着要在组织内部寻求商务智能改善日常决策质量的机遇。一个易于使用的评价特定组织内部商务智能机遇的处理过程可分为3个基本的步骤：

① 收集信息：回答商业活动中的“谁、什么、何处、为什么、何时和怎么办”等问题。思考商务智能在一个组织内的可能应用领域、受益者以及需要的信息类型。

② 共享和搜集想法：将一组人召集在一起举行头脑风暴活动，相互共享“什么样的商业过程能够从商务智能中受益?”“怎样的信息有助于改善这些过程?”等创意和经验。

③ 对想法进行评价：用标准对头脑风暴中搜集到的创意和想法进行评价，识别出能够提供最大利益的商务智能机遇。一旦头脑风暴完成，就能获得一个商务智能机遇的列表；然后将其分组，按重要性进行评价，最后得到经排序的机遇。

2. 商务智能的关键技术

(1) 数据挖掘

商业操作并不孤立，特色服务的关键就是要充分利用日常积累的业务数据。历史数据能对当前的决策产生有价值的指导，它能通过核心业务帮助人们执行优化的商业运作，增长市场份额，培养客户忠诚度。但要能有效地揭示出潜藏在大量数据背后的有用模式一直较为困难，这是因为数据在不断地增长。一个有效的解决方案就是数据挖掘，它能发现这种潜藏的模式，并用它来指导未来的业务。数据挖掘就是从大量的数据中获得隐藏于其中的行为模式，抽取出有效的、实用的、未知和复杂的信息，并将其用于商业决策。数据挖掘作为一种强有力的商务智能工具正变得流行，它缩短了数据搜集与利用之间的距离，适用于不同规模的电子商务。数据挖掘能帮助电子商务经营者改善他们的客户关系，做出正确的决策，并增强竞争能力。数据挖掘主要有以下几类操作：建立预测模型(通过例子预见一个属性的价值)；数据库分段(用属性来对记录进行分组，每组记录有相似的属性，但组间的差异是明显的)；关联性分析(找出交易中记录间或时间上的关联性)；偏离发现(找出数据库中包含着自己不期望价值的记录或记录序列)。通常数据挖掘可实现以下功能：

第一，统计功能。

统计功能有助于对数据的分析，并具有预报能力。统计功能分为：a)因子分析——找出多个潜藏的变量之间的关系；b)线性衰减——用于确定主变量与非主变量间的线性关系；c)主变量分析——用于转换坐标系，以便坐标轴与数据分布更好地匹配；d)重变量曲线拟合——找出一个能确切描述数据分布的数学函数；e)变量统计——即详细统计。

第二，挖掘功能。

① 相关性分析：相关性算法寻求诸如当购买油漆时是否购买刷子一类的模式，即它确定概率，例如，如果购买了油漆，有20%的可能性也会购买刷子，算法运行时创立成千上万条规则，用户可选择这些规则的一个子集。这些规则的可信度取决于用户对规则的理解和取舍，相关性分析被用于市场购物篮分析、促销计划等。

② 序列模式：规则生成方法取决于相关性算法，该算法查看来源于某个客户的系列购买记录。例如，一月购买了饭盒和帐篷，二月购买了旅行背包和录像带，三月购买了睡袋。这里序列相关性算法查看所有的记录表并返回如下规则：如果一月的购买目标中包括饭盒，则三月购买睡袋的机率是30%，序列模式可发现时间相关性。

③ 簇化：簇化用于将数据库分段成子集，每个簇的成员有相似的属性。簇化可通过统计学或神经网络算法来实现，取决于输入数据的类型。例如，购买记录可以反映购买人的购买模式和他们对不同商品的喜好。根据人的行为方式对其进行归类(分段)；然后观察这些分段并通过统计学来识别它们，就能得出产品的相关性。上述步骤的结果是一个零售商可以对不同类型的客户有一个更好的理解；然后据此调整市场策略以满足每类客户的不同需要，通过广告媒体向他们提供适合的产品。簇化被很好地用于交叉销售，针对不同客户的个性化市场服务，决定媒体宣传方案和理解购物目标等领域。

④ 分类：分类就是从记录集自动创立一个类模型的过程。引入的模型由多个模式组成，有助于区分类的记录。一旦模型被引入，就可用于预告其他未分类的记录可用的方法，包括树型引伸和神经网络反向传播。

⑤ 预测：与分类一样，预报的目的是要建立起一般化记录的数据模型。它们的区别在于目标不是类成员关系而是一个连续值或排序预报，可采用神经网络算法和径向基函数(RBF)算法。

⑥ 相似性时间序列：其目的是要发现在一个时间序列数据库中相似序列出现的机率。给定一个时间序列数据库，其目标是要找到相似于给定值的序列，或找到所有相似序列的发生机率。

(2) 神经网络

在快速变化和激烈竞争的商业环境中，更快、更好地决策是制胜的重要途径。市场决策人员越来越热衷于使用计算机决策支持系统帮助他们做出正确的选择。神经网络在商业领域得到了广泛应用。尤其当问题域，涉及分类、识别、预报时。神经网络使数据间不可见的潜在趋势和关系得以发现。探索了神经网络在零售业和B2B电子商务中辅助决策支持的应用，其目标是捕获市场因素(如广告等促销手段)与总的销售额间的复杂关系，找出输入量变化引起的输出量波动之间的映射关系，通过神经网络的预报模型和敏感性分析可能找出重要的影响因子,此模型能够在给定的短期预报中取得良好的性能。

神经网络的使用有反向传播和正向传播之分。反向传播神经网络适合于每日或每周数据预报。与反向传播相比,正向传播神经网络在速度方面更具优势。正向传播神神经网络不适于每日预报,但对于每周预报而言却能给出较好的结果。这可能归功于每周预报模式中输入量的较高相关性的存在正向神经网络不能用于敏感性分析,一个适当训练的神经网络模型所进行的敏感性分析的市场含义在于研究的结果可用于市场管理的实际应用。

3. 智能代理

传统的购物活动决策之前需投入大量人力来收集和整理相关商家、商品和服务信息。要在众多信息影响的环境下做出一个良好的商业决策是一件不容易的事。于是商家和客户越来越依赖于自动化的商品/服务处理,代理技术应运而生。智能代理是代表用户或有一定程度自治性的程序执行某些操作的软件实体,它根据用户的要求进行操作。智能代表了代理接受用户的目的并执行任务的能力。代理通常按照被代理对象的要求进行条约的签订和货币的交易代理可能分属于有利益冲突的不同个人或组织,因此代理的内部并不公开。代理要向所有参与者保证最理想的结果也许是不可能的,但系统至少应与未用代理一样好。

9.4 数据仓库

随着数据库技术的应用和发展,人们尝试对数据库中的数据进行再加工,形成一个综合的,面向分析的环境,以更好支持决策分析,从而形成了数据仓库技术。

9.4.1 数据仓库的概念与特征

20 世纪 90 年代初期,美国著名信息工程学家 W. H. Inmon 博士在建设数据仓库一书中提出了“数据仓库”的概念。按照 W. H. Inmon 的定义,“数据仓库是一个面向主题的、集成的、时变的、非易失的数据集合,支持管理部门的决策过程。”这个简短而又全面的定义指出了数据仓库的主要特征:面向主题的、集成的、时变的、非易失的。根据这些特征,可将数据仓库系统与关系数据库系统、事务处理系统和文件系统相区别。

1. 面向主题的(Subject-Oriented)

主题是一个抽象的概念,是较高层次上企业信息系统中的数据综合,归类并进行分析利用的抽象。数据仓库中的数据面向主题,与传统数据库面向应用相对应。在逻辑意义上,主题对应企业中某一宏观分析领域所涉及的分析对象。

数据仓库是围绕一些主题组织的,如顾客、供应商、产品类型、销售地区等。面向主题的数据组织方式,就是在较高层次上对分析对象的数据的一个完整、一致的描述,能完整、统一地刻画各个分析对象所涉及企业的各项数据,以及数据之间的联系。也就是说,数据仓库所关注的是决策者的数据建模和数据分析,而不在于组织机构的日常操作和事务处理。因此,数据仓库排除对决策无用的数据,提供特定主体的数据简明视图。

2. 集成的(Intergrated)

建立数据仓库的目的,是把企业的内部数据和外部数据进行有效的集成,为企业的各层决策、分析人员使用。通常,构成数据仓库是将多个异种数据源,如关系数据库、一般文件和联机事务处理记录等，集成在一起。数据仓库的集成特性是指在数据进入数据仓库之前，必须经过数据加工和集成，这是建立数据仓库的关键步骤。

在集成过程中，要使用数据清理技术和集成技术。首先要统一原始数据中的矛盾之处，然后还要将原始数据结构做一个从面向应用向面向主题的转换，确保数据干净，命名约定、编码结构、属性度量等的一致性。

3. 时变的(Time-Variant)

数据仓库包含了大量的历史数据，是从历史的角度(数据仓库内的数据时限为5～10年)提供信息。数据仓库中的关键结构，隐式或显式地包含有时间元素，可用于时间方面的分析。数据仓库的数据是随时间的变化而不断变化的，这一特征表现在以下三个方面：

① 数据仓库随时间变化不断删去旧的数据内容。必须不断捕捉 OLTP 数据库中变化的数据，追加到数据仓库中去。

② 数据仓库随时间变化不断删去旧的内容。数据仓库的数据也有存储期限，一旦超过了这一期限，过期数据就要被删除。只是数据仓库内的数据时限要远远长于操作型环境中的数据时限，一般为5～10年，以适应 DSS 进行趋势分析的需要。

③ 数据仓库中包含有大量的综合数据，这些综合数据中很多跟时间有关，如数据经常按照时间段进行综合，或隔一定的时间片进行抽样，等等。这些数据要随着时间的变化不断地进行重新综合。

4. 非易失性(Nonvolatile)

数据仓库的数据反映的是一段相当长的时间内历史数据的内容，是不同时点的数据库快照的集合，以及基于这些快照进行统计、综合和重组的导出数据，而不是联机处理的数据。数据仓库的数据主要供企业决策分析之用，所涉及的数据操作主要是数据的初始化装入和数据访问，一般情况下并不进行修改操作。也就是说，数据仓库不需要事务处理、恢复和并发控制机制。

综上所述，数据仓库是一种语义上一致的数据存储，它充当决策支持数据模型的物理实现，并存放企业战略决策所需信息。数据仓库也常常被看做一种体系结构，通过将异种数据源中的数据集成在一起而构造，支持结构化的和专门的查询、分析和决策制定。

数据仓库最根本的特点是物理地存放数据，而且这些数据并不是最新的、专有的，而是来源于其他数据库的。数据仓库的建立并不是要取代数据库，他要建立在一个较全面和完善的信息应用的基础上，用于支持高层决策分析，而事务处理数据库在企业的信息化环境中承担的是日常操作性的任务。数据仓库是数据库技术的一种新的应用，而且到目前为止，大多数数据仓库还是用关系数据库管理系统来管理其中的数据。

数据仓库是一个环境，而不是一件产品提供用户用于决策支持的当前和历史数据，这些数据在传统的操作型数据库中很难或不能得到。数据仓库技术是为了有效地把操作型数据集成到统一的环境中以提供决策型数据访问的各种技术和模块的总称。数据仓库系统允许将各种应用系统集成在一起，为统一的历史数据分析提供有效的平台。所做的一切都是为了让用户更快、更方便地查询所需要的信息，提供决策支持。

当前，许多组织机构正在使用数据仓库技术支持商务决策活动，包括分析顾客的购买模式(如顾客的偏爱、购买时间、周期和消费习惯等)，增加顾客的关注，根据季度、年、地区的营销情况比较，重新配置产品及产品投资，调整生产策略；分析运作和利润，管理顾客关系进行环境调整，管理企业资产开销，等等。

9.4.2 数据集市

数据集市(Data Marts)是以商务智能应用为目的或范围，而从数据仓库中独立出来的一部分数据，也可称为部门数据或主题数据(Subject Area)。即数据集市主要针对某个具有战略意义的应用或具体部门级的应用，利用已有的数据获得重要的竞争优势或找到进入新市场的解决方案。

数据集市的特征包括规模小；有特定的应用；面向部门；有业务部门定制、设计和开发；业务部门管理和维护；能快速实现；购买较便宜；投资快速回收；工具集的紧密集成；提供更详细的、预先存在的数据仓库的摘要子集；可升级到完整的数据仓库。

在数据仓库的实施过程中往往可以从一个部门的数据集市着手，以后再用几个数据集市组成一个完整的数据仓库。需要注意的是，在实施不同的数据集市时，同一含义的字段定义一定要相容，这样在以后实时数据仓库时才不会造成很大麻烦。

9.4.3 动态数据仓库

Teradata 公司首席技术官宝立明先生认为，传统的数据仓库技术重点用于支持企业决策者的战略智能，它对分析实时性的要求相对低一些，而动态数据仓库技术则重点用于支持企业一线员工的运营智能分析，它对数据的实时性要求更高。

动态数据仓库有以下两大特点：

(1) 动态访问。它是指一线用户可以动态、或者说实时地访问他所需要的信息。传统数据仓库用户只针对高端管理层，一个银行也许是有几十个到几百个用户可以访问。而成千上万的客户经理和客户代表如果要实现同时访问，对传统数据仓库来讲是一个很大的压力。所以动态数据仓库采取相同的技术架构，却使用不同的技术手段，从而实现动态访问。

(2) 动态数据加载。传统数据仓库的数据加载与动态数据仓库的数据加载所需的技术设施几乎相同。不同的是传统的数据加载不是实时和连续的，只能是以批量的形式加载。而动态数据仓库的数据加载则能连续加载并实现一分钟或者几秒间隔的近实时加载，从而体现动态。

因此，一般而言，动态数据仓库的“运作”是指为现场当时决策提供信息，例如，集市库存补给、包裹发运的日程安排、路径选择等。许多零售商都倾向于由供货方管理库存，自己则拥有一条零售链和众多作为伙伴的供货厂商，其目的是通过更有效的供货链管理来降低库存成本。为了使这种合作获得成功，就必须向供货商提供有关销售、促销推广、库内存货等详细信息的知情权，之后便可以根据每个商店和每个单品对库存的要求建立并实施有效的生产和交货计划。

9.4.4 数据仓库的关键技术

与关系数据库不同，数据仓库并没有严格的数学理论基础，它更偏向于工程。由于数据仓库的这种工程性，因而在技术上可以根据它的工作过程分为：数据的抽取、存储和管理、数据的表现以及数据仓库设计的技术咨询四个方面。

1. 数据的抽取

数据的抽取是数据进入仓库的入口。由于数据仓库是一个独立的数据环境，它需要通过抽取过程将数据从联机事务处理系统、外部数据元、脱机的数据存储介质中导入到数据仓库。这些数据常常是异构的，甚至是文件系统中的数据。数据抽取在技术上主要涉及互连、复制、增量、转换、调度和监控等几个方面。

数据仓库的数据并不要求与联机事务处理系统保持实时的同步，因此数据抽取可以定时进行，但多个抽取操作执行的时间、相互的顺序、成败对数据仓库中信息的有效性则至关重要。因此，异构数据源之间的互访和互操作技术是必需的。

2. 数据的存储和管理

数据仓库(DW)的真正关键是数据的存储和管理。数据仓库的组织管理方式决定了它有别于传统数据库的特性，同时也决定了其对外部数据变现形式。

数据仓库(DW)的存储和管理包括：对大量数据的存储、管理和处理；并针对决策支持查询的优化和支持多维分析的查询模式等。

数据仓库(DW)中的数据量大，而且随着时间的延长，新的数据还会不断进入。数据仓库中的数据存储量通常是GB甚至TB级别的，可谓是超大规模数据库。而并行数据库技术是存储和管理VLAB，并提供对VLAB复杂查询处理的有效技术，这为数据仓库提供了技术支持。

数据仓库(DW)的应用是分析型的，他需要高性能的DBMS核心的支持，以便较快地获得分析结果。这通常需数秒至数分钟。由于分析型应用涉及的数据量大，查询要求复杂，因此对DBMS核心的性能要求更高，必须具有良好的查询优化机制。高性能数据库服务器为数据仓库(DW)提供了技术支持。

3. 数据的表现

数据表现是数据仓库(DW)的门面，主要集中在多维分析、数理统计和数据挖掘及其结果展现方面。

4. 数据仓库设计技术

数据仓库(DW)技术绝不是简单的产品堆砌，它是综合性的解决方案和系统工程。因此，数据仓库设计技术非常重要。

9.4.5　数据仓库的数据分析

1. 联机分析处理技术

数据仓库和数据集市解决了数据的收集和合并问题，接下来就需要对数据进行分析了。对于结构化的、数值型的数据，可以采用联机分析处理和数据挖掘技术。而对于非结构化的、文本型的数据，需要采用文本挖掘等技术。

根据OLAP委员会的定义，联机分析处理(On Line Analysis Processing)是使分析人员、管理人员或执行人员能够从多种角度对从原始数据中转化出来的、能够真正为用户所理解的、并真实反映企业多维特性的信息进行快速、一致、交互地存取，从而获得对数据的更深入了解的一类软件技术。联机分析处理技术的核心是“维”这个概念，因此OLAP也可以说是多维数据分析工具的集合，进行OLAP分析的前提是已有建好的数据仓库，之后即可利用OLAP复杂的查询能力、数据对比、数据抽取和报表来进行探测式数据分析了。称其为探测式数据分析，是因为用户在选择相关数据后，通过切片（按二维选择数据）、切块（按三维选择数据）、上钻（选择更高一级的数据详细信息以及数据视图）、下钻（展开同一级数据的详细信息）、旋转（获得不同视图的数据）等操作，可以在不同的粒度上对数据进行分析尝试，得到不同形式的分析结果。

2. 数据挖掘技术

与 OLAP 的探测式数据分析不同，数据挖掘时按照预定的算法对数据库和数据仓库中已有的数据进行信息挖掘和分析，从中识别和抽取隐含的模式和有趣知识，并利用它们为决策者提供决策依据。

数据挖掘的任务是从数据中发现模式。模式有很多种，按功能可分为两大类：预测型（predictive）模式和描述型（descriptive）模式。预测型模式是可以根据数据项的值精确确定某种结果的模式。描述型模式是对数据中存在的规则做一种描述，或者根据数据的相似性把数据分组。描述型模式不能直接用于预测。在实际应用中，根据模式的实际作用，细分为分类模式、回归模式、时间序列模式、聚类模式、关联模式和序列模式六种。

数据挖掘所包含的具体算法有货篮分析（Market Analysis）、聚类检测（Clustering Detection）、神经网络（Neural Networks）、决策树方法（Decision Trees）、遗传算法（Genetic Analysis）、连接分析（Link Analysis）、基于范例的推理（Case Based Reasoning）和粗集（RoughSet）以及各种统计模型等。

OLAP 与数据挖掘既有区别又有联系。OLAP 侧重于与用户的交互、快速的响应速度及提供数据的多维试图，而数据挖掘则注重自动发现隐藏在数据中的模式和有用信息，尽管允许用户指导这一过程。OLAP 的分析结果可以给数据挖掘提供分析信息作为挖掘的依据，数据挖掘可以拓展 OLAP 分析的深度，可以发现 OLAP 所不能发现的更为复杂、细致的信息。

随着技术的进步，人们已不再满足于分析数值型的数据了，那些埋藏在 E-mail、状态备忘录、新闻故事、新闻发布会以至营销作战方案、合同、管理机构的文件和政府报告里的文本信息，如果能够自动由计算机识别出来，对于决策者的支持作用无疑要胜过前者。日趋成熟的文本挖掘技术正好满足了人们的这一需求。

文本挖掘是采用计算语言学的原理对文本信息进行抽取的研究和实践。文本挖掘的关键领域包括：文本特征提取，文本主题标引，文本聚类，文本摘要，等等。采用特征提取能够在文本中发现某种特殊的信息片段，例如某种形式的类型描述或者商业关系。

主题标引使用文本词汇的意义来识别文档中包含的广泛主题。例如，有关阿司匹林和布洛芬的文档可能都被分到疼痛缓解剂或止痛剂之下。类似这种的主题标引通常是使用多维分类法实现的。在文本挖掘意义上的分类法，就是一个等级只是表示一种分类。有时也被称为本体论，以区别于导航式的分类法，例如，Yahoo 所采用的分类表。

文本聚类是另一个应用在商业智能中的文本挖掘技术。文本聚类按主要特征将相似的文档分到一组。在文本挖掘和信息检索中，通常用一个加权的特征向量来表示一篇文档。这些特征向量包含着一组主要的主题或关键词以及一个表明该主题或词汇相对于整篇文档的重要性的权重值。

自动摘要也是文本挖掘的一个工具。摘要的目的就是尽量减少用户阅读的文本量。许多文档的主要思想最少可以用原文篇幅的 20%来概括，因此摘要后的损失很少。但正如聚类问题，自动摘要也没有唯一的算法。许多算法采用词汇的形态分析以识别出最经常采用的词汇，同时消除那些表达很少意义的词汇。

9.5 数据仓库案例

数据仓库设计案例，以某集团公司的数据中心设计为例，对数据仓库的设计过程进行说明。在设计中不仅会运用到本章的知识，同时会结合前面章节的知识如需求分析内容等。

本节数据中心的设计，是结合某集团公司的实际建设设计实践为背景。故在设计中详尽地追求设计的完备性，可能会造成本节部分内容的冗余，原计划在编制本节时，将内容更改为适合图书阅读的模式，但是考虑到项目实践的重要性，因此本节维持了原有的设计实践思路。

9.5.1 数据中心功能设计

1. 总体设计

数据中心功能建设将遵循集团数据交换平台制订的统一数据标准规范和基础代码规范，并根据集团对数据中心的实际需求进行深化和扩展，实现集团数据中心数据的集中存储和管理。

由于数据中心建设将直接影响综合业务协同平台功能的开发、运行及今后的稳定发展，因此，数据库系统建设需要在统一规范的元数据标准上，分析和设计各种数据及其内在的联系，合理布局，满足各类业务、查询、统计的正常运行及数据交互的需要，充分考虑到与集团数据中心接口的下属各大中心的信息化建设与业务数据现状，形成稳定可靠的数据基础。

2. 数据分类

数据中心的数据体系架构规划成如图 9-1 所示。

3. 集团数据库

集团层面的数据库系统是整个集团数据中心建设的基础，按照功能集团数据库端的数据库分为以下几类：

(1) 主题数据库

主题数据库是集团数据中心中数据交换与共享的主体部分，是支持集团综合业务协同平台系统的查询、统计分析等需要的重要数据来源。

一方面，从各大中心采集、清洗后的数据，通过数据整合平台与数据处理平台整合出来后，形成各大中心业务领域的主题数据库；同时，集团自身的基础业务数据也通过数据处理平台，进入各自的主题数据库中。另一方面，形成的各类主题数据库也通过数据中心的数据服务功能供集团以及下属各大中心业务查询使用。

现阶段主题数据库共 5 个主题数据库：

① 清分中心清分数据主题数据库；

② 资产中心资产信息主题数据库；

③ 运管中心客流数据主题数据库；

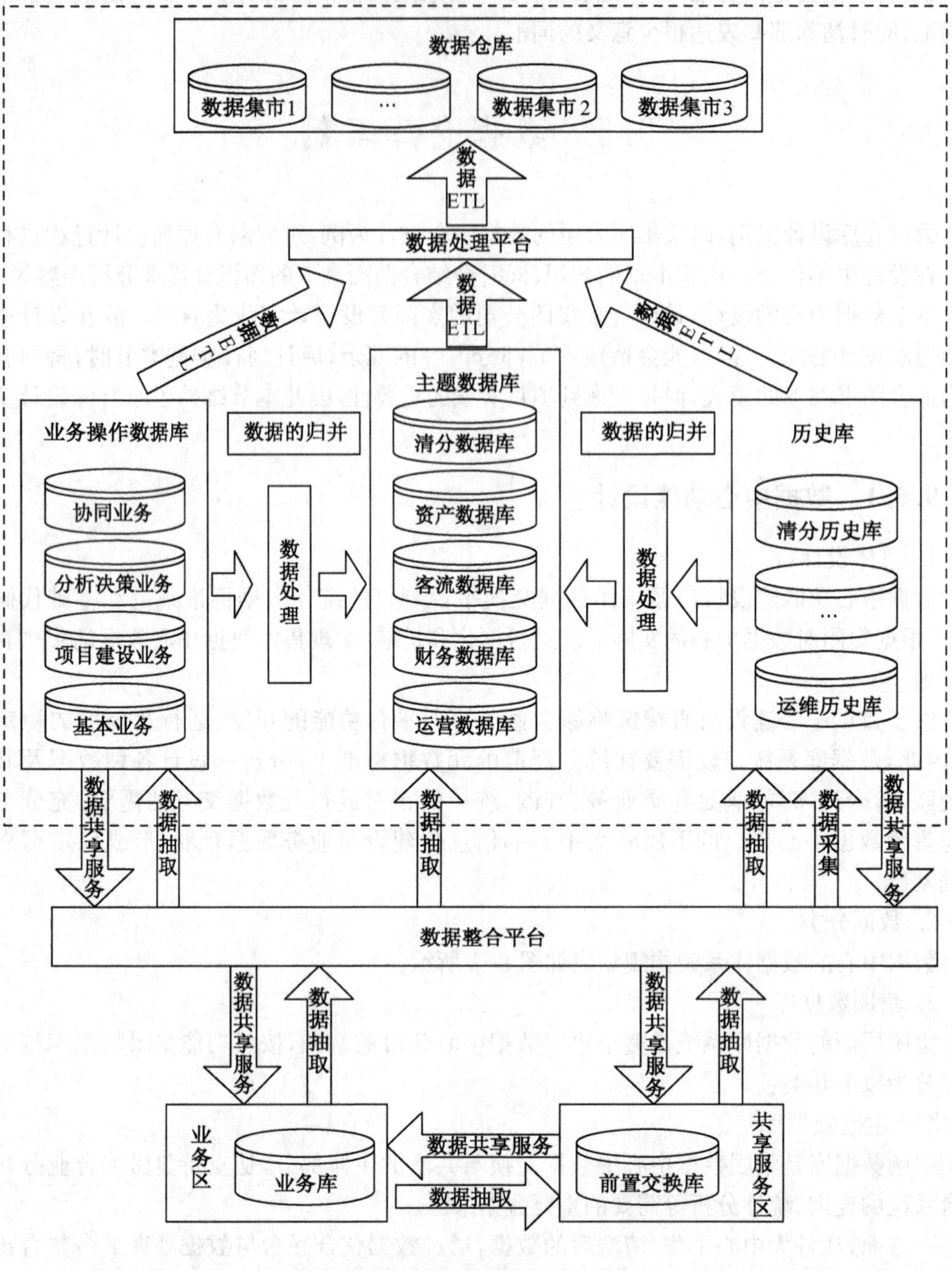

图 9-1　某集团公司数据中心架构设计

④ 资金中心资金使用信息主题数据库；

⑤ 运管中心运营管理信息主题数据库。

(2) 历史库

历史库用于保存直接从各大中心采集、传输上来的各类历史数据。

由于各大中心的业务数据在数据格式、数据内容、数据规范等各方面都存在一定的差异性，因此，数据整合平台从各大中心采集、传输的数据在进入主题数据库之前，需要先保存在历史库中，通过数据处理平台进行清洗与再次整合后，才能正式进入主题数据库。历史库中的业务数据，经过数据处理平台的清洗与整合，利用规范定义的各类目录资源，才能依次分别正式进入各自的主题数据库中。

虽然主题数据库中包含了各大中心业务领域相关的最新数据，但在进行历史情况的统计分析时，还需要从历史库中提取数据进行统计分析。因此历史数据也是作为统计分析用的数据仓库的重要数据来源之一。

(3) 业务操作数据库

业务操作数据库是集团数据中心中为集团业务管理人员与各大中心业务管理人员提供的进行业务处理的操作数据库，包含了基本业务数据、协同业务数据、分析决策业务数据、项目建设业务数据等几类数据。

基本业务数据：面向集团业务人员进行日常业务操作的基础业务处理数据库，包括了日常管理数据、部门业务功能数据等各类集团基本业务数据。

协同业务数据：同时面向集团与各大中心业务管理人员进行上下、跨中心协同业务处理的协同业务数据库，包括了合同审批数据、资产相关审批数据、资金报批数据、项目建设审批数据等各类需要协同处理的业务数据。

分析决策业务数据：面向集团业务管理人员与下属各大中心部分管理人员，进行查询统计、分析决策的分析决策业务数据库。

项目建设业务数据：面向集团与建管中心业务管理人员的项目建设数据库，是项目建设与集团资产信息的数据基础。

(4) 数据仓库

为加强分析决策功能，更加快速灵活方便地进行数据统计分析，需要在主题数据库、业务操作数据库、历史数据库的基础上，提炼出专用于统计分析的数据库仓库。数据仓库用于更深层次的数据挖掘、分析，它可以利用数据仓库的特性对统计净化数据库的数据进行进一步的抽象、粒度化，满足数据统计分析使用。

4. 中心数据库

下属各大中心的数据体系设计分为“直接访问业务区”与“设置前置交换库”两种方式；从数据分类上，业务分为不部署数据库与部署前置交换数据库两种形式：

① 在“直接访问业务区”的方式中，不再部署另外的数据库，中心直接与集团数据中心进行数据交换与共享。

② 在设置“前置交换库”的方式中，中心设置前置交换数据库，由前置交换数据库负责与集团数据中心的数据交换与共享。

无论是与业务库还是与前置交换库，集团数据中心与中心的数据交换与共享都需要通过数据整合平台进行，并且分以下几种情况：

① 从中心抽取的业务数据，通过数据整合平台提供给集团数据中心的历史库，再由历史库通过数据处理平台进入正式的主题数据库。

② 通过数据整合平台，由集团数据中心提供的各类数据共享服务，从集团数据中心的业务操作数据库、主题数据库、历史数据库中提取中心需要的数据。

9.5.2 数据交换平台功能设计

1. 数据整合平台

数据整合平台完成集团和下属中心之间的数据汇总和发布。本方案中,它在集团和各大中心都有相应的部署。集团和中心从使用的功能来讲存在一定差异。中心需要使用的功能包括:数据接入、数据复制、数据传输、数据检索、数据存储、数据发布。集团部署的数据整合平台包含了中心数据整合平台的所有功能,同时还有连机查询和数据缓存。这些差异的存在是由于集团数据中心的整合扮演一个汇总者、协调者的角色。

在本方案中,数据整合平台的部署方式和功能的选择有很大一方面是考虑到各中心数据库的异构性的因素。首要的设计目标就是在当前的网络情况下,中心不要向集团传输重复的数据,仅传增量数据,这样可以极大地缓解网络带宽和传输的数据量大的矛盾,并且减轻数据整合平台的压力。另外,如果中心向集团每次传递重复的数据,即便中心把所有数据都及时安全地送达,集团还要增加处理重复数据的模块,增加了无谓的计算压力。

本方案采用了 Tmax 公司的 Probus 产品为中心向集团传输增量数据提供了解决方案。

2. 数据采集

数据采集服务是指从指定的数据来源获取数据的服务。数据采集服务具有以下一些特征:

① 条件采集。对于数据源中的数据,数据采集可以设置条件过滤采集内容,过滤条件包括数据结构过滤和数据内容过滤两种方式。

② 增量采集。

③ 同步/异步采集。数据采集支持同步和异步两种方式。异步采集支持对采集进度和异常的监控。

④ 多种方式存放采集结果。采集结果可以存放于文件系统、关系数据数据库、文本文件、xml 文件等格式。

3. 数据转换

数据转换是对输入的数据按照一定的转换规则进行数据结构、数据值的修改。数据转换的一些特征如下:

① 结构转换。输入数据结构和输出数据结构不同,需要进行转换。按照预先设置好的结构对照关系执行数据转换。

② 值的转换。在输入结构和输出结构对应关系的基础上可进行简单的数据值改动操作。这些改动通常可以包括:常量化、函数调用、前缀、后缀、代码转化等。

③ 支持存储过程转换脚本。数据转换的工作可以交由数据库中的存储过程执行,此存储过程的调用可以嵌入在数据转换服务中运行。

④ 自定义数据转换。可以基于数据转换的接口自定义数据转换服务,将此服务的调用嵌入在数据转换服务中。

4. 数据校验

数据校验是判断交换数据是否符合要求的格式的过程,完成校验后返回详细的校验结果。数据校验包括的类型主要有:

① 结构校验。查看提供的数据集是否符合指定的数据格式,指定的数据格式明确了此

种数据必须包含的数据项以及数据的类型是否匹配。

② 是否为空。在是否为空中区分空对象、空字符串、空格。

③ 数据类型是否一致。提供每一个标准的数据项的类型,将输入数据进行类型比对,返回结果报告类型一致信息、可自动转换信息、不匹配信息等。

④ 代码值是否合法。如果某个数据项取值来源与某个代码表,代码值是否合法检查将告知数据项取值是否是已经定义的代码。

⑤ 是否包含某字符串。检查某数据项的值中是否包含指定的字符串。

⑥ 是否以某字符串开始。检查某数据项的值是否以指定的字符串开始。

⑦ 是否以某字符串结束。检查某数据项的值是否以指定的字符串结束。

⑧ 是否等于某字符串。检查某数据项的值是否等于指定的字符串。

5. 数据发布

数据发布是将特定的数据集发布到指定的数据目的地的过程。根据目的地类型不同,数据发布可以分为:直接发布到目的地和发布到下载区两种方式。

9.5.3 数据处理平台

集团数据中心的主题库是按照统一的数据中心的元模型建立的,是面向集团的综合业务需要设计的,它和各个中心提供的数据在结构上和数据质量方面还是存在一定的差异的。因此,本平台设计的主要功能目标是对来自各大中心的数据进行抽取、清洗最后加载到主题库中。

采用 Business Objects Data Integrator 至尊版 ETL 工具作为数据抽取、清洗、加载的工具平台。传统的数据整合方式需要大量的手工编码,而采用 Data Integrator 进行数据整合可以大大地减少手工编码的数量,而且更加容易维护。数据整合的核心内容是从数据源中抽取数据,然后对这些数据进行转化,最终加载的目标数据库或者数据仓库中去,这也就是我们通常所说的 ETL 过程。Business Objects Data Integrator 为整个 ETL 过程提供了一个图形化的开发环境,如图 9-2 所示。

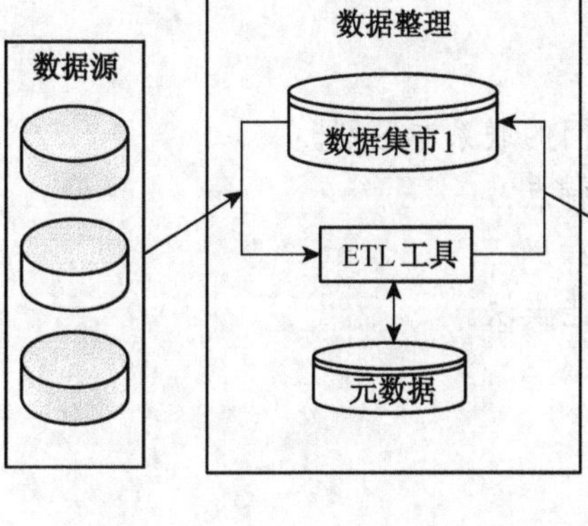

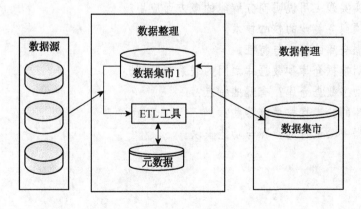

图 9-2 数据整合阶段逻辑示意图

ETL 工具 BO Data Integrator 从各个系统抽取数据,进行清洗、数据和模型转换,然后将数据加载至 BI 分析数据仓库/集市。

数据整理区和数据仓库和数据集市是一个逻辑的概念。将数据采集集中到数据整理区,需要和多种数据系统进行数据操作。了解原始数据的结构,制定不同的采集策略、各业务系统的结构,出现问题如何补采及恢复等,该过程定义为采集过程,整个过程通过 Data Integrator 的监控来调度,并生成报告。需要整合多个数据源的数据,在整合数据的同时,Data Integrator 同时可以校验和清洗数据,通过同时在多个系统作关联,消除各系统数据的不一致性,保证正确的结果。在数据整合过程中,制定最后的加载策略,配合报表及仪表盘的需求,及时更新数据,并提供处理区域中的异常数据报告,当执行过程中发生异常的时候,能够再次执行。

9.6 小　结

本章重点介绍数据仓库的概念和数据仓库模型,以及基于数据仓库的一些商务智能应用。如今商业运营对数据的分析有了进一步的要求,销售要求使用数据开发更有效的促销模式;股票分析师们借助网络与社会的相关分析解析股票的新的走势;企业家们借助数据分析其目前竞争对手与自身的竞争优势等等。企业生活中的各个角色均可用数据分析来解决相应的问题,这一切就是商务智能的运用。为了更好地存储及有效的存储相应的数据,数据仓库被引入,引入后数据仓库成为了商务智能必备的根基。在数据仓库中可以设计各种各样的小数据仓库,比如在 9.5 中把数据划分为业务数据等,在业务数据中又把其划分为相应的小的数据仓库。数据仓库不仅仅是指一个存储装置,而是把数据按照各种各样的需求进行使用行为方面的归类。

习　题

1. 根据自己的理解简述商务智能的定义。
2. 结合现实实践应用说明商务智能的多方面应用。
3. 列举几项商务智能的核心技术。
4. 阐述数据仓库的概念与特征。
5. 简要说明数据仓库和数据库之间的联系与区别。
6. 什么是动态数据仓库?有哪些特点?
7. 数据仓库的关键性技术有哪些?
8. 简述数据中心设计的步骤与功能模块。

第 10 章

SQL Server 2008 概述

随着社会数据和信息的不断膨胀，数字化应用早已深入商业活动和人们日常生活的各个方面，数据管理是实现业务发展、提高竞争能力的重要内容之一。SQL Server 系列数据库管理系统经过多年发展，在数据管理领域中应用广泛，拥有众多的用户，大至跨国集团，小至个人业务。SQL Server 也成为数据库系统领域中技术领先、功能先进的优秀系统软件。学习和深入掌握 SQL Server 数据库管理系统软件的应用，既是应对信息时代数据竞争挑战的需要，也是提高数据效益、提高工作效益的需要。

SQL Server 2008 作为新一代的数据库管理系统，使用 Transact-SQL 语言在数据库服务器和用户之间传输请求，为用户提供一套完整的解决方案，包含单进程、多线程、高性能的关系型数据库管理系统(RDBMS)，可以对存储在计算机中的数据进行组织、管理和检索。本章主要介绍 SQL Server 2008 的特性、启动、安装过程、相关组件、管理工具等等方面，通过本章的学习可以掌握 SQL Server 2008 的配置要求、安装过程和主要实用工具的使用。

10.1 SQL Server 数据库的发展历程

10.1.1 SQL Server 的历史发展

SQL Server 是从 20 世纪 80 年代开始由 Microsoft、Sybase 和 Ashton-Tate 三家公司共同开发的关系数据库管理系统系列。1992 年，Microsoft 与 Sybase 公司将 SQL Server 移植到 Windows NT 平台，而随着 SQL Server 4 版本的问世，Microsoft 公司依旧专注于 Windows NT 平台开发 SQL Server，Sybase 公司则转向 NUIX 平台开发 SQL Server。1994 年 Microsoft 与 Sybase 终止合作。

本节介绍 Microsoft SQL Server，简称为 MS SQL Server。随着 Microsoft 公司完全独立开发 SQL Server 6.0 版本，紧接着在 1998 年又推出 7.0 的版本，在数据存储和数据库引擎方面已经发生根本性变化。在 2000 年 9 月 Microsoft 公司又公布 SQL Server 2000 的 4 个版本，内含企业版、标准版、开发版和个人版。而后又逐渐发展到 SQL Server 2005、SQL Server 2008 等系列版本，如表 10-1 所示。

表 10-1　SQL Server 的发展历程

年份	版本	内　容
1988	SQL Server	Microsoft 与 Sybase 共同开发，在 OS/2 运行的联合应用程序。

（续表）

年份	版本	内　　容
1992	SQL Server 4 桌面数据库	功能较少的数据库，满足小部门数据存储和处理，数据库与Windows集成。
1995	SQL Server 6.0 小型商业数据库	核心数据库引擎改写，性能提升，具备处理小型电子商务和内联网应用程序的能力。
1998	SQL Server 7.0 Web数据库	核心数据库引擎重大改写，使该数据库介于基本桌面数据库（Microsoft Access）和高端企业级数据库（Oracle、DB2）之间，为中小型企业提供切实可行廉价的可选方案，并提供重要商业工具（分析服务、数据转换服务等）。
2000	SQL Server 2000 企业级数据库	SQL Server在可扩缩性和可靠性上有很大改进，成为企业级数据库市场中重要一员。（2001年，Oracle 34%的市场份额小于SQL Server 40%的市场份额，2002年，Oracle 27%的市场份额小于SQL Server 45%的市场份额）。
2005	SQL Server 2005	改写SQL Server的很多地方，并引进.NET Framework允许构建.NET SQL Server专有对象，使得SQL Server具有灵活性。
2008	SQL Server 2008	SQL Server 2008能够处理目前多种数据形式，通过提供新的数据类型和使用语言集成查询，还提供在一个框架中设置规则的能力，确保数据库和对象符合定义标准，当这些对象不符合标准时能及时报告。

10.1.2　常见的数据库管理系统

虽然每个数据库的基本SQL语法一致（ANSI-92标准），但是都有各自独有的SQL语法，尤其是每个数据库用于维护的语法都是其自身特有的。SQL Server开发的出发点是基于基本桌面数据库到高端企业级数据库之间。在商业数据库市场上和SQL Server主要竞争的有Oracle、IBM DB2和Sybase。

1. Oracle数据库

Oracle被认为是市场领导者，用户基数庞大。虽然在安装和管理上比SQL Server复杂，但是适宜为大公司提供大型解决方案。Oracle的大量功能部件使得该产品功能齐全，在可扩缩性和可靠性方面十分强大。Oracle非常灵活，允许使用者按需添加个性工具，因此具有更强的适应性。

Oracle的缺点也不容小视，比如从开发者角度来说，Oracle得使用在很多方面都不太方便（专门的SQL Query工具、XML和Web技术工具等）。而且Oracle相对于SQL Server，具有较弱的安全性、较高的价格，以及在安装和运行上的复杂性。现阶段，在Web搜索引擎上还是广泛地使用Oracle。

2. IBM DB2数据库

IBM DB2是IBM公司研发的一种关系型数据库系统。DB2主要应用于大型应用系统，有较好的可伸缩性，支持从大型机到单用户环境，应用于AIX、HP-UX、Solaris、Linux、

OS/2 及 Windows NT、NUMA-Q 等 UNIX 和 Intel 服务器平台。DB2 提供高层次的数据利用性、完整性、安全性、可恢复性及小规模到大规模应用程序的执行能力，具有与平台无关的基本功能和 SQL 命令。DB2 具有很好的网络支持能力，每个子系统可以连接十几万个分布式用户，可同时激活上千个活动线程，对大型分布式应用系统非常适用。

SQL Server 2008 和 DB2 相比，首先是成本比较。SQL Server 2008 初始购置成本低，而且其高性价比降低了硬件成本。SQL Server 2008 还具有更好的扩展性、高有效性、行业领先的安全性，还提供易管理能力、领先的商业智能和数据仓储能力等多种功能。而 IBM DB2 用户需要额外购买才能实现这些功能。其次是安全比较。SQL Server 2008 在数据库平台安全性远远高于 IBM DB2。SQL Server 2008 与 Visual Studio 相结合，提供了公认的最高效的开发和数据库管理环境。

3. Sybase 数据库

Sybase 是 Sybase 公司研发的一种关系型数据库系统，是一种典型的 UNIX 或 Windows 平台上客户机/服务器环境下的大型数据库。Sybase 提供一套应用程序编程接口和库，可以和非 Sybase 数据源及服务器集成。Sybase 允许在多个数据库之间复制数据，适用于创建多层应用，该系统具有完备的触发器、存储过程、规则、完整性定义，支持优化查询，具有较好的数据安全性。

虽然 Sybase 与 SQL Server 十分相似，但是它没有前端图形用户界面。同时，Sybase 主要应用在 UNIX 上，虽然可以提高工具从 Windows 连接到 UNIX 上的 Sybase，但是需要用代码建立数据库解决方案。与之相比，SQL Server 2008 具有更强大的编程语言和功能。

4. MySQL 数据库

MySQL 是瑞典 MySQL AB 公司开发的一个中型关系型数据库管理系统。该公司于 2008 年被 SUN 公司收购，目前 MySQL 属于 Oracle 公司。MySQL 作为一种关联数据库管理系统，关联数据库将数据存储在不同的表中，并不是将所有数据存储在一个大仓库内，从而增加速度、提高灵活性。MySQL 所使用的 SQL 语言是访问数据库最常用的标准化语言。

MySQL 软件采用双授权管理，分为社区版和商业版，商业版所提供的功能可以完全满足个人及中小型企业。因其体积小，速度快，成本低以及公开源代码这些特点，一般中小型网站的开发都选择 MySQL 作为网站数据库，所以 MySQL 广泛应用在各中小型网站中。其社区版的性能卓越，搭配 PHP 和 Apache 可组成良好的开发环境。但对于大型企业，MySQL 规模小、功能有限等缺陷不能提供如 SQL Server 一样完善而强大的功能。

5. Access 数据库

Access 是 Microsoft 公司基于 Windows 桌面提出的关系数据库管理系统(RDBMS)，包含于 Office 系列应用软件。Access 提供表、查询、窗体、报表、页、宏、模块用来建立数据库系统对象，并提供多种导体、生成器、模板，把数据存储、数据查询、界面设计、报表生成等操作规范化，为建立功能完善的数据库管理系统做准备。同时，普通用户不需要编写代码即可完成大部分数据管理任务。

但 Access 功能有限，不能满足大规模的数据库应用需求，也没有各种附加功能模块，可以通过 SQL Server 从 Access 数据库导入。

10.2 SQL Server 2008 的特性简介

10.2.1 SQL Server 2008 的体系结构

SQL Server 2008 作为新一代的数据库管理系统，是 Microsoft 数据平台的重要组成部分。SQL Server 2008 是一个重大的产品版本，推出很多新特性和关键改进，比如他可以将结构化、半结构化和非结构化文档的数据直接存储到数据库，同时还提供一系列的集成服务，对数据进行查询、搜索和报告分析等操作。

SQL Server 2008 允许用户在使用 Microsoft. NET 和 Visual Studio 开发的自定义应用程序中使用数据；也可以在面向服务的架构(SOA)和 Microsoft BizTalk Server 进行的业务流程中使用数据；还可以通过日常使用的工具(如 Microsoft Office 2010 系统)直接访问数据。

SQL Server 2008 是基于 Client/Server 体系结构的关系型数据库管理系统，它使用 Transact-SQL 语句在 Server 和 Client 之间通过网络传送请求。Client 应用程序负责商业逻辑并向用户提供数据，运行在一台或多台机器；Server 负责管理数据库的结构，包括维护数据库中数据之间关系、确保数据存储的正确性及恢复性、分配服务器资源等。

10.2.2 SQL Server 2008 的各种版本

SQL Server 2008 的不同版本能够满足企业和个体用户对不同性能、不同价格的需求。大多数企业应用主要包含企业版、标准版和工作组版，如表 10-2 所示。

表 10-2 SQL Server 2008 的主要版本

术语	定义
Enterprise (x86、x64 和 IA64)	SQL Server Enterprise 是一种综合的数据平台，可以为运行安全的业务关键应用程序提供企业级可扩展性、性能、高可用性和高级商业智能功能。
Standard (x86 和 x64)	SQL Server Standard 是一个提供易用性和可管理性的完整数据平台。它的内置业务智能功能可用于运行部门应用程序。SQL Server Standard for Small Business 包含 SQL Server Standard 的所有技术组件和功能，可以在拥有 75 台或更少计算机的小型企业环境中运行。
Workgroup (x86 和 x64)	SQL Server Workgroup 是运行分支位置数据库的理想选择，它提供一个可靠的数据管理和报告平台，其中包括安全的远程同步和管理功能。

(1) SQL Server 2008 Enterprise Edition(企业版 32 位和 64 位)

SQL Server 2008 企业版是一个全面的数据管理和业务智能的平台，为企业关键业务应用提供企业级的可扩展性、安全性、数据仓库、报表和分析等支持。

(2) SQL Server 2008 Standard Edition(标准版 32 位和 64 位)

SQL Server 2008 标准版是一个完整的数据管理和业务智能平台，为部门级应用提供易操作和可管理特性。

(3) SQL Server 2008 Workgroup Edition(工作组版 32 位和 64 位)

SQL Server 2008 工作组版是一个全面的数据管理和业务智能的平台,用来实现安全发布、远程同步和运行分支的管理能力。该版本拥有核心数据库特性,易升级为标准版或企业版。

只有以上三个版本可以在生产服务器的环境中安装和使用。除此之外 SQL Server 2008 还包括 SQL Server 2008 Web Edition(Web 版 32 位和 64 位)、SQL Server 2008 Developer Edition(开发版 32 位和 64 位)、SQL Server 2008 Express Edition(精简版版 32 位)和 SQL Server Compact 3.5 版,如表 10-3 所示。

表 10-3　SQL Server 2008 的其他版本

术语	定　义
Web (x86 和 x64)	对于为从小规模至大规模 Web 资产提供可扩展性和可管理性功能的 Web 宿主和网站来说,SQL Server 2008 Web 是一项总拥有成本较低的选择。
Developer (x86、x64 和 IA64)	SQL Server 2008 Developer 支持开发人员构建基于 SQL Server 的任一种类型的应用程序。它包括 SQL Server 2008 Enterprise 的所有功能,但有许可限制,只能用作开发和测试系统,而不能用作生产服务器。SQL Server 2008 Developer 是构建和测试应用程序的人员的理想之选。可以升级 SQL Server 2008 Developer 以将其用于生产用途。
Express (x86 和 x64)	SQL Server Express 数据库平台基于 SQL Server 2008。它也可用于替换 Microsoft Desktop Engine (MSDE)。SQL Server Express 与 Visual Studio 集成,从而开发人员可以轻松开发功能丰富、存储安全且部署快速的数据驱动应用程序。 SQL Server Express 免费提供,且可以由 ISV 再次分发(视协议而定)。SQL Server Express 是学习和构建桌面及小型服务器应用程序的理想选择,也是独立软件供应商、非专业开发人员和热衷于构建客户端应用程序的人员的最佳选择。如果您需要使用更高级的数据库功能,则可以将 SQL Server Express 无缝升级到更复杂的 SQL Server 版本。
Compact 3.5 SP1 (x86) Compact 3.1 (x86)	SQL Server Compact 免费提供,是生成用于基于各种 Windows 平台的移动设备、桌面和 Web 客户端的独立和偶尔连接的应用程序的嵌入式数据库理想选择

10.2.3　SQL Server 2008 的新增特性

SQL Server 2008 在原有的 SQL Server 2005 系统基础上增加了新的功能特性,为用户提供可信任的、高效的、智能的数据平台。

1. 可信任

SQL Server 2008 通过增加功能为用户的关键任务应用程序提供了强大的安全特性、可靠性和可扩展性。

(1) 安全特性

① 数据加密。SQL Server 2008 可以对整个数据库、数据文件和日志文件进行加密,而不需要改动已有的应用程序。

② 外键管理。SQL Server 2008 为加密和密钥管理提供了一个全面的解决方案,通过支持第三方密钥管理和硬件安全模块(HSM)产品提供支持。

③ 增强审查。SQL Server 2008 通过审查数据操作,提高遵从性和安全性。审查不仅包括对数据修改的所有内容,还包括对数据进行读取的时间。通过定义每一个数据库的审查规范,为指定对象作审查配置使审查的执行性能更好,配置的灵活性也更高。

(2) 可靠性

① 改进数据库镜像。SQL Server 2008 基于 SQL Server 2005,并提供了更可靠的加强了数据库镜像的平台。新的特性包括:页面自动修复,SQL Server 2008 通过请求获得一个从镜像合作机器上得到的出错页面的重新拷贝,使主要的和镜像的计算机可以透明的修复数据页面错误;提高性能,SQL Server 2008 压缩了输出的日志流,以便使数据库镜像所要求的网络带宽达到最小;加强了可支持性,SQL Server 2008 包括了新增加的执行计数器,它使得可以更细粒度的对数据库管理系统(DBMS)日志记录的不同阶段所耗费的时间进行计时,SQL Server 2008 包括动态管理视图(Dynamic Management View)和对现有的视图的扩展,以此来显示镜像会话的更多信息。

② 热添加 CPU。为了在线添加内存资源而扩展 SQL Server 中的已有的支持,热添加 CPU 使数据库可以按需扩展。CPU 资源可以添加到 SQL Server 2008 所在的硬件平台上而不需要停止应用程序。

(3) 可扩展性

① 数据采集。一般地,性能调整和排除故障耗费时间较多,SQL Server 2008 推出了范围更大的数据采集,用于存储性能数据的新的集中的数据库,以及新的报表和监控工具。

② 扩展事件。SQL Server 扩展事件是一个用于服务器系统的一般事件处理系统。扩展事件基础设施是一个轻量级的机制,它支持对服务器运行过程中产生的事件的捕获、过滤和响应。这个对事件进行响应的能力使用户可以通过增加前后文关联数据,例如 Transact SQL 对所有事件调用堆栈或查询计划句柄,以此来快速的诊断运行时问题。事件捕获可以按几种不同的类型输出,包括 Windows 事件跟踪(Event Tracing for Windows, ETW)。当扩展事件输出到 ETW 时,操作系统和应用程序就可以关联了,这使得可以做更全面的系统跟踪。

③ 稳定计划。SQL Server 2008 通过提供了一个新的制定查询计划的功能,从而提供了更好的查询执行稳定性和可预测性,可以在硬件服务器更换、服务器升级和产品部署中提供稳定的查询计划。

2. 高效

SQL Server 2008 降低管理系统、.NET 架构和 Visual Studio Team System 的时间和成本。

(1) 陈述式管理(DMF)

SQL Server 2008 降低了管理系统、.NET 架构的时间和成本,推出了陈述式管理架构(DMF),是一个基于政策的用于管理一个或多个 SQL Server 2008 实例的系统,用于 SQL Server 数据库引擎的新的基于策略的管理框架。DMF 由三个组件组成:政策管理、创建政策的政策管理员和显式管理。管理员选择一个或多个要管理的对象,并显式检查这些对象是否遵守指定的政策,或显式地使这些对象遵守某个政策。

陈述式管理主要有以下优点:

① 遵从系统配置的政策;

② 监控和防止通过创建不符合配置的政策来改变系统；

③ 通过简化管理工作来减少公司的总成本；

④ 使用 SQL Server 管理套件查找遵从性问题。

(2) 精简安装

SQL Server 2008 对 SQL Server 的服务生命周期提供了显著的改进，它重新设计了安装、建立和配置架构。这些改进将计算机上的各个安装与 SQL Server 软件的配置分离开来，这使得公司和软件合作伙伴可以提供推荐的安装配置。

(3) 简化程序开发

SQL Server 提供了集成的开发环境和更高级的数据提取，使开发人员可以创建下一代数据应用程序，同时简化了对数据的访问。

(4) 增强对非关系型数据支持

SQL Server 2008 基于过去对非关系数据的强大支持，提供了新的数据类型使得开发人员和管理员可以有效地存储和管理非结构化数据，如文档和图片。还增加了对管理高级地理数据的支持。除了新的数据类型，SQL Server 2008 还提供了一系列对不同数据类型的服务，同时为数据平台提供了可靠性、安全性和易管理性。

(5) Transact-SQL 的改进

SQL Server 2008 通过几个关键的改进增强了 Transact-SQL 编程人员的开发体验。

① Table Value Parameters 将值作为表的参数定义一个表类型，为应用程序创建、赋值、传递表结构的参数到存储过程或函数提供了更简单的方式。

② 对象相关性的改进。通过新推出的种类查看和动态管理功能能够可靠的找出对象间的相关性。该相关性会跟踪存储过程、表、视图、函数、触发器、用户定义的类型、XML schema 集合和其他对象。

③ SQL Server 2008 推出了新的日期和时间数据类型：DATE 只包含日期的类型，只使用 3 个字节来存储一个日期；TIME 只包含时间的类型，只使用 3 到 5 个字节来存储精确到 100 纳秒时间；DATETIMEOFFSET 可辨别时区的日期/时间类型；DATETIME2 具有比现有的 DATETIME 类型更精确的秒和年范围的日期/时间类型。新的数据类型使应用程序可以有单独的日期和时间类型，同时为用户定义的时间值的精度提供较大的数据范围。

(6) 偶尔连接系统

SQL Server 2008 推出一个统一的同步平台，使得在应用程序、数据存储和数据类型之间达到一致性同步。在与 Visual Studio 的合作下，SQL Server 2008 使得可以通过 ADO .NET 中提供的新的同步服务和 Visual Studio 中的脱机设计器快速地创建偶尔连接系统。可以改变跟踪和使客户可以以最小的执行消耗进行功能强大的执行，以此来开发基于缓存的、基于同步的和基于通知的应用程序。

3. 智能

SQL Server 2008 提供一个全面的平台，为用户提供商业智能(BI)的强大支持。

(1) 集成任何数据

SQL Server 2008 提供一个全面的、可扩展的数据仓库平台，它可以用一个单独的分析存储进行强大的分析，满足成千上万的用户在几兆字节数据中的需求。

① 数据压缩。内嵌在 SQL Server 2008 中改进的数据压缩使数据可以更有效地存储，

并降低数据的存储要求。同时，数据压缩为大型的限制输入/输出(I/O)降低工作负载，提供了显著的性能改进。

② 备份压缩。保持在线进行基于磁盘的备份不仅昂贵而且耗时，SQL Server 2008 备份压缩减少所需的磁盘输入/输出(I/O)和存储空间，加快备份的速度。

③ 分区表并行。SQL Server 2008 是在 SQL Server 2005 中的分割的优势之上建立的，它改进了对大型的分区表的操作性能。

④ 星型连接查询优化器。SQL Server 2008 为普通的数据仓库场景提供了改进的查询性能。星型连接查询优化器通过辨别数据仓库连接模式降低了查询响应时间。

⑤ 资源监控器。SQL Server 2008 资源监控器使数据库管理员可以给终端用户提供一致的和可预测的响应；可以为不同的工作负载定义资源限制和优先权，这使得并发工作负载可以为终端用户提供稳定的性能。

⑥ 分组设置。分组设置(GROUPING SETS)是对 GROUP BY 条件语句的扩展，它使得用户可以在同一个查询中定义多个分组。分组设置生成一个单独的结果集，这个结果集相当于对不同分组的行进行了 UNION ALL 的操作，这使得聚合查询和报表更加简单和快速。

⑦ 捕获变更数据。捕获变更的完整内容，维护交叉表的一致性，甚至是对交叉的 schema 变更也起作用。可以将最新的信息集成到数据仓库中。

⑧ MERGE SQL 语句。MERGE SQL 语句可以更有效地处理数据仓库的场景。

⑨ 可扩展的集成服务。集成服务的可扩展性方面的两个关键优势是：SQL Server 集成服务(SQL Server Integration Services，SSIS)管道改进，数据集成包现在可以更有效地扩展、使用有效的资源和管理最大的企业级的工作负载。这个新的设计将运行时间的可扩展性提高到多个处理器中；SSIS 持久查找，执行查找是最常见的抽取、转换和加载(ETL)操作。这在数据仓库中尤为普遍，当实际记录必须使用查找来转换业务键到它们相应的替代中去时。SSIS 增强了查找的性能以支持大型表。

(2) 发送相应报表

SQL Server 2008 提供了一个可扩展的商业智能基础设施，可以使用商业智能来管理报表以及任何规模和复杂度的分析。SQL Server 2008 可以有效地以用户想要的格式和地址发送相应的报表给成千上万的用户。通过提供交互发送用户需要的企业报表，获得报表服务的用户数目大大增加了，便于做出更好、更快、更符合实际的决策。SQL Server 2008 提供所有用户制作、管理和使用报表的平台。

① 企业报表引擎。有了简化的部署和配置，可以在企业内部更简单地发送报表。这使得用户能够轻松的创建和共享所有规模和复杂度的报表。

② 新报表设计器。改进的报表设计器可以创建广泛的报表，使公司可以满足所有的报表需求。独特的显示能力使报表可以被设计为任何结构，同时增强的可视化进一步丰富了用户的体验。

此外，报表服务 2008 使商业用户可以在一个可以使用 Microsoft Office 的环境中编辑或更新现有的报表，不论这个报表最初是在哪里设计的，从而使公司能够从现有的报表中获得更多的价值。

③ 强大的可视化。SQL Server 2008 扩展了报表中可用的可视化组件。可视化工具例

如地图、量表和图表等使得报表更加友好和易懂。

④ Microsoft Office 渲染。SQL Server 2008 提供了新的 Microsoft Office 渲染，使用户可以从 Word 里直接访问报表。此外，现有的 Excel 渲染器被极大的增强，可以用来支持嵌套数据区域、子报表和合并单元格等功能。

⑤ Microsoft SharePoint 集成。SQL Server 2008 报表服务将 Microsoft Office SharePoint Server 2007 和 Microsoft SharePoint Services 深度集成，提供了企业报表和其他商业洞察的集中发送和管理。用户可以访问商业门户中所做决策相关的结构化和非结构化信息的报表。

(3) 在线分析处理

SQL Server 2008 基于 SQL Server 2005 强大的在线分析处理(Online Analytical Processing, OLAP)能力，为所有用户提供了更快的查询速度。

① 设计的可扩展性。SQL Server 2008 加强分析能力，提供更复杂的计算和聚合。新的立方体设计工具帮助用户将分析基础设施的开发工作流线化，为优化性能建立解决方案。设计中内嵌了 Best Practice Design Alerts，可以在设计时集成实时警告。

② 块计算。块计算提供提高处理性能，用户可以增加层级深度和计算的复杂度。

③ MOLAP。SQL Server 2008 分析服务中的新的基于 MOLAP 的回写功能不再需要查询 ROLAP 分区。这给用户提供更强的分析应用程序中的回写设定，而不需要以 OLAP 性能为代价。

④ 预测分析。查询数据挖掘结构的能力使报表包含挖掘模型外部的属性更容易。新的交叉验证特性对数据进行多处对比，发送更可靠的结果。

10.3 SQL Server 2008 的安装过程

10.3.1 SQL Server 2008 配置要求

在安装软件之前，需要了解数据库安装要求，本节主要从硬件、软件及操作系统等方面介绍安装 SQL Server 2008 所需要的环境要求，按照操作系统的不同类型(32 位和 64 位)分别安装和运行 SQL Server 2008 的软硬件具体要求见表 10-4 和表 10-5 所示。

表 10-4 在 32 位平台上安装和运行 SQL Server 2008 的软硬件要求

组件	要求
处理器类型	Penrium Ⅲ兼容处理器或速度更快的处理器
处理器速度	最低：1.0 GHz 建议：2.0 GHz 或更快
操作系统	Windows XP Professional SP3 Windows Vista SP2 Business (Enterprise、Ultimate) Windows 7 Professional (Enterprise、Ultimate) Windows Server 2003 sp2 以上 Windows Server 2008 sp2 以上

(续表)

组件	要　求
内存	最小:1 GB,推荐:4 GB 或更多,最高:64 GB
硬盘	2.0 G 以上
框架	SQL Server 安装程序安装该产品所需的软件组件: . NET Framework 3.5 SP11 SQL Server Native Client SQL Server 安装程序支持文件
显示器	SQL Server 2008 图形工具需要使用 VGA 或更高分辨率:分辨率至少为 1 024 像素 * 768 像素

表 10-5　在 64 位平台上安装和运行 SQL Server 2008 的软硬件要求

组件	要　求
处理器类型	最低:AMD Opteron、AMD Athlon 64、支持 Intel EM64T 的 Intel Xeon 和支持 EM64T 的 Intel Pentium IV
处理器速度	最低:1.4 GHz 建议:2.0 GHz 或更快
操作系统	Windows XP Professional SP2 x64 Windows Vista SP2 x64 Business (Enterprise、Ultimate) Windows 7 x64 Professional (Enterprise、Ultimate) Windows Server 2003 sp2 64 位 x64 以上(Standard、Enterprise、Datacenter) Windows Server 2008 SP2 x64(Standard、Enterprise、Datacenter)
内存	最小:1 GB 推荐:4 GB 或更多 最高:64 GB
硬盘	2.0 G 以上
框架	SQL Server 安装程序安装该产品所需的软件组件: . NET Framework 3.5 SP11 SQL Server Native Client SQL Server 安装程序支持文件
显示器	SQL Server 2008 图形工具需要使用 VGA 或更高分辨率:分辨率至少为 1 024 像素 * 768 像素

1. 硬件环境

分别从 CPU、内存、硬盘几个主要配置介绍。

(1) CPU

运行 SQL Server 2008 的 CPU 要求,32 位版本需要 Pentium Ⅲ 兼容处理器或速度更快的处理器,最低速度要求 1.0 GHz,建议是 2.0 GHz 及以上;64 位版本则要求更高,需要至少 AMD Opteron、AMD Athlon64 等,最低速度要求 1.4 GHz,建议 2.0 GHz 及以上。

(2) 内存

使用 SQL Server 2008 需要的 RAM 容量至少为 512 MB,推荐 1 GB 及以上的内存,因为真正使用 SQL Server 2008 的过程中实际内存至少应该是推荐内存的两倍。

(3) 硬盘

安装 SQL Server 2008 需要较大的硬盘空间,因为它自身将占有 1 GB 以上的硬盘空间。在安装过程中可以自定义选择可选功能,适当减少硬盘空间需求。实际硬盘空间的需求取决于系统配置和安装功能(如表 10-6 所示)。

表 10-6 SQL Server 2008 各组件安装所需硬盘空间

功 能	所需硬盘空间
数据库引擎、数据文件、复制及全文搜索	280 MB
Analysis Services 和数据文件	90 MB
Reporting Services 和报表管理器	120 MB
Integration Services	120 MB
客户端组件	850 MB
SQL Server 联机丛书和 SQL Server Compact 联机丛书	240 MB

除了上述表中所占用硬盘空间外,还需要留有备用空间,来满足 SQL Server 2008 和数据库的扩展,而且还需给开发所用到的临时文件准备硬盘空间。

2. 软件及操作系统环境

SQL Server 2008 可顺畅运行在 Windows Vista Home Basic 及更高版本,也可运行于 Windows XP 及更高版本。从服务器要求,它需要在 Windows Server 2003 SP2 和 Windows Server 2008 上运行,当然也可以运行在 Windows XP Professional 的 64 位操作系统及 Windows Server 2003 和 Windows Server 2008 的 64 位版本上。

与此同时,SQL Server 2008 运行还需要以下. NET Framework 版本。

(1) Windows Server 2003(64 位)IA64 上的 SQL Server 2008:. NET Framework 2. 0 SP2。

(2) SQL Server Express:. NET Framework 2. 0 SP2。

(3) SQL Server 2008 的所有其他版本:. NET Framework 3. 5 SP1。

此外,所有的 SQL Server 2008 版本安装需要使用 Microsoft Internet Explorer 6 SP1 及其更高版本,因为 Microsoft 管理控制台(MMC)、SQL Server Management Studio、Business Intelligence Development Studio、Reporting Services 的报表设计器组件和 HTML 帮助都需要用到 Microsoft Internet Explorer 6 SP1 及其更高版本。

10. 3. 2 SQL Server 2008 安装过程

1. 准备安装环境启动安装

安装时,要以管理员身份登陆机器,要求能够在本机创建文件和文件夹。若是用 DVD-ROM 安装,安装教程会自行启动,否则需双击 DVD-ROM 根目录下的 autorun. exe;若是压缩包安装,则首先要解压到文件夹,然后右击“以管理员身份运行”安装程序。此时如果本机未安装 Microsoft . NET Framework 3. 5 版,则会提醒并自动下载安装。安装完成后出现“SQL Server 安装中心”界面,如图 10-1 所示。

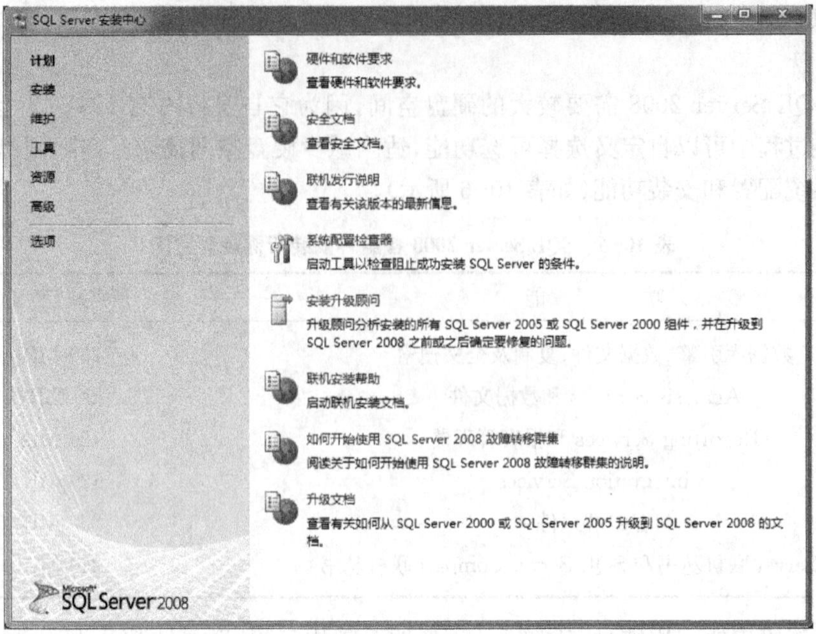

图 10-1　SQL Server 安装中心界面

2. 安装程序支持规则文件

在“SQL Server 安装中心”界面左侧单击“安装”按钮，出现“SQL Server 安装中心”新界面，如图 10-2 所示，选择第一项，即“全新 SQL Server 独立安装或向现有安装添加功能”，开始 SQL Server 2008 安装。首先进入“安装程序支持规则”界面对必要的支持规则进行检查，

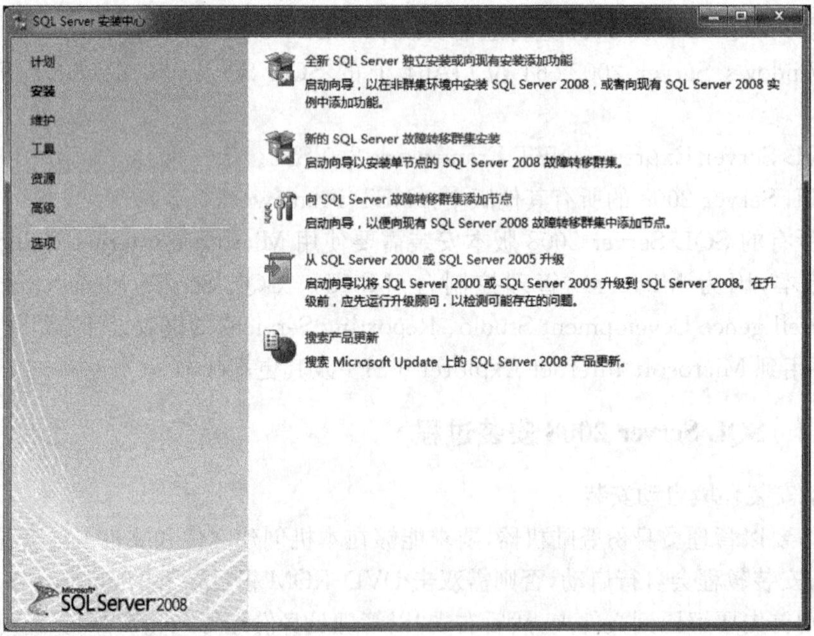

图 10-2　使用 SQL Server 安装中心安装界面

如图 10-3 所示，单击“确定”按钮，进入“安装程序支持文件”界面，单击“安装”按钮进行程序支持文件安装，如图 10-4 所示。

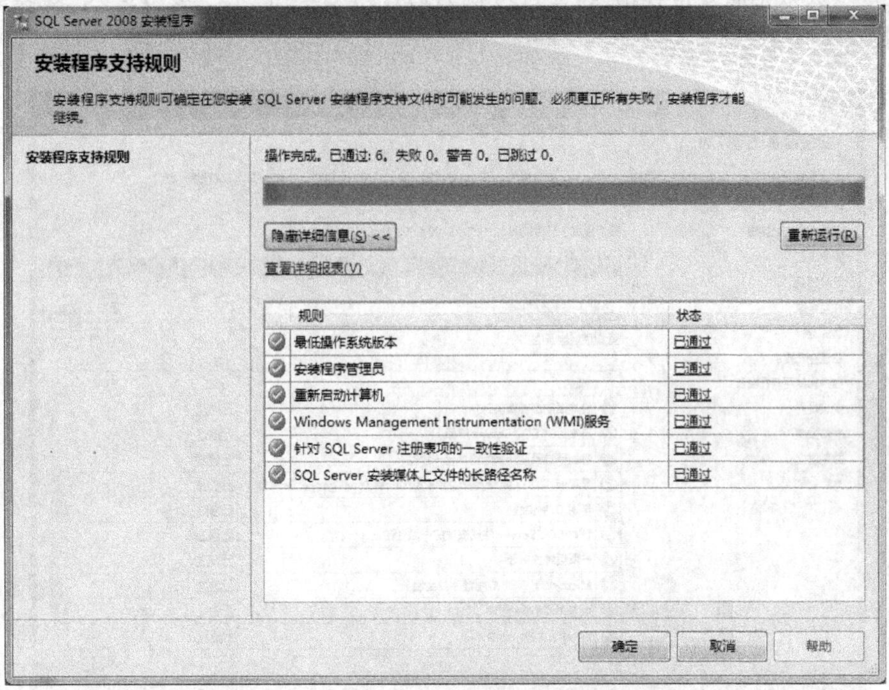

图 10-3　SQL Server 安装程序支持规则界面

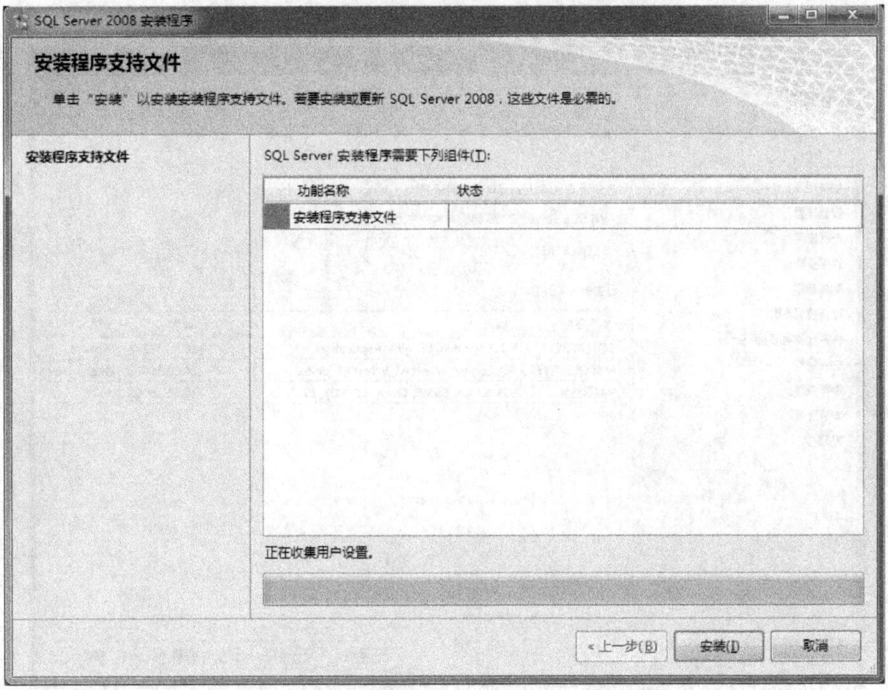

图 10-4　SQL Server 安装中心安装程序支持界面

3. 选择安装类型输入密钥

安装完成后，重新进入“安装程序支持规则”界面，如图 10-5 所示，快速检查完毕后，未出现“失败”（失败则需要检查错误，警告可视为通过），则单击“下一步”，进入“安装类型”界面，如图 10-6 所示。

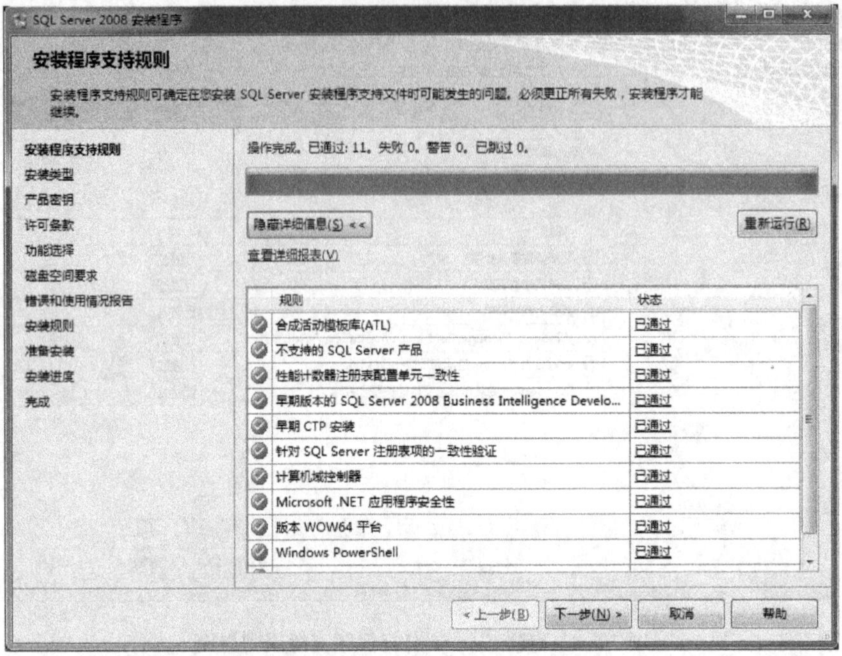

图 10-5 SQL Server 安装程序支持规则界面

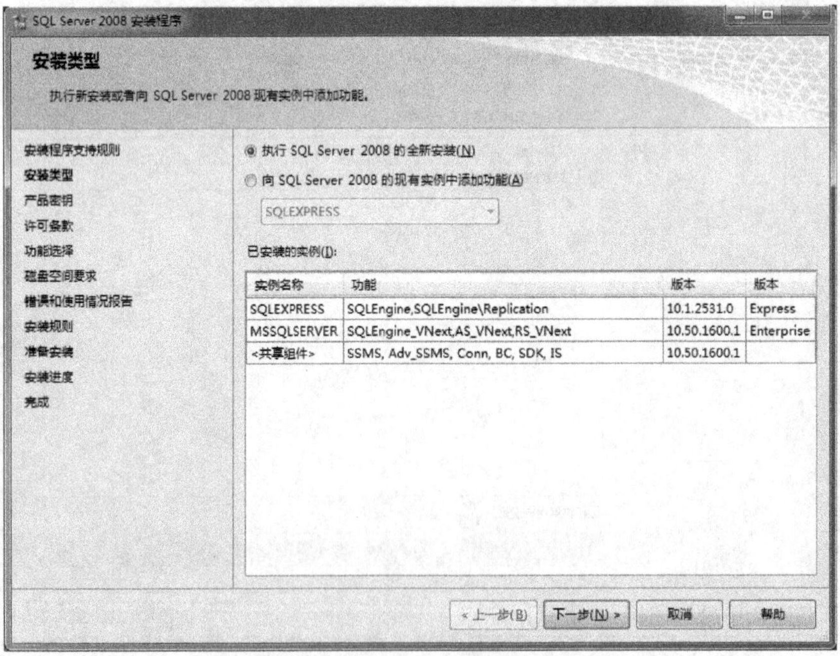

图 10-6 SQL Server 安装类型界面

在“安装类型界面”选择“执行 SQL Server 2008 的全新安装”选项，单击“下一步”，进入“产品秘钥”界面，如图 10-7 所示。在“指定可用版本”选项中选择相应版本，然后在“输入产品秘钥”选项中输入 25 位产品密钥。

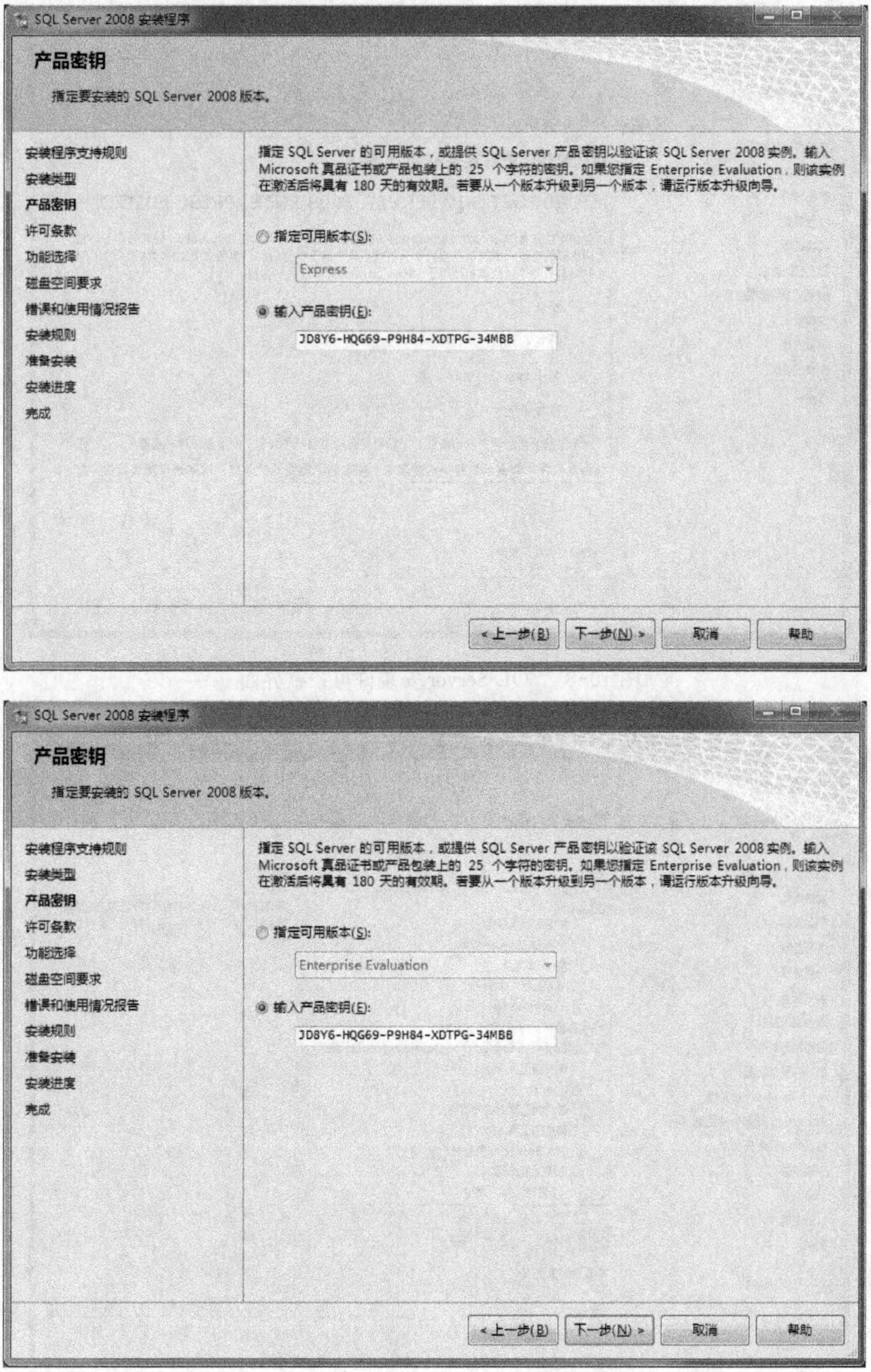

图 10-7 SQL Server 安装产品密钥界面

4. 接受安装许可选择功能

完成后单击“下一步”按钮进入“许可条款”窗口，如图 10-8 所示，阅读并选择“我接受许可条款”复选框，单击“下一步”按钮，在通过相关规则之后进入“功能选择”界面，如图 10-9 所示。

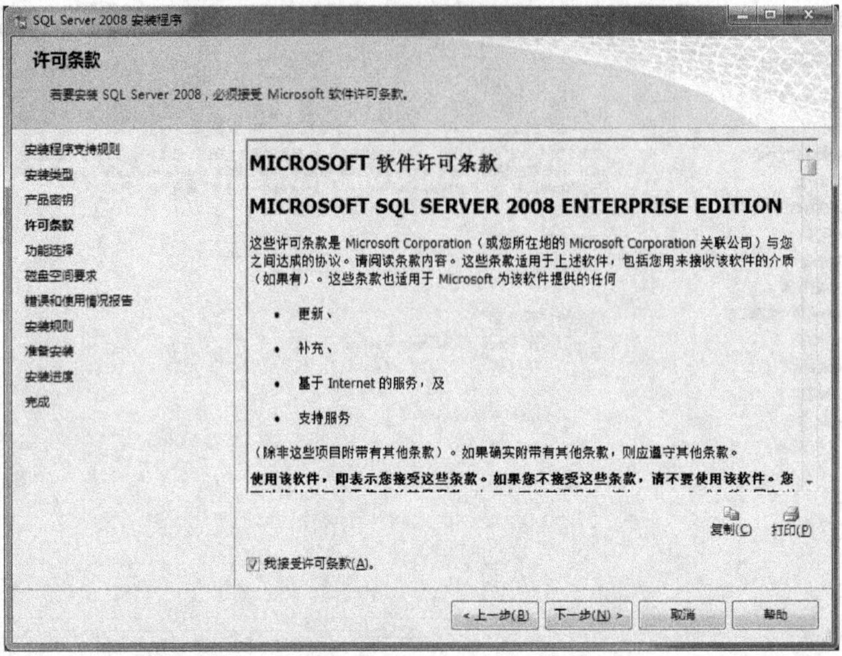

图 10-8 SQL Server 安装许可条款界面

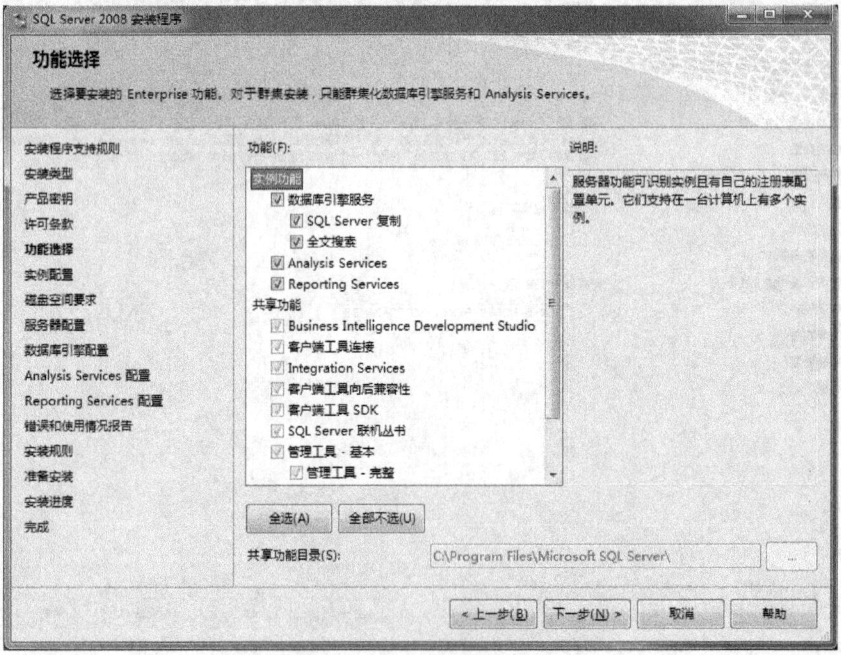

图 10-9 SQL Server 安装功能选择界面

选择功能名称后，右侧窗体中会显示每个组件的说明。可以根据实际需要，选中一些功能，在图 10-9 功能选择界面中，有实例功能、共享功能、可再行开发的功能：

(1) 实例功能

① 数据库引擎服务：SQL Server 2008 的核心功能，包括运行所需引擎、数据文件等。

② SQL Server 复制：该选项支持某数据库执行数据修改时把修改复制到相似数据库。

③ 全文搜索：该选项允许对数据库中的文本进行搜索。

④ Analysis Services：该工具可以获取数据集，并可以对数据切块、切片处理分析。

⑤ Reporting Services：该服务允许从 SQL Server 自行生成报表。

(2) 共享功能

① Business Intelligence Development Studio：图形用户界面，与数据库交互分析数据。

② 客户端工具连接：在客户端，提供到 SQL Server 图形化界面或协同 SQL Server 工作。

③ Integration Services：创建完成行动过程，如从其他数据源导入数据并使用。

④ 客户端工具向后兼容性：保证客户端工具在升级后新版本的兼容性问题。

⑤ SQL Server 联机丛书：帮助系统，关于 SQL Server 的任何信息和说明的详细资料。

⑥ 管理工具：为 SQL Server 2008 安装完整管理工具，包括活动和监视器等。

⑦ Microsoft Sync Framework：允许与脱机应用程序工作时，适当地方存在同步机制。

选择安装所有功能或者自定义安装各种所需功能，但是至少要安装数据库引擎服务和客户端工具来保证最基本的应用功能。

5. 实例配置磁盘空间要求

完成功能安装后单击“下一步”，进入“实体配置”界面，在“实体配置”界面上起初是选择默认实例，实例名称和 ID 均为 MSSQLSERVER，如图 10-10 所示，也可以选择自己命名实例，称为“命名实例”，如图 10-11 所示。

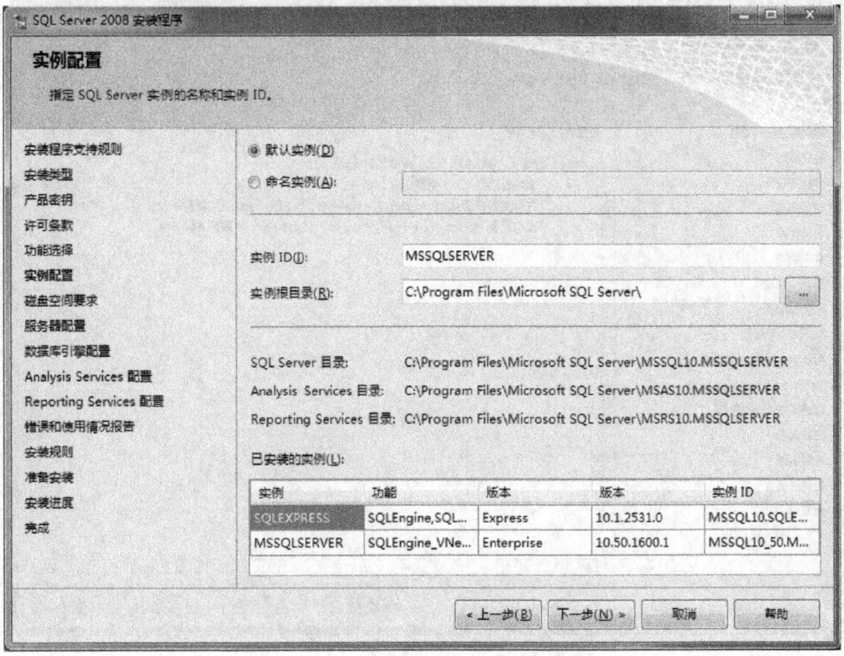

图 10-10 SQL Server 安装实例配置默认实例界面

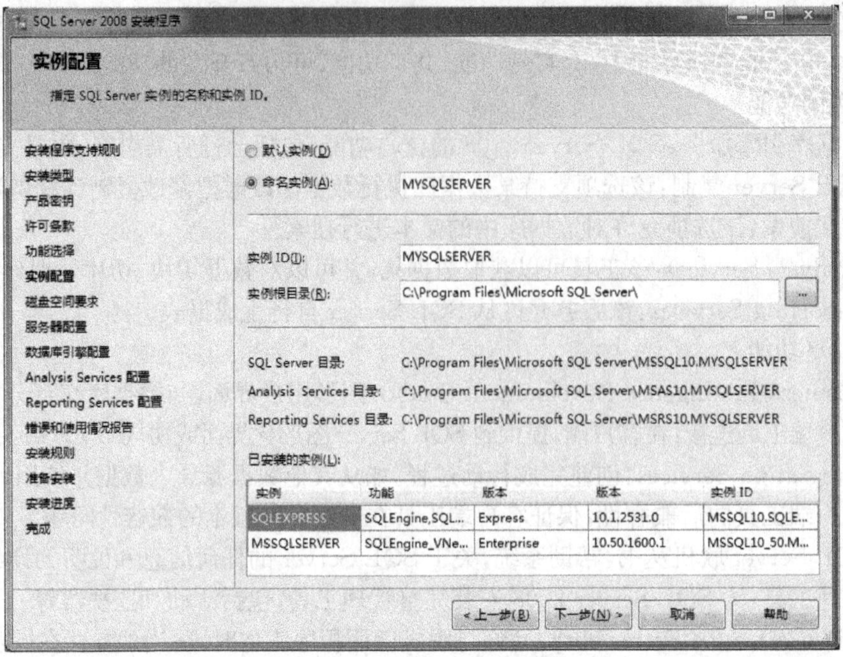

图 10-11　SQL Server 安装实例配置命名实例界面

① 选择"默认实例"或"命名实例"按钮修改用户使用 SQL Server 2008 的实例名称。

② 单击"实例根目录"文本框右侧按钮修改实例存放目录。

③ 查看界面下方的"已安装实例"显示本机已安装的实例名称和基本信息。

完成实例配置后，单击"下一步"进入"磁盘空间要求"界面，如图 10-12 所示。在

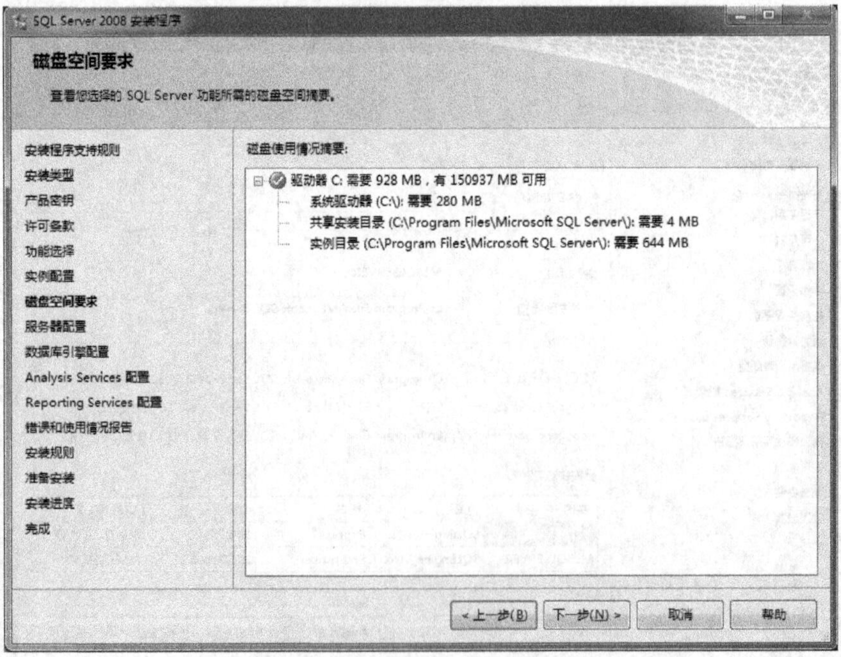

图 10-12　SQL Server 安装磁盘空间界面

“磁盘空间要求”界面显示在指定的磁盘驱动器中所需占用的磁盘空间数量、分类占用的磁盘空间数量及该驱动器中可用的磁盘空间数量。然后将所需空间与可用磁盘空间进行比较，若该驱动器空间不足，则无法继续安装，需要单击“上一步”按钮更换驱动器。

6. 安装服务器配置

在磁盘空间满足要求的情况下，单击“下一步”进入“服务器配置”的界面，如图 10-13 所示。在“服务器配置”中可以指定 SQL Server 服务的登录账户，可以为所有 SQL Sever 服务分配相同的登录账户，也可以分别配置每个服务账户，还可以指定服务是自动启动、手动启动还是禁用。Microsoft 建议对各账户进行单独配置，以便为每项服务提供最低特权，即向 SQL Server 服务授予它们完成各自任务所需的最低权限，如图 10-14 所示。

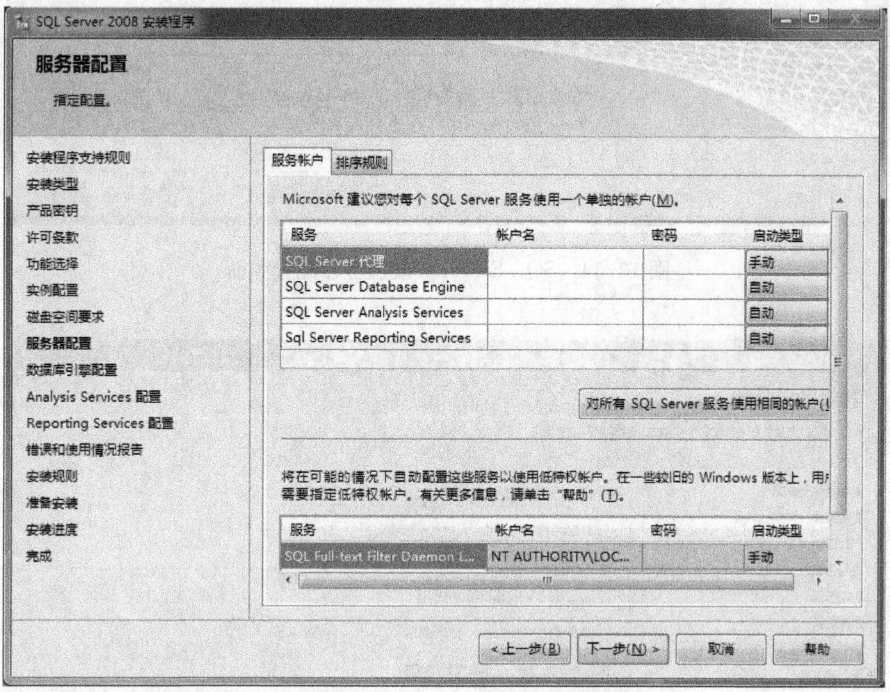

图 10-13　SQL Server 安装服务器配置界面

7. 数据库引擎配置

在图 10-14 中，将各项服务的启动类型修改为自动或手动模式，将账户名设定为 Network Services，密码使用 Windows 登录密码。单击“下一步”进入“数据库引擎配置”界面，需要选择身份验证模式，“Windows 身份验证模式”和“混合模式”，如图 10-15 所示。

在图 10-15 中的“账户设置”选项卡设置账户信息，主要制定身份认证模式：

安全模式：为 SQL Server 实例选择 Windows 身份验证或混合模式身份验证。如果选择“混合模式身份验证”，则必须为内置 SQL Sever 系统管理员账户(SA)提供一个强密码。

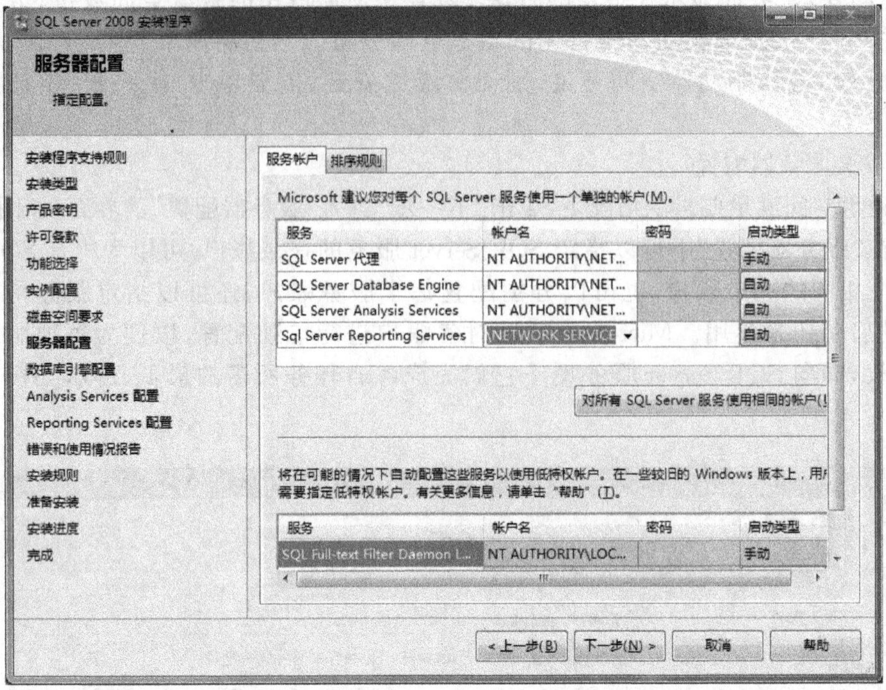

图 10-14　SQL Server 安装服务器配置界面

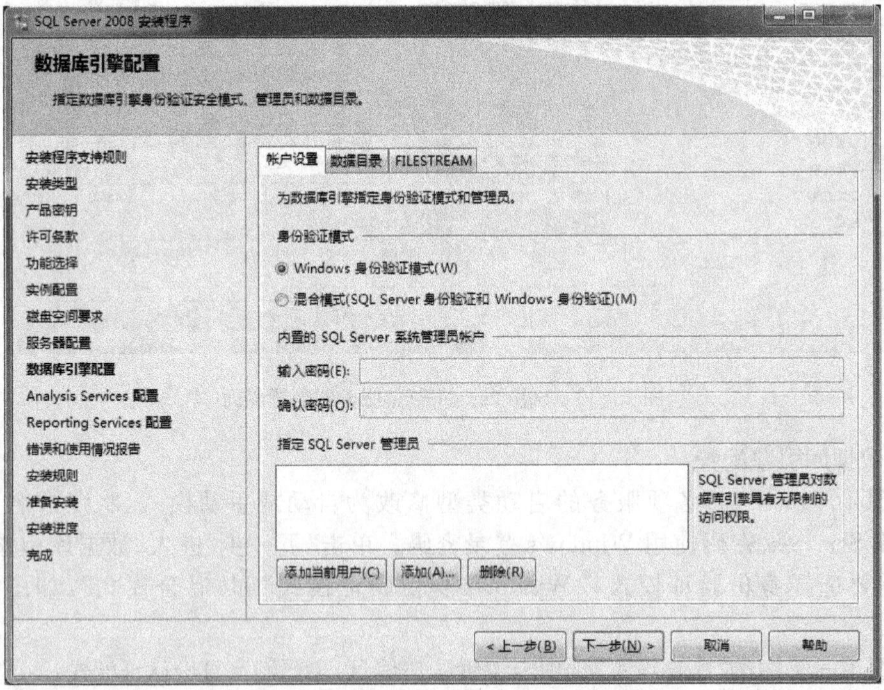

图 10-15　SQL Server 安装数据库引擎配置界面

SQL Sever 管理员：必须至少为 SQL Server 实例指定一个系统管理员。若要添加用以运行 SQL Server 安装程序账户，则要单击“添加当前用户”按钮。若要想系统管理员列表中添加账户或从中删除账户，则单击“添加…”或“删除…”按钮，然后编辑将拥有 SQL Sever 实例的管理员特权的用户、组或计算机列表。在“数据目录”选项卡中修改各种数据库的安装目录和备份目录，如图 10-16 所示。

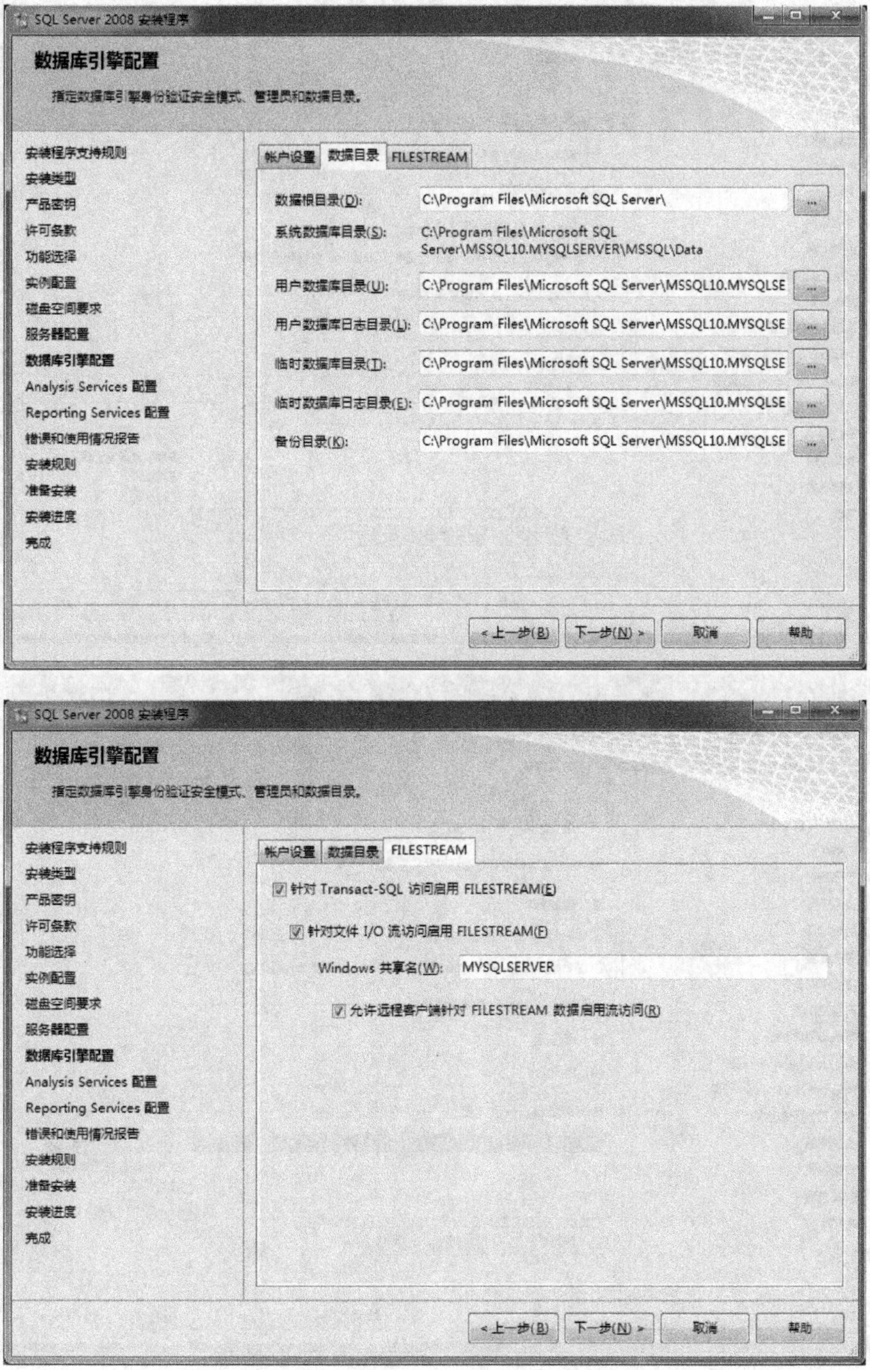

图 10-16　SQL Server 安装数据目录界面

（1）Windows 身份验证模式

选择“Windows 身份验证模式”，则无需添加密码，为 SQL Server 实例指定一个系统管理员即可，如图 10-17 所示。

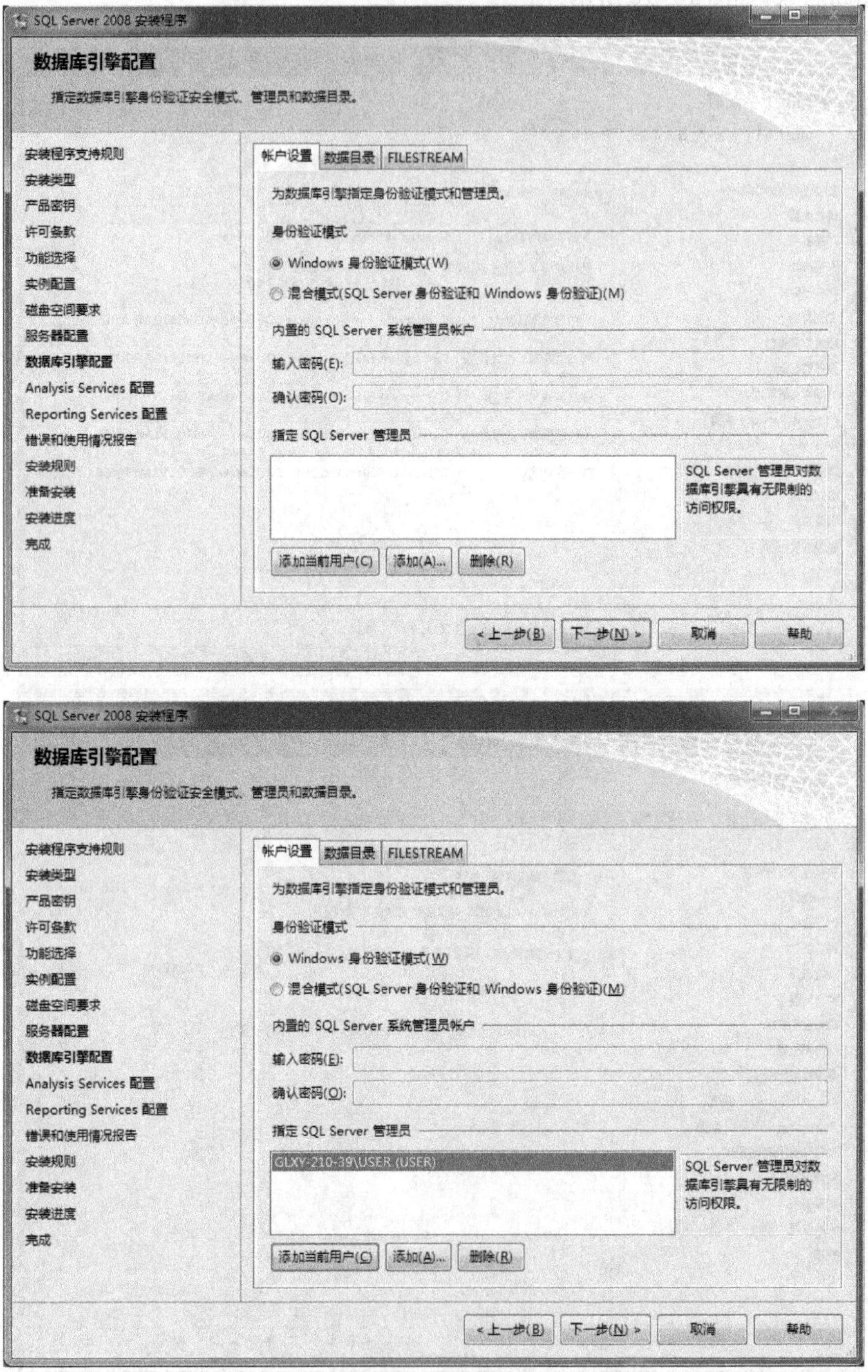

图 10-17　SQL Server 安装数据库引擎 Windows 身份验证模式界面

(2) 混合身份验证模式

选择"混合模式",则必须为内置 SQL Sever 系统管理员账户(SA)提供一个强密码,并为 SQL Server 实例指定一个系统管理员,如图 10-18。

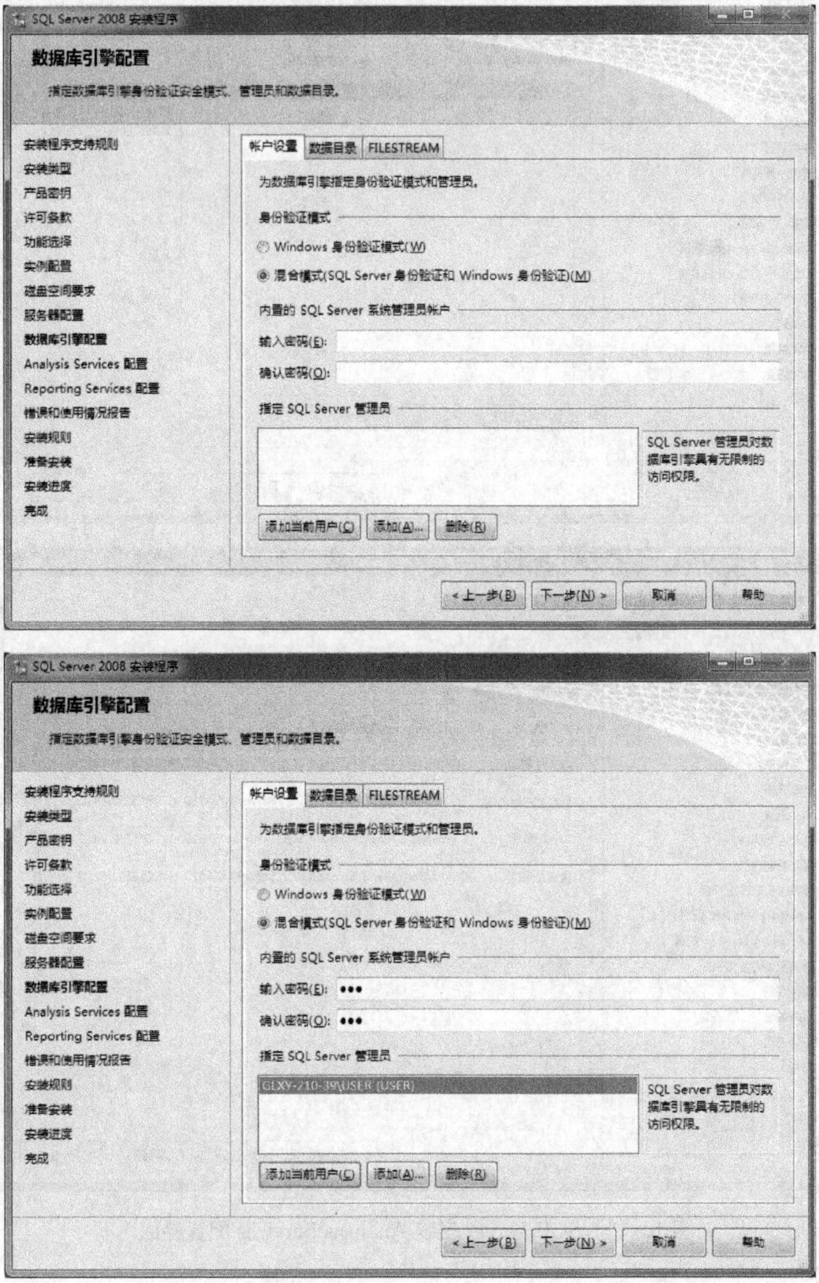

图 10-18 SQL Server 安装数据库引擎混合身份验证模式界面

8. Analysis Services 配置

"数据库引擎配置"完成之后,单击"下一步"按钮,进入"Analysis Services 配置"界面,如图 10-19 所示。在"账户设置"选项卡中指定将拥有 Analysis Services 的管理员权限的用户

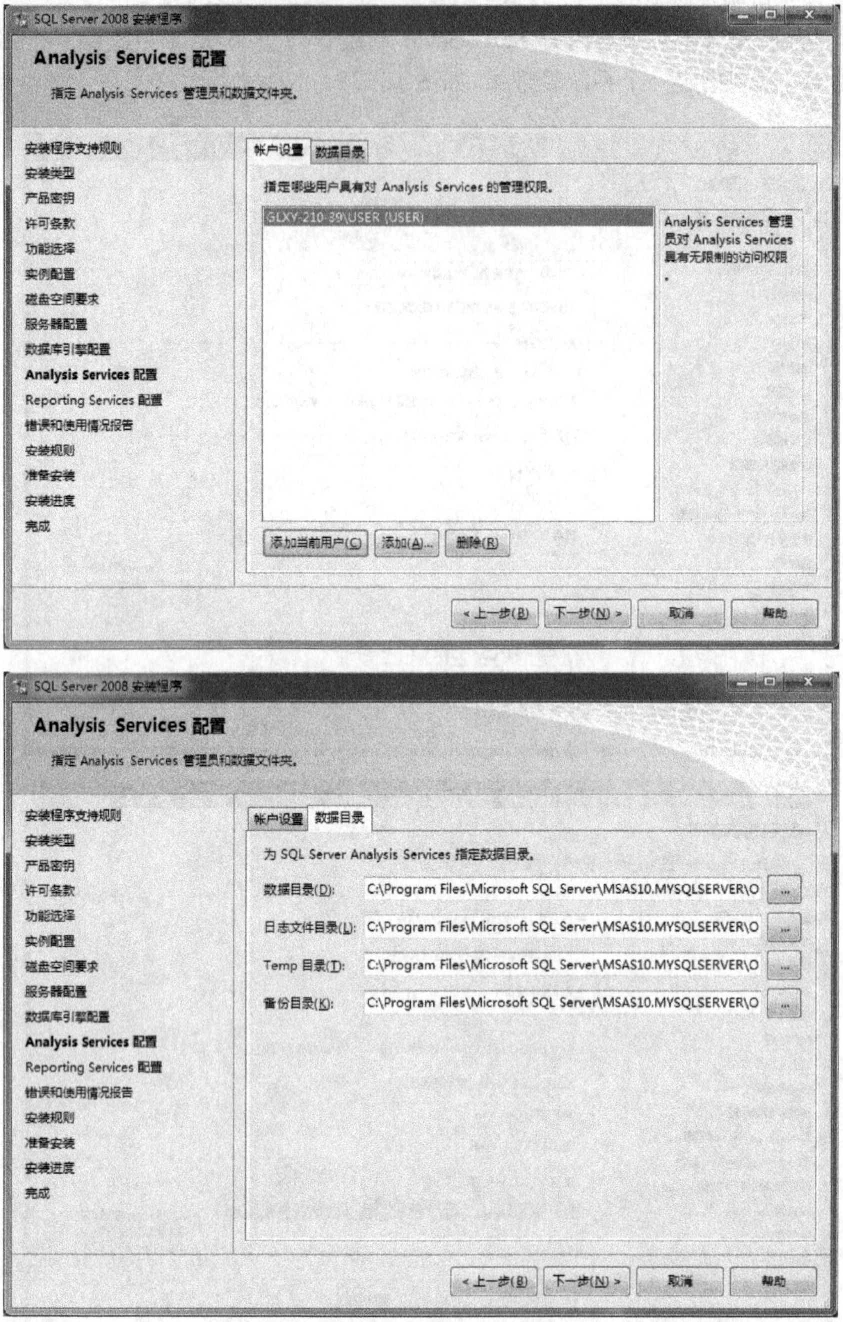

图 10-19　SQL Server 安装 Analysis Services 配置界面

或账户。

上面安装步骤是 SQL Server 2008 的核心设置。接下来的安装步骤取决于前面选择组件。

9. Reporting Services 配置

单击“下一步”按钮，进入“Reporting Services 配置”界面，如图 10-20 所示。通过“Reporting Services 配置”可以指定要创建的 Reporting Services 安装的类型，其中包括以下

3 个选项:本机默认配置、SharePoint 模式默认配置和未配置的 Reporting Services 安装。在“Reporting Services 配置”界面选择“安装本机模式默认配置”选项。

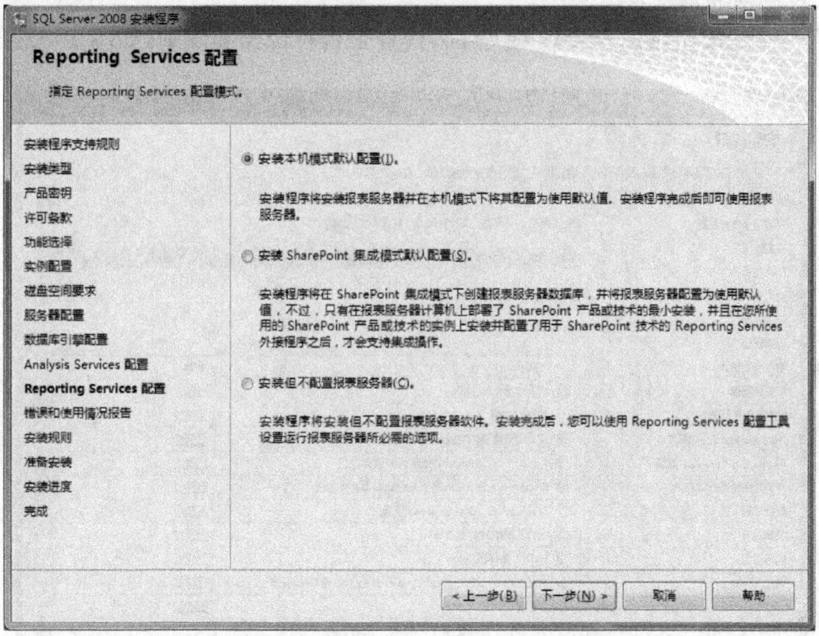

图 10-20 SQL Server 安装 Reporting Services 配置界面

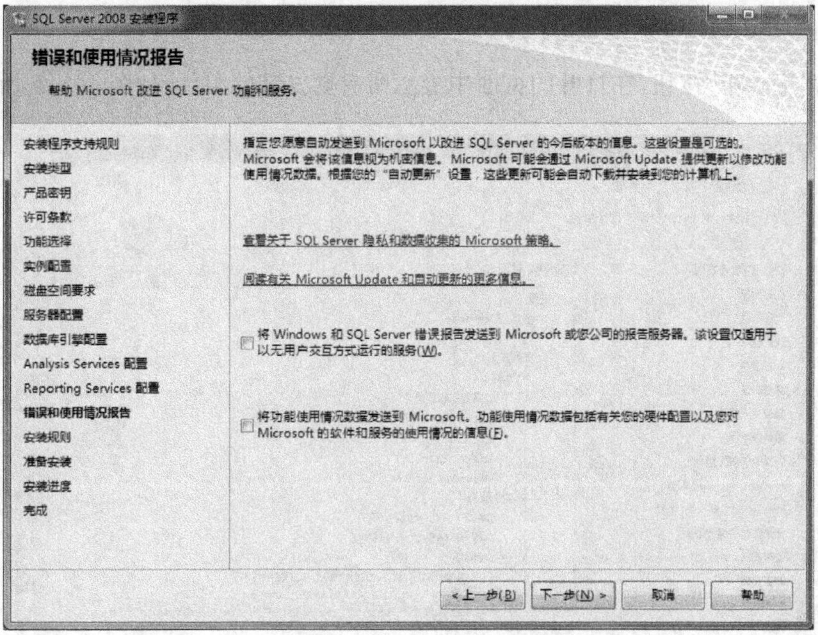

图 10-21 SQL Server 安装错误和使用情况报告界面

10. 错误和使用情况报告

单击“下一步”按钮,进入“错误和使用情况报告”界面,如图 10-21 所示。在“错误和使用情况报告”界面中可以指定要发送到 Microsoft 以帮助改善 SQL Server 的信息。默认情况下,用于错误报告和功能使用情况的选项处于启用状态。

11. 安装规则准备安装

单击“下一步”按钮,进“安装规则”界面,检查是否符合安装规则,如图 10-22 所示。

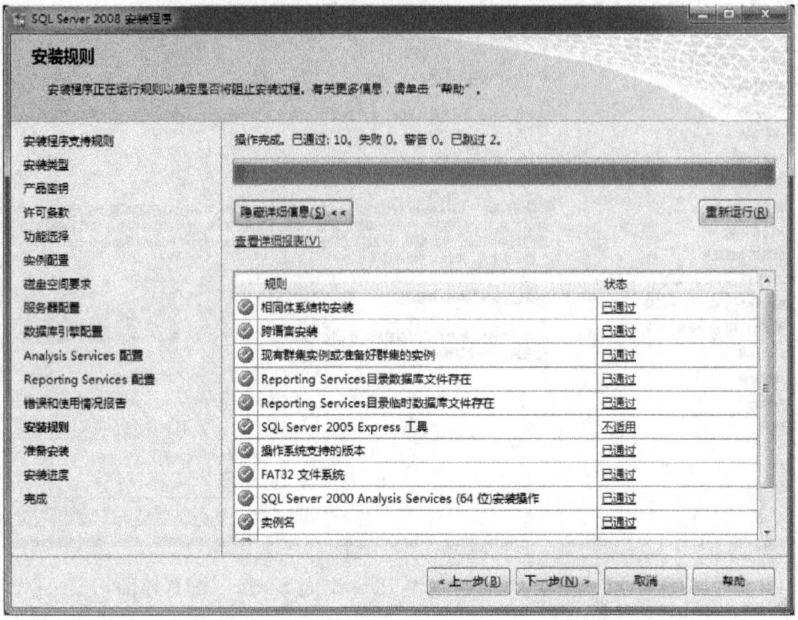

图 10-22　SQL Server 安装规则界面

单击“下一步”按钮,在打开的页面中显示所有要安装的组件,如图 10-23 所示。

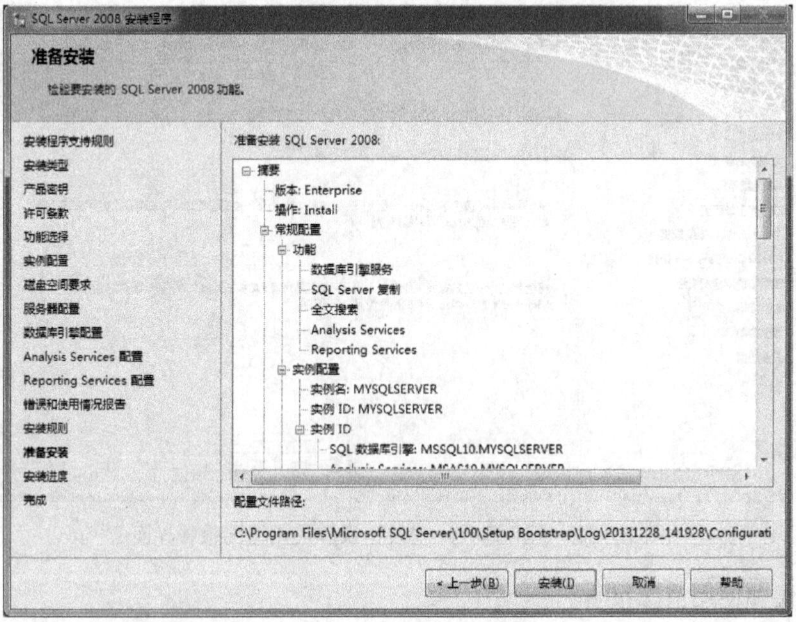

图 10-23　SQL Server 准备安装界面

12. 完成最后安装

确认无误后单击“安装”按钮开始安装。安装程序会根据用户对组件的选择复制相应的文件到计算机中，并显示正在安装的功能名称、安装状态和安装结果，如图 10-24 所示。

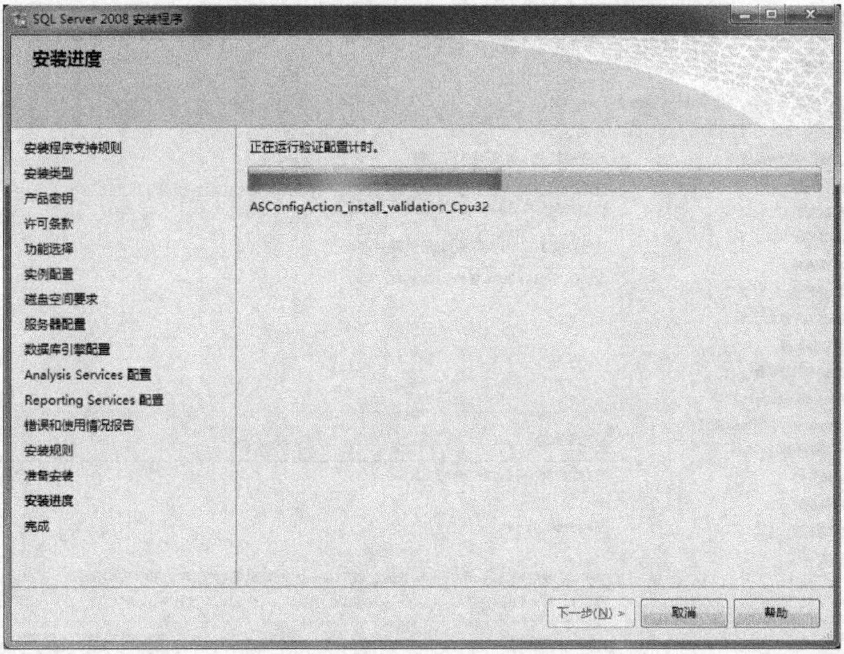

图 10-24　SQL Server 安装进度界面

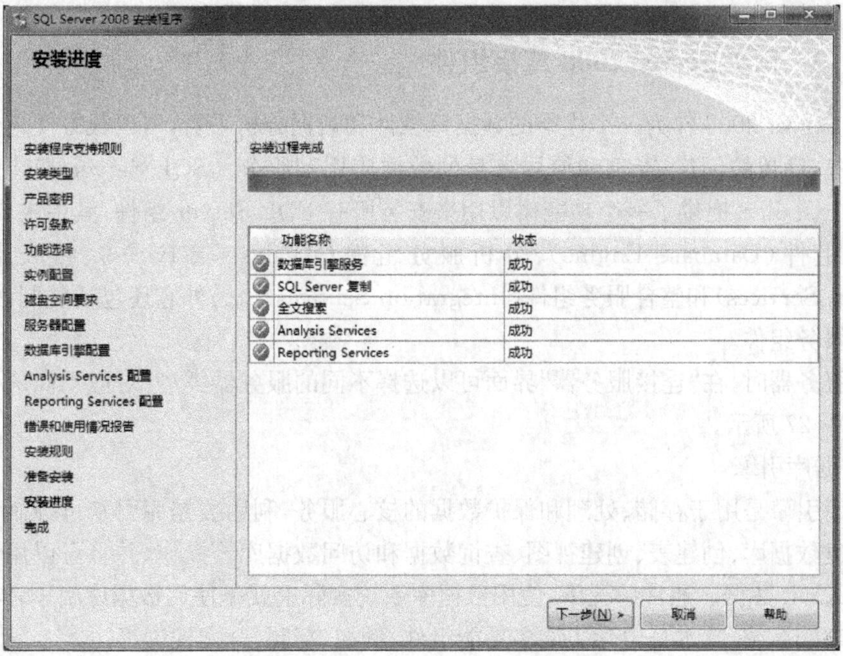

图 10-25　SQL Server 安装完成界面

在“功能名称”列表中所有项安装成功后，单击“下一步”按钮完成安装，如图 10-25 所示。安装完成后，单击连接可以指向安装日志文件摘要以及其他重要说明的连接，如图 10-26 所示。

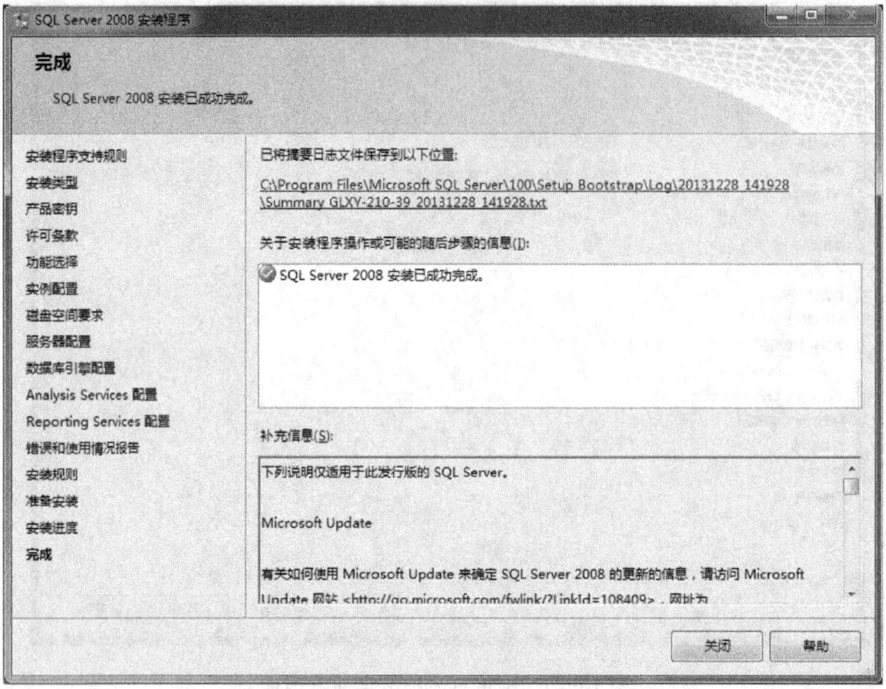

图 10-26　SQL Server 安装日志文件摘要界面

10.3.3　SQL Server 2008 连接组件

SQL Server 2008 作为一个优秀的数据库软件和数据分析平台，可以很方便地使用数据应用和服务，简单的创建、管理和使用自身的数据应用和服务。SQL Server 安装向导基于 Windows Installer，提供了一个功能树以用来安装所有 SQL Server 组件，其中主要包括：数据库引擎组件（Database Engine）、分析服务组件（Analysis Services）、报表服务组件（Reporting Services）和整合服务组件（Integration Services）。另外它还包括复制、管理工具和文档等服务组件。

连接服务器时，在“连接服务器”界面可以选择不同的服务器类型，对应不同的服务器组件，如图 10-27 所示。

1. 数据库引擎

数据库引擎是用于存储、处理和保护数据的核心服务，利用数据库引擎可控制访问权限并实现创建数据库、创建表、创建视图、查询数据和访问数据库等操作，并且可以用于管理关系数据和 XML 数据。通常情况下，使用数据库系统实际上就是使用数据库引擎，同时，它也是一个复杂的系统，其本身包含了许多功能组件，例如，复制、全文搜索等。

2. Analysis Services

Analysis Services 用于创建和管理联机分析处理（OLAP）以及数据挖掘应用程序的工

图 10-27 SQL Server 2008 服务器组件界面

具,其主要作用是通过服务器和客户端技术的组合,以提供联机分析处理和数据挖掘功能。通过 Analysis Services,用户可以设计、创建和管理包含来自于其他数据源的多为结构,通过对多维数据进行对角度的分析,可以式的管理人员对业务数据有更全面的理解。也可以完成数据挖掘模型的构造和应用,实现知识的表示、发现和管理。

3. Reporting Services

Reporting Services 是微软提供的一种基于服务器的报表解决方案,可用于创建和管理包含来自关系数据源和多维数据源数据的企业报表,包括表格报表、矩阵报表、图形报表和自由格式报表等。创建的报表可以通过基于 Web 的连接进行查看和管理,也可以作为 Windows 应用程序的一部分进行查看和管理。

在 Reporting Services 中可以实现如下任务:

使用图形工具和想到创建和发布报表以及报表模型;

使用报表服务器管理工具对 Reporting Services 进行管理;

使用应用程序编程接口(API)实现对 Reporting Services 进行编程和扩展。

4. Integration Services

在 SQL Server 的前期版本中,数据转换服务(Data Transformation Services, DTS)是微软最具重要的一个抽取、转换盒加载工具(ETL 工具),但 DTS 在课伸缩性方面以及部署包的灵活性方面存在一些局限性。Microsoft SQL Server 2008 的整合服务(SSIS)正式在此基础上设计的一个全新的系统。和 DTS 相似,SSIS 包含图形化工具和可编程对象,用于实现数据的争取、转换和加载等功能。

SSIS 作为一个全面的数据集成平台,可以用来从多个不同的数据源获取、传输、转换、挖掘、合并信息,并把信息加载到多个系统上。SSIS 不仅仅是一个抽取、转换盒加载工具(ETL 工具),而且是一个完整的数据集成平台,包含开发工具、管理工具、服务、可编程对象和应用程序接口(APIs)的图形化管理平台。

10.4 SQL Server 2008 的管理工具

管理工具是数据库管理员(DBA)日常工作的有力工具,可以通过管理工具减少工作量,提高工作效率。SQL Server 2008 提供的管理工具主要有:SQL Server Management Studio (SSMS)、SQL 配置管理器、SQL Server Profiler、数据库引擎优化顾问和 Business Intelligence Development Studio。除了管理工具,另外,SQL Server 2008 还提供了联机丛书和实例。

10.4.1 SQL Server Management Studio(SSMS)

SQL Server 2008 提供的 SSMS 是一种新的集成环境,用来访问、配置、控制、管理和开发 SQL Server 2008 的所有组件。SSMS 将一组多元化的图形工具和多种功能完善的脚本编辑器组合,帮助各种级别的开发人员和管理人员对 SQL Server 访问。

SSMS 将以前版本的 SQL Server 中包含的企业管理器、查询分析器和 Analysis manager 功能整合在一个工作环境,SSMS 还可以和 SQL Server 的所有组件协同工作,使得数据库管理员可以利用功能齐全、简单实用的工具更好的工作。

1. 启动 SSMS

在任务栏单击"开始",选择所有程序中的"Microsoft SQL Server 2008",再单击"Microsoft SQL Server Management Studio",打开"连接到服务器"的界面,如图 10-28 所示。在"服务器类型"中选择"数据库引擎",选择服务器名称和身份验证方式,Windows 身份验证不需要用户名和密码,混合身份验证需要输入登录名和密码,然后单击"连接"按钮,进入"Microsoft SQL Server Management Studio"大厅界面,如图 10-29 所示。初始的"Microsoft SQL Server Management Studio"界面只显示"对象资源管理器"。

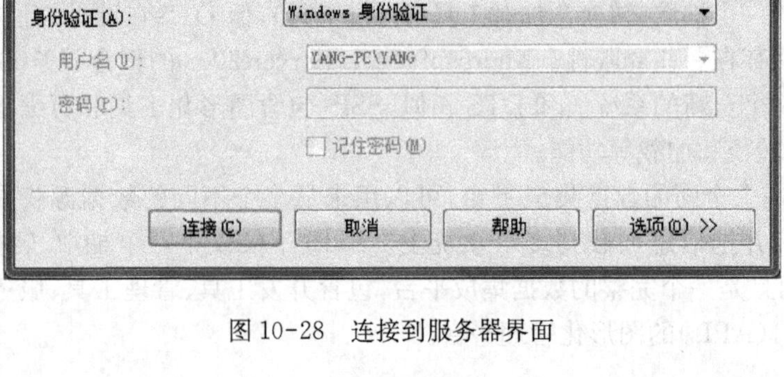

图 10-28 连接到服务器界面

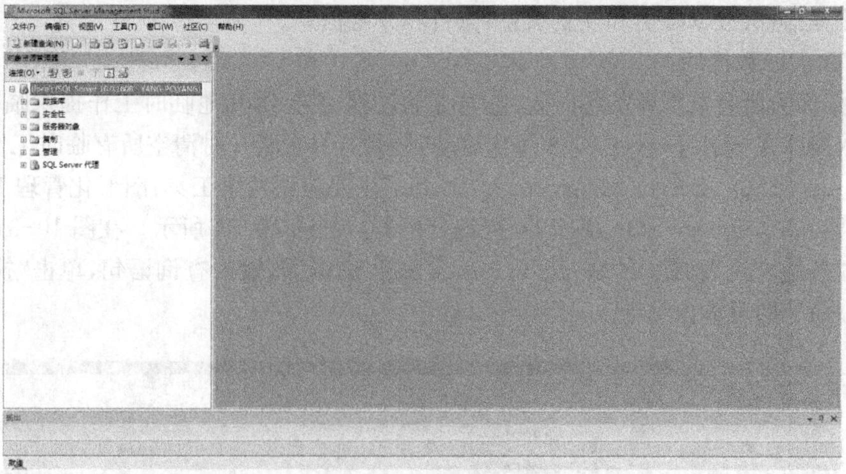

图 10-29 Microsoft SQL Server Management Studio 大厅界面

SQL Server 2008 数据库分为系统自带数据库和用户自定义数据库，系统自带数据库有四个，分别是：master、msdb、model 和 tempdb 数据库，如图 10-30 所示。

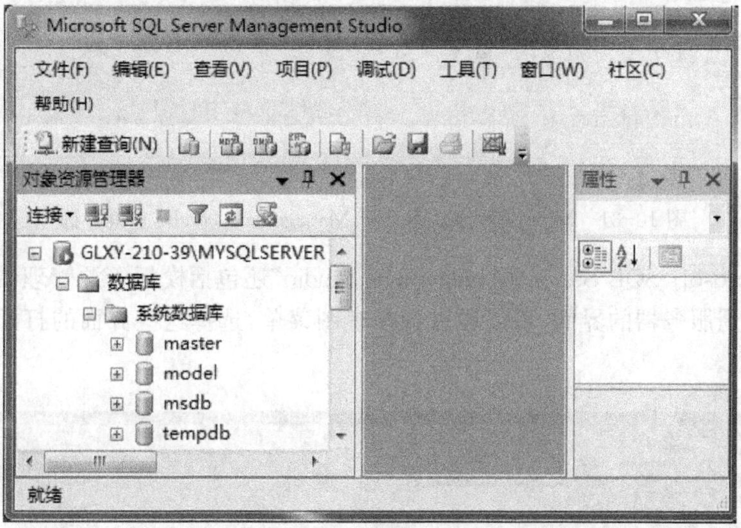

图 10-30 系统数据库界面

(1) master 数据库

该数据库包含多个系统表，记录所有 SQL Server 2008 系统级别的信息，控制用户操作的数据库和其中数据。包含用户数据库信息、用户账户、每个数据库的分配空间大小、进程数、系统错误消息和环境变量等等。

(2) model 数据库

该数据库是 SQL Server 2008 为用户数据库提供的模板数据库，用户自定义数据库可以以根据 model 数据库为基础，将 model 数据库的对象利用到新的数据库之中。

(3) msdb 数据库

该数据库主要由 SQL Server 2008 的企业管理器和代理服务器使用，记录任务计划信息、事务处理信息、数据备份和恢复信息、警告和异常信息。

(4) tempdb 数据库

该数据库为所有数据库的临时表、临时存储过程、游标等其他临时工作提供临时的存储空间,该数据库在 SQL Server 2008 每次启动时创建,每次断开时清空所有临时工作内容。

"Microsoft SQL Server Management Studio"主要包括两个工具:图形化管理工具(对象资源管理器)和 Transact SQL 编辑器(查询分析器),如图 10-31 所示。在图 10-31 中,单击工具栏的"新建查询"按钮可以打开 Transact SQL 编辑器,输入查询语句,单击"执行"按钮执行 SQL 命令即可输出结果。

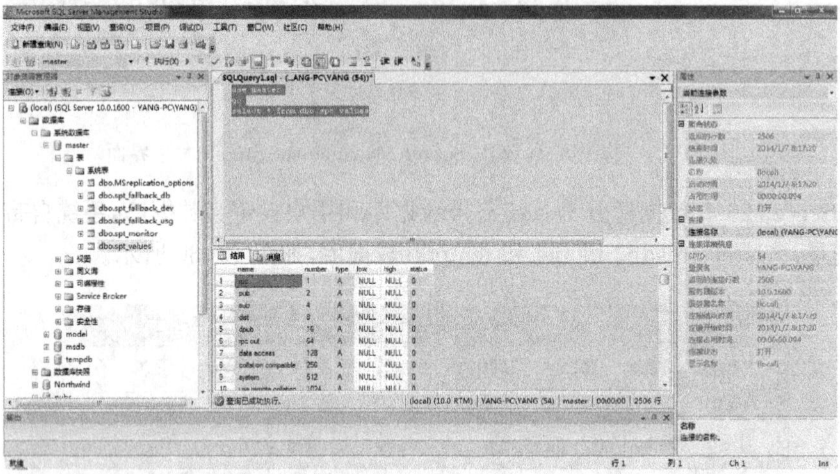

图 10-31　Microsoft SQL Server Management Studio 查询界面

另外"Microsoft SQL Server Management Studio"还包括模板资源管理器、解决方案资源管理器和注册服务器的界面,可以通过选择视图菜单,选择这些界面的打开或关闭,如图 10-32 所示。

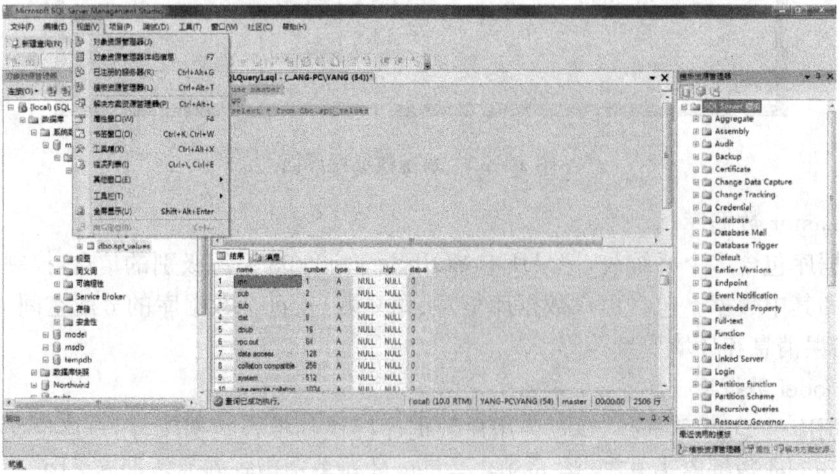

图 10-32　Microsoft SQL Server Management Studio 视图界面

2. 对象资源管理器

对象资源管理器是服务器所有数据库对象的树形视图，包括 SQL Server Database Engine、Analysis Services、Reporting Services、Integration Services 等，如图 10-32 所示。对象资源管理器包括与其连接的所有服务器信息，可以在“已注册的服务器”组件中双击任意服务器连接使用，无需注册所要连接的服务器。

对象资源管理器可以在“视图”菜单中选择打开或关闭，“新建查询”除了点击工具栏按钮这一方法外，还可以通过在对象资源管理器中右击，选择“新建查询”打开 Transact SQL 编辑器，如图 10-33 所示。

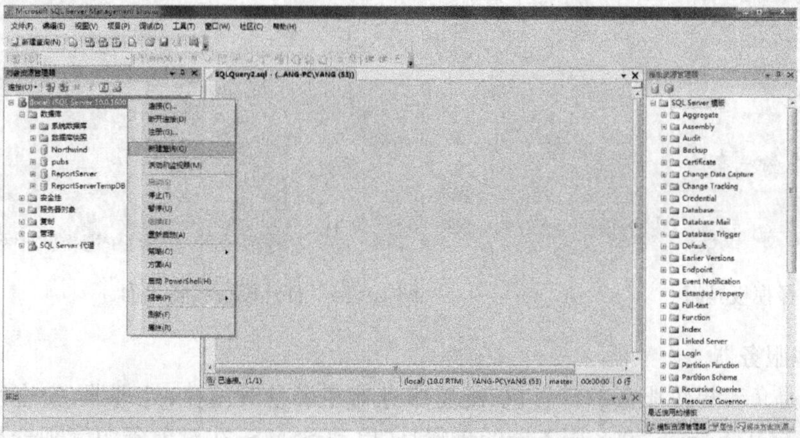

图 10-33　对象资源管理器打开 Transact SQL 编辑器界面

3. Transact SQL 编辑器

在 Transact SQL 编辑器中编写查询语言之前，可以使用以下方法打开 Transact SQL 编辑器。

① 在标准工具栏单击“新建查询”按钮；

② 在标准规矩蓝单击与所选连接类型关联的按钮(比如数据库引擎按钮)；

③ 在“文件”菜单中，选择“打开”、“文件”命令，在对话框选择文档；

④ 在“文件”菜单中，选择“新建”命令中的查询类型。

Transact SQL 编辑器打开后，即可编写查询语言，系统自动将关键字用不同的颜色突出显示，自动检查语法和用法错误。编写完毕后，可以通过以下方法执行查询语言，在结果显示界面输出查询结果，并在消息界面显示相关提示。

① 快捷键 F5；

② 单击标准工具栏的“执行”按钮；

③ 在编辑界面右击，选择“执行”选项；

④ 单击“查询”菜单中的“执行”选项。

4. 模板资源管理器

在“视图”菜单下，选择模板资源管理器，将会在右侧显示该界面，如图 10-31 所示。选择所需要的模板，例如创建表模板，如图 10-34 所示，右击或直接双击即可打开模板，按照用户需求修改模板即可执行该语句，如图 10-35 所示。

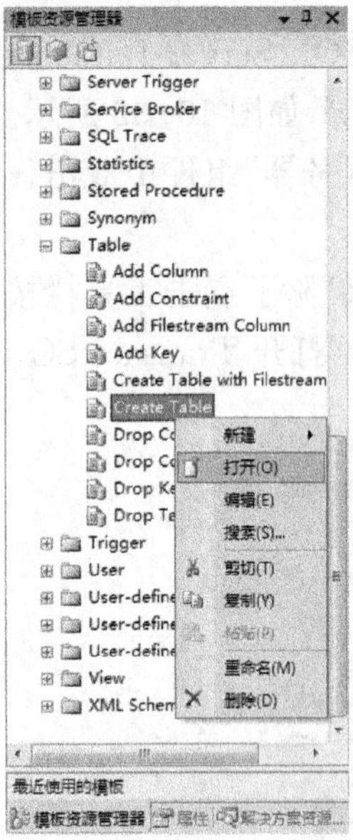

图 10-34　选择模板界面

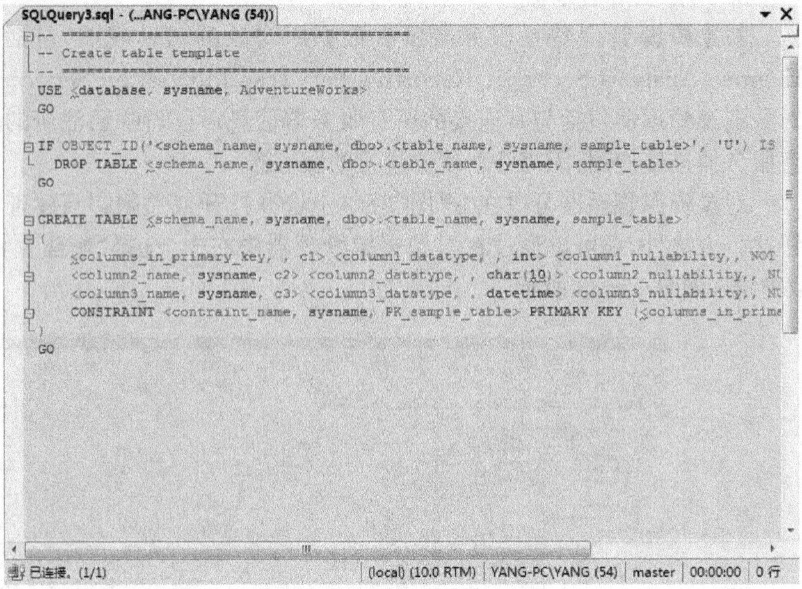

图 10-35　打开模板编辑界面

5. 管理服务器

服务器是负责提供服务的计算机，配置服务器主要是对内存、处理器、安全性等方面的配置。配置 SQL Server 2008 服务器的步骤是：启动 SSMS，在对象资源管理器界面右击要配置的服务器名(实例名)，选择“属性”选项，如图 10-36 所示，在服务器属性界面可以配置“常规”选项卡、“内存”选项卡、“处理器”选项卡、“安全性”选项卡、“连接”选项卡、“数据库设置”选项卡、“高级”选项卡和“权限”选项卡，如图 10-37 所示。

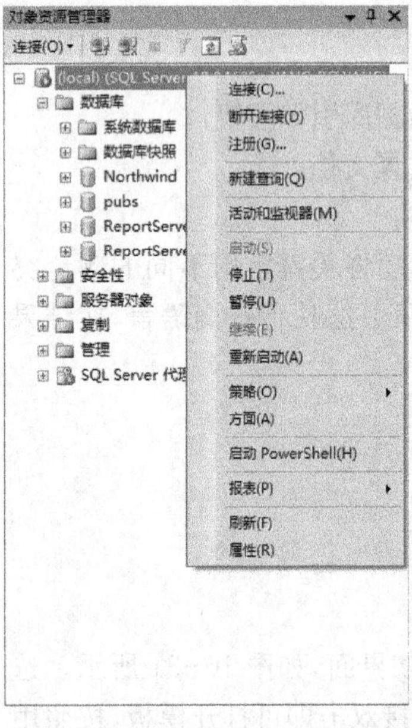

图 10-36　选择配置服务器界面

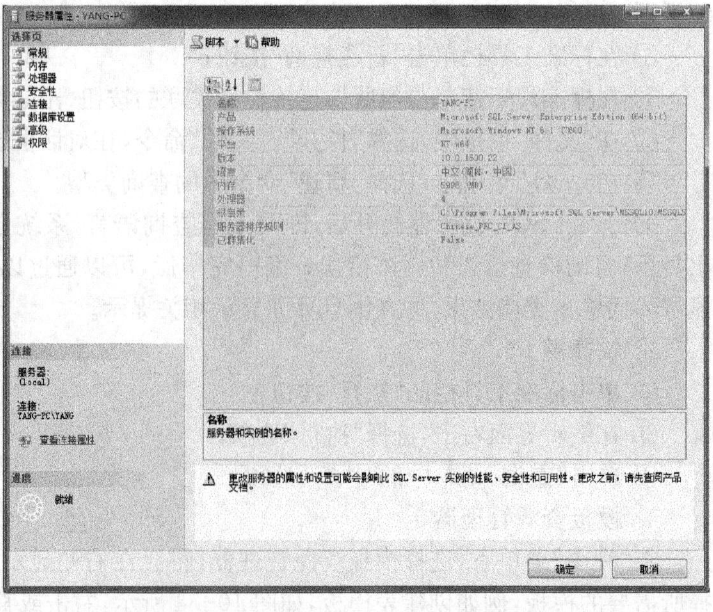

图 10-37　服务器属性常规选项卡界面

10.4.2 SQL Server 配置管理器

SQL Server 配置管理器可以对服务和 SQL Server 2008 使用的网络协议提供细致的控制。

1. 管理和配置服务

SQL Server 配置管理器具有启动、暂停、继续、停止和重新启动的服务，也可以查看或更改服务属性。在“开始”菜单，选择所有程序中的“Microsoft SQL Server 2008”、“配置工具”，然后单击“SQL Server 配置管理器”，打开 SQL Server 配置管理器界面，如图 10-38 所示。

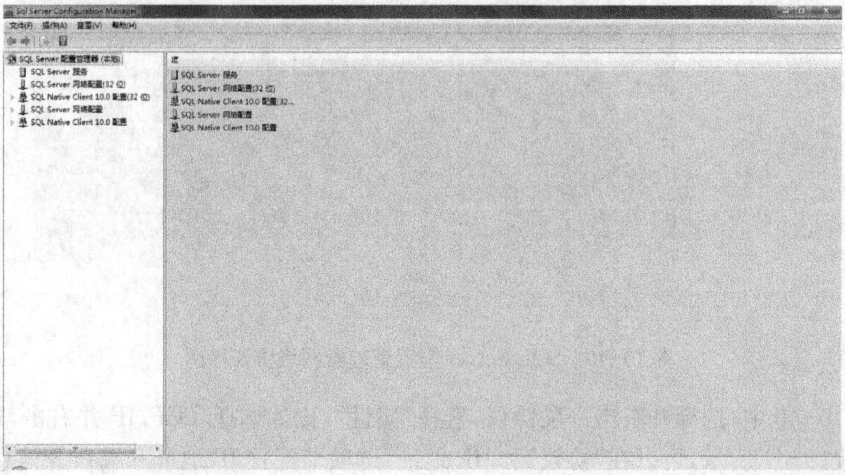

图 10-38 SQL Server 配置管理器界面

在左侧选择“SQL Server 服务”节点并双击，右侧界面显示当前系统中所有的 SQL Server 服务，选择其中一项服务右击即可选择“启动”、“暂停”、“继续”、“停止”和“重新启动”中的任意一项命令，如图 10-39 所示，不同的服务状态显示不同的图标，实现对服务的管理，同时，选择属性窗口还可以更改服务属性。

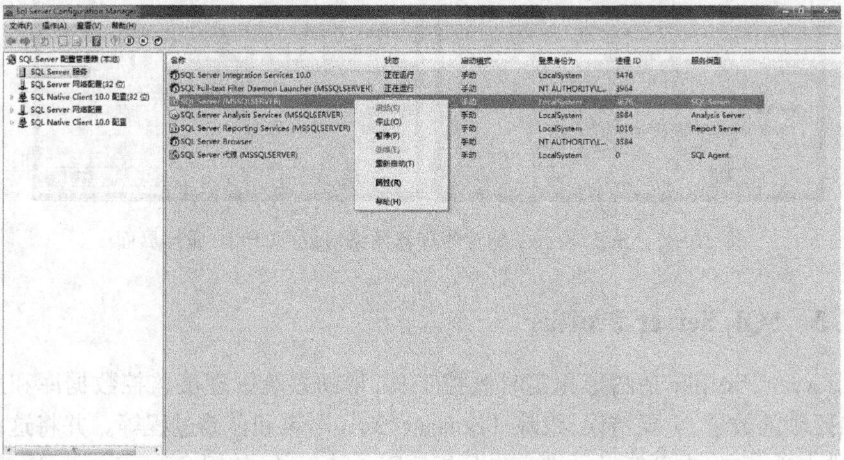

图 10-39 SQL Server 配置管理器服务状态界面

2. 管理网络协议

SQL Server 配置管理器可以管理服务器和用户端网路协议，包括强制协议加密、启动协议、禁用协议等。双击“SQL Server 配置”左侧的“SQL Server 网络配置”节点，右侧界面显示当前系统中所有的 SQL Server 协议，选择并双击其中一项协议，右侧界面即显示具体的协议名称和状态，如图 10-40 所示。

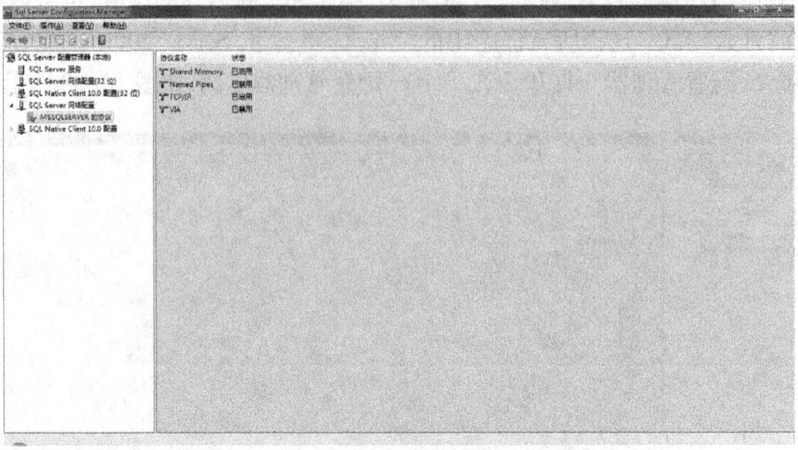

图 10-40　SQL Server 配置管理器网络协议界面

在图 10-40 中，选择并右击一项协议，选择“属性”，比如选择 TCP/IP 并右击，进入属性界面，如图 10-41 所示，可以在“协议”和“IP 地址”选项卡配置 IP 地址和端口等信息。

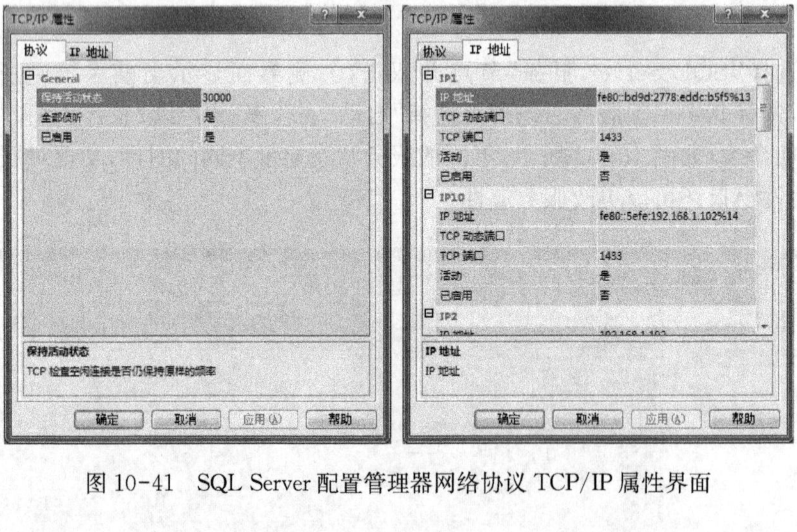

图 10-41　SQL Server 配置管理器网络协议 TCP/IP 属性界面

10.4.3　SQL Server Profiler

SQL Server Profiler 是图形化实时监控工具，帮助系统管理员监控数据库和服务器的行为，例如死锁的数量、重要错误、跟踪 Transact SQL 语句和存储过程等。并将这些监控数据存入表或文件，在将来重新显示进一步分析原因。一般的，使用 SQL Server Profiler 监控某些插入事件，主要包括以下内容：

① 登陆连接的成功、失败或断开；

② INSERT、UPDATE 和 DELETE 命令；

③ 远程存储过程调用的状态；

④ 存储过程的开始、结束以及每一条语句；

⑤ 写入 SQL Server 错误日志的内容；

⑥ 对数据库对象添加锁或释放锁；

⑦ 打开的游标。

监控太多的事件同样会对系统增加负担，跟踪文件很快增长诚大容量文件，造成系统不必要的隐患，通常使用 SQL Server Profiler 执行以下操作：

① 创建基于重用模板的跟踪；

② 跟踪运行时间是跟踪结果；

③ 跟踪结果存储到表中；

④ 启动、暂停、停止跟踪或修改跟踪结果；

⑤ 重播跟踪结果。

【例 10-1】 在 SQL Server Profiler 中创建一个新的表跟踪 testtrace。

解：在任务栏单击“开始”，选择所有程序中的“Microsoft SQL Server 2008”、“性能工具”中启动 SQL Server Profiler，在“文件”菜单中选择“新建跟踪”，如图 10-42 所示，或直接在工具栏单击“新建跟踪”按钮，打开“连接服务器”界面，如图 10-43 所示。

选择用于监控的实例，单击“连接”按钮，显示“跟踪属性”界面，切换到“常规”选项卡，填写跟踪名称 testtrace，在“使用模板”下拉列表框选择 Standard 模板，如图 10-44 所示。

选中“保存到表”复选框，打开“连接到数据库”的界面，选择“连接”按钮，显示“目标表”界面，如图 10-45 所示，选择用于跟踪的目标表信息，单击“确定”按钮，返回“跟踪属性”界面，如图 10-46 所示，切换到“事件选择”选项卡，根据需要选择要跟踪的事件和事件列，如图 10-47 所示，单击“运行”按钮进行跟踪，显示跟踪信息，如图 10-48 所示。

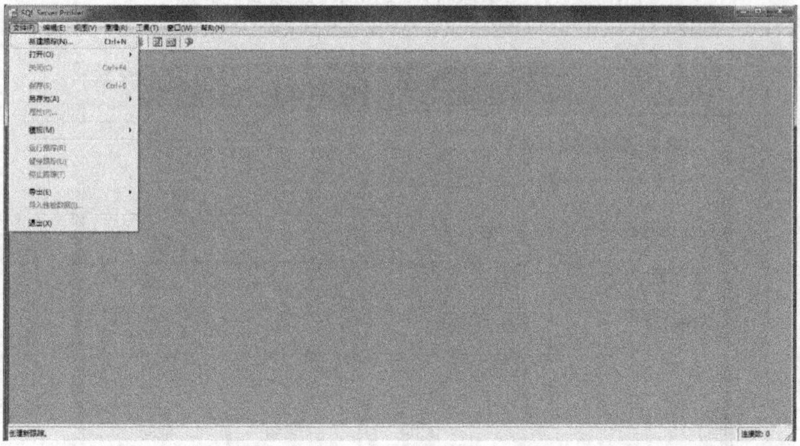

图 10-42 SQL Server Profiler 界面

图 10-43　连接服务器界面

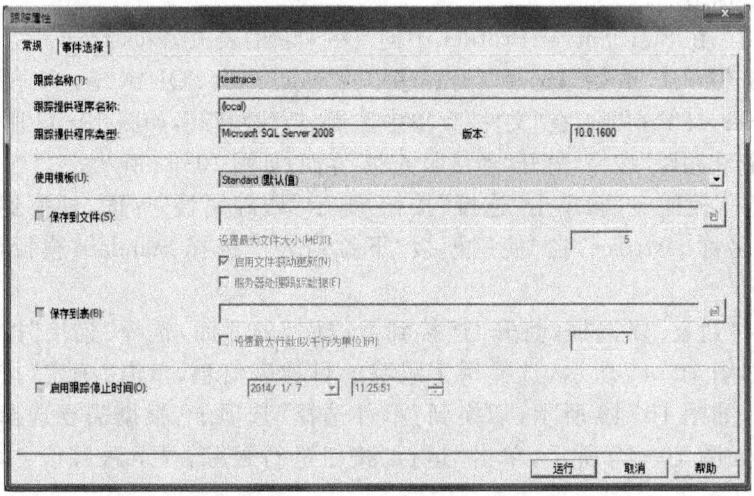

图 10-44　SQL Server Profiler 跟踪属性界面

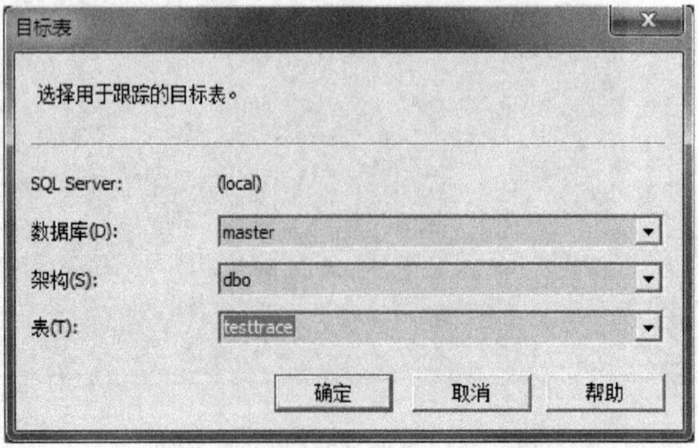

图 10-45　SQL Server Profiler 目标表界面

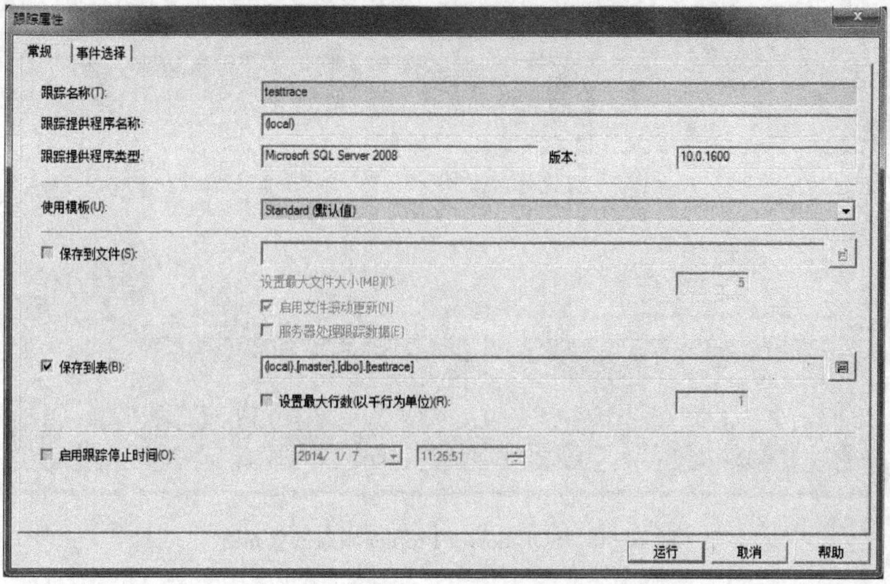

图 10-46 SQL Server Profiler 跟踪属性界面

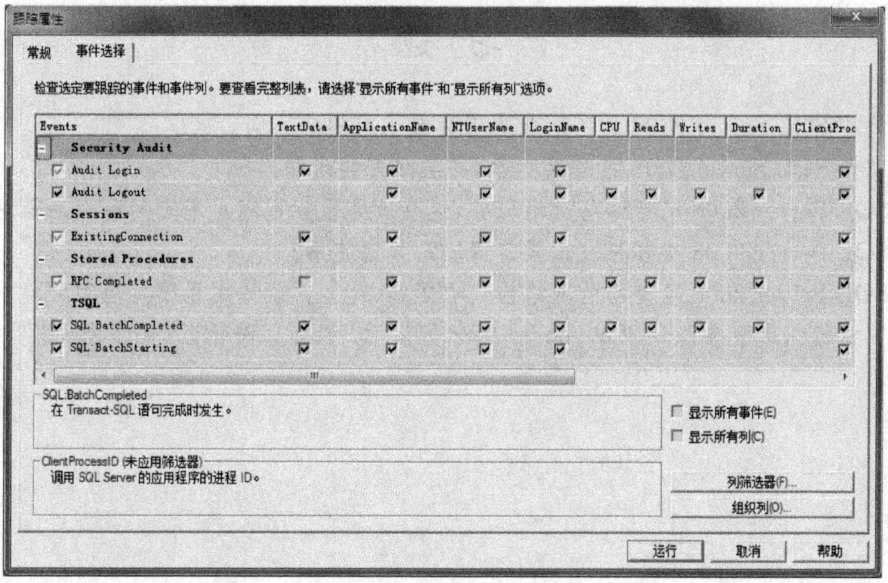

图 10-47 SQL Server Profiler 事件选项界面

10.5 小 结

本章介绍了 SQL Server 2008 的发展历程、安装的软硬件环境要求和安装过程，以及 SQL Server 2008 常用的各种管理工具的基本使用步骤。通过本章的系统学习，要对 SQL

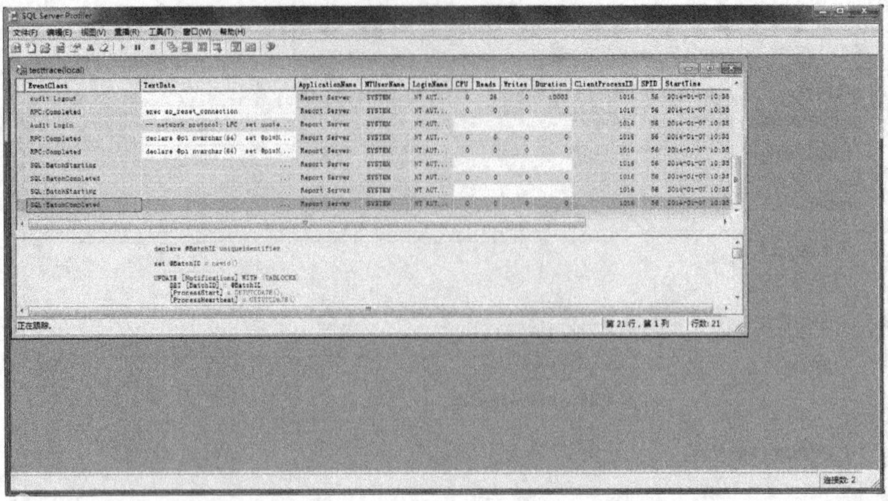

图 10-48 SQL Server Profiler 跟踪信息界面

Server 2008 有初步的认识,熟悉 SQL Server 的基本安装过程,掌握 SQL Server 2008 主要管理工具的基本使用,为进一步深入学习 SQL Server 2008 奠定良好基础。

习 题

1. 简述 SQL Server 2008 的不同版本安装要求有哪些不同。
2. 掌握 SQL Server 2008 的安装过程,并实践安装过程。
3. SQL Server 2008 包括哪些应用服务,这些应用服务可满足用户何种应用需求?
4. SQL Server 2008 的客户端工具有哪些? 如何使用?
5. SQL Server 2008 可使用的网络协议有哪些,这些协议适用于哪些应用环境?
6. 配置数据库服务器时,"Windows 身份验证"和"混合身份验证"有什么区别?

第 11 章

大数据和非关系型数据库

随着物联网、云计算、社交网络与移动网络等信息技术的应用，日常工作与生活中产生的数据量倍数增长、数据种类繁多，大数据时代海量的数据存储与处理技术等问题亟待解决。然而，关系型数据库并不能解决所有问题，比如大量数据的写入问题等。非关系型数据库(NoSQL)则弥补了关系型数据库的不足。本章首先主要介绍大数据的产生、发展与面临的挑战，然后介绍非关系型数据库(NoSQL)的来源、种类、特征以及其在大数据领域的实际应用，最后结合大数据的发展与特征介绍了常见的非关系数据库实例及 Hadoop 等内容。通过学习非关系型数据库(NoSQL)和大数据的发展，了解海量数据的存储级别及常用的处理方法。

11.1 大数据的产生、发展与挑战

11.1.1 大数据的产生发展

1. 大数据的产生和类型

大量数据的产生是计算机与网络通信技术(ICT)应用的共同结果。在互联网、云计算、移动互联网、物联网、社交网络等新一代信息技术的带动下，数据的生成发生了一些变化。主要包括：数据的生成由企业内部向企业外部延伸；数据的生成由 Web 1.0 向 Web 2.0 迁移；数据的生成由互联网向移动互联网过渡；数据的生成由计算机互联网(IT)向物联网(IOT)倾斜。同时，数据源井喷式发展，数据量大幅度增加。

(1) 大数据的产生

① 数据的生成由企业内部向企业外部延伸。企业内部的管理系统与生产系统所产生的数据主要存储在关系型数据库，比如办公自动化系统(OA)、企业资源计划系统(ERP)、决策支持系统(DDS)等。内部数据的收集、集成与处理是企业商务智能的重要数据支持，但内部数据的潜在价值还待开发，一些非结构化的数据需要非结构化数据的分析方法处理，通过深度挖掘客户交易过程、业务处理流程和电子邮件内部日志等数据，才能为企业提供更好地客户分析和员工绩效等。

信息化的应用环境在发生着变化，外部数据迅速扩展。企业和互联网、移动互联网的应用融合越来越快，比如：企业需要通过互联网来服务客户、联系外部供应商、沟通上下游的合作伙伴，并在互联网上实现电子商务和电子采购的交易；企业需要开通微博、微信等社交网络来进行网络化营销、客户关怀和品牌建设；企业的产品被贴上电子标签，在制造、供应链和

物流的全程中进行跟踪和反馈等等。伴随着自带设备(BYOD)工作模式的兴起,企业员工自带设备进行工作,个人的数据会进一步与企业数据相融合,这必将产生更多来自企业外部的数据。

② 数据的生成由 Web 1.0 向 Web 2.0 迁移。随着社交网络的发展,互联网进入了 Web 2.0 时代,每个人从数据的使用者转变成数据的生产者,数据规模迅速扩张,每时每刻都在产生大量的新数据。据统计:全球平均每秒钟发送 290 万封 Email;Amazon 平均每秒钟产生 72.9 笔商品订单;YouTube 平均每分钟有 20 个小时的视频上传并分享到网站;Google 平均每天需要处理 24 PB 的数据;Twitter 平均每天发布 5 千万条消息;Facebook 平均每个月浏览量在 7 000 亿分钟;淘宝已拥有近 5 亿的注册会员,在线商品 8.8 亿,每天交易超过数千万笔,其单日数据产生量超过 20 TB;百度目前数据总量接近 1 000 PB,存储网页数量接近 1 万亿,每天大约要处理 60 亿次搜索请求,几十 PB 数据;新浪微博每天有数十亿外部网页和 API 接口访问需求,服务器群在晚上高峰期每秒要接受 100 万个以上的响应请求。

③ 数据的生成由互联网向移动互联网过渡。移动互联网的发展让更多人成为数据的生产者。据统计:全球移动互联网平均每个月使用者发送和接收的数据高达 1.3 EB;中国联通用户上网记录条数为 83 万条/秒(即一万亿条/月),对应数据量为 300 TB/月(即 3.6 PB/年);思科(Cisco)公司预测,仅仅移动设备的数据流量将在 2015 年达到每月 6.3 EB 的规模。

④ 数据的生成由计算机互联网(IT)向物联网(IOT)倾斜。随着视频、传感器、智能设备和 RFID 等技术的增长,视频、音频、RFID、机器对机器(M2M)、物联网和传感器等数据大量产生,数据量十分巨大。据 IDC(美国市场公司)数据显示,2005 年仅由 M2M 产生的数据占全世界数据总量的 11%,预计到 2020 年这一数值将增加到 42%。

(2) 大数据的类型

按照数据结构,数据分为结构化数据和非结构化数据,非结构化数据又分为半结构化的非结构化数据和无结构的非结构化数据。其中,结构化数据是存储在数据库、可以用二维表逻辑结构来表达实现的数据,而不方便用数据库二维表结构来表现的数据即称为非结构化数据,非结构化数据包括办公文档、文本、图片、XML、HTML、各类报表、图像、音频、视频信息等。大数据不仅仅体现在数量大,还体现在数据类型多,海量数据中,仅有 20%左右属于结构化的数据,80%的非结构化数据广泛存在于社交网络、物联网、电子商务等领域。

① 结构化数据。结构化数据,指的是任何一列的数据不可以再细分,任何一列的数据都有相同的数据类型。所有关系型数据库(如 Oracle、DB2、SQLServer、MySQL 等)中的数据/数据表全部为结构化数据。

② 半结构化数据。半结构化数据,指的是介于完全结构化数据和完全无结构的数据之间的数据,其格式较为规范,一般都是纯文本数据,可以通过某种方式解析到每项数据。最常见的是日志文件(Web 日志、点击流等)、XML 文档、JSON(JavaScript Object Notation)等格式的数据,这类数据一般都以纯文本的形式输出,管理维护也较为方便,但在需要使用这些数据时,如获取、查询或分析数据时,可能需要先对这些数据格式进行相应的解析。因为这些格式的数据每条记录可能会有预定义的规范,但是每条记录包含的信息可能不尽相同,也可能会有不同的字段数,包含不同的字段名或字段类型,或者包含着嵌套的格式。

③ 非结构化数据。非结构化数据，指的是非纯文本类数据，这些数据没有标准格式，也无法直接解析出相应的值。常见的非结构化数据有 Web 网页、电子邮件、富文本文档(Rich Text Format，RTF)、富媒体文件(图像、声音、视频等)、实时多媒体数据、即时消息或事件数据、图数据、语义 Web(RDF)等。这类数据不易收集管理，也无法直接查询和分析，所以对这类数据需要使用一些不同的处理方式。

2. 大数据的发展历程

早期数据量呈相对较小、数据分散、局部、不成系统等特点，所以数据的处理有限，只做到收集、统计、归纳、查询等价值较低的处理。20 世纪 90 年代以前，全球数据的采集和存储基本上采用人工方法，数据采集速度慢、出错多、体积大、难保存、易灭失。计算机技术的发展促使人们对数据的采集、分类、提取、归类、存储等处理技术有了质的飞跃，使得数据获取的难度降低、时间缩短、成本下降、数据量倍增。到 20 世纪 90 年代后期，巨大的数据量已经不能再用传统的计算技术来处理，大数据的概念在生物、物理、气象等科学领域首先被提出。面对大量数据的获取、存储、搜索、分享与分析等技术难题，新的分布式计算技术被研究并开发。

随着数据量急剧膨胀，社会生活、技术研发、市场营销等领域越来越依靠数据，数据为主的观念深入人心。电子商务和互联网的快速发展使得各大型网站和电子商务公司无法使用传统手段解决业务问题：处理的数据量巨大，2008 年数据量的达到了 PB 级别甚至是 TB 级别；数据的种类也不断增多，包含文档、日志、微博、视频、音频等；数据的流动速度很快，包括流文件数据、传感器数据和移动设备的数据等。因此，大数据的理念和技术推陈出新，大数据的新技术和新架构可以有效解决这些数据处理问题。

2010 年全球进入 Web 2.0 时代，互联网数据激增，数据量进入 ZB 时代(1ZB 数量相当于全世界海滩上沙子数量的总和，如表 11-1 所示)。比如：Facebook、Twitter、微博、微信等社交网络的自媒体时代，(据 Facebook 官方统计，截至 2012 年 9 月，站内已逾十余亿名的活跃用户，上传相片数量逾 2 190 余亿张)；移动设备与移动互联网所产生的海量数据；物联网技术获取的更多实时视频、音频、电子标签(RFID)、传感器等数据。据 IDC(美国市场公司)预测，2010—2020 年人类产生的数据量以指数级别增长，平均两年翻一番，预计 2020 年数据量达到 35 ZB。

2011 年以来，大数据时代的大数据技术和应用空前繁荣。全球著名战略咨询公司麦肯锡全球研究院(MGI)发表《大数据：创新、竞争和生产力的下一个新的领域》研究报告；2012 年 3 月，美国奥巴马政府宣布投资 2 亿美启动“大数据研究和发展计划”，拉动大数据相关产业发展，将“大数据战略”上升为国家战略，甚至将大数据定义为“未来的新石油”；2012 年 5 月，联合国白皮书总结各国大数据服务；2012 年 12 月，“世界经济论坛”发布《大数据，大影响》报告。

表 11-1 数据的量级

数据量级	大小说明
1 B(Byte)	一个英文字母
1 KB(Kilobyte)＝1 024 B	一则短篇故事
1 MB(Megabyte)＝1 024 KB	一篇短篇小说

（续表）

数 据 量 级	大 小 说 明
1 GB(Gigabyte)＝1 024 MB	一部高清电影
1 TB(Gigabyte)＝1 024 GB	五万棵树制成的纸
1 PB(Petabyte)＝1 024 TB	NASA EOS 对地观测系统三年数据
1 EB(Gigabyte)＝1 024 PB	1/5 人类说过的所有的话
1 ZB(Gigabyte)＝1 024 EB	全世界海滩沙子数量总和
1 YB(Petabyte)＝1 024 ZB	1 024 个地球的沙子总数

与此同时，2012 年以来，国外各大数据库厂商、软件厂商等通过并购增强大数据处理能力，覆盖大数据产业链并推出个各自的大数据产品与服务，如：IBM 收购 Netezza、InfoShere BigInsights 和 Streams 等公司；EMC 收购 Greenplum（Pivotal）、VMWare 和 Isilo 等公司；HP 收购 3PAR、Autonomy 和 Vertica 等公司。国内各大互联网企业与运营商也启动了大数据技术的研发与应用，如：淘宝、新浪、百度、腾讯、京东、中国移动、中国联通和中国电信等，利用大数据项目推进大数据的应用。

11.1.2 大数据的概念特征

大数据是指无法在一定时间内用传统数据库软件工具对其内容进行抓取、管理和处理的数据集合①。大数据是通过云计算、移动互联网等技术，从数据中快速获得有价值信息的能力。大数据 4 V 特点：数据体量大、增速快（Volume）；数据种类多、来源多样（Variety）；流量数据多、变化快（Velocity）；价值密度低、价值量高（Value）。

1. 数据体量大、增速快

一般的关系型数据库处理的数据量在 TB 级别，大数据所处理的数据量通常在 PB 级别以上。根据美国市场公司 IDC 预测，2010—2020 年人类产生的数据量以指数级别增长，平均两年翻一番，预计 2020 年数据量达到 35 ZB，这意味着每过 1 分钟，全世界有 1 820 TB 的新数据产生。

2. 数据种类多、来源多样

传统的数据库处理的数据是结构化数据表或文本形式，大数据所处理的数据不仅包含结构化数据，还包括非结构化数据，如：订单、日志、地理位置、微博、微信、音频、视频等复杂结构的数据，数据来源广泛，类型多样。

互联网普及以前，数据主要由独立的应用系统进行采集和存储，数据内容主要是结构化的交易数据和财务等内部数据，可以利用表格在数据库中进行存储。随着互联网、物联网和云计算的发展，数据来源逐渐广泛，来自社交网站、微博、电子邮件、门户网站、传感器装置等数据，数据类型也变得十分多样，包括文档、图片、视频、音频、日志、链接等数据，这种数据类型属于非结构化数据，不便于数据库表形式来存储。IDC 认为：目前全球 80％以上的数据是非结构化和半结构化的数据，且增长速度飞快，对非结构化数据的重视程度超越结构化数据。

---

① 维基百科定义。

3. 流量数据多、变化快

速度是大数据区分于传统数据的重要特征之一。大数据的速度是指数据创建、处理和分析的速度，数据从客户端采集、装载并流动到处理器和存储设备、在处理器和存储设备中进行计算，整个过程的速度决定了处理效率。大数据的产生与更替速度非常快，且海量数据需要实时获取并分析需求，所以数据的处理速率也必须足够快。传统计算技术不能满足大容量和多种类的大数据处理速度要求。伴随着处理器和存储等计算技术的不断进步，数据处理的速度越来越快，在交互式的计算环境下，海量数据被实时创建，用户需要实时的信息反馈和数据分析，并将这些数据结合到自身高效的业务流程和敏捷的决策过程。

大数据技术必须解决大容量、多种类数据高速地产生、获取、存储和分析等问题。首先要解决大数据容量下的数据时延问题，即从数据创建或获取到数据可以访问之间的时间差。大数据处理技术需要解决大容量数据处理的高时延问题，需要采用低时延的技术来进行处理，将时延逐步降低到分钟级、秒级、毫秒级、完全实时。另外还要解决时间敏感的流程中实时数据的高速处理问题。对于对时间敏感的流程，例如，实时监控、实时欺诈监测或多渠道"实时"营销，某些类型的数据必须进行实时分析，以对业务产生价值，这涉及从数据的批处理、近线处理到在线实时流处理的演变。

4. 价值密度低、价值量高

随着互联网、移动互联网、数码设备、物联网、传感器等技术的发展，数据生产在高速增长。信息成为战略资产，市场竞争和政策管制要求越来越多的数据被长期保存。政府和企业也越来越需要长期保存各类数据，以进行用户行为分析、市场研究，信息服务企业更是需要积累越来越多的信息资源。信息处理技术的发展使得很多数据的价值能够被更好地挖掘和利用，这包括自然语言处理（文本分词、语义分析、情感分析等）、语音识别、图像处理技术等。

大数据包含的信息量非常大，如何使用机器学习和高级分析能力给海量数据迅速提纯，深度挖掘大数据的潜在价值，是大数据应用的前提之一。大数据的价值是与大数据的容量和种类密切相关的。一般来看，数据容量越大、种类越多、信息量越大，则从中获得的知识越多，能够发挥的潜在价值也越大。但这依赖于大数据处理的手段和工具，否则由于信息和知识密度低，可能造成数据垃圾和信息过剩，失去数据的利用价值。

11.1.3　大数据提出的挑战

1. 企业面临的挑战

大数据时代，各个行业的众多企业需要重新认识交易日志、客户反馈、社交网络等数据价值，需要从传统的企业内部 ERP、CRM、SCM 和 BI 等视角转换到企业外部视角。据统计，亚马逊公司近三分之一的收入来自于大数据分析的客户推荐系统的贡献；花旗银行新产品创新的创意很大程度来自各个渠道收集到的客户反馈数据。因此，在大数据时代需要以新的视角来面对、接受并充分利用大数据，使其为公司创造更大的业务价值。与此同时，大容量和多种类的大数据处理将带来企业信息基础设施的巨大变革，也会带来企业信息技术管理、服务、投资和信息安全治理等方面的新的挑战。

2. 数据库面临的挑战

大数据的存储和处理对传统的关系型数据库（RDBMS）与结构化查询语言（SQL）带来很大的冲击与更高的要求。主要表现在以下几个方面：

① 高并发读写。大数据处理要求高并发读写，能高并发、实时动态地获取和更新数据。但目前传统的关系型数据库(RDBMS)存在的问题是数据库读写压力巨大，硬盘 I/O 无法承受。例如，在广泛应用的社交媒体网站中，要根据用户个性化需求实时生成动态页面和提供动态信息，无法使用动态页面静态化技术，因此数据库的并发负载非常高，往往要达到每秒上万次的读写请求，而磁盘 I/O 根本无法承受如此之多的读写请求。

② 海量数据的高效率存储和访问。大数据要求支持海量数据的高效率存储与访问。但目前传统的关系型数据库(RDBMS)的存储记录数量有限、SQL 查询效率极低。例如，在 Facebook、Twitter 等 SNS 网站中，每天用户产生海量的用户动态，以 Twitter 为例，一个月就达到了 2.5 亿条用户动态，要对海量用户信息进行高效率实时存储和查询，对于关系型数据库来说，在一张 2.5 亿条记录的表里面进行 SQL 查询，效率极其低下，另外，大型 Web 网站的用户登录系统，如腾讯、百度、新浪等数以亿计的账号，目前传统的关系型数据库(RDBMS)也难以解决。

③ 高扩展性和高可用性。大数据要求需要拥有快速横向扩展能力、提供不间断服务。但目前传统的关系型数据库(RDBMS)存在的问题是横向扩展艰难，无法通过快速增加服务器节点实现，系统升级和维护造成服务不可用。在基于 Web 的架构中，数据库很难进行横向扩展的，当用户量和访问量增加时，数据库没有办法像 Web 服务器那样简单地通过添加更多的硬件和服务节点来扩展性能和负载能力，而且数据库系统的升级和扩展往往需要停机维护，目前很多网站都需要 24 小时不间断服务。

面对大数据带来的“四高”挑战，传统的关系型数据库(RDBMS)提出的解决办法主要有：“通过主从分离(Master-Slave)，分库、分表，来缓解写入压力，缓解数据的增长，增强读库的可扩展性；MySQL 的主数据复制管理(MMM)等”。但这些办法的效果有以下不足：主从分离(Master-Slave)的缺点是 Slave 实时性的保障，对于实时性很高的场合可能需要做一些处理；分库、分表的缺点是受业务规则影响，需求变动导致分库分表的维护十分复杂，且系统数据访问层代码需要修改；高可用性也受到制约，Master 容易产生单点故障；MMM 的缺点是本身扩展性差，单次只能写入一个 Master，只能解决有限数据量下的可用性。在这样的背景下，非关系型数据库(NoSQL)应运而生。

11.2 非关系型数据库(NoSQL)

本章第 1 节介绍了大数据带来的数据库“四高”挑战，并指出传统的关系型数据库(RDBMS)提出的办法很难解决新问题，非关系型数据库(NoSQL)在这种背景下产生。本节主要介绍非关系型数据库(NoSQL)与传统的关系型数据库(RDBMS)的区别，详细阐述非关系型数据库(NoSQL)的概念、类型、特征及应用。

11.2.1 非关系型数据库的诞生

比较主流的数据模型有三种，即按照图论理论建立的层次结构模型和网状结构模型以及按照关系理论建立的关系结构模型。数据库根据不同的数据模型主要分为阶层型数据库、网络型数据库和关系型数据库，不同类型的数据库按照不同的数据结构来联系。

1. 阶层型数据库

早期的数据库是阶层型数据库，所有的关系以简单的树形结构定义，程序通过树形结构对数据进行访问。

① 特点。树形结构规定，上层记录（父记录）可以同时拥有多个下层记录（子记录），而下层记录只能拥有唯一的上层记录。阶层型数据库通过阶层（“一父多子”树形结构）表现数据结构，这种数据结构有利于提高查询效率。

② 不足。树形结构决定了要在理解数据结构的基础上才能高效查询，而且这种数据结构会造成同一数据在数据库内的重复，出现数据冗余。

2. 网络型数据库

网络型数据库拥有同阶层型数据库相近的数据结构，同时各种数据如网状交织在一起，因此称为网络数据库。

① 特点。网络型数据库的数据结构与阶层型数据库相似，且数据网状相连（“多父多子”结构）。这种数据结构使得下层记录（子记录）可以同时拥有多个上层记录（父记录），解决了同一个数据库的数据重复，即数据冗余问题。

② 不足。虽然网络型数据库解决了数据冗余问题，但数据与数据之间复杂的网络关系不便于数据结构的更新。而且，阶层型数据库和网络型数据库要求对数据结构的掌握程度较高，这样才能有效访问数据、读取数据，所以其对数据结构的依赖程度较高。

3. 关系型数据库

Edgar Frank Codd 于 1969 年提出关系数据模型，奠定了当今关系型数据库的基础。早期由于硬件性能低、处理速度慢的原因，关系型数据库并没有大规模应用。随着硬件性能的提升、使用简单、性能优越等优势，关系型数据库得到了广泛的应用。

① 特点。以关系模型为基础的数据库为关系型数据库，将数据通过行和列的二元逻辑表形式展示并存储。关系型数据库通过多条数据值的关联，使数据独立化、数据结构简单化，消除了对数据结构的依赖，让数据和程序的分离成为可能，使得数据结构的变更变得简单易行，即程序易于变更。所以关系型数据库具有显著的通用性（存在很多实际成果）、高性能（以标准化为前提，数据更新的开销很小，且可以进行 JOIN 等复杂查询）、能够保持数据的一致性（事务处理）等优点。其中，能够保持数据的一致性是关系型数据库的最大优势，这使得关系型数据库可以广泛应用于各个不同领域，进一步扩大了关系型数据库的应用范围。

② 不足。虽然关系型数据库的性能非常高，但作为一个通用型数据库，它并不能完全适应所有的用途。关系型数据库不擅长的处理主要是大量数据的写入与读入处理，读写集中在一个数据库很容易使其不堪重负。一般情况下，主数据库写入数据、次数据库读入数据，可以通过增加次数据库实现数据读入规模化，但是数据写入问题无法简单规模化。另外，在解决“为需要数据更新的表做索引或表结构（schema）变更、字段不固定时应用、对简单查询需要快速返回结果的处理等方面”，关系型数据库也不擅长。

4. 非关系型数据库

随着 Web 2.0 应用的普及与数据量的爆炸性增长，传统的关系型数据库（RDBMS）已经难以实现 Web 2.0 环境下可能出现的众多并发读写请求，特别是超大规模和高并发的 SNS 类型的 Web 2.0 纯动态网站。

数据库在 Web 2.0 环境下需求发生变更，主要表现在以下三个方面：一是高并发读写的需求(High Performance),Web 2.0 网站要根据用户个性化信息来实时生成动态页面和提供动态信息,无法使用动态页面静态化技术,因此数据库的并发负载非常高,往往要达到每秒上万次的读写请求;二是海量数据的高效率存储和访问的需求(Huge Storage),类似Facebook、Twitter、腾讯、百度、新浪等的 Web 2.0 网站,每天用户产生海量的用户动态,且有数以亿计的账号访问;三是高扩展性和高可用性的需求(High Scalability & High Availability),在 Web 架构,数据库较难横向扩展,当用户量和访问量增加时,数据库不能像 Web Server 一样,通过简单添加更多硬件和服务结点来扩展性能和负载能力,且数据库系统的升级和扩展往往需要停机维护,而目前现在很多服务类网站都需要 24 小时服务。

面对 Web 2.0 的高要求,传统的关系型数据库(RDBMS)很多主要特性都没有实际用处,例如,数据库事务一致性需求,很多 web 实时系统并不要求严格的数据库事务,对读一致性的要求很低,对写一致性的要求也不高,因此数据库事务管理成了数据库高负载的重负担;数据库的读写实时性需求,对关系数据库来说,插入一条数据之后立刻查询,可以实时读出这条数据,但是对于很多 web 应用来说,并没有要求这么高的实时性;对复杂的 SQL 查询,特别是多表关联查询的需求,现在任何大数据量的 web 系统都尽量避免多个大表的关联查询,以及复杂的数据分析类型的复杂 SQL 报表查询,特别是 SNS 类型的网站,更多关注单表的主键查询、简单条件分页查询,因此,SQL 的查询功能被弱化。

现今的计算机体系结构在数据存储方面要求具备庞大的水平扩展性,可将多个服务器从逻辑上看成一个实体,而非关系型数据库(NoSQL)存储即可实现这一需求。

① 易于数据分散与读写处理。传统的关系型数据库(RDBMS)并不擅长大量数据的写入处理。原本传统的关系型数据库(RDBMS)就是以 JOIN 为前提的,各个数据之间存在关联是关系型数据库主要特征。为了进行 JOIN 处理,传统的关系型数据库(RDBMS)不得不把数据存储在同一个服务器内,这不利于数据的分散。然而,非关系型数据库(NoSQL)不支持 JOIN 处理,各个数据都是独立设计的,很容易将数据分散到多个服务器上,减少了每个服务器上的数据量,即使要进行大量数据的写入操作或读入操作,处理起来也更加容易。

② 提升性能与增大规模。要使服务器能够轻松地处理更大量的数据,有两种办法:一是提升服务器性能,二是增大服务器规模。提升服务器性能是通过提升现行服务器自身的性能来提高处理能力,该方法简单易行、程序无需变更,但是成本较高,因为要购买性能翻倍的服务器,往往需要花费的资金可能需要多达 5~10 倍。增大服务器规模是使用多台廉价的服务器来提高处理能力,该方法需要对程序进行变更,但廉价的服务器可以控制成本。非关系型数据库(NoSQL)的设计是让大量数据的写入处理更加容易(让增加服务器数量更容易),使它在处理大量数据方面很有优势。

11.2.2 非关系型数据库的概念

1. 概念特征

非关系型数据库(NoSQL)最初来源于 Johan Oskarsson 组织的"opensource, distributed, nonrelational database"会议。根据 NoSQL 官网给出的定义,下一代数据库主要是解决以下问题:非关系、分布式、开源和水平可伸缩性①。非关系型数据库(NoSQL)提

① http://nosql-database.org/.

倡运用非关系型的数据存储,这突破了关系型数据库与 ACID 理论。非关系型数据库(NoSQL)数据存储不需要固定的表结构,一般也不存在连接操作。在数据存取上具备关系型数据库无法比拟的性能优势,因此非关系型数据库(NoSQL)很快在计算机领域流传。

关系型数据库应用广泛,能进行事务处理和 JOIN 等复杂处理。而非关系型数据库(NoSQL)只应用在特定领域,基本上不进行复杂的处理,这恰恰弥补了关系型数据库的不足之处。现在已经涌现了一些具有显著特色的非关系型数据库(NoSQL)系统,其中最有代表的是 Google 的 Bigtable 系统、Amazon 公司的 Dynamo 系统、Yahoo 的 PNUTS、Hadoop 的一个项目 Hbase 等等。

NoSQL 是 Not Only SQL 的缩写,是非关系型数据存储的广义定义,而不是 Not SQL,它不一定遵循传统数据库的一些基本要求,比如遵循 SQL 标准、ACID 属性、表结构等。相比传统数据库,叫它分布式数据管理系统更贴切,数据存储被简化且更灵活,重点被放在了分布式数据管理上。目前多数分布式数据库产品的主要是高可用性和分区容错性(AP),而传统的关系型数据库则主要追求可用性和一致性(CA)。

大数据的存储通常采用分布式存储,非关系型数据库(NoSQL)又称为非关系型分布式数据库(NoSQL)是分布式存储的主要技术。一般有 4 种非关系型数据库管理系统,即基于列存储的 NoSQL、基于键值的 NoSQL、图表数据库和基于文档的数据库。非关系型数据库管理系统将源数据聚集并用 MapReduce 的分析程序来对汇总的信息进行分析。

非关系型数据库(NoSQL)的主要特性包括:

① 易扩展。NoSQL 数据库种类繁多,但有一个共同的特点是去掉关系型数据库的关系型特性。数据之间无关系,这样就非常容易扩展。无形之间,在架构的层面上带来了可扩展的能力。甚至有多种 NoSQL 之间的整合。

② 灵活的数据模型。NoSQL 无须预先为要存储的数据建立字段,随时可以存储自定义的数据格式。而在关系型数据库里,增删字段是一件非常麻烦的事情。如果是非常大数据量的表,增加字段十分困难。这点在大数据量的 web 2.0 时代尤其明显。

③ 高可用。NoSQL 在不太影响性能的情况,可以方便地实现高可用的架构,比如 Cassandra,HBase 模型,通过复制模型也能实现高可用。

④ 大数据量,高性能。非关系型数据库(NoSQL)都具有非常高的读写性能,尤其在大数据量下,依旧表现优秀。这得益于它的无关系性,数据库的结构简单。一般 MySQL 使用 Query Cache,每次表的更新 Cache 就失效,是一种大粒度的 Cache,在针对 web 2.0 的交互频繁的应用,Cache 性能不高。而非关系型数据库(NoSQL)的 Cache 是记录级的,是一种细粒度的 Cache,所以 NoSQL 在这个层面上来说性能就高很多了。

当今的应用体系结构需要数据存储在横向伸缩性上能够满足需求。而 NoSQL 存储就是为了实现这个需求。NoSQL 可以处理超大量的数据,通过 NoSQL 架构可以省去将 Web 或 Java 应用和数据转换成 SQL 友好格式的时间,执行速度变得更快。Google 的 BigTable 与 Amazon 的 Dynamo 是非常成功的商业 NoSQL 实现。一些开源的 NoSQL 体系,如 Facebook 的 Cassandra, Apache 的 HBase,也得到了广泛认同。

2. 核心理论

(1) BigTable

Google 的 BigTable 提出了一种很有趣的数据模型,它将各列数据进行排序存储,数据值按范围分布在多台机器，数据更新操作有严格的一致性保证。

BigTable 是谷歌设计的基于 GFS 系统、用于处理海量数据的非关系型数据库。BigTable 具有适用性广、可扩展、高性能和高可用性的特点，能够可靠处理 PB 级别的数据，并能在上千台机器的集群上进行部署。目前，BigTable 已经在 60 多个谷歌产品和项目应用，包括谷歌分析、谷歌财务、谷歌地图、谷歌社交网站等，这些产品对 BigTable 性能需求差异明显，有的需要能够进行高吞吐的批处理，有的需要能够及时响应用户请求，BigTable 根据不同的产品需求进行相应的集群配置。BigTable 采用多维映射结构，称为键值映射（key-value）。其中键（key）有三维，分别是行键（row key）、列键（column key）和时间戳（timestamp），行键和列键都是字符串数据，时间戳是 64 位整型数据。

(2) Dynamo

Amazon 的 Dynamo 使用的是另外一种分布式模型。Dynamo 的模型更简单，它将数据按 key 进行哈希存储。其数据分片模型有比较强的容灾性，因此它实现的是相对松散的弱一致性：最终一致性。

Dynamo 是亚马逊的非结构化数据库平台，具有较好的可用性和扩展性，99.9％的读写访问响应时间都在 300 ms 内。Dynamo 按分布式系统常用的哈希算法切分数据，并分别存放在不同的节点（node）上。读取时，Dynamo 根据键值映射寻找对应的 node，并采用了改进的致性哈希算法，node 对应的不再是一个确定的 hash 值，而是一个 hash 值范围，key 的 hash 值落在这个范围内，则顺时针沿 ring 找，碰到的第一个 node 即为所需。

Dynamo 首次提出了 NRW 方法，其中 N 代表数据复制的次数，R 代表读数据的最小节点数，W 代表写成功的最小分区数，调整这三个数可以灵活平衡 Dynamo 系统的可用性与一致性，Dynamo 推荐使用 322 的组合。Dynam。还针对一些经常可能出现的问题，提供了一些解决的方法，例如，节点出现临时性故障是自动切换数据、增加向量时钟进行版本控制、使用 Merkle tree 为数据建立索引、增加对 Gossip 通信协议的支持等。

两种系统都已商用，而且都有详细的实现文档。各自实现架构迥异，存储特性不一，但都结构优美，技术上各有千秋，却又殊途同归。两者都是以(key, value)形式进行存储的，但 Dynamo 存储的数据是非结构化数据，对 value 的解析是用户程序的事情，Dynamo 系统不识别任何结构数据，都统一按照二进制数据对待；而 BigTable 存储的是结构化或半结构化数据——就如关系型数据库中的列一般，因而可支持一定程度的查询。对于架构而言，Dynamo 让数据在环中均匀“存储”，各存储点相互通信，不需要 Master 主控点控制，优点是无单点故障危险，且负载均衡。BigTable 由一个主控服务器加上多个子表服务器构成，Master 主控服务器负责监控各客户存储节点，好处是更人为可控，方便维护，且集中管理时数据同步容易方便。

3. 分类比较

非关系型数据库（NoSQL）种类众多，截至 2014 年 7 月非关系型数据库（NoSQL）共有 150 种①，根据数据的存储模型和特点主流非关系型数据库（NoSQL）大致分为 6 类，包括：键

① http://nosql-database.org/

值(key-value)存储、文档存储、图存储、列存储、对象存储、XML存储,如表11-2所示。

表11-2　非关系型数据库(NoSQL)的主要类型、部分产品、特征及应用

主要类型	部分名称	特　征	应　用
键值存储	Tokyo Cabmet/Tyrant Berkeley DB Memcache DB Redis Dynamo Voldemort Oracle Coherence	可以通过key快速查询到其value。一般来说,存储不管value的格式,照单全收。(Redis包含了其他功能)	大数据高负荷应用、日志
文档存储/全文索引	MongoDB CouchDB	文档存储一般用类似json的格式存储,存储的内容是文档型的。这样也就有有机会对某些字段建立索引,实现关系数据库的某些功能。数据结构不严格,表结构可变。	半结构和非结构化数据存储
图存储	Neo4J FlockDB InfoGrid HyperGraghDB Infinite Gragh	图形关系的最佳存储,高效匹配图结构相关算法。使用传统关系数据库来解决的话性能低下,而且设计使用不方便。	社交网络
列存储	BigTable HBase Cassandra Hypertable	按列存储数据的。最大的特点是方便存储结构化和半结构化数据,方便做数据压缩,对针对某一列或者某几列的查询有非常大的I/O优势。查找速度快、可扩展性强、更容易进行分布式扩展。	汇总统计、数据仓库
对象存储	db4o Versant	通过类似面向对象语言的语法操作数据库,通过对象的方式存取数据。	
XML存储	Berkeley BXML BaseX	高效的存储XML数据,并支持XML的内部查询语法,比如XQuery和Xpath等。	

非关系型数据库(NoSQL)的种类多样,每种数据库又包含各自的特点,本节主要介绍"键值存储数据库"、"文档存储数据库"和"列存储数据库",具体代表如表11-3所示。

表 11-3 非关系型数据库(NoSQL)的主要类型、部分产品、特征及应用

临时型键值存储	永久型键值存储	混合型键值存储	文档存储数据库	列存储数据库
Memcached	Tokyo Tyrant	Redis	MongoDB CouchDB	BigTable HBase Cassandra

(1) 键值存储数据库

键值存储数据库属于最常见的非关系型数据库(NoSQL),数据以键值的形式存储,主要特点就是具有极高的并发读写性能。虽然它的处理速度非常快,但是基本上只能通过 key 的完全一致查询获取数据。根据数据的保存方式可以分为临时性、永久性和两者兼具三种。

① 临时型。临时指的是数据有可能丢失、在内存中保存数据、可以进行非常快速的保存和读取处理。MemcacheDB 属于这种类型,它把所有数据都保存在内存中,这样保存和读取的速度非常快,但是当 MemcacheDB 停止的时候,数据就不存在了。由于数据保存在内存中,所以无法操作超出内存容量的数据(旧数据会丢失)。

② 永久型。永久指的是数据不会丢、在硬盘上保存数据、可以进行非常快速的保存和读取处理(但无法与 MemcacheDB 相比)。Tokyo Tyrant、Flare、ROMA 等属于这种类型。这里的 key-value 存储不像 MemcacheDB 那样在内存中保存数据,而是把数据保存在硬盘上。与 MemcacheDB 在内存中处理数据比起来,由于必然要发生对硬盘的 I/O 操作,所以性能上还是有差距的。但数据不会丢失是它最大的优势。

③ 混合型。这种类型兼具临时型和永久型的优点,数据同时在内存和硬盘上保存、保存在硬盘上的数据不会消失(可以恢复)、可以进行非常快速的保存和读取处理、适合于处理数组类型的数据。Redis 属于这种类型。Redis 有些特殊,Redis 首先把数据保存到内存中,在满足特定条件(默认是 15 分钟一次以上,5 分钟内 10 个以上,1 分钟内 10 000 个以上的 key 发生变更)的时候将数据写入到硬盘中。这样既确保了内存中数据的处理速度,又可以通过写入硬盘来保证数据的永久性。这种类型的数据库特别适合于处理数组类型的数据。

(2) 文档存储数据库

文档存储数据库是非常容易使用的 NoSQL 数据库。具有以下特征:①不定义表结构,即使不定义表结构,也可以像定义了表结构一样使用,关系型数据库在变更表结构时比较费事,而且为了保持一致性还需修改程序,然而 NoSQL 数据库则可省去这些麻烦(通常程序都是正确的),方便快捷;②可以使用复杂的查询条件,跟键值存储数据库不同的是,文档存储数据库可以通过复杂的查询条件来获取数据,虽然不具备事务处理和 JOIN 这些关系型数据库所具有的处理能力,但除此以外的其他处理基本上都能实现。MongoDB、CouchDB 属于这种类型。

(3) 列存储数据库

普通的关系型数据库都是以行为单位来存储数据的,擅长进行以行为单位的读入处理,主要对少量行进行读取和更新,比如特定条件数据的获取。因此,关系型数据库也被称为面向行的数据库。相反,面向列的数据库是以列为单位来存储数据的,擅长以列为单位读入数据,主要对大量行少数列进行读取,对所有行的特定列进行同时更新。

列存储数据库具有高扩展性,即使数据增加也不会降低相应的处理速度(特别是写入速

度),所以它主要应用于需要处理大量数据的情况。另外,利用列存储数据库的优势,把它作为批处理程序的存储器来对大量数据进行更新也是非常有用的。但由于面向列的数据库跟现行数据库存储的思维方式有很大不同,应用起来十分困难。

BigTable、HBase、Cassandra、Hypertable属于这种类型。由于近年来数据量出现爆发性增长,这种类型的NoSQL数据库尤其引人注目。如Twitter和Facebook这样需要对大量数据进行更新和查询的网络服务不断增加,列存储数据库的优势对其中一些服务是非常有用。

11.2.3 非关系型数据库的应用

在互联网应用领域,特别是Web 2.0网站的一些常见需求,比如数据库高并发读写、海量数据的高效存取、高可用性及高扩展性架构等,传统的关系型数据库(RDBMS)应对这些需求时异常的艰难,或者实现成本极为高昂。从2009年开始,非关系型数据库(NoSQL)经过3年的蓬勃发展,发展出了众多不同应用场景的产品,其所拥有的高效海量数据处理能力、高并发存取和简便的横向扩展等特点,非常适合互联网应用。

2009年,非关系型数据库(NoSQL)应用兴起,国外的互联网巨头早把精力投入到非关系型数据库(NoSQL)产品的研发并广泛应用,国内众多门户及新兴的Web 2.0网站也在利用各种开源非关系型数据库(NoSQL)技术来解决实际问题。比较流行的产品有:用于列式存储及分布式计算的有Hadoop项目中的Hbase(Google BigTable的开源项目),FaceBook的Cassandra,GreenPlum,来自Yahoo的PNUTS等;用于文档存储类的包括CouchDB、MongoDB等;用于高可用读写的key-value方案更是不胜枚举,包括MemcacheDB、Tokyo Cabinet/Tyrant、Redis、LightCloud、BeansDB等等。

(1) Memcached

Memcached是一套分布式的快取系统,由LiveJournal下属公司Danga Interactive的Anatoly Vorobey和Brad Fitzpatrick为首开发的一款软件,起初用于降低数据库负载、分配资源、提升LiveJournal.com访问速度,现已成为mixi、hatena、Facebook、Vox、LiveJournal等众多服务中提高Web应用扩展性的重要因素。Memcached已经发展成为高性能的分布式内存对象缓存系统,是一套开放源代码软件,以BSD license授权释出,用于动态Web应用以减轻数据库负载。它通过在内存中缓存数据和对象来减少读取数据库的次数,从而提高动态、数据库驱动网站的速度。Memcached基于一个存储键/值对的hashmap。其守护进程(daemon)是用C写的,但是客户端可以用任何语言来编写,并通过Memcached协议与守护进程通信。

Memcached本身是为缓存而设计的服务器,因此并没有过多考虑数据的永久性问题,即其并不提供冗余,例如,当某个服务器停止运行或崩溃(比如,重启Memcached、重启操作系统),所有存放在该服务器上的键/值对都将丢失,因此会导致全部数据消失;内容容量达到指定值之后,就基于LRU(Least Recently Used)算法自动删除不使用的缓存。Memcached具有多种语言的客户端开发包,包括:Perl/ PHP/ JAVA/ C/ Python/ Ruby/ C#/ MySQL/。memcached作为高速运行的分布式缓存服务,主要特征是:协议简单;基于libevent的事件处理;内置内存存储方式;不互相通信的分布式等。

(2) CouchDB

CouchDB 是一个顶级 Apache Software Foundation 开源项目,是用 Erlang 开发的开源的面向文档的分布式数据库系统,CouchDB 支持 REST API,可以让用户使用 JavaScript 来操作 CouchDB 数据库,也可以用 JavaScript 编写查询语句。CouchDB 具有高度可伸缩性,提供高可用性和高可靠性。CouchDB 存储半结构化的数据,比较类似 lucene 的 index 结构,特别适合存储文档,因此很适合 CMS、电话本、地址本等应用,所以 CouchDB 是一个面向 web 应用的新一代存储系统。

CouchDB 构建在强大的 B-树储存引擎之上。这种引擎负责对 CouchDB 中的数据进行排序,并提供一种能够在对数均摊时间内执行搜索、插入和删除操作的机制。CouchDB 将这个引擎用于所有内部数据、文档和视图。CouchDB 可以安装在大部分 POSIX 系统上,包括 Linux® 和 Mac OS X。尽管目前还不正式支持 Windows®,但现在已经着手编写 Windows 平台的非官方二进制安装程序。CouchDB 可以从源文件安装,也可以使用包管理器安装(比如在 Mac OS X 上使用 MacPorts)。

(3) Neo4J

Neo4j 是一个用 Java 实现、完全兼容 ACID 的图形数据库。数据以一种针对图形网络进行过优化的格式保存在磁盘上。Neo4j 的内核是一种极快的图形引擎,具有数据库产品期望的所有特性,如恢复、两阶段提交等。Neo4j 既可作为无需任何管理开销的内嵌数据库使用;也可以作为单独的服务器使用,在这种使用场景下,它提供了广泛使用的 REST 接口,能够方便地集成到基于 PHP、. NET 和 JavaScript 的环境里。Neo4j 的典型数据特征:数据结构不是必须的,也可以没有数据结构,简化模式变更和延迟数据迁移;方便建模常见的复杂领域数据集,如 CMS 里的访问控制可被建模成细粒度的访问控制表,类对象数据库的用例、TripleStores 以及其他例子;典型使用的领域如语义网和 RDF、LinkedData、GIS、基因分析、社交网络数据建模、深度推荐算法以及其他领域。

(4) Redis

Redis 是一种高性能的 key-value 型的内存数据库,对数据库的操作都在内存中进行,并定期把数据更新到硬盘上以实现数据的持久存储。因为读写操作是在内存中进行的,所以 Redis 的速度非常快,每秒可以处理超过 10 万次的读写操作。Redis 支持丰富的数据类型,它支持存储的 value 类型有 strings(字符串)、lists(链表)、sets(集合)和 zsets(有序集合)。strings 可以用来存储一般的文本。使用 get 和 set 命令来存取值,可以使用 INCR, DECR 等命令进行加减操作。lists 类型支持从两端插入,取 lists 区间,排序等操作。利用 Redis 的 lists 类型做一个 fifo 双向列表,可以实现一个轻量级的高性能消息队列服务。sets 类型支持对集合的交并操作,可以用来实现高性能的 tags 系统。Redis 的主要缺点是受到内存容量的限制,不能对海量数据作高性能的读写。如果突发掉电,Redis 来不及把数据 flush 到硬盘上,可能会出现丢失数据的现象。Redis 主要应用在较小数据量的高性能读写操作上。

(5) Tokyo Tyrant/Cabinet

Tokyo Tyrant/Cabinet 是日本最大的 SNS 社交网站 mixi. jp 开发的 key-value 型的数据库,其中 TC 是一个非关系型数据库(NoSQL),用来做持久化数据,TC 的读写速度非常快,写入 100 万条数据只需要 0. 4 秒,读取 100 万条数据只需要 0. 33 秒。TC 除了支持 key/value 存储外,还支持保存哈希表。TT 则是 TC 的网络接口,它使用简单的基于 TCP/IP 二进制协议通信。TC/TT 在 mixi 的实际应用中，存储了千万级的数据，支撑了上万个并发连接，表现出了良好的性能。

(6) MongoDB

MongoDB 是一种非常优秀的面向文档存储的数据库，它主要解决海量数据的存储和访问效率的问题。数据以一种类似 json 格式的 bson 格式组织成一个文档，存储在一个集合里。根据官方测试，当数据量达到 50 GB 以上的时候，MongoDB 的访问速度是 MySQL 的 10 倍以上，支撑的并发可以达到每秒 0.5 万～1.5 万次。MongoDB 自带了一个很出色的分布式文件系统 gridfs，用来支持海量数据存储。此外 MongoDB 还支持复杂的数据结构，有很强的数据查询功能，基本上可以完成关系型数据库要完成的任务。

(7) HandlerSocket

HandlerSocket 是日本 DeNA 公司 Yoshinori 开发的一个非关系型数据库（NoSQL）产品，以 MySQL Plugin 的形式运行。其主要的思路是在 MySQL 的体系架构中绕开 SQL 解析这层，使得应用程序直接和 Innodb 存储引擎交互，通过合并写入、协议简单等手段提高了数据访问的性能，在 CPU 密集型的应用中这一优势尤其明显。

随着互联网的不断发展，云计算时代对技术提出了更多的需求。虽然关系型数据库已经在数据存储方面占据不可动摇的地位，但是由于其自身限制，很难解决扩展困难、读写慢、成本高、有限的支撑容量等问题。新类型的非关系型数据库（NoSQL）关注对数据高并发地读写和对海量数据的存储等，与传统的关系型数据库（RDBMS）相比，在架构和数据模型方量面做了“减法”，而在扩展和并发等方面做了“加法”。

尽管非关系型数据库（NoSQL）还存在着一些不足之处，但相对于传统的关系型数据库，非关系型数据库（NoSQL）在面向较多的并发用户数及海量数据的处理方面存在着一定的优势。非关系型数据库（NoSQL）在 Web 2.0 环境下的应用前景良好。现今的计算机体系结构在数据存储方面要求有庞大的水平扩展性，非关系型数据库（NoSQL）则致力于改变这一现状。目前 Google、Yahoo、Facebook、Twitter、Amazon 都在大量应用非关系型数据库（NoSQL），国内也有众多网络应用开始使用非关系型数据库（NoSQL）。

① 新浪。新浪微博从技术上来说，每天用户发表特别容易，这造成每天新增的数据量都是百万级的、上千万级的这样一个量。这样经常要面对的一个问题就是增加服务器，因为一般一台 MySQL 服务器，它可能支撑的规模也就是几千万，或者说复杂一点只有几百万。目前新浪微博是 Redis 全球最大的用户，在新浪有 200 多台物理机，400 多个端口正在运行着 Redis，有 4 G 的数据运行在 Redis 上为微博用户提供服务。在新浪的众多应用中，大多数情况下结合了 NoSQL 和 MySQL，根据应用的特点选择合适存储方式。譬如：关系型数据，例如，索引使用 MySQL 存储，非关系数据库，例如，一些 Key-Value 需求的，对并发要求比较高的放入 Redis 存储。

② 淘宝。淘宝的数据总量比较大，未来一段时间内的数据规模为百 TB 级别，千亿条记录，另外，数据膨胀很快，传统的分库分表对业务造成很大的压力，必须设计自动化的分布式系统。淘宝 Oceanbase，它以一种很简单的方式满足了未来一段时间的在线存储需求，并且还获得了一些其他特性，如高效支持跨行跨表事务，这对于淘宝的业务是非常重要的。另外淘宝 Tair 是由淘宝自主开发的 key-value 结构数据存储系统，并且于 2010 年 6 月 30 号在淘宝开源平台上正式对外开源，在淘宝网有着大规模的应用。用户在登录淘宝、查看商品详情

页面或者在淘江湖的时候,都在直接或间接地和 Tair 交互。淘宝将 Tair 开源,希望有更多的用户能从其开发的产品中受益,更希望依托社区的力量,使 Tair 有更广阔的发展空间。

③ 优酷。目前优酷的在线评论业务已部分迁移到 MongoDB,运营数据分析及挖掘处理目前在使用 Hadoop/HBase;在 key-value 产品方面,它也在寻找更优的 Memcached 替代品,如 Redis,相对于 Memcached,除了对 Value 的存储支持三种不同的数据结构外,同一个 key 的 value 进行部分更新也会更适合一些对 Value 频繁修改的在线业务;同时在搜索产品中应用了 Tokyo Tyrant;对于 Cassandra 等产品也进行过研究。对于优酷来说,仍处于飞速发展阶段,已经在考虑未来自建数据中心,提高数据处理能力,从网站的运营中发掘出更多信息,为用户提供更好的视频服务。

④ 飞信。飞信的 SNS 平台数据量大,增长快,目前的状态为:日活跃用户 100 W,平均主动行为 1.3 次;平均好友 20 个;平均每条动态存储数据量 1.5 K;数据容量 2 600 W * 1.5 KB=40 GB;以关系型数据库估计,占用存储 100 GB 左右。SNS 类型应用中,Feed 的数据量最大,Feed 数据的存储与读写操作往往是技术难度最高的部分,由于 Feed 要求的高并发写入,弱一致性,使 HandlerSocket 成为 NoSQL 技术的主要应用战场。HandlerSocket 还帮飞信解决了缓存的问题,因为 Innodb 已经有了成熟的解决方案,通过参数可以配置用于缓存数据的内存大小,这样只要分配合理的参数,就能在应用程序无需干涉的情况下实现热点数据的缓存,降低缓存维护的开发成本。因为 HandlerSocket 是 MySQL 的一个 Plugin,集成在 mysqld 进程中,对于 NoSQL 无法实现的复杂查询等操作,仍然可以使用 MySQL 自身的关系型数据库功能来实现。在运维层面,原来广泛使用的 MySQL 主从复制等经验可以继续发挥作用,相比其他或多或少存在一些 bug 的 NoSQL 产品,数据安全性更有保障。

⑤ 豆瓣。豆瓣(BeansDB)是一个由国内知名网站豆瓣网自主开发的主要针对大数据量、高可用性的分布式 key/value 存储系统,采用 HashTree 和简化的版本号来快速同步保证最终一致性(弱),一个简化版的 Dynamo,它在伸缩性和高可用性方面有非常好的表现。

目前,BeansDB 在豆瓣主要部署了两个集群:一个集群用于存储数据库中的大文本数据,比如日记、帖子一类;另外一个豆瓣 FS 集群,主要用于存储媒体文件,比如用户上传的图片、豆瓣电台上的音乐等。BeansDB 采用 key-value 存储架构,其最大的特点是具有高度的可伸缩性;在 BeansDB 的架构下,在大数据量下,扩展数据节点将轻而易举,只需要添加硬件,安装软件,修改相应的配置文件即可。

11.3 常见的非关系数据库实例

在本章第 2 节中,按照数据的存储特征对非关系数据库进行划分。本节介绍各个类别中最为典型的非关系数据库的特点、安装及应用,包括键值存储的非关系数据库 memcached、面向文档的非关系数据库 couchdb 以及图存储的非关系数据库 neo4j。大多数非关系数据库运行在 Linux/Unix 环境之中,因此本节首先介绍 Linux 发行版之一,即 CentOS 的安装及简易配置。在 Windows 操作系统中,可以利用 Cygwin 实现 Unix 运行环境,同样可以运行大多数的 Linux/Unix 程序。

11.3.1 Linux 操作系统及其安装配置

1. Linux 及其发行版简介

Linux 由 Linus Torvalds 最高开发和维护的一种免费使用和自由传播的类 Unix 操作系统，后来被纳入自由软件基金（FSF）的 GNU 计划中，其全称为 GNU/Linux。它实现了 POSIX 标准（Portable Operating System Interface），因此其实用方法与 Unix 基本一致，绝大多数应用程序在两种操作系统上是通用的。但 Linux 本身实际上是指 Linux 的内核部分，由个人、松散组织的团队、商业机构、志愿者组织等在 Linux 内核之上添加了系统软件、应用软件以及安装工具等就形成了 Linux 的发行版。Linux 通过 GPL（GNU 通用公共许可证）授权，允许用户销售、拷贝并且改动程序，但必须同样的自由传递并且必须免费公开修改后的代码。因此所有的 Linux 发行版本身都是免费的，但某些发行版通过系统的维护及新技术更新来收取费用，如 Redhat 等。

Linux 的发行版有数百种，但常见的有两个较大的分支，分别是 Debian 和 Redhat。Debian 系列包括 Debian、Ubunt、Mint 等，Redhat 系列主要有 REHL（Redhat 企业收费版）、Federa、CentOS 等，其他知名的发行版还包括 SUSE、Mandriva、Slackware、Gentoo、LFS，以及国内的红旗 Linux、银河麒麟等。所有的 Linux 操作系统都可以免费下载使用，但部分商业版本的技术支持及维护是收费的，比如 REHL。CentOS 是 RHEL（Red Hat Enterprise Linux）的源代码剔除了封闭软件代码后再编译的产物，由 Centos 社区发布。CentOS 有着和 RHEL 完全一样的功能和使用方法，在某些方面（如新硬件支持、Bug 的修复等）甚至做得更好。CentOS 是完全免费的，其同 REHL 的区别在于不向用户提供商业支持，也不负任何商业责任。本节所涉及的三种非关系数据库的运行环境选择 CentOS 最新的 6.5 版本。

2. CentOS 的安装及配置

CentOS 的获取十分方便，可以从遍布全球的镜像服务器下载。国内常用的有 163① 和 Sohu② 等。可以选择完整安装包（超过 5G）也可以选择最小安装（约 350M），其安装过程类似，但完整安装包在安装过程中可选择安装软件和桌面等功能。

CentOS 的安装十分简易，在安装过程中需要设置的项目包括语言、键盘、网络配置、时区、硬盘分区、root 用户的密码等，安装过程大概需要 15 分钟左右。初学者可选择在虚拟机上安装。

(1) 安装 JDK

如果选择完全安装，则完成之后需要将系统自带的 Open JDK 环境删除（Neo4J 运行在 Java 环境中，使用 OpenJDK 可能带来未知的问题）然后安装 Oracle JDK。如果是最小安装，则直接安装 Oracle JDK 即可。

JDK 需要利用浏览器或 wget 命令从 Oracle 网站③下载，下载完成后用如下命令即可安装：

---

① http://mirrors.163.com/centos/

② http://mirrors.sohu.com/centos/

③ http://www.oracle.com/technetwork/java/javase/downloads

rpm -ivh jdk-8u5-linux-i586.rpm

RPM 是 RedHat Package Manager(RedHat 软件包管理工具)的缩写,其原始设计理念是开放式的,被多种 Linux 发行版作为软件包管理工具,包括 CentOS。上述命令的参数中,*i* 表示安装 rpm 包,*v* 表示显示详细信息,*h* 表示显示安装进度。

(2) Yum 命令的使用

尽管 RPM 能够使得 Linux 下的软件安装能够像 Windows 一样简易,但由于 Linux 软件的自由特性,使得软件之间存在着复杂的依赖关系。这种依赖关系随着软件体系的复杂而变得极其庞大,非专业人士几乎不可能完全掌握,从而再次使得 Linux 下的软件安装变成一件困难的事情。为了应对这种状况各种 Linux 发行片普遍采用了基于网络的、能够自动处理软件依赖关系的包管理器,在 Redhat 系列中这种工具为 Yum(全称为 Yellow dog Updater, Modified)。

Yum 的使用非常方便。例如,如果要安装软件 package-name,则执行 *yum install package-name* 即可,系统会自动到源服务器查找、下载并安装所需的软件。如果要删除软件则运行 *yum install package-name* 即可。除此之外,Yum 还提供了 search、upgrade 等命令用于管理 Linux 中的软件包。

(3) 启动网卡

在 CentOS 的最小安装下网卡不会自动启动。一般情况下运行以下命令即可启动:

ifup eth0

上述命令的功能是启动设备名为 eth0 的网卡。在某些情况下可能需要对网络进行配置才能够访问互联网,请参阅相关的 Linux 书籍或手册。

(4) 安装 C 语言编译环境

在 CentOS 中从源代码安装软件需要 C 语言编译器及编译环境,可以利用 yum 命令来下载安装:

yum groupinstall "Development tools"

需要注意的是,由于 Development tools 中间有空格,所以在命令中必须添加双引号。

(5) 安装 Python 包管理工具

此外,本部分利用 Python 语言来访问所介绍的非关系数据库。各 Linux 发行版大都内置了 Python 语言环境,CentOS 也不例外。但为了方便的安装 Python 工具包,还需要安装 Python 的包管理工具,利用 *yum install python-setuptools* 命令即可安装,最常见的 Python 包管理工具 easy_install 即包含在其中,下文中我们将会利用该命令来安装各个非关系数据的 Python 工具包。

11.3.2 Memcached

1. Memcached 的特点

Memcached① 是一种开源的高性能分布式内存对象缓存系统。它是最为典型的键值存

① http://memcached.org/

储的非关系数据库之一，得到了较为广泛的使用。

Memcached 的使用非常方便，可以使用几个简单的命令即可对 HTML 片段、二进制对象、数据结果集等各种类型的数据进行存取操作。Memcached 最大的特点是其访问速度非常快。一方面是因为它采用了散列表(HASH 表)的方式来存储数据，更重要的是所有的数据对象只存在于内存之中，这就使得数据访问具有极高的响应速度(内存中数据的访问速度是硬盘的 10 到 100 万倍)。仅用内存存储数据就意味着一旦重新启动数据库就会恢复到初始状态，所有的数据就会丢失。因此 Memcached 通常不会被单独用于数据的存储，而是作为 Web 服务器或其他数据库服务器的缓存来使用，用于提高响应速度，如图 11-1 所示。

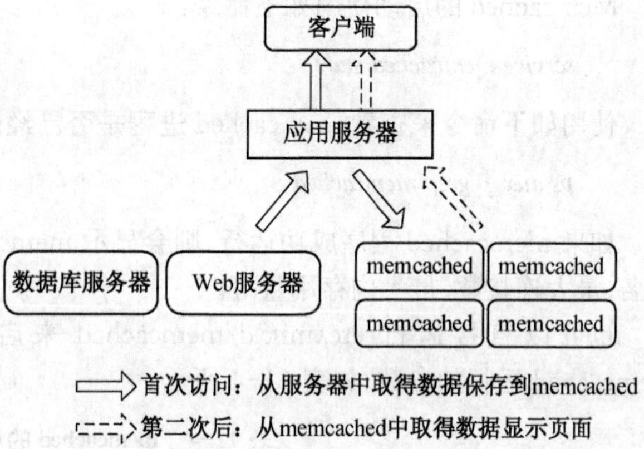

图 11-1　Memcached 的工作方式

应用服务器在客户端发出请求后，首先查看 memcached 中是否存在用户请求的数据，如果存在则直接返回；否则，应用服务器从数据库服务器或 Web 服务器中取得所需的数据或 Web 页面返回客户端，同时存入 memcached 中。Memcached 通过简单的配置即可将多台服务器组成一个 memcached 集群，并使用一致性散列(Consistent Hashing)的方法应对新加入的服务器，或均衡各个服务器的负载。

Memcached 的缺点是仅能通过指定键的方式对数据进行存取，而且不能对数据进行模糊查询，相应的工作就需要由应用程序来承担。此外，由于把数据都保存在内存中，当 memcached 由于故障等原因停止运行的时候，所有的数据就会丢失。因此，一些重要的数据不能使用 memcached 来存储。

2. Memcached 的安装与启动

安装 Memcached 可选择源代码编译安装也可以使用 yum 命令安装。

(1) 从源代码安装

Memcached 依赖于 libevent，它是一个基于事件的网络程序库，使用 yum 命令即可安装，也可以选择从源代码安装。

```
yum install libevent-devel                    #安装libevent 库
wget http://memcached.org/latest              #下载memcached 源代码
tar -zxvf memcached-1.x.x.tar.gz              #解压缩memcached 源代码包
cd memcached-1.x.x                            #进入解压后的memecached 文件夹
./configure && make && make test && sudo make install        #编译并安装
```

(2) 使用 yum 安装

使用 yum 安装 memcached 非常简单，仅需要执行如下命令，yum 会自动下载并安装依赖的程序，然后下载安装 memcached。

yum install memcached

在安装过程中，会显示需要下载的软件的大小，并询问是否要继续安装，输入 y 并确认即可。

(3) 启动 memcached

Memcached 的启动使用如下命令：

service memcached start

使用如下命令来查看 memcached 进程是否已经启动：

ps aux | grep memcached

如果 memcached 程序成功运行，则会显示 memcached 进程的相关信息，包括端口号、用户名、最大连接数、最大内存用量等。

也可以直接运行/etc/init. d/memcached 来启动 memcached，这种方法可以指定 memcached 运行的参数，如表 11-4 所示。

表 11-4　memcached 的启动参数

参数	功能	默认值
-p	端口号	11211
-u	用户名(只在使用 root 运行时)	nobody
-c	最大连接数	1 024
-m	最大内存用量(MB)	64

3. 使用 telnet 测试 Memcached

Memcached 支持 telnet 协议，因此可以利用 telnet 命令来访问其服务端口，并使用 memchaced 内置命令来测试数据的存取等操作。如果是最小安装 CentOS 则需要安装 telnet，运行 yum install telnet 如表 11-5 所示。

表 11-5　常用的 memcached telnet 命令

命令	功能	使用说明
set	存储数据	set ＜key＞ ＜flag＞ ＜expires＞ ＜byte＞
get	读取数据	get ＜key＞
append	追加数据	append ＜key＞ ＜flag＞ ＜expires＞ ＜byte＞
delete	删除数据	delete ＜key＞
incr	数值的加运算	incr ＜key＞ ＜num＞
decr	数值的减运算	decr ＜key＞ ＜num＞
flush_all	清空数据库	flush_all
stats	统计数据库状态	stats、stats items、stats sizes...

注：key 指定数据的键，flag 指定是否压缩(0 不压缩 1 压缩)，expires 指定数据保存期限(秒)

(1) 连接数据库

telnet localhost 11211

连接成功后显示：

```
Tying 127.0.0.1...
Connectd to localhost.localhostdomain(127.0.0.1).
Escape character is ']'
```

（2）保存数据

```
set mykey 0 30 5
value
```

向 memcached 中保存键为 mykey 的数据，其值为 myvalue，不压缩，生存时间为 30 秒，超过 10 秒钟则数据被自动删除，数据大小为 3 字节。

（3）追加数据

```
append mykey 0 0 6
value2
```

向 mykey 的数据中追加数据 value2，不压缩，生存时间不限。

（4）读取数据

```
get mykey
```

返回 mykey 的值为 valuevalue2。

4. 在 Python 中访问 memcached

Memcached 官方及社区为常见的语言，如 Java、C/C++、Python、PHP、Perl 等，提供了应用工具包。其中，python 下有数种 memcached 的工具包，这里选择 python-memcached。在 CentOS 中运行如下命令即可安装 python-memcached：

```
easy_install python-memcached
```

下面的 Python 程序对 memcached 数据库进行了简单的存取。

```
import memcache                                        #导入memchached 包
mc = memcache.Client(['localhost:11211'], debug=0)     #创建客户端

mc.set('key1', 123, 20)                                #保存数字,生存时间为20 秒
mc.set('key2','ABCDE')                                 #保存字符串,生存时间不限
mc.set('key3','{k1:v1,k2:v2}')                         #保存JSON 串

mc.incr("key1")                                        #键key1 的数据加1
mc.decr("key1",2)                                      #键key1 的数据减2

print mc.get('key1')                                   #获取key1 的值
mc.delete("key1")                                      #删除key
```

11.3.3 CouchDB

CouchDB① 是一种面向文档的非关系数据库，在处理半结构化的文档中具有独特的优

① http://couchdb.apache.org/

势。它是 Apache 软件基金会的顶级开源项目,使用 Erlang 语言开发,继承了其强大的并发性和分布式的特征,因此在大数据处理、社交网络等应用中具有重要的应用价值。

1. CouchDB 的特点

CouchDB 中存储的是半结构化的 JSON 文档,而且可以方便地将文档对象映射为具体编程语言的对象。由于 JSON 在基于 Web 的数据传输中已以得到了广泛的应用,因此 CouchDB 在这类应用的数据存储和处理中具有良好的应用前景。CouchDB 是分布式的数据库系统,源于 Erlang 极好的并发特性。CouchDB 存储系统可以分布到多台计算机之上,每台计算机称为存储系统的一个节点。CouchDB 能够很好地协调和同步多个节点之间的数据一致性和完整性,有效的应对系统应用中可能出现的各种错误。

CouchDB 支持 REST 接口访问,即可以通过 GET、PUT、POST、HEAD 和 DELETE 等标准的 Http 请求对数据库进行写入和查询分析等操作。因此,任何一种编程语言只要具备 Http 请求模块就可以方便的与 CouchDB 进行对接,甚至只要有正确的 URL 地址仅利用浏览器就可以访问 CouchDB 得到所需要的数据。

CouchDB 采用 Map/Reduce 机制对数据进行插入、搜索等操作。CouchDB 将键值对存储在 B-树引擎之上,并根据键值进行排序,因此具有高效的查询和操作性能。需要注意的是,CouchDB 是一个基于版本的数据库系统,即只能添加数据不能删除和修改数据,当数据需要更新时 CouchDB 只是增加了新的版本,所有的版本数据依旧保存在数据库中,且可以方便的得到。如果要删除数据则只能将整个数据库全部删除。

CouchDB 没有关系数据库那样严格的逻辑基础,因此没有类似于 SQL 那样的查询语言,类似的任务由 Map/Reduce 机制来实现。在具体应用中表现为 Map 函数和 Reduce 函数,用户在应用数据库时需要根据需求编制 Map 函数和 Reduce 函数来实现选择、投影、并、交、差、连接等运算,从而实现复杂的数据库查询。Map/Reduce 的工作过程如图 11-2 所示。

图 11-2 Map/Reduce 的工作过程

Map 函数的输出为数据库中的文档或数据,输出为键值对。这里的键和值可以是系统支持的任何类型的数据,用户可以在 Map 函数中对文档数据加以处理,把所需的数据以键值的形式输出。Map 函数会对数据库中所有数据进行处理,结果由主控制器按键进行分组,如果用户不指定 Reduce 函数则按键分组的结果直接输出。Reduce 函数的功能是把键值组合进一步处理,比如统计、汇总等。

2. CouchDB 的安装和配置

CouchDB 的早期版本只能安装在 POSIX 系统之上,最新版本则提供了对 Windows 和 MAC OS X 的支持。CouchDB 在各种操作系统中安装都非常方便,几乎不需要做任何复杂的配置。

由于 CouchDB 并没有被包含在 yum 的内置软件源中,因此需要安装第三方软件源 EPEL。EPEL 是 Extra Packages for Enterprise Linux 的缩写(EPEL),是用于 Fedora-based Red Hat Enterprise Linux (RHEL) 的一个高质量软件源,所以同时也适用于

CentOS 等发行版。

（1）安装 EPEL 源

```
wget http://mirrors.sohu.com/fedora-epel/6/i386/epel-release-6-8.noarch.rpm  #下载EPEL
rpm -Uvh epel-release-*-noarch.rpm                                        #安装EPEL 源
yum makecache                                                              #在本地缓存软件包信息
```

（2）安装 CouchDB

```
yum install couchdb
```

由于 couchdb 运行在 erlang 环境中，因此系统会自动安装 erlang 语言环境，可能需要几分钟时间来下载安装。

（3）启动服务

```
service couchdb start
```

安装好 CouchDB 后，可以利用 REST 接口来验证是否安装成功。在命令行中，可以使用 curl 命令。

```
curl http://localhost:5984
```

如果返回{"couchdb":"Welcome","version":"1. *X*. *X*"}表明安装成功，其中 1. X. X 为版本号。在桌面环境中，可以利用浏览器来访问 http://localhost:5984，如果安装成功则会返回同样的数据。

（4）管理 CouchDB

CouchDB 提供了基于浏览器的管理控制台，称为 Futon，通过 http://localhost:5984/_utils 访问并操作，如图 11-3 所示。在 Futon 中可以手工创建数据库、添加和查看文档，并管理 CouchDB。默认情况下，CouchDB 开放 admin 权限，为了安全起见需要添加用户名和密码。

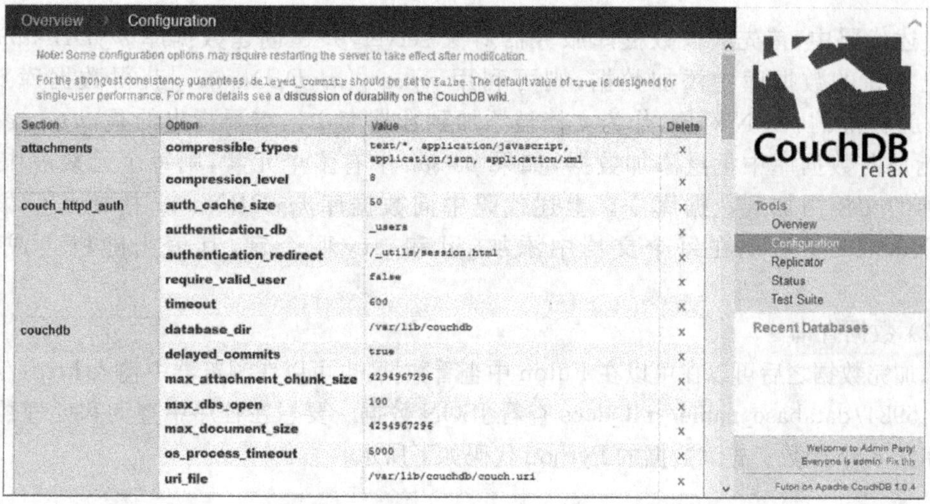

图 11-3　CouchDB 的 Futon 管理界面

CouchDB 中的设计文档(design documents)中存储的是用户对数据库的操作,Map 函数和 Reduce 函数即保存在设计文档之中。在临时视图(temporary view)中,可以手动添加 Map 函数和 Reduce 函数,并运行查询调试。默认情况下 Map 函数和 Reduce 函数是标准的 Javascript 函数,但 CouchDB 也提供了对 coffeescript 的支持,并可以通过配置支持 Python 等其他语言。

3. CouchDB 的使用

尽管可以用 curl 等 http 命令或者各种语言的 http 请求函数访问 CouchDB,但为了更方便地对数据库进行操作,多种语言都提供了 CouchDB 的工作包,比如 Java 的 Jcouchdb 和 C# 的 LoveSeat。本节利用 Python 语言的 couchdb 工具包对 CouchDB 进行操作。安装 couchdb 最方便的途径是用 easy_install 工具,运行如下命令:

```
easy_install couchdb
```

安装之后需要在 local. ini 文件的[query_servers]配置项中添加 python 变量,其值为 couchdb 工具包的 couchpy 命令的地址,一般情况下为:

```
[query_servers]
python = /usr/bin/couchpy
```

在 CentOS 中,可以利用 which couchpy 命令得到该配置值。

(1) 添加数据

安装好 couchdb 工具包并配置好后就可以利用如下的代码创建数据库并添加数据。

```
import couchdb                                          #导入couchdb工具包
server = couchdb.Server ('http://127.0.0.1:5984')       #建立数据库连接
db = server.create ('database_name')                    #创建数据
person = [{'name':'name1','age':30,'type':'person','income':5000 },\
          {'name':'name2','age':31,'type':'person','income':6000 }]
db.update (person )                                     #添加数据
```

上述代码中,首先获取数据库服务器对象 server,并在创建数据库 *myDBName*,如果向已存在的数据库中添加数据,则可利用 *server['myDBName']* 获得数据库对象。*person* 为标准的 JSON 对象,作为文档被添加到数据库中。需要指出的是,*update* 函数的功能是向数据库中批量添加数据,如果 *person* 中有多个元素,则每个元素被作为一个单独的文档添加到数据库中。上述代码中向数据库 *myDBName* 中添加了两个文档。CouchDB 会自动在每个文档中添加 _id 和 _rev 两个键,其值为随机生成的字符串。

(2) 数据查询

添加完数据之后可以在可以在 Futon 中查看数据,也可以在浏览器中输入 http://127.0.0.1:5984/database_name/_all_docs 查看 JSON 数据。要想在程序中查询和处理数据则需要用到 map 函数。查询数据的 Python 代码如下所示。

```
import couchdb
server = couchdb.Server ('http://127.0.0.1:5984')
db = server ['database_name']
```

```
map_fun = '''function (doc) {emit (doc.name, doc);}'''
results = db.query (map_fun)
print len (results)
```

其中,*map_fun* 是 Javascript 函数,作为查询中的 map 函数使用,map 函数必须用 *emit* 返回键值的映射。从这里可看出 map 函数的功能及使用方法。*results* 对象是查询的结果,但是在进一步的使用之前它其实只是一个空的查询对象,只有对其进行访问时才会真正的获得数据,这个过程在代码的最后一行完成。map 函数可以应用 Javascript 的所有对象以及 CouchDB 的内置对象,通过编制更复杂的 map 函数即可进行更复杂的查询。map 函数也可以使用标准的 Python 函数,不同的是需要用 *yeild* 关键字生成映射,用如下代码可得到同样的结果。

```
import couchdb
server = couchdb.Server ('http://127.0.0.1:5984')
db = server ['database_name']
def map_fun (doc):
    yield (doc['name'], doc)
results = db.query (map_fun, language = 'python')
print len (results)
```

(3) 统计和汇总

对 CouchDB 进行更复杂的查询需要同时使用 map 函数 reduce 函数。如下的代码对数据库文档数量进行统计,程序运行输出结果为数据库中文档的总数。若数据库中仅有前述操作中所加入的数据,则输出结果为 2。如果要进行汇总操作,只需改变 map 函数返回值为需要汇总的数值,并根据需要改变 group 参数的值为 True。

```
import couchdb
server = couchdb.Server ('http://127.0.0.1:5984')
db = server ['database_name']
def map_fun (doc):
    yield (doc ['name'], 1)
def reduce_fun (keys, values):
    return sum (values)
results = db.query (map_fun = map_fun, reduce_fun = reduce_fun, \
            language = 'python', group = False)
for r in results:
    print r ['value']
```

结合 map 函数和 reduce 函数,可以在 CouchDB 数据库中实现传统关系数据库中除连接运算之外的所有运算,如选择、投影、并、交、差等。此外,与传统数据库一样,CouchDB 也可以利用 ViewDefinition 将查询保存为视图,其使用参数与 query 较为类似。不同的是视图的信息要保存在设计文档之中,因此要指定相应的键值。在使用中,数据库根据这些键值生成 url 用于进行访问。

11.3.4 Neo4J

1. Neo4J 的特点

Neo4j[①] 是一个非常特殊的数据库，它利用图（网络）中而不是表来存储数据，在一台机器上可以处理数十亿节点/关系/属性的图，并且可以扩展到多台机器并行运行。适合用图构存储的数据包括社交网络、语义网、个性化推荐数据、基因分析数据等，这些数据通常形如图 11-4 所示。

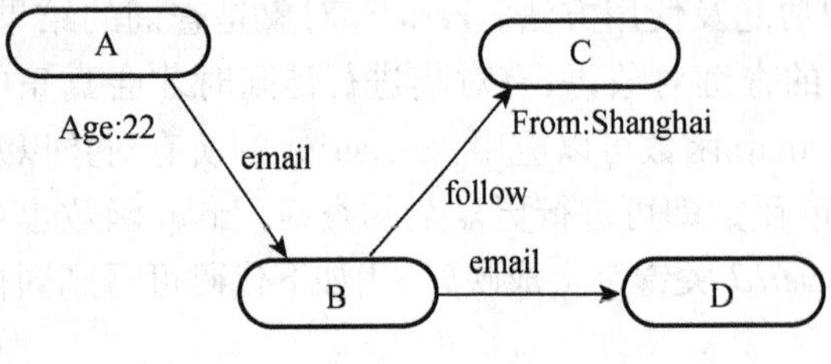

图 11-4　图结构的数据示例

相对于关系数据库来说，图数据库善于处理大量复杂、互连接、低结构化的数据，这些数据变化迅速，需要频繁的查询——在关系数据库中，这些查询会导致大量的表连接，因此会导致性能的急剧降低。Neo4j 解决了在处理这类数据时传统 RDBMS 查询出现的性能衰退问题。通过利用图进行数据建模，Neo4j 会以相同的速度遍历节点与边，而且遍历速度与构成图的数据量没有任何关系。此外，Neo4j 还提供了非常快的图算法、推荐系统和 OLAP 风格的分析，而在目前的 RDBMS 系统中是无法实现的。

Neo4j 既可作为内嵌数据库使用也可以作为服务器使用，它同样提供了 REST 接口，能够方便地集成到基于 Java、Python、PHP、.NET 和 JavaScript 等开发环境里。开发者可以通过 Java-API 与图形模型交互，这个 API 具备非常灵活的数据结构。社区也为 Python 等语言提供了良好的工具包。

2. Neo4j 的安装与启动

Neo4j 暂时还不能使用 yum 进行安装，但是也非常简单。需要注意的是 Neo4j 是 Java 开发的，因此在安装之前要确认是否已成功安装 Java 环境。

（1）Neo4j 的安装

```
wget http://dist.neo4j.org/neo4j-community-1.8.M07-unix.tar.gz    #下载Neo4j 安装包
tar -zxvf neo4j-community-1.8.M07-unix.tar.gz                     #解压缩
cd neo4j-community-1.8.M07-unix                                   #进入Neo4j 目录
```

此时，安装程序会提示安装的时候有一个提示选择 neo4j 的主用户，默认情况下是 neo4j，但系统里不存在该用户。所以，需要输入最常用的 CentOS 用户即可。

（2）Neo4j 的启动

```
service neo4j-service start
```

与 Couchdb 一样，Neo4j 也提供了一个基于浏览器的管理平台，如果安装了桌面，可以利用浏览器访问 http://localhost:7474/webadmin，如图 11-5 所示。默认情况下仅本机可访问该工具，如果要远程访问，则需要修改 Neo4j 安装包下 conf 文件夹中的 neo4j-server.properties 配置文件，将文件中以下代码前的注释符号去掉，然后重启服务即可。

---

① http://www.neo4j.org/

```
org.neo4j.server.webserver.address = 0.0.0.0          #去掉本行前的注释符号
service neo4j-service restart                         #重启neo4j 服务
```

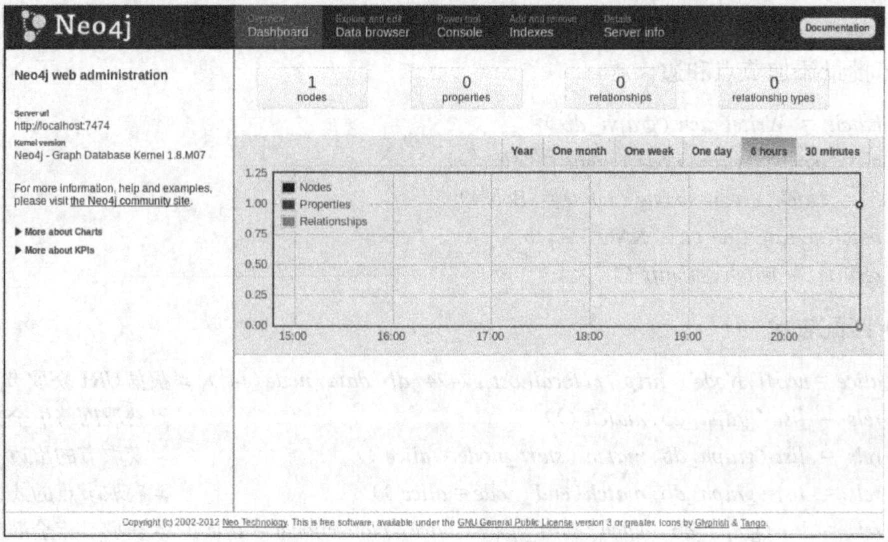

图 11-5 Neo4j 的管理工具

通过该管理工具,可以查看服务的运行状态、服务器的信息等,还提供了一个命令行控制台,可以输入命令直接对数据进行操作。此外,还可以利用 curl 命令或者浏览器访问 http://localhost:7474/db/data/来查看数据库中保存的数据。

3. Neo4j 的应用

Neo4j 的 Python 工具包有 neo4j-embedded、py2neo 等,这里我们选择 py2neo。Py2neo 是一个简单易用的 Python 编程工具包,它利用 neo4j 的 REST 接口对数据库进行访问、操作。py2neo 提供了详细的操作文档[①],利用 easy_install 工具安装 py2neo 的命令为:

```
easy_install py2neo
```

(1) 创建基于图的数据库

利用 py2neo 创建如图 11-4 所示的网络的代码如下:

```
from py2neo import neo4j, node, rel
graph_db = neo4j.GraphDatabaseService()                #在本机获取数据库服务
#如果是远程访问,则需加入参数
#graph_db = neo4j.GraphDatabaseService("http://serverIP:7474/db/data/")
graph = graph_db.create(                               #创建节点和连边
    node(name="John", Age=22),
    node(name="Alice",From="Shanghai"),
    node(name="Bob"),
    node(name="Tom"),
```

① http://book.py2neo.org/en/latest/

```
    rel (0, "email", 2 ),
    rel (2, "follow", 1 ),
    rel (2, "email", 3 ),
)
```

(2) 批量添加节点和边

```
batch = WriteBatch (graph_db )
a = batch.create (node (name = "Alice"))
b = batch.create (node (name = "Bob"))
batch.create (rel (a, "KNOWS", b ))
results = batch.submit ()
```

(3) 匹配查找

```
alice = neo4j.Node ('http://localhost:7474/db/data/node/14') #根据URI获取节点
rels = list (graph_db.match ())                                  #获取网络中全部边
rels = list (graph_db.match (start_node = alice ))               #获取节的出边
rels = list (graph_db.match(end_node = alice ))                  #获取节点的入边
rels = list (graph_db.match (start_node = alice, bidirectional = True )) #获取节点全部边
rels = list (graph_db.match (start_node = alice, end_node = bob )) #获取两个节点间的连边
```

11.4 Hadoop 简　介

对大数据量的常见处理方法是采用 Hadoop 技术。本节主要介绍 Hadoop 的起源与发展、Hadoop 核心组成及其体系结构。

11.4.1 Hadoop 发展概述

Hadoop 最早起源于 Nutch。Nutch 是 2002 年由 Doug Cutting 创建的开源网络搜索引擎。Nutch 最初的设计目标是构建一个大型的全网搜索引擎，包括网页抓取、索引、查询等功能，但随着抓取网页数量的不断增加，该引擎遇到了严重的可扩展性问题，即不能解决数十亿网页的存储和索引问题。

2003 年发表的关于谷歌分布式文件系统(GFS)的论文，描述谷歌搜索引擎网页相关数据的存储架构，该架构可解决 Nutch 遇到的网页抓取和索引过程中产生的超大文件存储需求的问题，但由于谷歌仅开源了思想而未开源代码，Nutch 项目组便根据论文完成了一个开源实现，即 Nutch 的分布式文件系统(NDFS)。

2004 年发表的关于谷歌分布式计算框架 MapReduce 的论文，描述谷歌内部最重要的分布式计算框架 MapReduce 的设计艺术，该框架可用于处理海量网页的索引问题。同样，由于谷歌未开源代码，Nutch 的开发人员完成了一个开源实现。2006 年 2 月 NDFS 和 MapReduce 被分离出来，成为一套完整而独立的软件，并命名为 Hadoop。与此同时，Doug Cutting 加入雅虎公司，继续组织专门的团队发展 Hadoop。同时，Apache Hadoop 项目正式启动并支持 MapReduce 和 HDFS 的独立发展。2008 年 1 月，Hadoop 成为 Apache 的顶级

项目,包含众多子项目,迎来其快速发展期。

现在 Hadoop 是 Apache 软件基金会旗下的一个开源分布式计算平台。以 Hadoop 分布式文件系统(Hadoop Distributed File System, HDFS)和 MapReduce(Google MapReduce 的开源实现)为核心,Hadoop 为用户提供了系统底层细节透明的分布式基础架构。HDFS 的高容错性、高伸缩性等优点允许用户将 Hadoop 部署在低廉的硬件上,形成分布式系统;MapReduce 分布式编程模型允许用户在不了解分布式系统底层细节的情况下开发并行应用程序。用户可以利用 Hadoop 轻松地组织计算机资源,从而搭建自己的分布式计算平台,并且可以充分利用集群的计算和存储能力,完成海量数据的处理。经过长达 10 年的锤炼,目前的 Hadoop 在实际的数据处理和分析任务中担当着不可替代的角色。

现代社会信息生成的速度很快,这些信息中积累着大量数据,包括个人数据和工业数据。预计到 2020 年,每年产生的数字信息中将会有超过 1/3 的内容驻留在云平台中或借助云平台处理。我们需要对这些数据进行分析处理,以获取更多有价值的信息。Hadoop 系统可以高效地存储管理这些数据、分析这些数据。Hadoop 采用分布式存储方式来提高读写速度和扩大存储容量;采用 MapReduce 整合分布式文件系统上的数据,保证高速分析处理数据;与此同时还采用存储冗余数据来保证数据的安全性。Hadoop 的 HDFS 具有高容错性、基于 Java 语言开发,这使得 Hadoop 可以部署在低廉的计算机集群中,同时不限于某个操作系统。Hadoop 中 HDFS 的数据管理能力、MapReduce 处理任务时的高效率以及它的开源特性促使 Hadoop 系统在很多行业和科研中使用广泛。

Hadoop 可以让用户轻松架构并使用的分布式计算平台,易于运行处理海量数据,主要优点有:高可靠性,其按位存储和处理数据的能力十分强大;高扩展性,其在可用的计算机集簇间分配数据完成计算任务,这些集簇可以方便地扩展到数以千计的节点中;高效性,能够在节点之间动态地移动数据,并保证各个节点的动态平衡,其处理速度非常快;高容错性,能够自动保存数据的多份副本并且能够自动将失败的任务重新分配。

11.4.2 Hadoop 核心组成

Hadoop 由很多内容组成,包括 Common、Avro、MapReduce、HDFS、Chukwa、Hive、Hbase、Pig、Zookeeper 等众多内容,但其核心内容依旧是 MapReduce 和 HDFS。这些内容提供互补性服务或在核心层提供更高层的服务。

① Common 是为 Hadoop 其他子项目提供支持的常用工具,主要包括 FileSystem、RPC 和串行化库。它们为在廉价硬件上搭建云计算环境提供基本的服务,并且会为运行在该平台上的软件开发提供所需的 API。

② Avro 是用于数据序列化的系统。它提供了丰富的数据结构类型、快速可压缩的二进制数据格式、存储持久性数据的文件集、远程调用 RPC 的功能和简单的动态语言集成功能。其中代码生成器既不需要读写文件数据,也不需要使用或实现 RPC 协议,它只是一个可选的对静态类型语言的实现。Aura 系统依赖于模式,数据的读写均在模式之下完成,这不仅可以减少写入数据的开销,提高序列化的速度并缩减其大小,也可以方便动态脚本语言的使用,因为数据与其模式都是自描述的。在 RPC 中,Avro 系统的客户端和服务端通过握手协议进行模式的交换,因此当客户端和服务端拥有彼此全部的模式时,不同模式下相同命名字段、丢失字段和附加字段等信息的一致性问题就得到了很好的解决。

③ MapReduce是一种编程模型，用于大规模数据集（大于1 TB）的并行运算。映射（Map）、化简（Reduce）的概念和思想来自函数式编程语言。它极大地方便了编程人员，即使在不了解分布式并行编程的情况下，也可以将自己的程序运行在分布式系统上。MapReduce在执行时先指定一个Map（映射）函数，把输入键值对映射成一组新的键值对，经过一定处理后交给Reduce，Reduce对相同key下的所有value进行处理后再输出键值对作为最终的结果。整个输出过程是MapReduce程序将输入划分到不同的Map上、再将Map的结果合并到Reduce、然后进行处理，如图11-6所示。

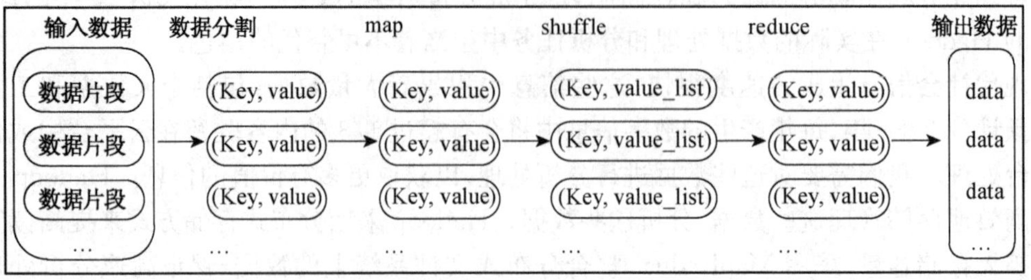

图11-6 MapReduce的任务处理流程图

④ HDFS是一个分布式文件系统。因为HDFS具有高容错性（fault-tolerent）的特点，所以它可以设计部署在低廉（law-cost）的硬件上。它可以通过提供高吞吐率（highthroughput）来访问应用程序的数据，适合那些有着超大数据集的应用程序。HDFS放宽了对可移植操作系统接口（Portable Dperating System Interface, PDSIX）的要求，可以实现以流的形式访问文件系统中的数据。HDFS原本是开源的Apache项目Nutch的基础结构，也是Hadoop基础架构之一。

HDFS的设计目标：一是检测和快速恢复硬件故障，硬件故障是常见的问题，整个HDFS系统由数百台或数千台存储着数据文件的服务器组成，而如此多的服务器意味着高故障率，因此，故障的检测和自动快速恢复是HDFS的一个核心目标；二是流式的数据访问，HDFS使应用程序能流式地访问它们的数据集，HDFS被设计成适合进行批量处理，而不是用户交互式的处理，所以它重视数据吞吐量，而不是数据访问的反应速度；三是简化一致性模型，大部分的HDFS程序操作文件时需要一次写入，多次读取，一个文件一旦经过创建、写入、关闭之后就不需要修改了，从而简化了数据一致性问题和高吞吐量的数据访问问题；四是通信协议，所有的通信协议都在TCP/IP协议之上，一个客户端和明确配置了端口的名字节点（NameNode）建立连接之后，它和名称节点（NameNode）的协议便是客户端协议（Client Protocal），数据节点（DataNode）和名字节点（NameNode）之间则用数据节点协议（DataNode Protocal）。

⑤ Chukwa是开源的数据收集系统，用于监控和分析大型分布式系统的数据。Chukwa是在Hadoop的HDFS和MapReduce框架之上搭建，它同时继承了Hadoop的可扩展性和健壮性。Chukwa通过HDFS来存储数据，并依赖于MapReduce任务处理数据。Chukwa中也附带了灵活且强大的工具，用于显示、监视和分析数据结果，以便更好地利用所收集的数据。

⑥ Hive最早由Facebook设计的，是一个建立在Hadoop基础之上的数据仓库，它提供

了一些用于数据整理、特殊查询和分析存储在 Hadoop 文件中的数据集的工具。Hive 提供的是一种结构化数据的机制，它支持类似于传统 RDBMS 中的 SQL 语言来帮助那些熟悉 SQL 的用户查询 Hadoop 中的数据，该查询语言称为 Hive QL。与此同时，传统的 MapReduce 编程人员也可以在 Mapper 或 Reducer 中通过 Hive QL 查询数据。Hive 编译器会把 Hive QL 编译成一组 MapReduce 任务，从而方便 MapReduce 编程人员进行 Hadoop 应用的开发。

⑦ HBase 是一个分布式的、面向列的开源数据库，该技术来源于 Google 的论文"Bigtable：一个结构化数据的分布式存储系统"。如同 Bigtable 利用了 Google 文件系统(Google File System)提供的分布式数据存储方式一样，HBase 在 Hadoop 之上提供了类似于 Bigtable 的能力。HBase 是 Hadoop 项目的子项目。HBase 不同于一般的关系数据库，因为 HBase 是一个适合于存储非结构化数据的数据库，是基于列而不是基于行的模式。HBase 和 Bigtable 使用相同的数据模型。用户将数据存储在一个表里，一个数据行拥有一个可选择的键和任意数量的列。由于 HBase 表示疏松的，用户可以给行定义各种不同的列。HBase 主要用于需要随机访问、实时读写的大数据(Big Data)。

⑧ Pig 是一个对大型数据集进行分析、评估的平台。Pig 最突出的优势是它的结构能够经受住高度并行化的检验，这个特性使得它能够处理大型的数据集。目前，Pig 的底层由一个编译器组成，它在运行的时候会产生一些 MapReduce 程序序列，Pig 的语言层由一种叫做 Pig Latin 的正文型语言组成。

⑨ ZooICeeper 是一个为分布式应用所设计的开源协调服务。它主要为用户提供同步、配置管理、分组和命名等服务，减轻分布式应用程序所承担的协调任务。ZooKeeper 的文件系统使用了我们所熟悉的目录树结构。ZooKeeper 是使用 Java 编写的，但是它支持 Java 和 C 两种编程语言。

11.4.3　Hadoop 体系结构

HDFS 和 MapReduce 是 Hadoop 的两大核心。而整个 Hadaop 的体系结构主要是通过 HDFS 来实现分布式存储的底层支持的，并且它会通过 MapReduce 来实现分布式并行任务处理的程序支持。

1. HDFS 的体系结构

HDFS 采用了主从(Master/Slave)结构模型，一个 HDFS 集群是由一个 NameNode 和若干个 DataNode 组成的。其中 NameNode 作为主服务器，管理文件系统的命名空间和客户端对文件的访问操作，集群中的 DataNode 管理存储的数据。HDFS 允许用户以文件的形式存储数据。图 11-7 所示为 HDFS 的体系结构。

从内部来看，文件被分成若干个数据块，而且这若干个数据块存放在一组 DataNode 上。NameNode 执行文件系统的命名空间操作，比如打开、关闭、重命名文件或目录等，它也负责数据块到具体 DataNode 映射。DataNode 负责处理文件系统客户端的文件读写请求，并在 NameNode 的统一调度下进行数据块的创建、删除和复制工作。NameNode 是所有 HDFS 元数据的管理者，用户数据永远不会经过 NameNode。图中涉及三个角色：NameNode、DataNode、Client。NameNode 是管理者，DataNode 是文件存储者，Client 是需要获取分布式文件系统的应用程序。

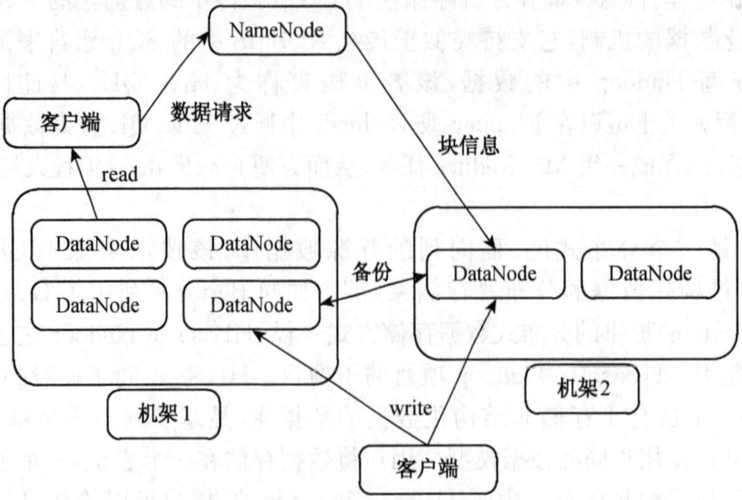

图 11-7　HDFS 体系结构图

文件写入过程:Client 向 NameNode 发起文件写入的请求;NameNode 根据文件大小和文件块配置情况,返回给 Client 它管理的 DataNode 的信息;Client 将文件划分为多个 block,根据 DataNode 的地址,按顺序将 block 写入 DataNode 块中。文件读取过程:Client 向 NameNode 发起读取文件的请求;NameNode 返回文件存储的 DataNode 信息;Client 读取文件信息。

文件块的放置:一个 Block 会有三份备份,一份在 NameNode 指定的 DateNode 上,一份放在与指定的 DataNode 不在同一台机器的 DataNode 上,一根在于指定的 DataNode 在同一 Rack 上的 DataNode 上。备份的目的是为了数据安全,采用这种方式是为了考虑到同一 Rack 失败的情况,以及不同数据拷贝带来的性能的问题。

NameNode 和 DataNode 都可以在普通商用计算机上运行。这些计算机通常运行的是 GNU/Linux 操作系统。HDFS 采用 Java 语言开发,因此任何支持 Java 的机器都可以部署 NameNode 和 DataNode。一个典型的部署场景是集群中的一台机器运行一个 NameNade 实例,其他机器分别运行一个 DataNode 实例。当然,并不排除一台机器运行多个 DataNode 实例的情况。集群中单一 NameNode 的设计大大简化了系统的架构口 NameNode 是所有 HDFS 元数据的管理者,用户需要保存的数据不会经过 NameNode,而是直接流向存储数据的 DataNode。

2. MapReduce 的体系结构

MapReduce 是一种并行编程模式,利用这种模式软件开发者可以轻松地编写出分布式并行程序。在 Hadoop 的体系结构中,MapReduce 是一个简单易用的软件框架,基于它可以将任务分发到由上千台商用机器组成的集群上,并以一种可靠容错的方式并行处理大量的数据集,实现 Hadoop 的并行任务处理功能。MapReduce 框架是由一个单独运行在主节点的 JobTracker 和运行在每个集群从节点的 TaskTracker 共同组成的。主节点负责调度构成一个作业的所有任务,这些任务分布在不同的从节点上。主节点监控它们的执行情况,并且重新执行之前失败的任务,从节点仅负责由主节点指派的任务。当一个 Job 被提交时,

JobTracker 接收到提交作业和其配置信息之后，就会将配置信息等分发给从节点，同时调度任务并监控 TaskTracker 的执行。

HDFS 和 MapReduce 共同组成了 Hadoop 分布式系统体系结构的核心。HDFS 在集群上实现了分布式文件系统，MapReduce 在集群上实现了分布式计算和任务处理。HDFS 在 MapReduce 任务处理过程中提供了对文件操作和存储等的支持，MapReduce 在 HDFS 的基础上实现了任务的分发、跟踪、执行等工作，并收集结果，两者相互作用，完成了 Hadoop 分布式集群的主要任务。

11.4.4　Hadoop 与分布式开发

通常的分布式系统是分布式软件系统，即支持分布式处理的软件系统，在通信网络互联的多处理机体系结构上执行任务，包括分布式操作系统、分布式程序设计语言及其编译(解释)系统、分布式文件系统和分布式数据库系统等。Hadoop 是分布式软件系统中文件系统这一层的软件，它实现了分布式文件系统和部分分布式数据库的功能。Hadoop 中的分布式文件系统 HDFS 能够实现数据在计算机集群组成的云上高效的存储和管理，Hadoop 中的并行编程框架 MapReduce 能够让用户编写的 Hadoop 并行应用程序运行更加简化。

Hadoop 上的并行应用程序开发基于 MapReduce 编程框架。MapReduce 编程模型的原理是：利用一个输入的 key-value 对集合来产生一个输出的 key-value 对集合。MapReduce 库的用户用两个函数来表达这个计算：Map 和 Reduce。用户自定义的 map 函数接收一个输入的 key-value 对，然后产生一个中间 key-value 对的集合。MapReduce 把所有具有相同 key 值的 value 集合在一起，然后传递给 reduce 函数。用户自定义的 reduce 函数接收 key 和相关的 value 集合。reduce 函数合并这些 value 值，形成一个较小的 value 集合。一般来说，每次 reduce 函数调用只产生 0 或 1 个输出的 value 值。通常我们通过一个迭代器把中间的 value 值提供给 reduce 函数，这样就可以处理无法全部放入内存中的大量的 value 值集合了。

MapReduce 的数据流过程就是将大数据集分解为成百上千个小数据集，每个(或若干个)数据集分别由集群中的一个节点(一般就是一台普通的计算机)进行处理并生成中间结果，然后这些中间结果又由大量的节点合并，形成最终结果。MapReduce 框架下并行程序中的三个主要函数：map、reduce、main。在这个结构中，需要用户完成的工作仅仅是根据任务编写 map 和 reduce 两个函数，如图 11-8 所示。

MapReduce 计算模型非常适合在大量计算机组成的大规模集群上并行运行。图 11-8 中的每一个 map 任务和每一个 reduce 任务均可以同时运行于一个单独的计算节点上，可想而知，其运算效率是很高的，并行计算原理如下。

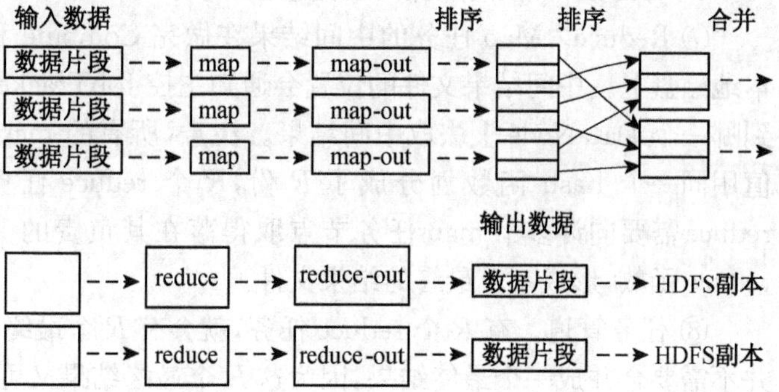

图 11-8　MapReduce 的数据流图

① 数据分布存储。Hadoop 分布式文件系统(HDFS)由一个

名称节点(NameNode)和 N 个数据节点(DataNode)组成，每个节点均是一台普通的计算机。在使用方式上 HDFS 与我们熟悉的单机文件系统非常类似，它可以创建目录，创建、复制和删除文件，以及查看文件的内容等。但 HDFS 底层把文件切割成了 Block，然后这些 Block 分散地存储于不同的 DataNode 上，每个 Block 还可以复制数份数据存储于不同的 DataNode 上，达到容错容灾的目的。NameNode 则是整个 HDFS 的核心，它通过维护一些数据结构来记录每一个文件被切割成了多少个 Block、这些 Block 可以从哪些 DataNode 中获得，以及各个 DataNode 的状态等重要信息。

② 分布式并行计算。Hadoop 中有一个作为主控的 JobTracker，用于调度和管理其他的 TaskTracker，JobTracker 可以运行于集群中的任意一台计算机上。TaskTracker 则负责执行任务，它必须运行于 DataNode 上，也就是说 DataNode 既是数据存储节点，也是计算节点。JobTracker 将 map 任务和 reduce 任务分发给空闲的 TaskTracker，让这些任务并行运行，并负责监控任务的运行情况。如果某一个 TaskTracker 出了故障，JobTracker 会将其负责的任务转交给另一个空闲的 TaskTracker 重新运行。

③ 本地计算。数据存储在哪一台计算机上，就由哪台计算机进行这部分数据的计算，这样可以减少数据在网络上的传输，降低对网络带宽的需求。在 Hadoop 这类基于集群的分布式并行系统中，计算节点可以很方便地扩充，它所能够提供的计算能力近乎无限，但是由于数据需要在不同的计算机之间流动，故网络带宽变成了瓶颈，“本地计算”是一种最有效的节约网络带宽的手段，业界把这形容为“移动计算比移动数据更经济”。

④ 任务粒度。把原始大数据集切割成小数据集时，通常让小数据集小于或等于 HDFS 中一个 Block 的大小(默认是 64 MB)，这样能够保证一个小数据集是位于一台计算机上的，便于本地计算。有 M 个小数据集待处理，就启动 M 个 map 任务，注意这 M 个 map 任务分布于 N 台计算机上，它们会并行运行，reduce 任务的数量 R 则可由用户指定。

⑤ 数据分割(Partition)。把 map 任务输出的中间结果按 key 的范围划分成 R 份(R 是预先定义的 reduce 任务的个数)，划分时通常使用 hash 函数(如：hash(key) mod R)，这样可以保证某一范围内的 key 一定是由一个 reduce 任务来处理的，可以简化 Reduce 的过程。

⑥ 数据合并(Combine)。在数据分割之前，还可以先对中间结果进行数据合并(Combine)，即将中间结果中有相同 key 的<key, value>对合并成一对。Combine 的过程与 reduce 的过程类似，很多情况下可以直接使用 reduce 函数，但 Combine 是作为 map 任务的一部分，在执行完 map 函数后紧接着执行的。Combine 能够减少中间结果中＜key, value＞对的数目，从而降低网络流量。

⑦ Reduce。Map 任务的中间结果在做完 Combine 和 Partition 之后，以文件形式存于本地磁盘上。中间结果文件的位置会通知主控 JobTracker，JobTracker 再通知 reduce 任务到哪一个 DataNode 上去取中间结果。注意，所有的 map 任务产生的中间结果均按其 key 值用同一个 hash 函数划分成了 R 份，R 个 reduce 任务各自负责一段 key 区间。每个 reduce 需要向许多个 map 任务节点取得落在其负责的 key 区间内的中间结果，然后执行 reduce 函数，形成一个最终的结果文件。

⑧ 任务管道。有 R 个 reduce 任务，就会有 R 个最终结果，很多情况下这 R 个最终结果并不需要合并成一个最终结果，因为这 R 个最终结果又可以作为另一个计算任务的输入，开始另一个并行计算任务，这也就形成了任务管道。

11.5 小 结

大数据给传统的数据管理方式带来了严峻的挑战，传统的关系型数据库(RDBMS)在容量、性能、成本等多方面都难以满足大数据管理的需求。非关系型数据库(NoSQL)通过折中关系型数据库严格的数据一致性管理，在可扩展性、模型灵活性、经济性和访问性等方面获得了很大的优势，可以更好地适应大数据应用的需求，成为大数据时代最重要的数据管理技术。Hadoop 中 HDFS 的数据管理能力、MapReduce 处理任务时的高效率以及它的开源特性促使 Hadoop 系统在大数据时代更迅猛发展。

习 题

1. 大数据的有哪些显著特征，大数据带来了哪些挑战。
2. 传统的关系型数据库(RDBMS)有哪些优点与缺点。
3. 非关系型数据库(NoSQL)主要有哪些特点。
4. 阐述非关系型数据库(NoSQL)的主要类型及其特点。
5. 简述周围日常生活中非关系型数据库(NoSQL)的具体应用。
6. Hadoop 主要由有哪几部分组成，分别有什么功能。

参考文献

[1] 王珊,萨师煊.数据库系统概论(第4版)[M].北京:高等教育出版社.2006.

[2] 王成良,柳玲,徐玲.数据库技术及应用[M].北京:清华大学出版社.2011.

[3] 王知强,王雪梅,秦秀媛,等.数据库系统及应用[M].北京:清华大学出版社.2011.

[4] 尹为民.数据库原理与技术[M].2版.北京:科学出版社.2010.

[5] 魏祖宽,胡旺,郑莉华.数据库系统及应用[M].2版.北京:电子工业出版社.2012.

[6] [美]Peter Rob, Carlos Coronel 著,陈立军,等,译.数据库系统设计、实现与管理[M].5版.北京:清华大学出版社.2012.

[7] 王雪梅,等.数据库系统及应用[M].北京:清华大学出版社.2011.

[8] 杨冬青,李红燕,等.数据库系统概念[M].6版.北京:机械工业出版社.2012.

[9] Raghu Ramskrishnan/Johannes Gehrke 著,周立柱,等,译.数据库管理系统原理与设计[M].北京:清华大学出版社.2004.

[10] S. K. Singh.数据库系统概念设计及应用[M].何玉洁,等,译.北京:机械工业出版社.2010.

[11] C. J. Date.数据库系统导论[M].孟小峰,等,译.北京:机械工业出版社.2000.

[12] 刘国燊.数据库技术基础及应用[M].北京:电子工业出版社.2008.

[13] 董健全,等.数据库实用教程[M].北京:清华大学出版社.2007.

[14] [美]Gavin Powell.数据库设计入门经典[M].沈洁,等,译.北京:清华大学出版社.2007.

[15] [美]Peter Rob, Carlos Coronel.数据库系统设计、实现与管理(第8版)[M].金名,张梅,译.北京:清华大学出版社,2012.

[16] 何玉洁,刘福刚.数据库原理及应用[M].2版.北京:人民邮电出版社.2012.

[17] 何玉洁,梁琦,等.数据库原理及应用(第2版)[M].北京:机械工业出版社.2011.

[18] S. K. Singh.数据库系统概念设计及应用[M].何玉洁,等,译.北京:机械工业出版社.2010.

[19] 周龙骏,等.分布式数据库管理系统实现技术[M].北京:科学出版社.1998.

[20] 郑振媚,于戈,郭敏.分布式数据库[M].北京:科学出版社.1998.

[21] 徐俊刚,邵佩英.分布式数据库系统及其应用(第3版)[M].北京:科学出版社.2012.

[22] [美]Peter Rob, Carlos Coronel.数据库系统设计、实现与管理[M].6版.张瑜,杨继萍,等,译.北京:清华大学出版社.2005.

[23] 王浩.零基础学 SQL Server 2008[M].北京:机械工业出版社.2010.

[24] 陆嘉恒著.Hadoop 实战(第2版)[M].北京:机械工业出版社.2012.

[25] [日]佐佐木达也.NoSQL 数据库入门[M].罗勇,译.北京:人民邮电出版社.2012.

[26] 赵刚著.大数据:技术与应用实践指南[M].北京:电子工业出版社.2013.